职业教育机械类专业“互联网+”新形态教材

工程材料成型基础

主　编　赵艳艳
副主编　陆显峰
参　编　王　博（佳木斯职业学院）　刘华锋
　　　　万荣春　王　博（渤海船舶职业学院）
主　审　郑连辉

机械工业出版社

本书总结了材料成型课程建设与教学改革的经验，介绍了现代工业制造工程中应用的新材料、新技术和新工艺，介绍了当前材料成型技术的新进展及发展趋势。全书共分七个单元，内容涉及铸造成型、锻压成型、金属连接成型、粉末冶金成型、非金属材料成型、金属切削加工和零件钳加工。该书主要面向技术技能型人才的培养，以培养学生使用和选择工程材料及成型工艺的能力为目的，保留了必要的理论基础并增加了新材料和新工艺等内容，通过工程相关具体实例的分析，培养学生的工程素质，每节后附有适量的课后练习，以促进其理论联系实际的能力。

本书可作为高等工科院校机械类、近机械类专业教材，也可作为高等工业专科学校、职工大学等机械类专业的教材，还可供有关工程技术人员参考。

为便于教学，本书配套有电子课件、微课视频、习题答案等教学资源，凡选用本书作为授课教材的教师可登录 www.cmpedu.com 注册后免费下载。

图书在版编目（CIP）数据

工程材料成型基础/赵艳艳主编. —北京：机械工业出版社，2023.5
职业教育机械类专业“互联网+”新形态教材
ISBN 978-7-111-72737-8

Ⅰ.①工… Ⅱ.①赵… Ⅲ.①工程材料-成型-职业教育-教材
Ⅳ.①TB302

中国国家版本馆 CIP 数据核字（2023）第 040033 号

机械工业出版社（北京市百万庄大街 22 号 邮政编码 100037）
策划编辑：黎 艳 责任编辑：黎 艳 戴 琳
责任校对：樊钟英 封面设计：鞠 杨
责任印制：张 博
三河市骏杰印刷有限公司印刷
2023 年 6 月第 1 版第 1 次印刷
184mm×260mm · 15.75 印张 · 387 千字
标准书号：ISBN 978-7-111-72737-8
定价：49.80 元

电话服务
客服电话：010-88361066
010-88379833
010-68326294

网络服务
机 工 官 网：www.cmpbook.com
机 工 官 博：weibo.com/cmp1952
金 书 网：www.golden-book.com
机工教育服务网：www.cmpedu.com

前言 PREFACE

本书总结了材料成型课程建设与教学改革的经验，结合我国材料成型技术和工业领域对从业人员的需求，深入贯彻党的二十大精神，增强职业教育适应性，帮助学生掌握工业领域常用的各类工程材料及其成型加工技术方法，了解各类加工方法的特点。本书在编写过程中贯彻素质教育思想，注重对学生创新能力、创新素质的培养。

本书主要有以下几个特点：

（1）合理安排内容。根据高等工科院校对本课程的基本要求，做到内容充实、重点突出，便于学生理解和掌握。

（2）注重学生创新能力、素质的培养。本书各章节都有相关具体实例，以培养学生的应用创新能力；另外，每章都有课后练习，有利于激发学生的思考和创新思维。

（3）拓展学生知识面。本书介绍了材料成型的新技术、新工艺，引导学生了解材料成型的最新发展，以拓展学生的专业知识面。

通过对本书的学习，要求学生在掌握工程材料的基本理论及基础知识的基础上，根据机械零件的使用条件和性能要求，具备对结构零件进行合理选材及制定零件工艺路线的初步能力，为学习后续课程及从事机械设计和加工制造方面的工作奠定必要的基础。本书在编写过程中，体现了“应用、实践、创新”的教学宗旨，突出实用性，力求理论联系实际，培养学生的工程素质、实践能力和创新设计能力，以适应培养技术技能型人才的要求。

本书由赵艳艳担任主编，陆显峰担任副主编。其中，渤海船舶职业学院赵艳艳编写第一、二单元，陆显峰编写第六、七单元，万荣春编写第四单元，渤海船舶职业学院王博编写第五单元；佳木斯职业学院王博编写第三单元第一节、第二节，刘华锋编写第三单元第三节和第四节。本书由鞍钢蒂森克虏伯汽车钢有限公司高级工程师郑连辉担任主审。

本书在编写过程中得到了各院校有关领导和同事的支持和帮助，并引用了有关教材、手册等文献中的内容，在此谨对上述人员和有关教材、手册等文献作者一并表示感谢。

由于编者水平所限，书中难免有不足之处，敬请读者批评指正。

编　者

INDEX 二维码索引

（续）

（续）

目录 CONTENTS

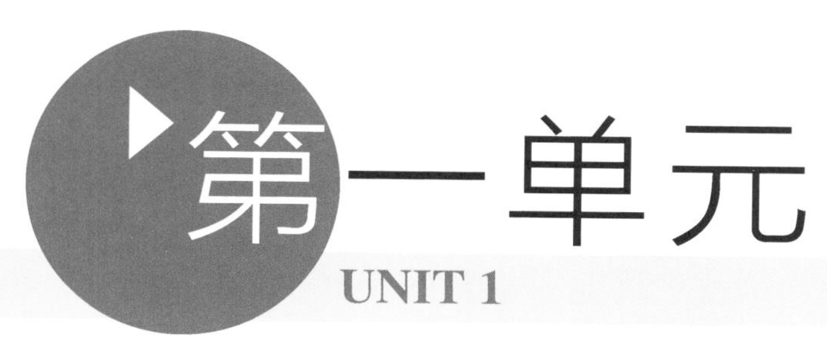

第一单元
UNIT 1

铸造成型

知识目标：

1. 掌握铸造成型的基础知识。
2. 掌握砂型铸造的工艺过程。
3. 理解各种特种铸造方法的原理、设备及工艺过程。
4. 理解铸造工艺设计过程。

能力目标：

1. 了解铸造生产准备的一般工作。
2. 具备铸造生产设备操作的基础能力。
3. 具备铸造工艺、产品质量分析的基础能力。
4. 具备一定的创新意识和创新能力，提升专业素质，开阔专业视野。

素养目标：

1. 具有探究学习、终身学习的能力。
2. 具有整合知识和综合运用知识分析问题和解决问题的能力。
3. 具有良好的职业道德和吃苦耐劳的精神。
4. 具有严谨的工作态度和良好的安全意识。
5. 以新国情、新科技、新思索，鼓励学生们主动将自己的科研兴趣与国家需求对接，以培养学生的社会责任感与科学素养及责任担当。

铸造是将金属熔化成液态，浇入铸型，凝固后获得具有一定形状、尺寸和性能的金属零件（或毛坯）的成型方法。大多数铸件只能作为毛坯，经过机械加工后才能成为各种机器零件。当铸件达到使用的尺寸精度和表面质量要求时，也可作为成品或零件直接使用。

铸造方法有很多，一般按造型方法将铸造分成砂型铸造和特种铸造两大类。砂型铸造按其铸型性质不同，分为湿型铸造、干型铸造和表面干型铸造三种。特种铸造按其形成铸件的条件不同，分为熔模铸造、金属型铸造、离心铸造、压力铸造等。如果按铸造合金不同，则可将铸造分为铸铁铸造、铸钢铸造和非铁合金铸造等。

在制造业的诸多材料成型方法中，铸造生产具有以下特点：

1）使用范围广。铸造生产几乎不受铸件大小、厚薄和形状复杂程度的限制，铸件壁厚可达0.3~1000mm，长度从几毫米到几十米，质量从几克到300t以上。铸造生产最适合生产形状复杂特别是内腔复杂的零件，如复杂的箱体、阀体、叶轮、发动机气缸体、螺旋桨等。

2）能采用的材料范围广，能熔化成液态的合金材料绝大部分都可用于铸造，如铸钢、铸铁、各种铝合金、铜合金、镁合金、钛合金及锌合金等。对于塑性较差的脆性合金材料（如灰铸铁等），铸造是唯一可行的成型工艺。在工业生产中，以铸铁件应用最广，约占铸件总产量的70%以上。

3）铸件具有一定的尺寸精度，一般情况下比普通锻件、焊接件成型尺寸精确。

4）成本低廉，综合经济性好，能源、材料消耗及成本为其他金属成型方法所不及。铸件在一般机器中占总质量的40%~80%，而制造成本只占机器总成本的25%~30%。铸造生产方式灵活，批量生产可组织机械化生产；可大量利用废、旧金属材料和再生资源；与锻造相比，其动力消耗小；有一定的尺寸精度，可减小加工余量，节约加工工时和金属材料。但是，铸造工作场所粉尘多、温度高，工人劳动强度大，废料、废气、废水处理任务繁重。

因此，铸造生产在国民经济中占有极其重要的地位，铸造厂家是机械制造工业毛坯和零件的主要供应者。铸件在机械产品中占有较大比例，如：汽车中铸件质量占19%（轿车）~23%（卡车）；内燃机中近十种关键零件都是铸件，占总质量的70%~90%；机床、拖拉机、液压泵、阀和通用机械中铸件质量占65%~80%；农业机械中铸件质量占40%~70%；矿冶（钢、铁、非铁合金）、能源（火、水、核电等）、海洋和航空航天等工业的重、大、难装备中铸件都占很大的比重并起着重要的作用。

第一节 铸造成型基础

若要使金属及其合金依靠铸造成型获得质量合格的铸件，则需对铸件进行铸造工艺设计，而铸件铸造工艺设计的理论基础是铸件成型理论。铸件成型理论主要研究铸件从浇注金属液开始，在充型、结晶、凝固和冷却过程中发生的一系列物理和化学的变化，包括铸件内部的变化，以及铸件与铸型的相互作用。研究铸造成型理论对于防止铸件缺陷，提高铸件质量具有重要意义。

一、液态金属的充型

1. 液态金属充型能力的概念

（1）液态金属的充型能力　液态金属填充铸型的过程，简称充型。液态金属充满铸型型腔，获得形状完整、轮廓清晰的铸件的能力，称为液态金属的充型能力。金属液大多是在纯液态下充满型腔的，但也有在充型的同时伴随着结晶的情况。如果结晶的晶粒在金属液未充满型腔以前堵塞了浇注系统的通道，将会使铸件产生浇不到等缺陷。

（2）液态金属的流动性　液态金属本身的流动能力，称为流动性。它是金属的铸造性能之一，与金属的成分、温度、杂质含量及其物理性质有关。

液态金属的流动性对铸型中气体和杂质的排出以及对铸件的补缩和防止裂纹等有很大的影响。液态金属流动性的大小，通常采用浇注流动性试样的方法来衡量。流动性试样的类型很多，应用最多的是螺旋形试样。

2. 影响充型能力的因素

影响液态金属充型能力的因素主要有以下四个方面：

（1）金属性质　这类因素是内因，决定了金属本身的流动能力——流动性。影响金属流动性的因素有合金成分，结晶潜热，金属的比热容、密度和热导率，液态金属的粘度和表面张力等。

1）合金成分。合金的流动性与化学成分之间存在着一定的规律性。在流动性曲线上对应着纯金属、共晶成分和金属间化合物的地方出现最大值，而有结晶温度范围的地方流动性下降，且在最大结晶温度范围附近出现最小值。合金成分对流动性的影响，主要是因成分不同时合金的结晶特点不同造成的。

降低合金熔点的元素容易提高金属过热度，从而延长合金流动时间，提高流动性。合金净化后流动性提高；合金成分中凡能形成高熔点夹杂物的元素均会降低合金的流动性。

2）结晶潜热。结晶潜热越高，凝固进行得越缓慢，流动性越好。

3）金属的比热容、密度和热导率。比热容、密度较大的合金，本身含热量较多，在相同过热度下，保持液态时间长，流动性好。热导率小的合金，热量散失慢，保持流动时间长。金属中加入合金元素后，一般会降低热导率。

4）液态金属的粘度。合金液的粘度在充型过程前期（属紊流）对流动性的影响较小，而在充型过程后期凝固中（属层流）对流动性影响较大。

5）表面张力。表面张力影响金属液与铸型的相互作用。铸型材料一般不被液态金属润湿，即接触角 $\theta>90°$，故液态金属在铸型细薄部位的液面是凸起的，而由表面张力产生一个指向液体内部的附加压力，阻碍对该部分的充填，所以表面张力对薄壁铸件、铸件的细薄部位和棱角的成型有影响。型腔越细薄、棱角的曲率半径越小，表面张力的影响越大。为克服由表面张力引起的附加压力，必须附加一个静压头。

（2）铸型性质　铸型对金属液的流动阻力和与金属液热交换的强度都对金属液的充型能力有重要影响。

1）铸型的蓄热系数。铸型的蓄热系数越大，激冷能力越强，金属液保持液态的时间就越短，充型能力下降。例如，液态合金在金属型中的流动性比在砂型中差；金属型铸造时使用涂料可减缓冷却。

2）铸型温度。预热铸型能减小金属液与铸型的温差，从而延长液体保持时间，提高充型能力。

3）铸型中的气体。在金属液的热作用下，型腔中的气体膨胀，型砂中的水分汽化，煤粉和其他有机物燃烧都将产生大量气体。如果铸型的排气能力差，则型腔中气体的压力增大，以致阻碍液态合金的充型。为减小气体的压力，除应设法减少气体来源外，还应使型砂具有良好的透气性，并在远离浇口的最高部位开设出气口。铸型有一定的发气能力时，形成的气膜可减小金属液流动的摩擦阻力，进而提高充型能力；但发气量过大时，造成充型反压力增大，造成充型能力下降。

（3）浇注条件

1）浇注温度。浇注温度越高，液态金属的粘度越小，过热度高，金属液内含热量多，保持液态的时间长，充型能力强。但超过某一温度界限后，金属液氧化吸气严重，充型能力提高不明显。

2）充型压力。液态金属在流动方向上所受的压力称为充型压力。充型压力越大，充型能力越强。可通过增加静压头，或采用其他外加压力（如压铸、低压铸造、真空吸铸等）的方法来增大充型压力。

3）浇注系统的结构。浇注系统的结构越复杂，则流动阻力越大，充型能力越差。在设计浇注系统时，必须合理布置内浇道在铸件上的位置，选择恰当的浇注系统结构和各组元的横截面面积。

（4）铸件结构　衡量铸件结构特点的因素是铸件的折算厚度和复杂程度。

1）折算厚度。折算厚度也称当量厚度或模数，是铸件体积与铸件表面积之比。折算厚度越大，热量散失越慢，充型能力就越好。铸件壁厚相同时，垂直壁比水平壁更容易充填，大平面铸件不易成型。对薄壁铸件应正确选择浇注位置。

2）复杂程度。铸件结构越复杂，厚薄部分过渡面越多，则型腔结构越复杂，流动阻力就越大，铸型的充填就越困难。

3. 液态金属在浇注系统中的流动

浇注系统是承接并引导液态金属流入型腔的一系列通道。铸件浇注系统的典型结构如图 1-1 所示，它是由浇口盆、直浇道、横浇道、内浇道四个基本组元组成。根据铸件的合金特点和结构特点可减少或增加组元。出气孔以及因金属液需要在型内球化处理或孕育处理所设置的“反应室”也可视为浇注系统的组成部分。

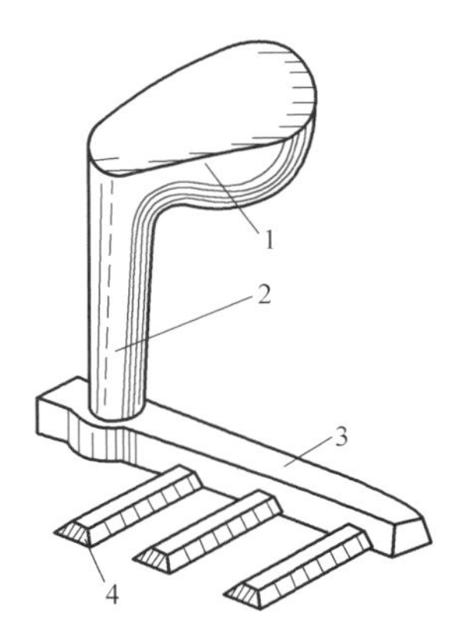

图 1-1　铸件浇注系统的典型结构

1—浇口盆　2—直浇道　3—横浇道　4—内浇道

（1）金属液在砂型浇注系统中流动的特点　金属液在砂型浇注系统中的流动不同于一般流体在封闭管道中的流动，它有其自身的特点：

① 金属液在流经浇注系统时与其型壁产生强烈的机械作用和物理化学作用，导致其冲蚀铸型、吸收气体并产生金属氧化夹杂物。

② 一般金属液总含有少量夹杂物和气泡，在充型过程中还可能析出晶粒及气体，所以金属液充型时属于多相流动。根据以上特点，在设计浇注系统时应考虑对金属液的挡渣和排气，以及尽量减小其紊流程度。

（2）金属液在浇口盆中的流动　浇口盆的主要作用是承接和缓冲来自浇包的金属液并将其引入直浇道，以减轻对直浇道底部的冲击并阻挡熔渣、气体进入型腔。

当浇口盆中的金属液流向直浇道时，会使汇聚在直浇道上部的金属液旋转起来，形成水平涡流。由于水平涡流的产生，使距离涡流中心（直浇道中心）越近的金属液旋转速度越快，压力越低，甚至形成负压，进而在涡流中心形成喇叭口的低压空穴区，使附近的熔渣和气体被吸入直浇道中。

水平涡流的产生与浇口盆中的液面高度及浇注时包嘴距离浇口盆的高度有关。当浇口盆中的金属液面较高而浇包位置较低时，流入直浇道的流线陡峭，水平分速度小，不易产生高速度的水平涡流；当浇口盆中的金属液面较低时，流线趋向平坦，水平分速度大，就容易产生水平涡流；当浇包位置较高时，尽管盆中的液面也较高，仍会产生水平涡流。因此，为避免产生水平涡流，应采用浇包低位浇注大流充满，并且使浇口盆中液面高度（H）与直浇道直径（d）保持一定的比值（即 $H>6d$）。

浇口盆可分为漏斗形和盆形两种。漏斗形浇口盆挡渣效果差，但结构简单，消耗金属量少。盆形浇口盆挡渣效果好，但消耗的金属量较多。

（3）金属液在直浇道中的流动　直浇道的作用是将来自浇口盆中的金属液引入横浇道，并提供足够的压力以克服各种流动阻力从而充型。直浇道一般不具备挡渣能力，如果设计不当，还易吸入气体。

直浇道与浇口盆的连接处以及与横浇道的连接处都应做成圆角，使直浇道呈充满状态，避免产生低压空穴区，以防止气体吸入型腔内。直浇道底部要设置直浇道窝，以减轻金属液的紊流和金属液对铸型的冲蚀作用，且有利于熔渣、气体上浮。

（4）金属液在横浇道中的流动　横浇道是连接直浇道与内浇道的水平通道。它除向内浇道分配金属液外，主要是起挡渣作用，故又称为撇渣道。

最初进入横浇道的金属液以较大的速度流向横浇道末端，并冲击型壁使动能转变为位能，从而使末端的金属液升高，形成金属浪并开始返回移动，如图 1-2 所示，直到返回移动的金属浪与由直浇道流出的金属液相遇（也称叠加现象），横浇道中的整个液面同时上升，直至充满为止。在此过程中，如果横浇道延长段不够长，则两个不同方向形成的叠加流会把熔渣一同带入离横浇道末端最近的内浇道中。为避免这一现象，建议横浇道延长段（即最后一个内浇道与横浇道末端的距离）为 70~150mm。

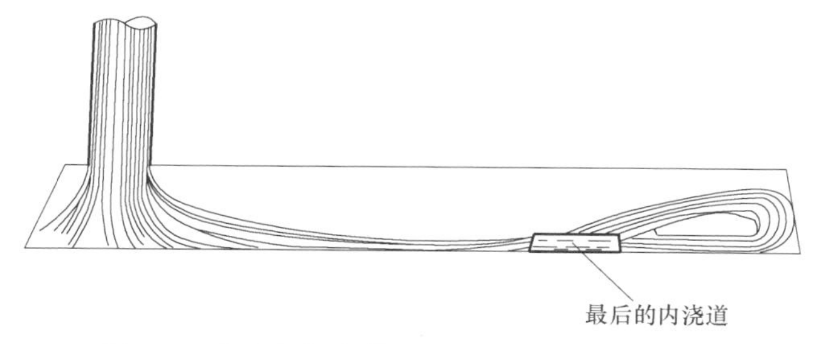

图 1-2　浇注初期在横浇道末端出现的叠加现象

金属液在横浇道中的流动

当横浇道中的金属液流向内浇道附近时，会受到内浇道吸动的影响，产生一种向内浇道流去的“引力”，这种现象称为吸动作用。吸动作用区的范围大于内浇道的横截面面积，熔渣一旦进入该区域，就可能被吸入型腔。吸动作用区范围的大小与内浇道中的液流速度成正比，并随内浇道横截面面积的增大及内浇道与横浇道高度的比值的增大而增大。因此生产中常将横浇道截面做成高梯形，内浇道做成扁平梯形并置于横浇道之下。若要使横浇道具有挡渣作用，则需要使横浇道呈充满状态且横浇道中液流速度应尽量低，以减少紊流倾向，使熔渣顺利上浮。

（5）金属液在内浇道中的流动　内浇道是将金属液直接引入型腔的通道。其作用是控制金属液的流速和方向，调节铸型各部分的温度和铸件的凝固顺序。

同一横浇道上有多个等截面的内浇道时，各内浇道中的流量是不均匀的，离直浇道较远的内浇道的流量较大，而靠近直浇道的内浇道的流量较小。这种现象会引起铸件局部过热而造成铸件质量不均匀。为了均衡内浇道的流量，可采用横浇道沿高度和宽度方向缩小的浇注系统，以及内浇道横截面面积渐次减小的浇注系统。

内浇道在铸件上的开设位置和数量不仅影响金属液对铸型的充填效果，还影响铸件的温度分布和补缩结果。对于同一种铸件，选择的位置不同，得到的结果也不同。如对于壁厚不均的铸件，若内浇道从薄壁处分散引入，则可以快速充型，并使铸件厚薄不同部位的温差减小，因而使铸件的应力减小，不易变形，但组织的致密性能会差些；若内浇道从厚壁处引入，则会使厚壁处的温度更高，铸件厚薄不同部位形成很大的温差，这虽然有利于铸件从薄壁至厚壁的定向凝固而获得致密的铸件，但由于温差较大而使铸件存在较大应力。所以，内浇道的开设位置应根据铸件结构、性能要求和合金特点来选择。

二、铸件的凝固与收缩

合金从液态转变为固态的状态变化称为凝固。凝固过程对铸件微观组织和宏观组织都有决定性的影响，许多重要的铸造缺陷，如晶粒粗大、偏析、非金属夹杂、石墨形态不符合要求、缩松、缩孔、析出性气孔、热裂等都是在凝固过程中产生的。对铸件进行正确的工艺设计，实现铸件的合理凝固和有效补缩，在生产中可避免由此产生的相关铸造缺陷。

1. 铸件的凝固方式

铸件在凝固过程中，除纯金属和共晶合金之外，其截面上一般存在三个区域：固相区、凝固区和液相区。铸件的质量与凝固区域的大小和结构有密切关系。图 1-3 是铸件在凝固过程中某一瞬间的凝固区域示意图。

凝固区域结构

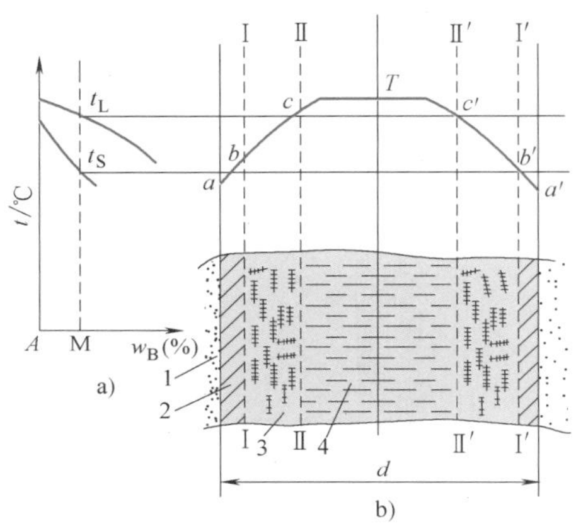

图 1-3 铸件在凝固过程中某一瞬间的凝固区域示意图

d—铸件壁厚 T—铸件瞬间温度曲线

t_L—液相线温度 t_S—固相线温度

1—铸型 2—固相区 3—凝固区 4—液相区

图 1-3a 所示是合金相图的一部分，成分为 M 的合金结晶温度范围为 $t_L \sim t_S$。图 1-3b 所示是铸件中正在凝固的铸件截面，铸件壁厚为 d，该瞬时的温度场为 T。温度场是指铸件截面上某瞬时的温度分布曲线。在此瞬时，铸件截面上的点 b 和点 b' 的温度已降到固相线温度 t_S，因此，Ⅰ—Ⅰ和Ⅰ′—Ⅰ′称为固相等温面。同时点 c 和点 c' 温度已降到液相线温度 t_L，Ⅱ—Ⅱ和Ⅱ′—Ⅱ′称为液相等温面。由于从铸件表面到Ⅰ—Ⅰ和Ⅰ′—Ⅰ′之间的合金温度低于 t_S，所以这个区域的合金已凝固成固相，称为固相区；液相等温面Ⅱ—Ⅱ和Ⅱ′—Ⅱ′之间的合金温度高于 t_L，这个区域的合金尚未开始凝固，称为液相区；在Ⅰ—Ⅰ和Ⅰ′—Ⅰ′之间、Ⅰ′—Ⅰ′和Ⅱ′—Ⅱ′之间的合金温度低于 t_L 而高于 t_S，正处于凝固状态或液固相并存状态，称为凝固区。随着铸件的冷却，液相等温面和固相等温面向铸件中心推进，当铸件全部凝固后，凝固区域消失。

铸件截面的凝固方式一般可分为三种类型：逐层凝固、糊状凝固（体积凝固）和中间凝固。凝固方式取决于凝固区域的宽度。

（1）逐层凝固方式　图 1-4a 所示为纯金属或共晶合金于两时刻 T_1、T_2 温度场对应的凝固情况。铸件截面有一定的温度梯度，结晶在恒定温度下进行。凝固过程中的凝固区域宽度为 0，液相边界和固相边界合二为一，形成凝固前沿，将液相与固相明显分开。随着温度下降，凝固层逐渐加厚直至凝固结束。这种情况为典型的逐层凝固方式。图 1-4b 所示也属于逐层凝固方式。合金结晶温度间隔很小，凝固区域的温度梯度很大，凝固区域很窄，凝固层也是逐步加厚直到铸件中心。

铸件凝固过程中截面的凝固区域宽度等于 0，固体和液体由一条界线清楚地分开。凝固过程中的体积收缩可不断得到液态金属补充，铸件缩松倾向极小，只在最后凝固的地方留下集中缩孔，铸件的热裂倾向较小。属于逐层凝固的合金有低碳钢、高合金钢、铝青铜、黄铜等。

（2）糊状凝固方式　图 1-5 是糊状凝固方式示意图。合金结晶温度间隔大，截面上的温度梯度相对较小，铸件凝固期间各个时刻凝固区域很宽，甚至贯穿整个铸件截面，即凝固过程可能在截面各处同时进行，液固共存的糊状区域充斥铸件截面，这种凝固方式称为糊状凝固或体积凝固。

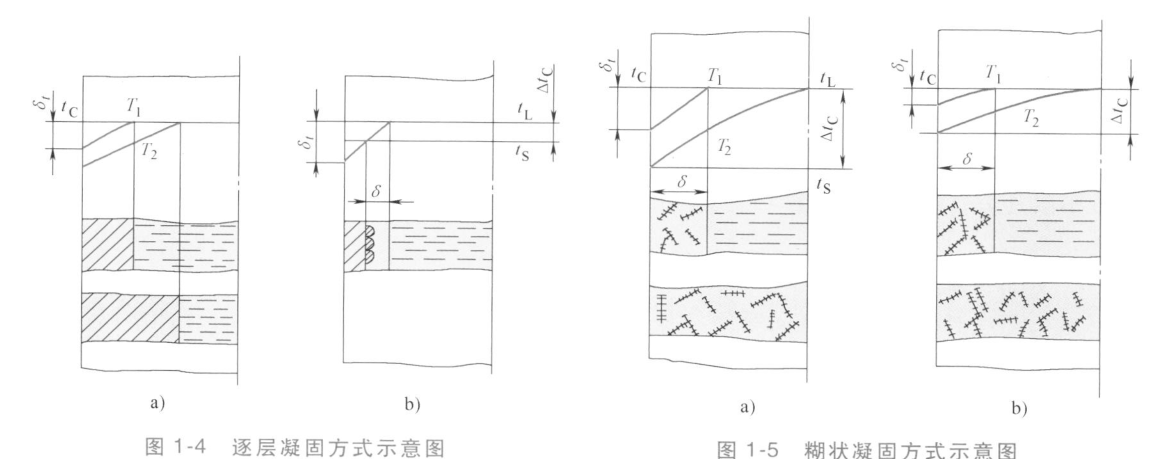

图 1-4　逐层凝固方式示意图
a）纯金属或共晶合金　b）窄结晶温度范围合金

图 1-5　糊状凝固方式示意图
a）合金的结晶温度范围很宽　b）铸件截面上的温度梯度较大

铸件截面的凝固区域很宽，贯穿于铸件的整个截面。凝固初期可得到液态金属的补缩，但后期尚未凝固的液体被分割成若干个互不相通的小熔池，得不到补缩而形成许多小缩孔即缩松，铸件的补缩性差、热裂倾向较大、流动能力较差。属于糊状凝固的合金有高碳钢、球墨铸铁、锡青铜、铝镁合金、黄铜等。

（3）中间凝固方式　当凝固区域宽度介于上述两种情况之间时，属于中间凝固方式，如图 1-6 所示。合金结晶温度间隔较小而截面温度梯度也较小（图 1-6a），或结晶温度间隔较大而截面温度梯度也较大（图 1-6b），凝固区域具有一定宽度又没有占满整个铸件截面。

铸件截面上的温度梯度较大，凝固区域宽度介于逐层凝固和糊状凝固之间，属于中间凝固的合金有中碳钢、高锰钢、白口铸铁等。

（4）影响凝固方式的因素　铸件截面凝固区域的宽度是由合金结晶温度范围和截面温度梯度两个参数共同决定的，因而也决定了铸件的凝固方式。凝固区域较窄的情况下，倾向于逐层凝固；凝固区域较宽的情况下，倾向于糊状凝固。

1）合金结晶温度范围。在温度梯度相近的情况下，凝固区域宽度随合金结晶温度范围的增大而加大。

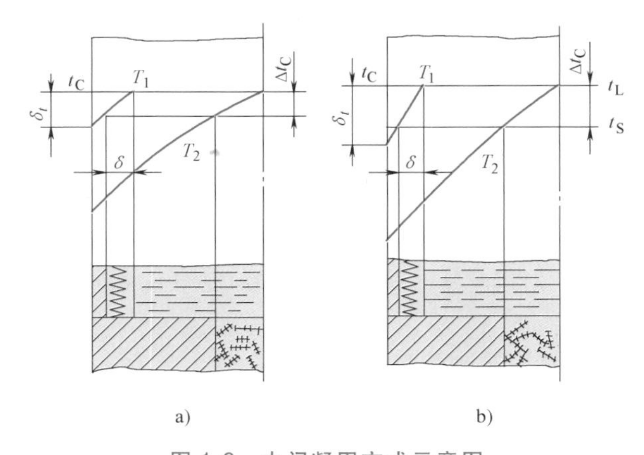

图 1-6　中间凝固方式示意图

a）合金的结晶温度范围较窄　b）铸件截面上的温度梯度较大

2）截面温度梯度。在合金结晶温度范围确定的情况下，凝固区域宽度随截面温度梯度的增大而减小。

凡是影响截面温度梯度的因素都对凝固区域宽度起作用。其中主要影响因素为合金热扩散率、铸型蓄热系数和金属凝固温度（或合金的液相线温度）。合金热扩散率大、铸型蓄热系数小以及金属凝固温度低，都会使温度梯度减小（温度分布曲线平坦），导致凝固区域加宽。

2. 铸件的凝固原则

（1）顺序凝固（也称定向凝固）原则　顺序凝固原则是通过采取工艺措施，使铸件各部分能按照远离冒口的部分先凝固，然后是靠近冒口的部分凝固，最后才是冒口本身凝固的顺序进行。即在铸件上远离冒口的部分到冒口之间建立一个递增的温度梯度，如图 1-7 所示。

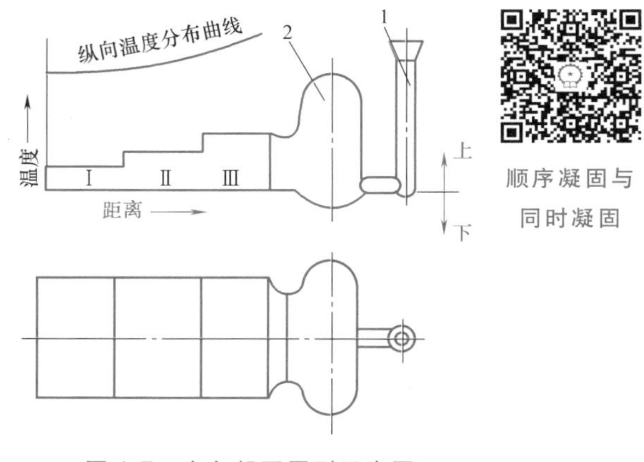

图 1-7　定向凝固原则示意图

1—直浇道　2—冒口

顺序凝固与同时凝固

顺序凝固的铸件冒口补缩作用好，铸件内部组织致密。但铸件不同位置的温差较大，故热应力较大，易使铸件变形或产生热裂。另外，顺序凝固一般需要加冒口补缩，增加了金属的消耗和切割冒口的工作量。

逐层凝固是指铸件某一截面上的凝固顺序是逐层推进的，即铸件的表面先形成硬壳，然后逐渐向铸件中心推进，铸件截面中心最后凝固。所以，顺序凝固与逐层凝固二者的概念不同。逐层凝固有利于实现顺序凝固；糊状凝固易使补缩通道阻塞，不利于实现顺序凝固。因此，采用顺序凝固原则时，应考虑合金本身的凝固特性。

（2）同时凝固原则　同时凝固原则是采取工艺措施保证铸件结构各部分之间没有温差或温差很小，使铸件Ⅰ、Ⅱ、Ⅲ厚度不同的各部分同时凝固，如图 1-8 所示。采用同时凝固原则时，铸件不易产生热裂，且应力和变形小。由于不用冒口或冒口很小，从而节省金属、简化工艺和减少工作量，但铸件中心区域可能会产生缩松缺陷，导致铸件组织不够致密。

（3）铸件凝固原则的选择　顺序凝固和同时凝固两者各有其优缺点，如何选择凝固原则，应根据铸件的合金特点、工作条件和结构特点以及可能出现的缺陷等综合考虑。

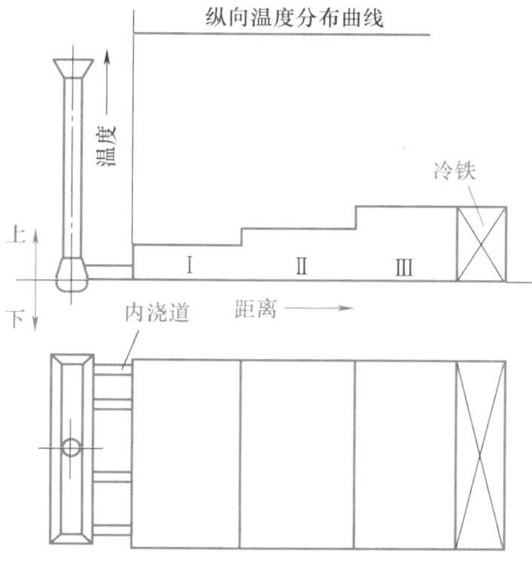

图 1-8　同时凝固原则示意图

1）除承受静载荷外还受到动载荷作用的铸件，承受压力而不允许渗漏的铸件或要求表面粗糙度值低的铸件（如气缸套、高压阀门或齿轮等）宜选择顺序凝固或局部（指铸件重要部位）顺序凝固原则。

2）厚实或壁厚不均匀的铸件，当其材质是无凝固膨胀且倾向于逐层凝固的铸造合金（如低碳钢）时，宜采用顺序凝固原则。

3）碳、硅含量较高的灰铸铁件凝固时有石墨化膨胀，不易出现缩孔和缩松，采用同时凝固原则。

4）球墨铸铁件利用凝固时的石墨化膨胀力实现自补缩（即实现无冒口铸造）时，选择同时凝固原则。

5）非厚实的或壁厚均匀的铸件，尤其是各类合金的薄壁铸件，宜采用同时凝固原则。

6）当铸件易出现热裂、变形或冷裂缺陷时，宜采用同时凝固原则。

对于结晶温度范围大、倾向于糊状凝固的合金铸件，对其气密性要求不高时，一般宜采用同时凝固原则。当其重要部位不允许出现缩松时，可用覆砂金属型铸造或加放冷铁，使该处提前凝固以避免缩松。凝固原则是可以通过采取一定的工艺措施来控制的。

3. 铸造合金的收缩

金属在凝固过程中，由于外界环境吸热导致金属温度降低，金属原子间的距离逐渐变短；因液、固两相的密度差别，金属在液—固转变过程中通常体积也会陡然变小。金属在液态冷却、凝固过程和固态冷却过程中发生体积减小的现象称为收缩。金属从液态到常温的体积改变称为体收缩。金属在固态时的线尺寸改变称为线收缩。收缩是金属本身的物理性质，也是导致缩孔、缩松、热裂、应力及变形等缺陷的基本原因。

液态金属从浇注温度冷却到常温，其收缩要经历三个阶段，即液态收缩阶段、凝固收缩阶段及固态收缩阶段。在不同阶段金属具有不同的收缩特性，如具有一定结晶温度范围的合金的凝固收缩阶段含有温度降低和状态改变两个部分，而液态收缩和固态收缩阶段均只含有温度降低部分。

（1）液态收缩　液态金属从浇注温度冷却到液相线温度产生的收缩，称为液态收缩。液态收缩的表现形式为型腔内金属液面的降低。液态收缩程度和液相线温度主要取决于合金成分。由此可见，提高浇注温度或降低液相线温度，都会增加液态收缩率。

（2）凝固收缩　金属从液相线温度冷却到固相线温度所产生的收缩，称为凝固收缩。对于纯金属和共晶合金而言，凝固期间的收缩是由状态变化引起的，与温度无关或基本无关。对于具有一定结晶温度范围的合金，其凝固收缩不仅与状态改变时的体积变化有关，而且与结晶温度范围有关。对于 Ga-Sb、Bi-Sb 等合金，在凝固过程中体积不但不收缩反而膨胀。

凝固收缩的表现形式分为两个阶段：当结晶较少未连成骨架时，表现为液面的降低；当结晶较多并搭成完整骨架时，收缩表现为三维尺寸的减小，在结晶骨架间残留的液体则表现为液面的下降。

（3）固态收缩　金属在固相线温度以下发生体收缩，称为固态收缩。固态收缩的表现形式为三维尺寸同时缩小，对铸件的形状和尺寸精度影响最大，也是铸件产生应力、变形和裂纹的基本原因。纯金属和共晶合金的线收缩是在金属完全凝固以后开始的。对于具有一定结晶温度间隔的合金，当枝晶彼此相连而形成连续的骨架时，合金便开始表现为固态的性质，即开始线收缩，此时合金中尚有 20%～45%的残留液体。

金属从浇注温度冷却到室温所产生的体收缩为液态收缩、凝固收缩及固态收缩之和，其中液态收缩和凝固收缩是铸件产生缩孔和缩松的主要原因，而固态收缩是铸件产生尺寸变化、应力、裂纹及变形的基本原因。

铸件收缩的大小主要取决于合金种类、化学成分、浇注温度及铸型结构等。非合金钢的总收缩量随含碳量增加而增大，灰铸铁的收缩率最小，其原因是其中大部分碳是以石墨状态存在，而石墨的比体积大，液态灰铸铁在结晶过程中析出的石墨所产生的体积膨胀抵消了合金的部分收缩。因此对于铸铁，促进石墨化的元素碳、硅的含量越多，收缩量越小，而阻碍石墨化的元素硫越多，则收缩量增大。

合金的浇注温度升高，过热度增大，液态收缩量增大，会导致铸件总的收缩量增加。另外，铸件在铸型中是受阻收缩而不是自由收缩，阻力来自铸型和型芯，因此，铸件的收缩率要小于合金的自由收缩率。铸件壁厚不同，各处的冷却速度不同，冷凝时铸件各部分相互制约也会产生阻力。一般铸件形状越复杂，其收缩率相对越小。

4. 缩孔和缩松

铸件在凝固过程中，由于合金的液态收缩和凝固收缩，容易在铸件最后凝固的部位出现孔洞，容积大而集中的孔洞称为集中缩孔（简称缩孔），细小而分散的孔洞称为分散缩孔（简称缩松）。

缩孔或缩松不但会使铸件的有效承载面积减小，而且在缩孔、缩松处会产生应力集中，使铸件的力学性能下降，同时使铸件的气密性等性能降低。对于有耐压要求的铸件，如果内部有缩松，则容易产生渗漏或不能保证气密性，从而导致铸件报废。

（1）缩孔和缩松的形成

1）缩孔。以圆柱形铸件为例分析缩孔的形成过程。假定所浇注的圆柱形铸件由表及里逐层凝固，液态金属充满铸型后，由于温度下降发生液态收缩，此收缩得到浇注系统中液态金属的补充，因此，在此期间型腔中总是充满着金属液（图 1-9a）。

当铸件外表的温度下降到液相线温度以下，铸件表面凝固一层硬壳包裹着内部的液态金属，并且浇注系统的内浇道被冻结（图 1-9b）。

进一步冷却时，硬壳内液态金属因温度降低发生液态收缩，以及对硬壳凝固收缩的补充，同时，凝固硬壳也因温度下降而使铸件外表尺寸缩小。如果硬壳内液态金属因液态收缩和凝固收缩造成的体积缩减等于铸件外表的体积缩小，则凝固的外壳仍和内部液态金属紧密接触，不会产生缩孔。但是，合金的液态收缩加凝固收缩远远超过硬壳的固态收缩，因而，

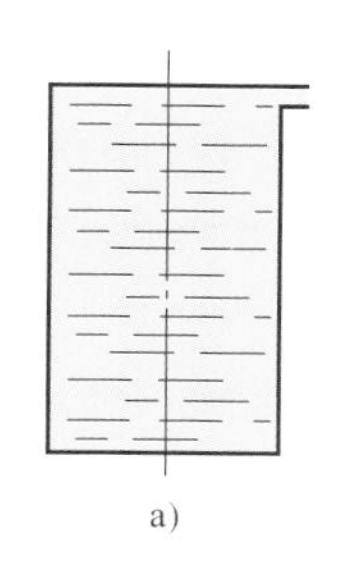
a)
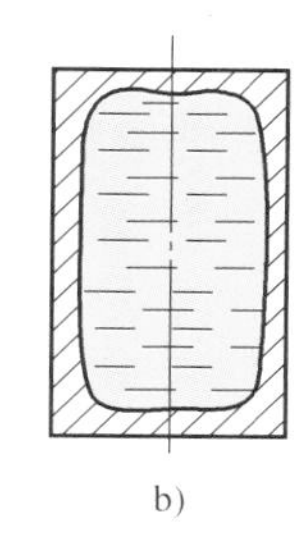
b)
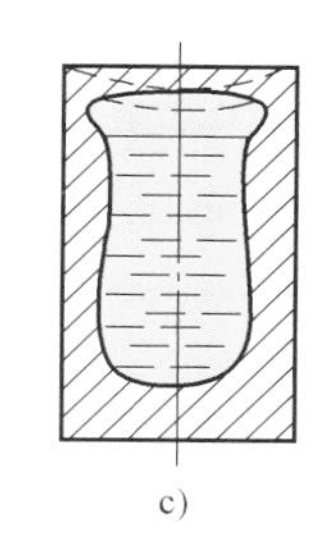
c)
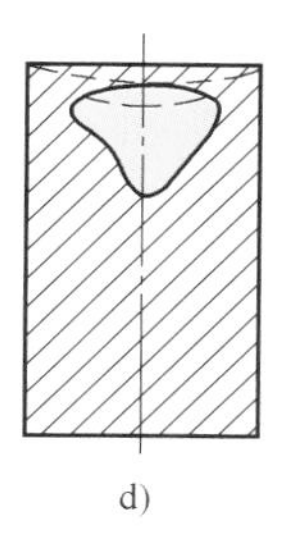
d)
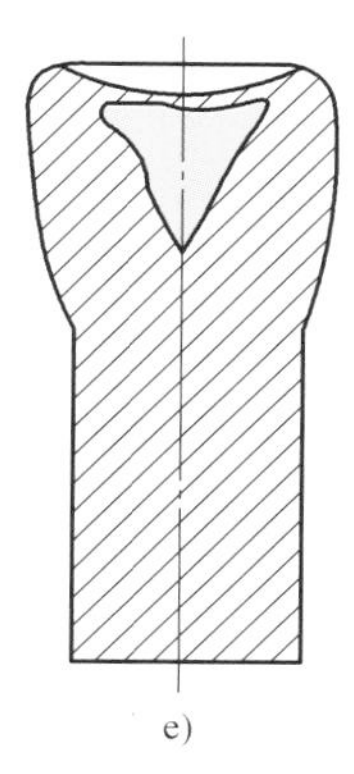
e)

图 1-9　铸件中缩孔形成过程示意图

液面将与硬壳的顶面脱离而下降（图 1-9c）。依次进行下去，硬壳不断加厚，液面将不断下降，金属全部凝固后，在铸件上部就形成了一个倒锥形的缩孔（图 1-9d）。温度连续下降至室温，整个铸件的体积不断缩小，缩孔的绝对体积也相对减小，但与铸件的相对体积不变。如果铸件顶部设置冒口，缩孔将移至冒口中（图 1-9e）。

在液态金属中含气量不大的情况下，当液态金属与硬壳顶面脱离时，液面上要形成真空。上面的薄壳在大气压力作用下，可能向缩孔方向凹进去，如图 1-9c 中虚线所示。因此缩孔应包括外部的缩凹和内部的缩孔两部分。如果铸件顶面的硬壳强度较大，也可能不出现缩凹。

综上所述，铸件产生集中缩孔的基本原因是合金的液态收缩加凝固收缩率远远大于固态收缩率；产生集中缩孔的条件是铸件由表及里地逐层凝固，缩孔集中在最后凝固的部位。

缩孔容积的确定对设计冒口体积有实际意义。生产实践中，影响缩孔容积的因素很多且复杂，可以总结如下：

① 合金的液态体收缩系数和凝固收缩率越大，则缩孔体积就越大。

② 合金的固态体收缩系数越大，铸件的缩孔体积越小，但其影响比较小。

③ 铸型的激冷能力越大，缩孔体积就越小。因为铸型的激冷能力大，就容易形成边浇注边凝固的条件，使金属的收缩在较大程度上被注入的金属液所补充，使实际参加形成缩孔收缩的液态金属量减小。

④ 浇注温度越高，合金的液态收缩就越大，则缩孔体积越大。冒口系统补缩条件下，提高浇注温度会增强浇冒口的补缩能力。

⑤ 浇注速度越慢，即浇注时间越长，缩孔体积越小。

⑥ 铸件越厚，当铸件表面形成硬壳以后，内部的金属液温度就越高，液态收缩就越大，则缩孔体积越大。

2）缩松。铸件凝固后期，在其最后凝固部分的残余金属液中，由于温度梯度小，会按同时凝固原则凝固，即在金属液中出现许多细小的晶粒，当晶粒长大互相连接后，将剩余的金属液分割成互不相通的小熔池，这些小熔池在进一步冷却和凝固时得不到液态金属的补缩，会产生许多细小的孔洞，即缩松。

缩孔和缩松是因为液态金属在冷却和凝固过程中，得不到液态金属的充分补充而形成的。因此，在实际生产中，几乎所有的铸造合金都可能产生缩孔或缩松，或缩孔与缩松并存。在一般情况下，结晶温度范围窄的合金易产生缩孔，结晶温度范围宽的合金易产生缩松。

缩松按其尺寸可分为宏观缩松和微观（显微）缩松。宏观缩松常分布在铸件壁的轴线区域、厚大部位、冒口根部和内浇道附近，铸件切开后可直接观察到密集的孔洞；显微缩松产生在晶间。图 1-10 所示为可锻铸铁件联轴器厚截面处的缩松情况。该铸件约 0.16kg，采用湿砂型铸造，在最后凝固的厚截面中心形成不规则形状的孔洞，利用扫描电子显微（SEM）镜可观察到树枝晶，说明是液体收缩所致。

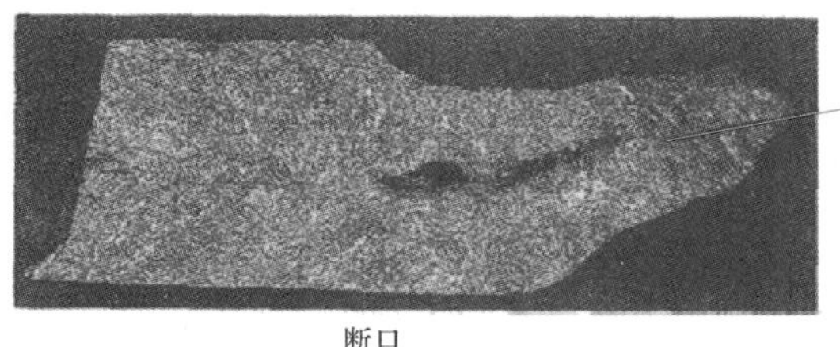

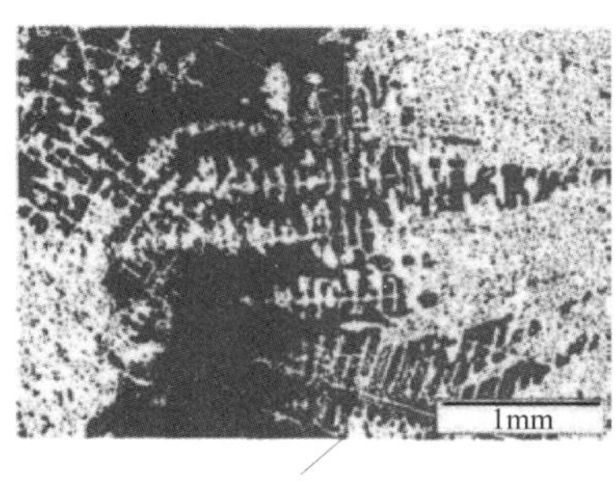

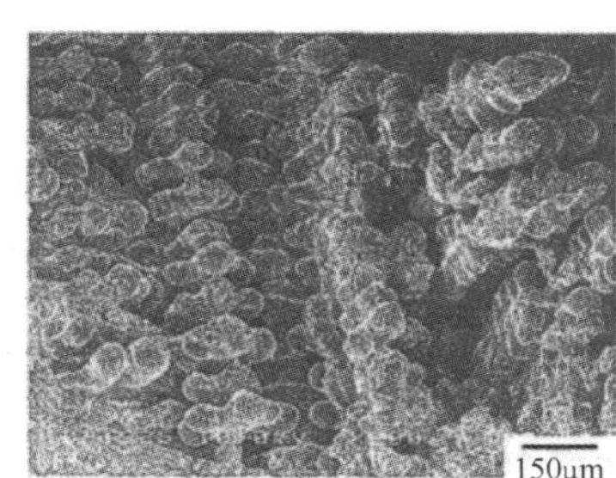

图 1-10　可锻铸铁件联轴器厚截面处的缩松情况

显微缩松会影响零件的力学性能，尤其是塑性、冲击韧性，而更重要的是显著地降低了零件在动载荷条件下的抗疲劳性能，同时也降低了铸件的气密性、物理性能和化学性能。在有特殊要求的情况下，必须设法减少和防止显微缩松的产生。

缩松常常是由于合金的收缩和溶解气体的析出两个因素的结合形成的。

（2）缩孔和缩松的防止措施　缩孔和缩松的存在会使铸件有效承载面积减小，相应的力学性能下降，缩松还可能导致铸件因产生渗漏而报废。因此，在铸造生产中，必须采取相应措施消除或减轻这两种缺陷对铸件质量的影响。

1）合理选用铸造合金。结晶温度范围宽的合金，由于倾向于糊状凝固，结晶开始后，发达的树枝状骨架布满了整个截面，使冒口的补缩通道受阻，易形成分布面较广的缩松，难以消除。

2）按照凝固原则进行凝固。顺序凝固是保证合金按照薄壁→厚壁→冒口顺序进行凝固的工艺措施，如图 1-11a 所示，让铸件按照Ⅰ→Ⅱ→Ⅲ→冒口的顺序凝固。这样使先凝固的收缩可以得到稍后凝固部分合金液的补充，以填满收缩部分的体积。按此原则，人为地使缩孔集中产生在最后凝固的冒口内，清砂时将冒口切除。有时，可将直浇道开在铸件薄壁处，如图 1-11b 所示，为了加速厚壁部分的冷却，在最后凝固的厚壁处加设冷铁。但注意各部分冷却速度不一致，易产生铸造应力、变形和裂纹等缺陷。

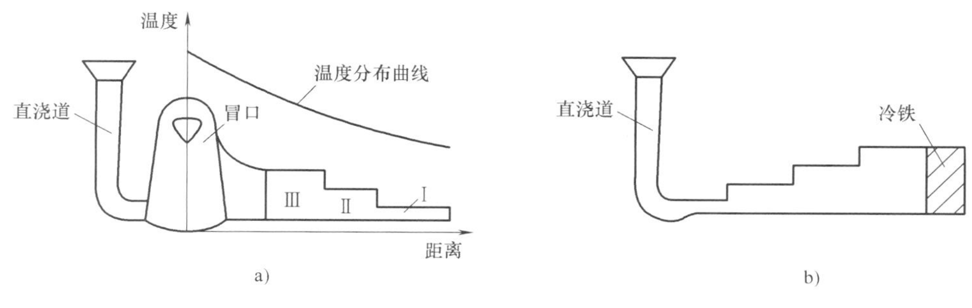

图 1-11 铸件的顺序凝固路线
a）顺序凝固 b）加设冷铁

3）合理设计内浇道及确定浇注工艺。内浇道应从铸件壁厚处引入，尽可能靠近冒口或由冒口引入。浇注速度越慢，合金液流经铸型时间越长，远离浇口处的液体温度越低。靠近浇口处温度较高，则有利于顺序凝固。慢浇也有利于补缩、消除缩孔。

4）合理应用冒口、冷铁和补贴等工艺措施。

① 冒口是指铸型中储存补缩合金液的空腔，采用冒口补缩是防止铸件产生缩孔的有效措施。冒口的形状多采用圆柱形，因其散热表面积小，补缩效果好，取模方便。铸件结构一般都比较复杂，可能会在多处出现缩孔，为此，可设置多个冒口以消除缩孔。图 1-12 所示为阀体铸件，在其左半部画出了热节位置，即可能产生缩孔或缩松的位置。因此在右半部的铸型结构中加设了明冒口和暗冒口，以使缩孔产生在明、暗冒口中，并相应地实现了顺序凝固。

② 冷铁是用铸铁、钢等金属材料制成的激冷物，放入铸型内，用以加大铸件某一部分的冷却速度，调节铸件的凝固顺序。图 1-12 所示阀体铸件壳顶部壁较厚，有一个明显的热节，在该处安放冷铁后可起到激冷作用，防止产生缩孔。

③ 补贴。如果在铸件壁上部靠近冒口处增加一个楔形厚度，使铸件壁变成朝冒口渐增厚的形状，即造成一个向冒口逐渐递增的温度梯度。这种为增加冒口的补缩效果，向着冒口、铸件截面逐渐增厚的多余金属即为补贴，如图 1-13 所示。

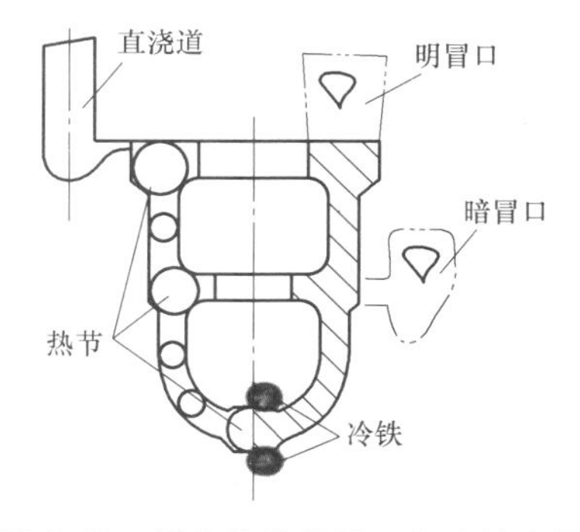

图 1-12 阀体铸件的冒口和冷铁布置

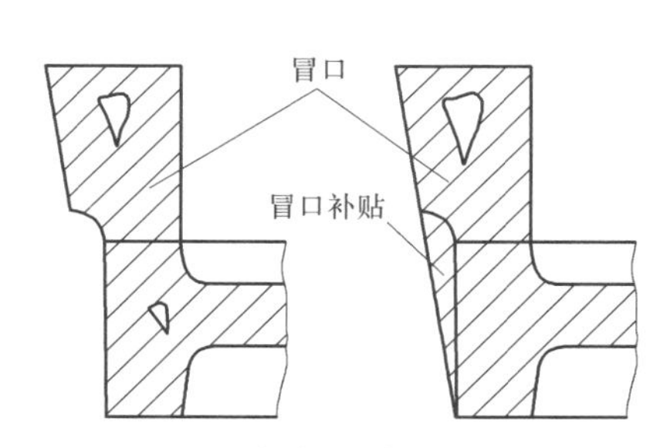

图 1-13 轮毂铸件的冒口补贴

应该注意的是，设置冒口、补贴和安放冷铁的工艺措施，可以促进顺序凝固、防止产生缩孔的铸造缺陷，但相应也产生了一些耗费，使铸件成本增加。另外，顺序凝固可能导致铸件各部分温差增大，容易引起铸件变形和裂纹的产生。一般来说，这类工艺措施主要用于必须补缩的场合，如铸钢或铝青铜铸造等。

三、铸造内应力、变形及裂纹

金属液成型后，从凝固冷却到室温状态，如果收缩受阻，在铸件内会产生应力，这种凝固后的内应力是导致铸件产生变形和裂纹的根本原因。

1. 铸造内应力

(1) 铸造内应力的分类　铸造内应力按其产生原因可分为热应力、相变应力和收缩应力三种。

1) 热应力。由于铸件各部分厚薄不同，以致在凝固和其后的冷却过程中冷却速度各异，导致铸件各部分存在温差，从而造成同一时刻铸件各部分的收缩量不一致，使得彼此相互制约而产生应力，这种应力称为热应力。

图 1-14 所示为金属框架的热应力变化示意图。若将金属框架进行整体均匀加热和均匀冷却，则金属框架内不会产生应力；若只将框架的中心杆件加热，而两侧的杆件不加热，则前者由于温度上升而要伸长，但其伸长会受到两侧杆件的阻碍而不能自由进行，因此，中心杆件受到压应力的作用，而两侧杆件在阻碍中心杆件伸长的同时，也受到了中心杆件对其的反作用力，即受到拉应力作用。这种拉应力与压应力是在没有外部应力的作用下形成的，而且在框架中互相平衡，所以称为内应力。同时，由于这些应力是由不均匀温度造成的，也称为温度应力或热应力。对于铸件，热应力的形成一般具有如下特点：铸件的厚壁或心部受拉应力，薄壁或表层受压应力。

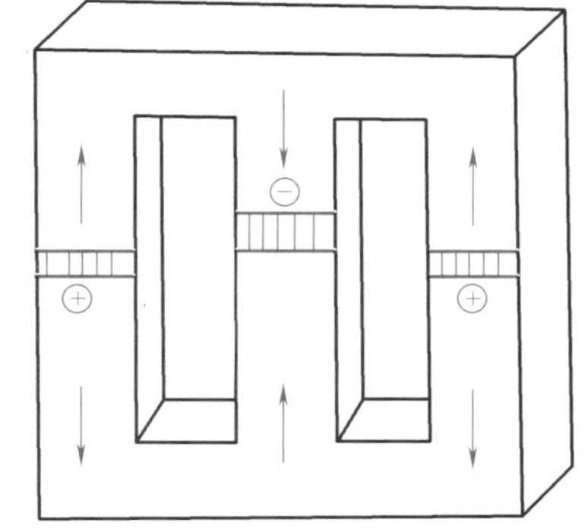

图 1-14　金属框架的热应力变化示意图

2) 相变应力。相变应力也称组织应力。具有固态相变的合金，在加热或冷却过程中，当温度达到一定界限时，便发生组织转变（即相变）。由于铸件各部分的冷却条件不同，各部分发生相变的时刻各异，它们到达相变温度的时刻和相变程度也不同，因而产生应力。金属在相变时体积会发生相应变化，当相变在较低温度下进行时，金属已处于弹性状态，能够形成应力，即相变应力。

钢材在加热和冷却过程中，低碳钢和低合金钢的体积变化不同。加热时钢材要膨胀，其体积随温度的升高而增大。加热到 Ac_1 时发生相变，铁素体与珠光体转变为奥氏体。由于奥氏体的比体积最小，因此钢材体积要减小。到了 Ac_3 相变结束后，其体积又随温度的升高而增大。冷却时，低碳钢与合金钢的体积变化大不相同。低碳钢在相变温度高于 600℃ 时仍处于塑性状态，所以不会产生相变应力。而合金钢，由于合金元素的作用，使钢材在高温时奥氏体的稳定性增强，以致冷却到 350℃ 左右时，才发生奥氏体向马氏体的转变，并保留到室温。由于马氏体的比体积最大，因此马氏体形成后会造成较大应力。

在冷却过程中，凡是产生相变的合金，若新旧两相的比体积相差很大，同时产生相变的温度又低于塑性向弹性转变的临界温度时，都会在铸件中产生很大的相变应力，可能导致铸件开裂。尤其是相变应力与热应力方向一致时，危险性更大。在生产实践中，如大型球墨铸铁件，特别是各部分厚度相差很大的铸件，常因出现冷裂而报废，裂纹是在铸件清理或热处理时不慎出现的。由于球墨铸铁的弹性模量较大，故残余应力也较大，再加上相变应力的作用，往往使铸件的韧性下降。

3）收缩应力。收缩应力也称为机械阻碍应力，是指合金的线收缩在受到铸型、型芯、箱挡和芯骨等的机械阻碍所形成的内应力。一般铸件冷却到弹性状态后，因收缩受阻都会产生收缩应力。收缩应力的来源有以下几个方面：

① 铸型和型芯有较高的强度和较低的退让性。

② 砂箱内的箱挡和型芯内的芯骨。

③ 设置在铸件上的拉杆、防裂筋、分型面上的铸件飞边。

④ 浇冒口系统以及铸件上的一些凸出部分。

⑤ 铸造时采用的刚性固定装置、工装夹具及胎具等。

收缩应力可使工件产生拉应力或切应力。若应力处在弹性范围之内，则当阻碍消除（如铸件落砂或去除外浇口）后，应力会自动消失，因此收缩应力是一种临时应力。但在落砂前，如果铸件的阻碍应力与其他应力同时作用且方向一致，则会促使内应力加剧，当瞬间的应力大于铸件的抗拉强度时，铸件就会产生裂纹。

（2）影响铸造应力的因素　金属铸件在凝固和冷却过程中，其所受应力是热应力、相变应力和收缩应力的代数和。收缩应力一般在铸件落砂后随即消失，即瞬时应力。因此，残余应力往往是热应力和相变应力的叠加。铸造应力与下列因素有关。

1）金属性质。

① 铸造应力与金属或合金的弹性模量和变形量密切相关。一般情况下，金属或合金的弹性模量越大，铸件中的残余应力就越大。例如，铸钢、白口铸铁和球墨铸铁的残余应力比灰铸铁的要大，其原因之一是与金属的弹性模量有关。

② 铸件的残余应力与合金的自由线收缩系数成正比。当其他条件相同时，奥氏体不锈钢由于线胀系数较大，其残余应力比铁素体不锈钢的要大。

③ 合金的热导率直接影响铸件厚薄两部分的温差值。合金钢相比非合金钢具有较低的导热性能，因此在其他条件相同时，合金钢具有较大的残余应力。

④ 金属或合金的相变对残余应力的影响表现在两个方面：相变引起比体积的变化，相变热效应改变铸件各部分的温度分布。

2）铸型性质。铸型的蓄热系数越大，铸件的冷却速度越快，铸件内外的温差就越大，产生的应力则越大。金属型比砂型容易在铸件中引起更大的残余应力。

3）浇注条件。提高浇注温度相当于提高铸型温度，可降低铸件的冷却速度，使铸件各部分温度趋于均匀，因而可减小残余应力。

4）铸件结构。铸件的壁厚相差越大，则冷却时厚、薄壁的温差就越大，引起的热应力则越大。

（3）减小铸造应力的途径　铸造应力和铸件变形对铸件质量的危害很大。铸造应力是铸件在生产、存放、加工及使用过程中产生变形和裂纹的主要原因，它大大降低了铸件的使用性能。例如，当铸件工作应力的方向与残余应力方向相同时，应力叠加，可能超出合金的强度极限而发生断裂。有残余应力的铸件，长久放置或经机械加工后会产生变形，使铸件失去精度。在腐蚀性介质中，残余应力还会降低铸件的耐蚀性，严重时会引起应力腐蚀开裂。因此，必须减小或消除铸件中的铸造应力。

减小铸造应力的主要途径是针对铸件的结构特点，在制订铸造工艺时，尽可能减小铸件在冷却过程中各部分的温差，提高铸型和型芯的退让性，减小机械阻碍。减小铸造应力通常采用以下具体措施：

1）合金选择方面：在铸件能够满足工作条件的前提下，应选择弹性模量和收缩系数小的合金材料。

2）结构设计方面：为了使铸件在冷却过程中温度分布均匀，铸件的壁厚应尽量一致，不同壁厚的连接处要圆滑过渡，热节要小而分散。可在铸件厚实部分放置冷铁，或采用蓄热系数大的型砂；也可对铸件特别厚大的部分进行强制冷却，即在铸件冷却过程中，向事先埋设在铸型内的冷却器内吹入压缩空气或水气混合物，加快厚大部位的冷却速度；还可在铸件的冷却过程中，将铸件厚壁部位的砂层减薄。

预热铸型可减小铸件各部分的温差。在熔模铸造中，为了减小铸造应力和裂纹等铸造缺陷，型壳在浇注前常被预热到600~900℃。为了提高铸型和型芯的退让性，应减小砂型的紧实度，或在型砂中加入适量的木屑、焦炭等，若采用壳型或树脂砂型，其效果尤为显著。

因此，为了减小铸造应力，在设计铸件时应尽量使铸件的形状简单、对称、壁厚均匀。

3）浇注工艺方面：应合理控制浇注时间和冷却时间。内浇道和冒口的位置应有利于铸件各部分温度的均匀分布，内浇道的布置要同时考虑温度分布均匀和阻力最小的要求。

铸件在铸型内要有足够的冷却时间，开箱不能过早。但对一些形状复杂的铸件，为了减小铸型和型芯的阻力，又不能开箱过迟。

4）采用同时凝固。同时凝固是指采取一些工艺措施来保证铸件各部分没有温差或温差尽量小，使各部分几乎同时进行凝固。具体方法是将内浇道开在铸件的薄壁处，以减慢其冷却速度；而在铸件的厚壁处放置冷铁，以加快其冷却速度。总之，铸件采用同时凝固可减小其产生应力、变形和裂纹的倾向，且不必设置冒口，可使工艺简化，并可节约金属材料。采用同时凝固的缺点是在铸件心部会产生缩孔或缩松缺陷。

2. 铸件的变形

具有不同壁厚的铸件，在冷却收缩过程中将产生内应力。处于应力状态的铸件是不稳定的，会自发地发生变形来减小其内应力，从而趋于稳定状态。变形的结果是受拉应力的部位趋于缩短变形，受压应力的部位趋于伸长变形，以使铸件中的残余应力减小或消除。铸件的变形往往使得铸件的精度降低，严重时可使铸件报废，应予以防止。图 1-15 为车床床身的挠曲变形示意图。较厚的导轨部分受拉应力，较薄的床腿部分受压应力，其向导轨方向发生弯曲变形。

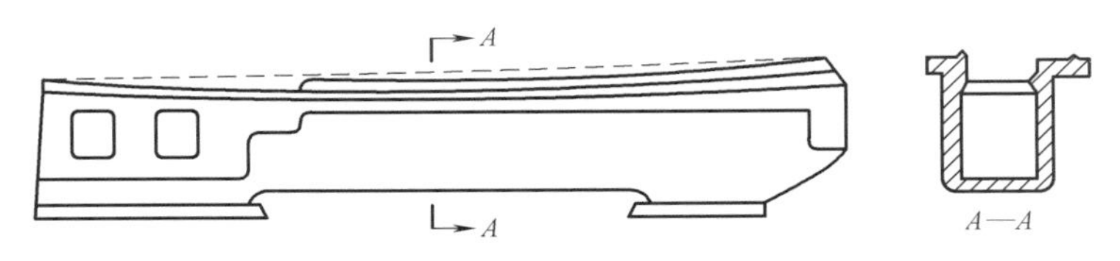

图 1-15　车床床身的挠曲变形示意图

铸件的变形规律取决于残余应力的分布规律，铸件总是趋向于减小残余应力而发生变形。厚大部分的表面内凹，薄壁部分的表面外凸；对于壁厚均匀的各种铸件，总是散热慢的表面（如接触砂芯的内表面）内凹，散热快的表面外凸。铸件变形量不仅取决于残余应力的大小，而且与结构的刚度有关，在相同残余应力的条件下，结构刚度越小，铸件变形量就越大。故刚度小的细长杆件及大而薄的平板类铸件易发生变形；箱体形铸件的刚度大，变形量小。

防止铸件变形的措施如下：

① 铸件壁厚要尽量均匀，并使之形状对称。

② 尽量采用同时凝固原则。

③ 长而容易变形的铸件可采用反变形法，铸模制成与铸件变形相反的形状，来抵消铸件产生的变形。

④ 精度要求高不允许发生变形的铸件，必须采用时效处理。时效处理常分为自然时效和人工时效两种。自然时效是将铸件在露天场地置放半年以上，使其缓慢变形而消除内应力的方法。人工时效也称去应力退火，加热温度是550~650℃，如机床导轨、箱体和刀架等在切削加工前应进行去应力退火。

3. 铸件裂纹

当铸件中的内应力超过其强度极限时，铸件便会产生裂纹。裂纹多会导致铸件报废，必须予以防止。铸件的裂纹分为热裂和冷裂两种。

（1）热裂　热裂是在铸件凝固末期的高温下形成的裂纹，其形状特征是裂纹短、缝隙宽、形状曲折、缝内金属呈氧化色，且裂纹沿晶界产生、外形曲折。因为在凝固末期，铸件绝大部分已凝固成固态，但其强度和塑性较低，当铸件的收缩受到铸型、型芯和浇注系统等的机械阻碍时，将在铸件内部产生铸造应力。若铸造应力的大小超过了铸件在该温度下的抗拉强度，即产生热裂。热裂是铸钢件、可锻铸铁件以及一些铝合金铸件的常见缺陷，一般出现在铸件的应力集中部位，如尖角、截面突变处或热节处等。

防止热裂产生的措施如下：

① 选择结晶温度范围窄的合金生产铸件，因为结晶温度范围越宽的合金，其液、固两相区的绝对收缩量越大，产生热裂的倾向也越大。例如，灰铸铁和球墨铸铁的凝固收缩率很小，所以热裂倾向也小，而铸钢、铸铝和可锻铸铁的热裂倾向则较大。

② 减少铸造合金中的有害杂质，如减少铁碳合金中的磷、硫含量，可提高铸造合金的高温强度。

③ 改善铸型和型芯的退让性。退让性越好，机械收缩应力越小，形成热裂的可能性越小。具体措施是采用有机粘结剂配制型砂或芯砂，在型砂或芯砂中加入木屑或焦炭等材料也可改善退让性。

④ 减小浇冒口对铸件收缩的阻碍，内浇道的设置应符合同时凝固原则。

（2）冷裂　冷裂是铸件在较低的温度下，即处于弹性状态时形成的裂纹，其形状特征是裂纹细小、呈连续直线状，裂纹表面有金属光泽或呈微氧化色。冷裂一般为穿晶开裂，外形规则光滑，常出现在形状复杂的大型铸件受拉应力的部位，尤其易出现在应力集中处。此外，一般脆性大、塑性差的合金，如白口铸铁、高碳钢及一些合金钢等也易产生冷裂。

另外，金属熔液在凝固冷却时会收缩，而由硅砂组成的型芯受热又会膨胀，这样凝固的金属构件与型芯均承受彼此的作用力而产生应力。当型芯的内应力大于自身强度时，型芯被破坏，消除了铸件收缩遇到的阻力。反之，若收缩阻力不能消除，反倒增加了型芯的膨胀力，使金属构件内应力增大，当增大到大于该金属构件在该温度下某部位的抗拉强度时，则该部位将产生裂纹。铸造时，铸锭截面和高度上存在着温度梯度，因而产生内应力，若内应力超过了铸锭本身的抗拉强度，合金在结晶过程中或者在完全凝固后也会发生开裂。

根据裂纹出现的位置不同，冷裂可分为表面裂纹和内部裂纹；按裂纹的走向不同，冷裂可分为横向裂纹和纵向裂纹；按裂纹的尺寸大小不同，冷裂又可分为宏观裂纹和微观裂纹。

冷裂总是发生在冷却过程中承受较高拉应力的部位，特别是在应力集中处，壁厚不均匀、形状复杂的大型铸件也容易产生冷裂。有些冷裂在开箱清理后即可发现；有些在水爆清砂后才被发现；有些则因铸件内部有很大的残余应力，在清理和搬运过程中受到振击时形成。

导致冷裂的应力是铸件冷却到低温处于弹性状态时所产生的热应力和收缩应力的总和。如果此时应力大于该温度下合金的抗拉强度，则产生冷裂。壁厚差大、形状复杂的铸件，尤其大而薄的铸件易于发生冷裂。

凡是能够减小铸造内应力或降低合金脆性的措施，都能防止冷裂的形成。例如，钢和铸铁中的磷能显著降低合金的冲击韧性、增加脆性，使合金容易产生冷裂倾向，因此，磷在金属熔炼中必须严格加以限制。防止或减少冷裂的具体措施主要有以下几种：

① 合金方面。在零件能够满足工作条件的前提下，选择弹性模量和热收缩系数较小的合金材料。

② 铸型方面。在铸件厚大部分放置冷铁，或采用蓄热系数较大的型砂，以及对铸件特别厚大部分进行强制冷却，可以使铸件在冷却过程中的温度分布均匀。此外，预热铸型还能有效地减小铸件各部分的温差，如在熔模铸造中，型壳在浇注前一般被预热到600~900℃。

③ 浇注条件。内浇道和冒口的位置应有利于铸件各部分温度的合理分布，使铸件在铸型内有足够的冷却时间。

④ 改进铸件结构。避免产生较大的应力和应力集中，铸件壁厚差要尽可能小，厚、薄壁连接处要合理过渡，热节要小而且分散。

⑤ 减小残余应力。可采用时效的方法来减小铸件中的残余应力。

四、铸件缺陷及其控制

铸件缺陷是在铸造生产过程中，由于各种原因在铸件表面和内部产生的各种缺陷的总称。铸件缺陷是导致铸件性能低下、使用寿命短、报废和失效的重要原因。分析铸件缺陷，找出产生缺陷的原因，提出防止缺陷出现的对策，以减少和消除铸件缺陷。

1. 铸件主要缺陷

铸件中除了缩孔、缩松、内应力、变形和裂纹等缺陷外，还有一些常见的缺陷，其特征及预防措施见表1-1。

表1-1　铸件常见缺陷的特征及预防措施

缺陷名称	缺陷特征	预防措施
气孔	在铸件内部、表面或接近表面处，有大小不等的光滑孔眼，形状有圆形、长方形及不规则形，有单个的，也有聚集成片的。颜色有白色的或带一层暗色，有时覆有一层氧化皮	降低熔炼时流动金属的吸气量；减少砂型在浇注过程中的发气量；改进铸件结构，提高砂型和型芯的透气性，使型内气体能顺利排出

（续）

缺陷名称	缺陷特征	预防措施
渣气孔	在铸件内部或表面，有形状不规则的孔眼。孔眼不光滑，里面全部或部分充塞着熔渣	提高铁液温度；降低熔渣黏性；提高浇注系统的挡渣能力；增大铸件内圆角
砂眼	在铸件内部或表面有充塞着型砂的孔眼	严格控制型砂性能和造型操作；浇铸或浇注前注意打扫型腔
粘砂	在铸件表面上，全部或部分覆盖着一层金属（或金属氧化物）与砂（或涂料）的混（化）合物，致使铸件表面粗糙	减小砂粒间隙；适当降低金属的浇注温度；提高型砂、芯砂的耐火度
夹砂	在铸件表面上，有一层金属瘤状物或片状物，在金属瘤片和铸件之间夹有一层型砂	严格控制型砂、芯砂性能；改善浇注系统，使金属液流动平稳；大平面铸件要倾斜浇注
冷隔	在铸件上有一种未完全熔合的缝隙或洼坑，其交界边缘是圆滑的	提高浇注温度和浇注速度；改善浇注系统，浇注时不断流
浇不到	由于金属熔液未完全充满型腔而产生的铸件缺陷	提高浇注温度和浇注速度；不要断流，防止跑火

2. 铸件质量检验

清理完的铸件要进行质量检验，合格铸件验收入库，次品酌情修补，废品剔出回炉。铸件质量的检验包括外观质量检验和内在质量检验。

（1）外观质量检验　它是检验铸件最普通、常见的一种方法。铸件表面缺陷（如粘砂、夹砂、冷隔等）在外观上可直接发现。对于铸件表皮下的缺陷，可用尖头小锤敲击来进行表面检查；还可以通过敲击铸件，听其发出的声音是否清脆，判断铸件是否有裂纹。铸件形状、尺寸偏差，可按规定的标准或划线检查。外观质量可以逐个地或用抽查的方法进行检验。

（2）内在质量检验　内在质量检验包括磁力探伤、超声波探伤、压力试验、化学分析、金相组织检验、力学性能试验等多种检验方法，可检验铸件表面的微小缺陷、铸件的致密度、化学成分、金相组织和力学性能。

课后练习

1. 简述铸造成型的优缺点。
2. 什么是液态金属的充型能力？影响液态金属充型能力的因素有哪些？
3. 什么是顺序凝固原则和同时凝固原则？分别适用于什么合金及铸件结构特点？
4. 铸件中的缩孔和缩松是如何产生的？防止措施有哪些？
5. 铸件变形和裂纹是如何产生的？防止措施有哪些？

第二节　砂型铸造

砂型铸造是指铸型由砂型和砂芯组成的一种造型方法。砂型铸造的优点是：不受零件的形状、大小、复杂程度及合金种类的限制，生产准备周期短，成本低。尽管砂型铸造存在工人劳动强度大、铸件质量欠佳、铸型只能使用一次等缺点，但其仍是铸件生产最主要的方法。

一、砂型铸造的工艺过程

铸造生产是复杂、多工序的组合过程，基本上由铸型制备、合金熔炼及浇注、落砂及清理三个相对独立的工艺过程所组成。砂型铸造的工艺过程包括混砂、造型和造芯、烘干、合型、熔化与浇注、铸件的清理和检验等工序，如图 1-16 所示。图 1-17 是管件毛坯的砂型铸造简图。

根据零件图绘制铸造工艺图，以铸造工艺图为依据再绘制铸件图、模样图、芯盒图和铸型装配图。然后着手制造模样和芯盒，同时配置型砂和芯砂。将熔化的金属液浇注到已合型

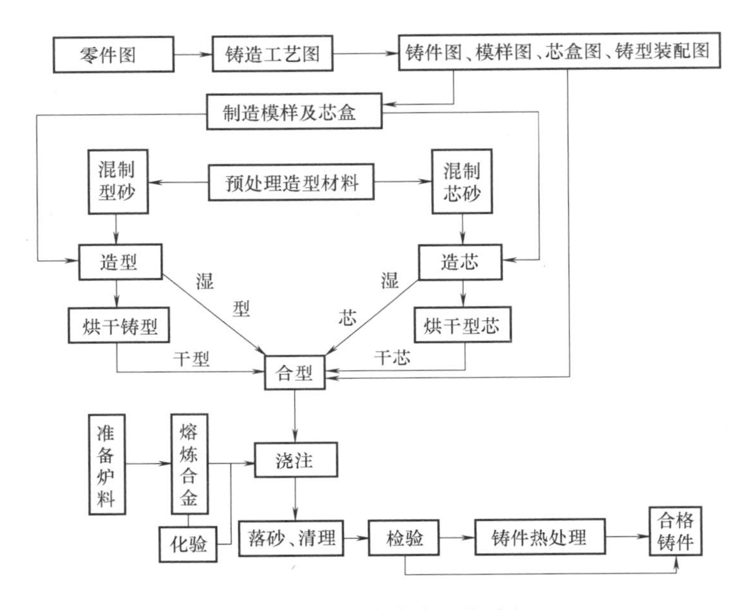

图 1-16 砂型铸造的工艺过程

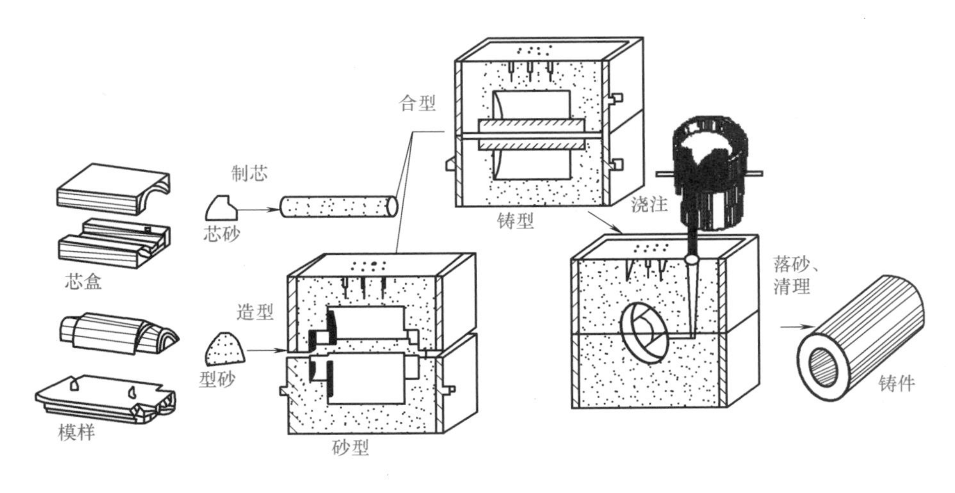

图 1-17 管件毛坯的砂型铸造简图

的铸型中，待金属液完全凝固后，从砂型中取出铸件，清理铸件上的附着物，经检验后获得合格铸件。

砂型铸造具有如下优点：

1）利用砂型铸造可以制造各种尺寸和形状复杂的铸件，特别适用于制造具有复杂内腔的毛坯制品。

2）砂型铸造可以将低塑性、不能进行压力加工的材料制成具有一定功能的制品或毛坯。

3）生产成本低，原材料来源广，铸件废品、浇冒口等可以重新熔炼。

4）手工造型所需设备和工艺装备比较简单，容易组织生产。

砂型铸造同样具有缺点，如人工劳动条件差，铸件表面粗糙，后续加工余量大，力学性能较低等。

二、造型材料

造型材料是指用来制作铸型的材料，包括制造砂型所用的型砂、涂料及它们的组成材料，如制造金属型所用的钢、铁或铜合金，制造其他特种铸型所用的石墨、石膏、陶瓷浆料等。在现代铸造生产中，利用砂型铸造的铸件仍占铸件总重量的80%以上，因此通常所说的造型材料往往是指配制砂型所用的各种原材料。在砂型铸造生产中常用的型（芯）砂主要有粘土砂、树脂砂、水玻璃砂、油砂等。

1. 型（芯）砂应具备的性能

高质量型（芯）砂应当具有能铸造出高质量铸件所必备的各种性能。需根据铸件合金的种类，铸件的大小、壁厚，浇注温度，金属液压射冲头，砂型紧实方法，浇注系统的形状、位置和出气孔等情况，对型砂性能提出不同的要求。

（1）造型、造芯和合型阶段对型（芯）砂性能的要求　为了制造出合格的砂型和砂芯，装配合型成可靠的铸型，型（芯）砂应具有良好的工艺性能，如湿度、流动性、强度、成型性、韧性、粘模性等。

1）湿度。为了得到所需的湿强度和韧性，粘土砂必须含有适量水分。水分也称含水量，它表示型砂中所含水分的质量分数，这是一般工厂确定型砂干湿程度最常用的指标。紧实率是指湿型砂用1MPa的压力压实或者在锤击式制样机上打击三次，其试样体积在紧实前后的变化百分率，用试样紧实前后高度变化的百分数表示。一般情况下，混砂时的加水量应按固定的紧实率范围来控制。

2）流动性。型（芯）砂在外力或自重的作用下，沿模样（或芯盒）表面和砂粒间相对移动的能力称为流动性。流动性好的型砂可形成紧实度均匀、无局部疏松、轮廓清晰和表面光洁的型腔，有助于防止机械粘砂，从而获得光洁的铸件。

3）强度。型砂、芯砂试样抵抗外力破坏的能力称为强度。包括湿强度、干强度、热强度等。型（芯）砂必须具备一定的强度以承受各种外力的作用。

4）成型性。型砂围绕模样在砂箱内流动的能力称为成型性。用成型性差的型砂造的砂型易使铸件产生粘砂缺陷。

5）韧性。韧性是指型砂抵抗外力破坏的性能。用韧性差的型砂造型，起模时铸型容易损坏。增加粘土加入量和相应地增加含水量可明显地提高型砂的韧性。

6）粘模性。粘模性是指型砂粘附模样的性质，与型砂的温度、水分和粘结剂含量及模样的材质及表面粗糙度有关。粘模是由于型砂的粘结材料与模样表面的附着力超过了砂粒之间的粘结膜的凝聚力造成的，故粘模性与粘结材料和模具材料有关。

（2）铸件浇注、冷却、落砂和清理阶段对型（芯）砂性能的要求　液态合金浇入铸型后，与型腔表面砂层之间发生机械作用、热作用和化学作用。机械作用是指液态合金充填过程中对型腔壁的动压力和静压力，合金液凝固收缩时对铸型产生的压应力。热作用是由于合金液与铸型型腔存在着很大的温差，型腔壁被强烈加热，靠近合金液的型腔表面加热特别严重，局部甚至开裂或烧结。化学作用是指液态合金及其氧化物与型腔表面砂层发生化学反应。为铸造出合格铸件，该阶段对型（芯）砂提出以下性能要求：

1）耐火度。型（芯）砂承受高温作用的能力称为耐火度。主要与原砂耐火度有关。影响型砂耐火度的主要因素是原砂的化学成分和矿物组成。原砂中有的低熔点物质使耐火度降低。砂粒颗粒度大、角形因数小的原砂，其热容量大，比表面积小，吸收的热量少，不易熔化，故粗砂、圆形砂的耐火度比细砂、尖角形砂、多角形砂的耐火度高。

2）透气性。透气性是表示紧实砂样孔隙度的指标。在液体金属的热作用下，铸型产生大量气体，如果砂型、砂芯不具备良好的排气能力，浇注过程中就有可能发生呛火，使铸件产生气孔、浇不到等缺陷。

3）发气量和有效煤粉含量。为了使铸铁用湿型砂具有良好的抗机械粘砂性能并且能制得表面光洁的铸件，型砂除应有适宜的透气性外，还应含有煤粉或其他有机附加物（如重油、沥青等）。这些材料在浇注受热后，产生大量挥发物，在高温下进行气相分解，在砂粒表面沉积形成“光亮炭”，从而可以防止铸铁件表面机械粘砂，降低铸件表面粗糙度值。

4）退让性。合金在凝固和冷却过程中会收缩，此时要求铸型相关部位发生变形或退让，以不阻碍铸件收缩而获得应力小且不产生裂纹的铸件。这种型砂不阻碍铸件收缩的高温性能称为退让性，也称容让性。退让性小时，铸件收缩困难，会使铸件内产生应力甚至开裂。型砂退让性主要取决于型砂的热强度。热强度高，抵抗合金液机械作用的能力强，但退让性差。

5）溃散性。浇注后型（芯）砂是否容易解体而脱离铸件表面的性能称为溃散性。溃散性好的型（芯）砂，在铸件凝固冷却后很容易从铸件上脱落。生产中常采用在粘土砂内加入木屑等附加物的方法来改善干砂型和表面烘干型的溃散性。

要求一种型砂全部满足上述性能是很难达到的，在控制型砂性能时，要根据实际铸造生产中铸件的特点（合金种类、尺寸、重量、形状结构、技术要求等）和生产条件（批量大小、手工或机器造型、技术水平）来具体确定，由此相应确定原砂和粘土的种类及加入量、水分含量和附加物的加入量、型砂配置工艺和铸型紧实度。

2. 型（芯）砂的组成

型（芯）砂是由骨干材料、粘结材料和附加物等原材料按一定比例配制而成。以粘土为粘结材料的粘土型（芯）砂主要由原砂、粘土、附加物和水配制而成。由于自然界中的粘土资源丰富，价格低廉（开采后只需稍作加工即可供生产使用），且粘土砂型具有制造工艺简单，旧砂回用处理容易等优点，粘土被广泛用来配制型（芯）砂，用于制造铸钢件、铸铁件和非铁合金铸件的砂型及形状简单的砂芯。因此，粘土型砂是砂型铸造生产应用最多的造型材料。粘土型砂的结构如图 1-18 所示。砂粒是型砂的骨干，约占型砂重量的 90%，砂粒本身不具有粘结力。粘土是型砂的粘结剂，它在干态时没有粘结性，粘土与水混合后形成粘土胶体，以薄膜形式覆盖在砂粒表面，把松散的砂粒粘结起来，使型砂具有强度。加入的附加物（如煤粉、木屑等）用来改善型砂的某些性能。砂粒间具有孔隙，浇注时可使气体通过孔隙逸出型外，使型砂具有透气性。由此可见，原砂、粘土的性质以及原砂、粘土、水分的配比与混制工艺对型（芯）砂的性能起着决定性作用。

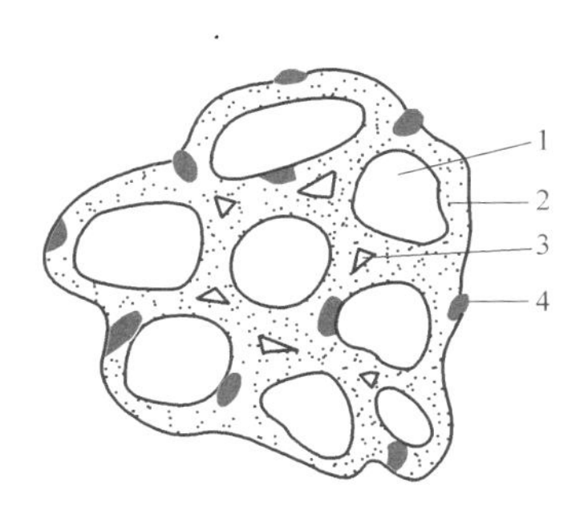

图 1-18 粘土型砂结构示意图

1—砂粒 2—粘土胶体

3—孔隙 4—附加物

（1）铸造用砂 铸造生产中配制型（芯）砂所用的砂（原砂）称为铸造用砂，它是型砂、芯砂的基本组成部分。铸造用砂根据矿物组成的不同分为硅砂和非硅质砂。硅砂主要成分是二氧化硅 SiO_2，非硅质砂主要有锆砂、镁砂、镁橄榄石砂、石灰石砂、铬铁矿砂和刚玉砂等。铸造用砂除天然矿物砂外，还有经过人工方法破碎、筛选的原砂，称为人造砂。

1）铸造用砂的性能指标。

① 颗粒形状和组成。铸造用砂的颗粒形状和颗粒组成影响型砂的流动性、紧实性、透气性、强度和抗液态金属的渗透性等性能，是影响铸造用砂质量的重要指标。

铸造用砂的形状一般有三种：圆形砂——颗粒为圆形或接近圆形，表面光洁，没有突出的棱角；多角形砂——颗粒呈多角形，且多为钝角；尖角形砂——颗粒呈尖角形，且多为锐角。

砂的颗粒组成是用筛号来表示的，测定的方法是将经水洗去泥分烘干后的干砂倒入标准筛，再放到筛砂机上筛分，筛分后将各筛子上停留的砂分别称重。通常用标准筛筛分后砂粒最集中的 3 个相邻筛子的头尾筛号表示颗粒组成。

② 含泥量。铸造用砂的含泥量是指原砂中颗粒直径小于 0.020mm 颗粒部分所占的质量分数，其中既有粘土，也包括极细的砂和其他非粘土矿物质点。含泥量的大小影响着型砂配置时粘结剂的用量、砂型的强度和透气性。

③ 耐火度。耐火度是指铸造用砂遇高温而不熔化的性能。原砂耐火度越高，铸件的表面质量越好，越不易粘砂，型砂的回用性也越好。颗粒尺寸小的砂（细砂）比颗粒尺寸大的砂（粗砂）耐火度低，而尖角形砂则比圆形砂的耐火度低。

④ 烧结点。烧结点是指砂粒表面或砂粒之间的杂质物开始熔化而使砂粒相互烧结的温度。烧结点比耐火度低，其对铸件表面质量、型砂的回用和铸件清理的影响比耐火度更明显。

2）硅砂。硅砂是以石英（SiO_2）为主要矿物成分、粒径为 0.020~3.350mm 的耐火颗粒物。按其开采和加工方法的不同，分为天然硅砂（水洗砂、擦洗砂、精选砂）和人工硅砂。铸造行业中所用的原砂以硅砂为主，所占比重在 97%以上，其中尤以天然硅砂的用量最大，人工硅砂用量很小。

硅砂储量丰富、价廉物美，有足够的耐火度，颗粒坚硬，在接近熔点时仍能保持其形状的强度。但硅砂的热稳定性差，在 570℃左右发生相变并伴有很大的体积膨胀，导致铸件产生膨胀缺陷影响铸件尺寸精度，用作型砂时使铸件表面易产生夹砂、鼠尾等缺陷，用作芯砂时铸件内部易产生脉状纹。另外，硅砂在高温下的稳定性不好，易与 FeO 作用产生易熔的铁橄榄石，导致铸件表面粘砂等。

3）非硅质砂。除硅砂以外的各种铸造用砂统称为非硅质砂。与硅砂相比，特种砂普遍具有耐火度高、导热性好、热膨胀小、抗熔渣侵蚀能力强的特点，但其价格较昂贵、资源较短缺。非硅质砂主要用于合金钢或容易粘砂的碳钢铸件。

① 铬铁矿砂。铬铁矿砂的主要成分是 $FeO \cdot Cr_2O_3$，密度为 4～4.8g/cm^3，熔点为 1450～1480℃，热导率比硅砂高几倍，线胀系数小，不与 FeO 起化学作用。铬铁矿砂一般用作大型铸钢件或合金铸钢件的面砂、芯砂或涂料。

② 锆砂。锆砂的主要成分是 $ZrSiO_4$，熔点约为 2400℃，莫氏硬度为 7～8 级，密度为 4.5～4.7g/cm^3，线胀系数只有硅砂的 1/6～1/3，因而可减少铸件产生夹杂缺陷。锆砂的导热性极好，可加速铸件的凝固，有利于防止大型铸件粘砂。锆砂可用作铸钢件或合金钢铸件的面砂、芯砂或涂料。

③ 橄榄石砂。铸造用橄榄石砂中 $2MgO \cdot SiO_2$ 的质量分数应不低于 90%，熔点为 1790℃，它不与 MnO 作用，当用于铸造高锰钢铸件时，可获得较好的表面质量。

④ 硅酸铝砂。硅酸铝砂包括蓝晶石、硅线石和红柱石等矿物形成的砂粒，三者晶体结构不同，但化学成分相同，分子式都是 $Al_2O \cdot SiO_4$，天然矿床中常常三者并存，称为硅酸铝砂。从沉积矿床提取的硅酸铝砂，颗粒为圆形，莫氏硬度为 6～7 级，加热过程中体积变化很小，对树脂粘结剂的适应性优于橄榄石砂。

⑤ 石灰石砂。石灰石砂的主要组成是 $CaCO_3$，游离 SiO_2 含量（质量分数）不大于 5%。用石灰石砂生产的铸钢件不粘砂，易清理，目前国内主要用作生产铸钢件的型砂和芯砂。

⑥ 镁砂。镁砂的主要化学成分是 MgO，因砂中含有 SiO_2、CaO、Fe_2O_3 等杂质，熔点约为 1840℃，线胀系数比硅砂小，蓄热系数比硅砂大 1.5 倍，莫氏硬度为 4～4.5 级，密度约为 3.5g/cm^3。它不与 FeO 或 MnO 相互作用，因而铸件不易产生粘砂缺陷。镁砂常用于生产锰钢铸件和其他高熔点的合金铸件，以及表面质量要求较高的铸钢件。

⑦ 刚玉砂。刚玉砂的主要化学成分是 α-Al_2O_3，由工业氧化铝经电弧炉熔融转变而成。纯刚玉的耐火度为 1850～2050℃，莫氏硬度约为 9 级，热导率比硅砂约高 1 倍，线胀系数约为硅砂的 1/2。由于其结构致密，能抗酸和碱的侵蚀。但其价格贵，仅在铸造精度高、表面粗糙度值低的合金钢铸件时用作涂料。

⑧ 耐火熟料。在 1200～1500℃ 高温下焙烧过的硬质粘土（如铝矾土、高岭土）称为耐火熟料。它为多孔性材料，密度约为 1.45g/cm^3。耐火熟料的线胀系数小，耐火度高，铁及其氧化物对它的浸润性较小，可作为铸造大型非合金钢铸件的涂料和熔模铸造的制壳材料。

（2）粘结材料　常用的铸造粘结材料有粘土、水玻璃、树脂和油脂等。

1）铸造用粘土。铸造用粘土是型砂的一种主要粘结剂。粘土被水湿润后具有粘结性和可塑性；烘干后硬结，具有干强度，而硬结的粘土加水后又能恢复粘结性和可塑性，因而具有较好的复用性。但如果烘烤温度过高，粘土被烧死或烧结，就不能再加水恢复其可塑性。粘土资源丰富，价格低廉，所以应用广泛。

铸造生产采用的粘土，根据所含粘土矿物种类不同，主要分为铸造用普通粘土和铸造用膨润土两类。普通粘土主要适用于作为需要烘干的粘土砂型和砂芯的粘结剂，膨润土适用于作为湿型砂的粘结材料。

2）水玻璃。水玻璃（别名泡花碱）是各种聚硅酸盐水溶液的通称。铸造最常用的是钠水玻璃，因其来源充足，价格便宜。钠水玻璃的分子式为 $Na_2O \cdot mSiO_2 \cdot nH_2O$，此化学式表示三个组成物质的量的相互比例，化学名称为水溶性硅酸钠溶液。硅酸钠是弱酸强碱盐，干态时为白色或灰白色团块或粉末，溶于水时，纯净的水玻璃外观为无色透明的黏稠液体，当含有铁、锰、铝、钙的氧化物时，则带有黄绿、青灰和乳白等各种颜色。其 pH 值一般为 11~13。

水玻璃在一定条件下逐渐变硬的过程称为水玻璃的硬化。常用的硬化方法有化学硬化和物理硬化两大类，其中吹 CO_2 硬化、加热硬化、自然干燥硬化可单独使用，也可根据铸件精度要求联合使用。

3）树脂。用于铸造生产的树脂粘结剂不同于一般的树脂胶和清漆树脂，对色泽没有要求，加入量少，一般只占砂的百分之几，要求它的强度高、不吸湿，而在高温浇注时放出的气体要少，以保证铸件质量。同时，铸造所用的树脂一次浇注后即焦化，势必要求树脂的原料来源广，价格低。因此，并不是工业用树脂都可用作铸造树脂型（芯）砂粘结剂。

目前，铸造生产用型（芯）砂粘结剂的树脂主要有酚醛树脂（代号 PF）、脲醛树脂（代号 UF）、糠醛树脂（代号 FA）三类。但这三类树脂都有一定的局限性，单一使用时往往很难完全满足造型、造芯的要求。因此，铸造生产中型（芯）砂所用的树脂粘结剂，一般都是在某一类树脂中加入另一类树脂或另一类树脂的原料，对某一类树脂进行改性处理，形成各种不同性能的新树脂，以满足不同生产条件的需要。

树脂粘结剂用于铸造生产主要有以下优点：树脂反应速度快，可以大大提高劳动生产率，便于实现机械化自动化生产，减轻工人劳动强度；树脂砂湿强度低，流动性好，充填和成型性好，干强度高，能制造结构复杂和表面质量高的砂型（芯）；可减少对熟练造型工或造芯工的依赖性；浇注后砂型（芯）的溃散性好（壳芯的溃散性尤为优越），铸件的缺陷也相应减少，表面粗糙度值变低，尺寸精度得以提高，因而铸件质量得以改善。但也有以下缺点：对原砂质量要求高；树脂粘结剂价格昂贵；对环境有污染。

4）油脂。油脂粘结剂按来源分为两类：植物油（如桐油、亚麻籽油、改性米糠油、塔油等）和矿物油（如合脂、沥青等）。

铸造工业中所用的植物油粘结剂主要有桐油、亚麻籽油和改性米糠油等，均属于含有不饱和脂肪酸的油类，也称干性油，其中以亚麻籽油和桐油为最好。

桐油或亚麻籽油等干性植物油都是重要的工业原料，而且资源有限，价格较高，为此国内于 1956 年起研究采用矿物油作为铸造用芯砂粘结材料。曾先后研究和使用过石油沥青乳浊液、减压渣油、合成脂肪酸蒸馏残渣（简称合脂）等矿物油粘结剂，其中合脂粘结剂芯砂在铸造生产中得到了广泛应用。以合脂作为粘结剂配制的芯砂称为合脂砂。其合脂性能好，价格便宜，可作为植物油的代用品。

（3）附加物　型砂中除含有原砂、粘结剂和水等材料外，通常还特意加入一些材料，如辅助粘结剂（如水泥、磷酸盐等）、煤粉、渣油、淀粉等，目的是使型砂具有特定的性能，并改善铸件的表面质量。这些材料统称为型砂的附加物。

1）辅助粘结剂，如水泥、磷酸盐、淀粉、糊精、纸浆等与相适应的粘结剂配合使用，可提高粘结剂的粘结效果，增加型砂的强度。

2）煤粉，外观呈黑色或黑褐色细粉，属于抗粘砂材料，是成批、大量粘土湿型砂生产铸铁件用的防粘砂材料。其主要作用就是防止粘砂和夹砂，从而获得表面光洁的铸铁件，同时也起到提高型砂溃散性的作用。

3）淀粉，包括 α 淀粉、糊精、糖浆、氢化淀粉水解液（山梨醇）等，外观呈白色或灰白色颗粒或粉状材料，作为添加剂可提高油砂的湿强度而不降低干强度，提高湿型砂韧性，提高水玻璃砂的溃散性。

4）其他辅助材料。重油和渣油为深褐色或黑色油状液体，属于抗粘砂材料。重油一般用于铸铁湿型砂的附加物，防止铸件产生粘砂；渣油还可以作为砂芯的粘结剂。

石墨粉分为鳞片石墨和无定型（土状）石墨，为黑色粉末，多用中碳石墨，是抗粘砂材料。石墨粉一般用于铸铁件干型和砂芯的涂料、敷料或用于石墨铸型，在湿型中也可代替煤粉。

氧化铁粉为红色粉末，属于抗粘砂材料。在热芯盒树脂砂中加入一定量，以防止铸件粘砂和气孔。作为小型铸钢件型砂附加物，可防止铸件夹砂、粘砂及出现脉状纹。

滑石粉为白色细粉，用于非铁合金和小型铸件型（芯）砂涂料，通常滑石粉中加入亚麻籽油进行烘干粉碎后作为手工造芯脱模剂。

3. 型（芯）砂的分类

（1）粘土砂　粘土砂型根据在合型和浇注时的状态不同可分为湿型（湿砂型或潮型）、干型和表干型（表面烘干型）。三者之间的主要差别是：湿型是造好的砂型不经烘干、直接浇入高温金属液；干型是在合型和浇注前将整个砂型送入烘干窑中烘干；表干型是在浇注前对型腔表层用适当方法烘干一定深度。

湿型、表干型、干型对型砂性能要求有较大差别，而原砂、粘土的质量和水分含量的高低直接影响着型砂性能和铸件质量，因而需合理选用原砂、粘土及附加物。

湿型铸造主要用于500kg以下的铸件，在机械化流水生产和手工造型中均可应用。手工造型时，主要用于几十千克以下的小件。干型主要用于铸件表面质量要求高，或结构特别复杂的单件或小批生产及大型、重型铸件。

粘土砂是用粘土作粘结剂，加水调制，构成粘土-水体系。采用粘土-水体系粘结的型砂具有许多的优点，但也存在一些问题，有待于今后的优化和研发。粘土砂的优点：对造型方式的适应性强，手工造型及高速、高压造型均可；铸造生产的各种原砂如硅砂、硅酸铝砂等均可用粘土作粘结剂；粘土储量丰富，价格低廉；粘土砂复用性好，绝大多数型砂都可循环使用；经舂实后的粘土砂，强度高，脱模性好，搬运及合型过程中不易损坏，在浇注时耐冲刷等。

（2）水玻璃砂　水玻璃粘结砂简称水玻璃砂，是铸造生产中广泛采用的化学粘结砂。水玻璃可以采用多种硬化工艺，但基本上可分为三类，即脱水硬化、吹气硬化和自硬化。

水玻璃型（芯）砂与粘土砂比较，其优点是：型（芯）砂流动性好，易于紧实，故造型（芯）劳动强度低；硬化快，硬化强度较高，可简化造型（芯）工艺，缩短生产周期，提高劳动生产率；可在型（芯）硬化后起模，型（芯）尺寸精度高；可取消或缩短烘烤时间，降低能耗，改善工作环境和工作条件。

钠水玻璃砂 CO_2 法自1947年问世以来，由于混砂、紧实、硬化、起模等操作简单，同时 CO_2 价格便宜、安全、不需要净化，从而迅速得到推广。这一方法的主要缺点是：铸型浇注后溃散性差；旧砂难以用摩擦法再生；硬化的型芯保存性差（尤其在寒冷潮湿的条件下）；对某些铸件，型芯硬化后的强度还不够理想。因此，其使用受到一定限制。

（3）树脂砂　树脂粘结砂简称树脂砂，树脂砂铸造就是把原砂和树脂混合后形成树脂砂，把树脂砂打入模具型腔中，通过加热或催化剂方法使其成型，成型后的泥芯再放入浇注模具中进行浇注。树脂砂方法是铸造中常用的造型、造芯方法之一，适用于多品种、小批量铸件的生产，具有流动性好，浇出的铸件尺寸精度高、表面质量好，浇注后的型（芯）砂溃散性好、容易再生等特点，在机床、水利机械、工程机械、矿山机械等领域普遍使用。

用于铸造生产的各种树脂砂的造型（芯）工艺可分为三类：加热硬化工艺、自硬工艺和吹气（雾）硬化工艺。

常用的树脂砂造型法有呋喃自硬树脂砂法、酚脲烷（PEPSET）自硬树脂砂法、碱酚醛（α-Set）等。常用的树脂砂造芯法有呋喃热芯盒法、壳芯法、三乙胺冷芯盒法等。

（4）油芯砂　油芯砂是以油类为粘结剂的一类型砂，主要用于制造形状复杂、截面细薄、内腔不加工铸件的砂芯。用油类粘结剂配制的芯砂的特点是：硬化前芯砂具有良好的流动性，便于紧实并获得轮廓清晰的形状；硬化后芯砂具有较高的干强度；在金属液的高温作用下，油类粘结剂燃烧，使砂芯的高温强度和残余强度大幅度降低，表现出良好的退让性和出砂性；燃烧时产生的CO、H_2等还原性气体，能有效地防止铸件粘砂，使铸件表面光洁。但其发气量大，烘干过程中排放的烟气会污染环境。

油芯砂按选用粘结剂的来源不同，分为植物油粘结剂芯砂和矿物油粘结剂芯砂。常用的油芯砂有桐油砂、合脂砂、改性渣油砂等。

4. 型砂的混制工艺

型砂是由新砂、旧砂、粘结剂、附加物和水搅拌碾压配制而成。型砂成分随铸件材料和生产条件而异。芯砂由新砂、粘结剂配制而成。

按用途不同，型砂可分为面砂、背砂和单一砂三种。面砂是在铸型中直接与模样接触的一层型砂，要求有较高的耐火性、高强度和良好的可塑性。背砂又称填砂，是用来填满砂箱其余部分的砂，一般用旧砂过筛后作背砂，要求有高的透气性。在用机器造型时，通常只用一种性能符合要求的砂，称为单一砂（即部分面砂和背砂）。

生产中常用的混砂机有碾轮式、摆轮式、叶片式等。碾轮式混砂机混砂时，混合和揉搓作用较好，混制的型砂质量较高，但生产率低。一般工厂混制面砂时都用碾轮式混砂机。为了加强对型砂的松散和混合作用，新式的碾轮式混砂机的碾轮侧面带有数根松砂棒，或者采用单碾轮和松砂转子结构。摆轮式混砂机生产率较碾轮式混砂机高几倍，而且在混砂机内能鼓风冷却型砂，但混制的型砂质量不如碾轮式，因此摆轮式混砂机多用于机械化程度较高的铸造车间，用来混制单一砂和背砂。叶片式混砂机仅有混合作用而无搓揉作用，故只用于混制背砂或黏土含量低的单一砂。双碾盘碾轮式混砂机是一种高生产率的连续式混砂机，用于大量生产的铸造工厂，用来混制单一砂。

混制粘土型砂常用的加料顺序是：先将回用砂和新砂、粘土粉、煤粉等干料混匀（称干混）；再加水至要求的水量混合（称湿混）；如果型砂中含有渣油液，则渣油液应在加水混匀后加入，加渣油液后的混碾时间不宜过长，只要混匀即可。这种先加干料后加水的混碾工艺因干料很难混匀，在碾盘边缘会遗留一圈粉料未被混合，这些粉料吸水后，在混碾的后期和卸砂时才脱落，致使在型砂中混有一些粘土和煤粉团块。如果先向回用砂中加水，则水可在砂粒上形成水膜，后加入的粘土就能更快地分散在砂粒上，强度的建立更快。此外，先混干料会使尘土飞扬，恶化劳动环境。因此，通常认为加料顺序宜先加砂和水，湿混后再加粘土粉和煤粉混匀，最后加少量水调整紧实率，可以更快地达到预定的型砂性能，缩短混砂时间。

为使各种原材料混合均匀并形成完整的粘结薄膜，应有一定的混砂时间。如果混砂时间过短，原材料没有混匀，粘土粉来不及充分吸水形成粘土膜包覆在砂粒表面，造成型砂性能较差。但混砂时间过长，又会引起型砂温度升高，水分不断蒸发，使型砂性能下降。混砂时间主要根据混砂机的型式、型砂中的粘土含量和混砂时新砂加入量所占比例确定。粘土含量高的型砂混砂时间应较长。采用碾轮式混砂机，混砂时间：背砂约为 3min，单一砂为 3～5min，面砂为 5～8min。采用摆轮式混砂机，混砂时间：背砂为 0.5～1min，面砂为 2～3min。

三、造型与造芯

铸件的形状和尺寸由铸型型腔来形成。在砂型铸造中，用砂型形成铸件的外轮廓形状尺寸，用砂芯形成铸件的内腔形状和尺寸。制造砂型简称为造型，制造砂芯简称为造芯，砂芯装配在砂型内组成铸型的过程称为配型。造型、造芯和配型是铸型制备过程的主要工艺环节，对铸件质量有很大的影响。

在铸造生产中有机器生产和手工生产铸型两种制备方法。通常根据铸件的结构特点、尺寸、生产数量、技术要求、交货期限和生产条件等因素来确定铸型制备方法。下面主要介绍手工造型的基本方法、特点和适用范围等。

1. 手工造型

单件或小批量铸件的生产，大部分采用手工制造型、芯。手工造型的方法很多，即使同一个铸件，也可采用不同的造型方法。尽管手工造型方法多种多样，但基本要求是一样的：模样能够从砂型中顺利起出；铸件的加工面尽量朝下或者放在竖直面上；模样和浇冒口边缘必须与砂箱内侧保持一定距离（吃砂量），以便均匀舂实型砂，且防止因铸件各部分温差过大而产生铸造缺陷。

（1）整模造型　整模造型是指使用整体模样造型，其造型过程如图 1-19 所示，分型面

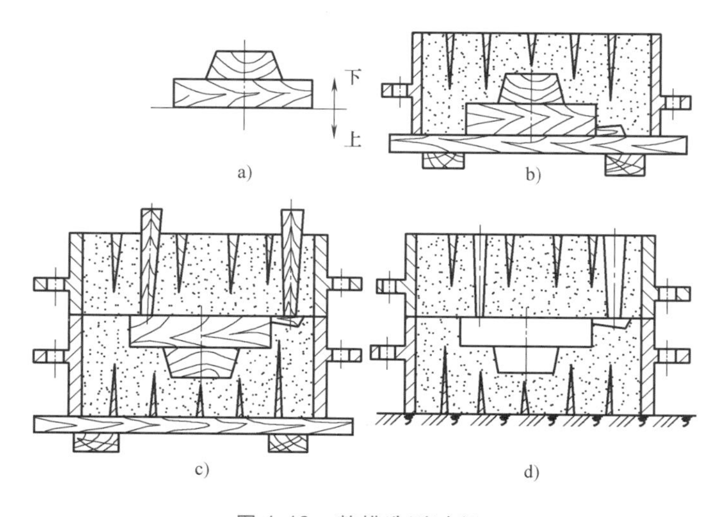

图 1-19　整模造型过程

a）木模样　b）造下型　c）造上型　d）铸型

整模造型实操过程

（上下型之间的结合面）取于模样的一端，使模样可以直接从砂型中起出。根据铸件的技术要求，造型时可将模样放置在下箱或上箱中。这种造型方法操作简便，适用于生产各种批量、结构形状简单的铸件。

（2）分模两箱造型　有些铸件外形较复杂，若采用整模造型，就难以从砂型中取出模样。将模样沿着截面最大处分成两半，造型时分别放置于上箱和下箱内，称为分模两箱造型。带有凸缘的管类铸件分模两箱造型过程如图 1-20 所示。分模两箱造型操作简便，应用广泛，适用于圆柱体、套类、管类、阀体类等形状较为复杂的铸件。通常模样的分模面与砂型的分型面一致。为了便于操作，分模之间定位用的定位销或方榫必须设在上半模上，而销孔或榫孔开在下半模上。

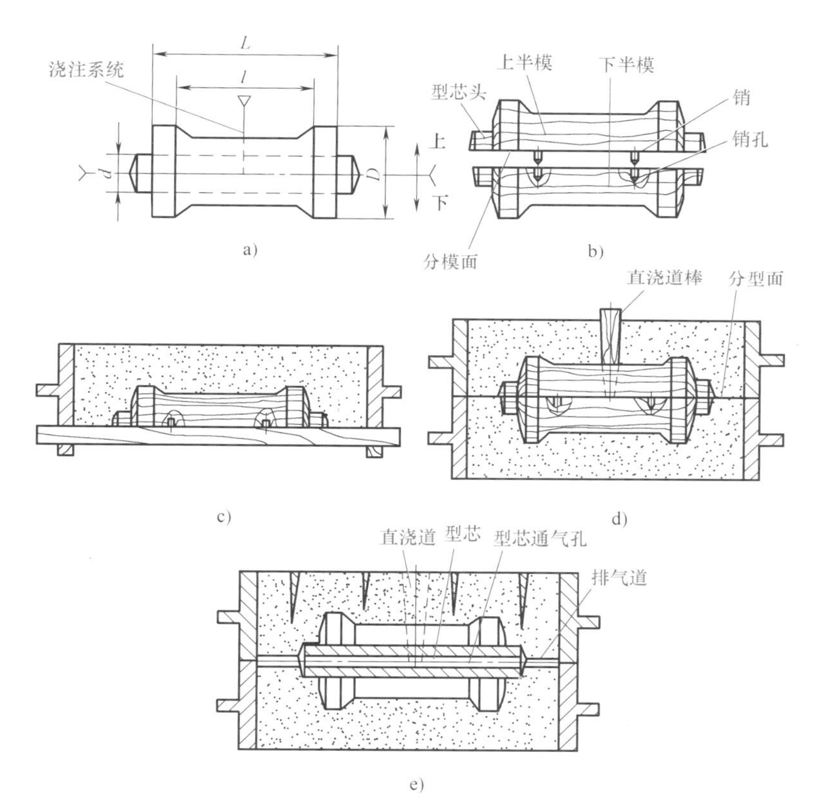

图 1-20　带有凸缘的管类铸件分模两箱造型过程

a）铸件图　b）模样　c）造下型　d）造上型　e）铸型

混砂机小摆臂的分模造型

（3）挖砂和假箱造型　有些铸件需采用分模造型，但由于模样的结构要求或制模工艺等原因，不允许做成分模样，必须做成整体模样。为了使模样能从砂型中起出，要采用挖砂造型。挖砂造型过程如图 1-21 所示。在舂实下箱并翻转后，挖去妨碍起模的那一部分型砂，并向上做成光滑的斜面，即形成凹形分型面，然后造上型。在挖砂造型中，挖砂深度要恰到模样最大截面处，挖割成的分型面要平整光滑，挖割坡度应尽量小，这样上型的吊砂就浅，便于开箱和合型操作。挖砂造型消耗工时多，对操作者技术水平要求高，当铸件生产量较大时，宜采用假箱造型。

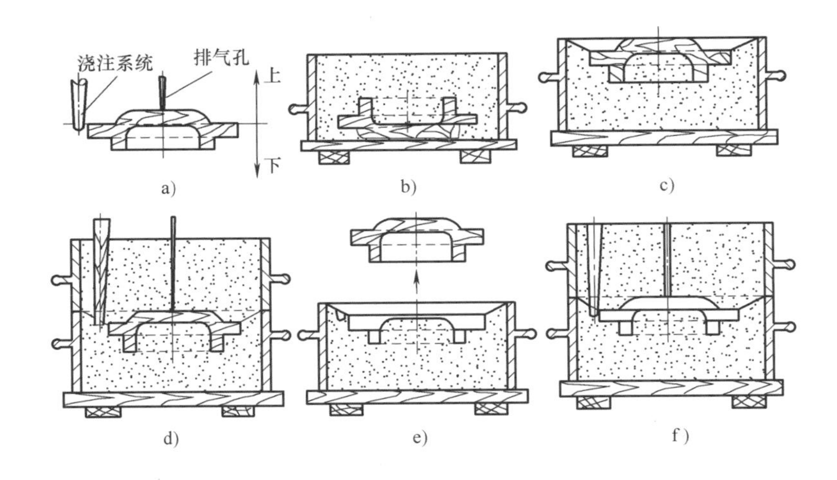

图 1-21 挖砂造型过程

a）木模 b）造下型 c）在下型上割分型面 d）造上型 e）开箱起模 f）合型

假箱造型的实质是用一个特制的、可多次使用的砂型来代替造型用的成型底板（成型底板造型类似于模板造型），使模样上最大截面位于分型面上。假箱造型过程如图 1-22 所示，在假箱上舂制下型，模样便能从砂型中顺利起出。对假箱的要求是结实、分型面光滑和定位准确。假箱可用强度较高的型砂制成。假箱造型相比挖砂造型的特点是：节约工时，生产率高，砂型质量好，易操作，适用于小批量生产。

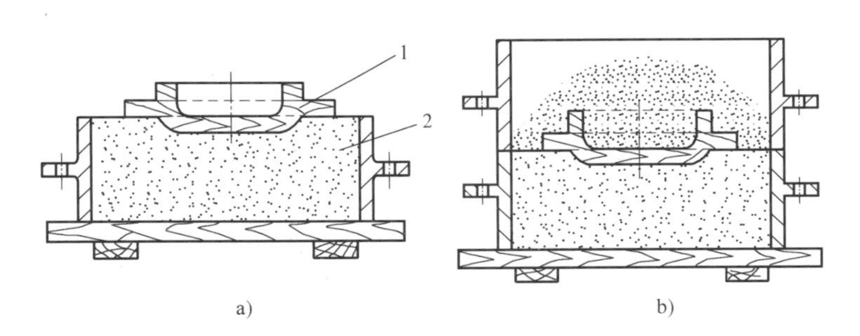

图 1-22 假箱造型过程

a）端盖模样放在假箱上 b）在假箱上造下型

1—端盖模样 2—假箱

（4）活块和砂芯造型 当模样的侧面上有较小的凸出部分，且距分型面有一定的距离时，造型起模时便会受阻，为了减少分型面的数目或避免挖砂操作，可以将凸出部分做成活块，活块可用销或燕尾槽与模样主体相连接，如图 1-23a、b 所示。活块较小时，用销与模样主体连接定位；活块较大时，通常采用燕尾槽连接定位。用活块造型时，如果活块是用销连接的，在活块四周的型砂舂实后，先起出主体模样，再用弯曲的起模针通过型腔取出活块。

活块造型操作复杂，对操作者技术要求较高，生产率低，铸件的尺寸精度常因活块位移受到影响，只适用于单件或小批量生产。

当活块的厚度超过主体模样形成的型腔尺寸，或者活块与分型面的距离较大，起出活块有困难，修型和刷涂料操作不方便，或为大批量生产铸件时，由活块形成的型腔部分可用砂芯来形成，即砂芯造型，如图 1-24 所示。采用砂芯造型，可简化复杂铸件的造型操作，提高造型生产率。在机器造型时，这种方法被普遍采用。

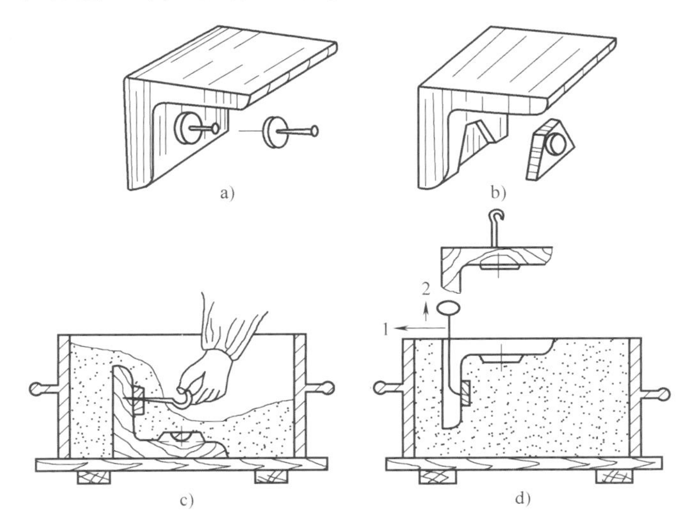

图 1-23 活块造型

a）活块用销定位 b）活块用燕尾槽定位 c）造型时拔销 d）起出主体模样后取活块

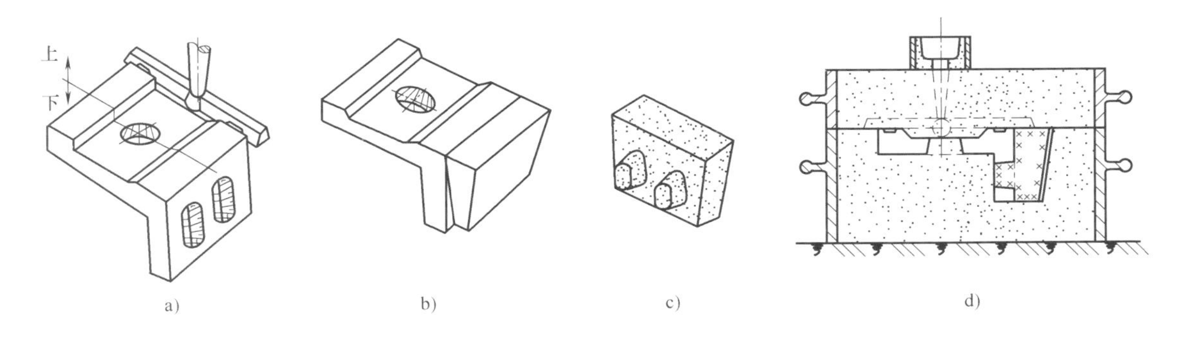

图 1-24 砂芯造型

a）铸件 b）模样 c）砂芯 d）铸型

（5）活砂造型 活砂造型是将阻碍起模的那部分砂型造出可以搬移的砂块，以使模样能从型中顺利起出。图 1-25 是活砂造型原理示意图，将造好的下型翻转 180°，并在模样凹入部位挖砂，撒上分型砂，放置上箱，制造活砂块和上型，然后翻转上型，移开活砂块，取出模样，再将活砂块移入下型，使其成为构成砂型的组成部分。

由于活砂造型很费工时，而且活砂在搬移过程中容易损坏，因此只适用于单件生产。当铸件生产量较大时，可采用砂芯造型，将活砂部分用砂芯代替。

（6）多箱造型 对于有些形状复杂的铸件，或两端外形轮廓尺寸大于中间部分尺寸模样的，为了便于造型时起出模样，则需要设置多个分型面；对于高度较大的铸件，为了便于紧实型砂、修型、开设浇道和组装铸型，也需要设置多个分型面，这种需用两个以上砂箱造型的方法称为多箱造型。轮形铸件的三箱造型过程如图 1-26 所示。

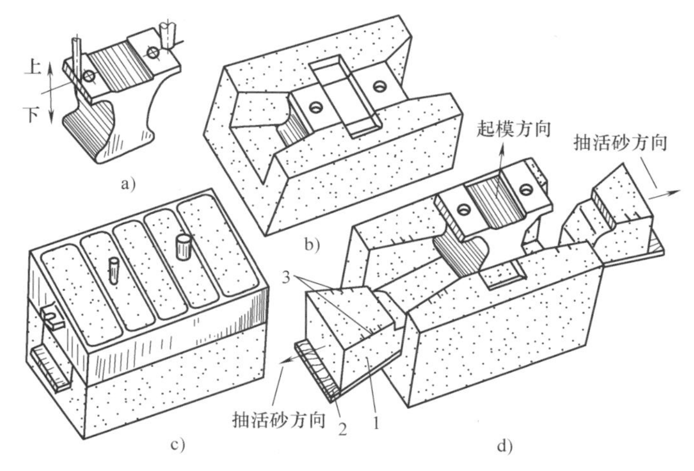

图 1-25　活砂造型原理示意图

a）铁砧模样　b）造活砂部位　c）造上型　d）起模

1—活砂　2—抽砂托板　3—定位标记

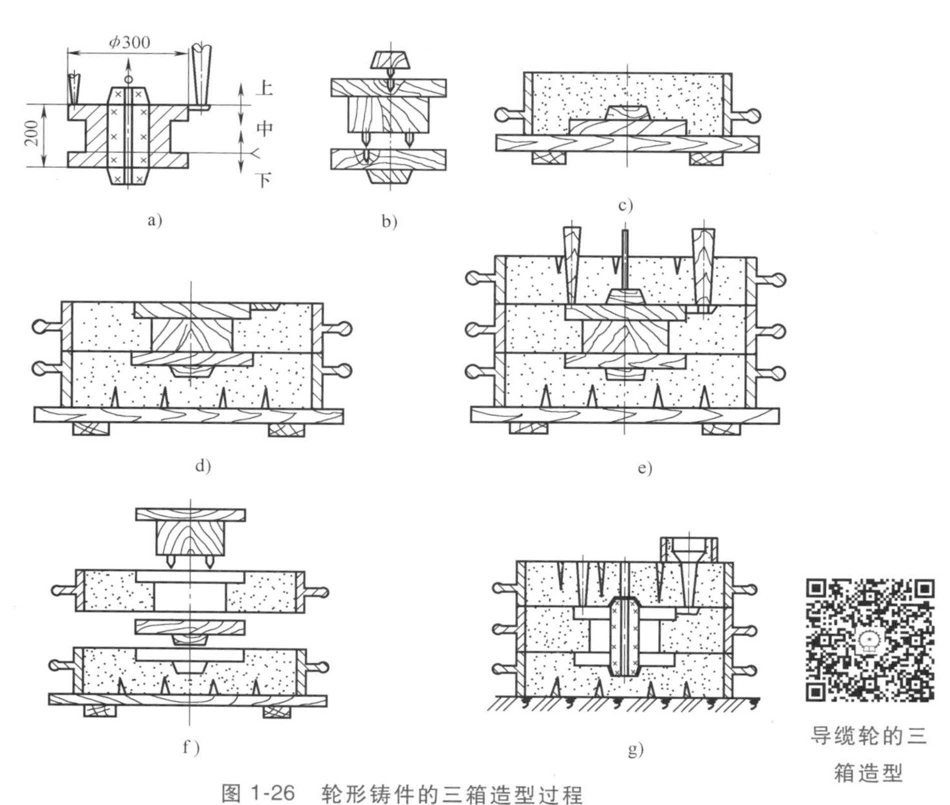

图 1-26　轮形铸件的三箱造型过程

a）铸件　b）模样　c）造下型　d）造中型　e）造上型　f）起模　g）铸型

多箱造型增加了造型工时，操作复杂，生产率低，铸件尺寸精度不高。在铸件不太大，单件或小批量生产并有现成砂箱，且能分模的条件下，可采用多箱造型。当铸件生产批量较大或采用机器造型时，则应采用两箱砂芯造型，如图 1-27 所示。

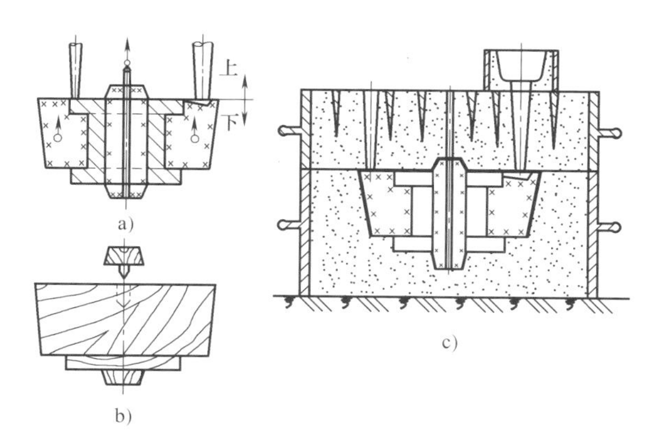

图 1-27　两箱砂芯造型

a）铸件　b）模样　c）铸型

（7）实物造型　在设备维修中，常因急需配件，在来不及制造模样或零件结构简单、不必制造模样时，可利用废旧零件代替模样造型。这种用零件作为模样的造型方法称为实物造型。槽轮零件的实物造型过程如图 1-28 所示。实物造型与模样造型相比有下列特点：需要用砂芯形成铸件内腔时，在造型前要在零件上配制好芯座模；在起模、修型时应扩出铸件收缩余量和留出机械加工余量；实物造型比模样造型起模困难，对于阻碍起模部分的砂型可采用活砂造型的方法解决。

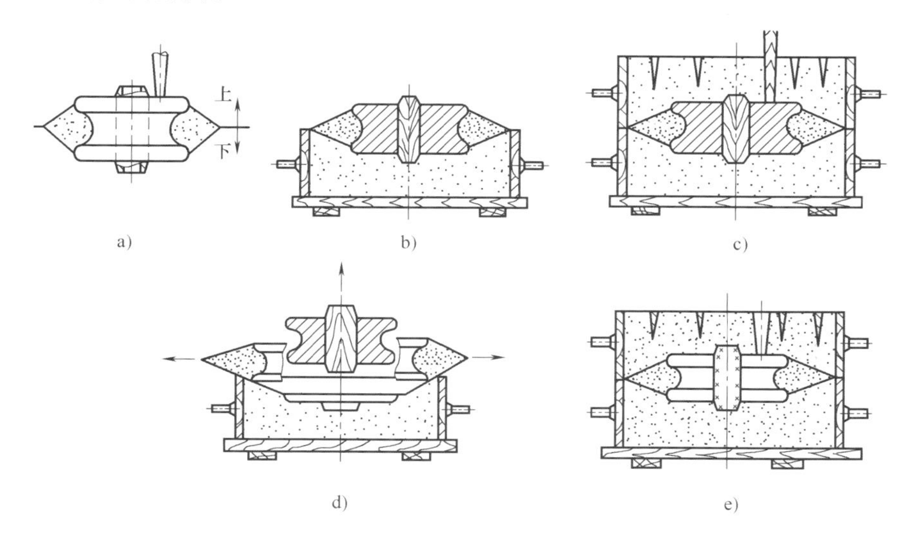

图 1-28　槽轮零件的实物造型过程

a）槽轮零件　b）造下型，修活砂块　c）造上型　d）移活砂块并起模　e）铸型

（8）刮板造型　除采用上述与铸件形状相似的实体模样进行实物造型外，在某些情况下还可用与铸件截面或轮廓形状相似的刮板来代替实物，刮制出砂型型腔，这种造型方法称为刮板造型。根据刮板在刮制砂型时运动方式的不同，有两种造型方法，分别为适用于旋转体铸件的绕轴旋转的刮板造型和适用于铸件横截面不变的导向移动的刮板造型。

当旋转体铸件尺寸较大，生产数量较少时，可采用刮板造型。轮形铸件的刮板造型过程如图 1-29 所示。

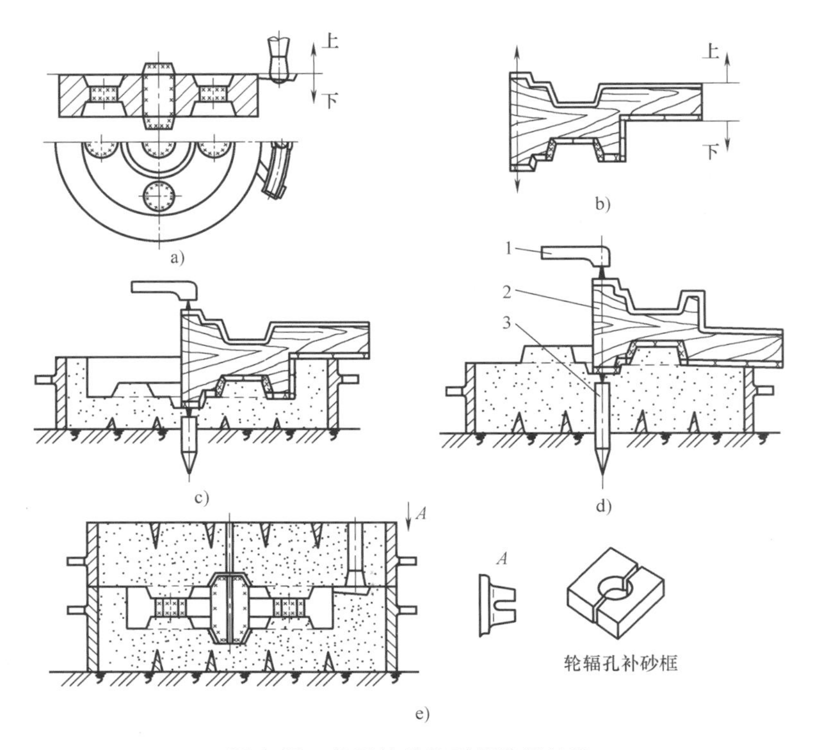

图 1-29　轮形铸件的刮板造型过程

a）轮形铸件　b）刮制上、下型的刮板　c）刮制下型　d）刮制上型　e）铸型

1—刮板支架　2—刮板　3—地桩（底座）

刮板造型与实物造型相比，造型时操作复杂，耗工时多，对操作人员的技术要求也较高。小型铸件用刮板造型没有实物造型的尺寸精度高。但大中型铸件，若用实物造型，尤其是薄壁的木模容易变形，而且模样越大起模时造成的型腔尺寸误差也越大，所以实物造型反而不如刮板造型的尺寸精度高。并且刮板造型能节省大量制模材料，并能铸造出壁厚比较均匀的壳类铸件。因此，当铸件尺寸较大，形状又能用刮板制出，及单件或小批量生产时通常选用刮板造型。

（9）抽心模样造型和劈箱造型　对于铸造大、中型铸件，若用普通模样造型，在起模时，由于模样高大，型壁与模样表面之间有很大的摩擦阻力，导致起模困难，使砂型型腔的尺寸变动较大，且模样和砂型都易损坏。如果采用抽心模样造型，就能克服上述缺点。图 1-30a 所示为一个高大的方筒形铸件，其抽心模样分割成 8 块后，如图 1-30b 所示。在分模面上做成 20°~30°的斜度，造型起模时稍加松动，中心模块即可顺利抽出，然后将其他模块按图上序号依次取出，这样就顺利地完成了起模工作，且基本不会影响砂型型腔尺寸。

对于机床床身等大中型铸件，由于铸件内外形状都比较复杂，造型时除起模困难外，舂砂、修型、下芯、检验等操作都比较困难，在这种情况下可采用劈箱造型。

劈箱造型是将三箱造型的中箱沿竖直方向再劈分成若干部分，通常劈分为两部分或四部分。劈分位置应根据铸件的结构形状和浇道开设位置来确定。模样也相应劈分成若干块，分别装在造型底板上制成模板。上箱、下箱和各中箱造型完成后，可按图 1-31 所示装配成铸型。用劈箱造型生产机床床身类铸件的优点是：填砂、舂砂、起模和修型等操作方便省力；

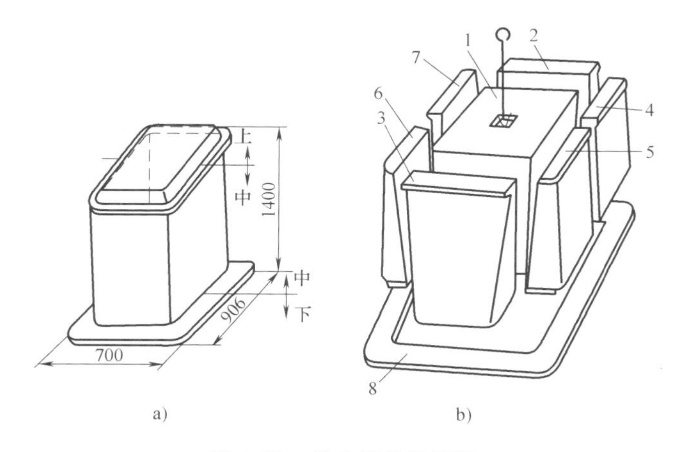

图 1-30 抽心模样示意图

a）方筒形铸件 b）抽心模样

1~8—模块起模次序

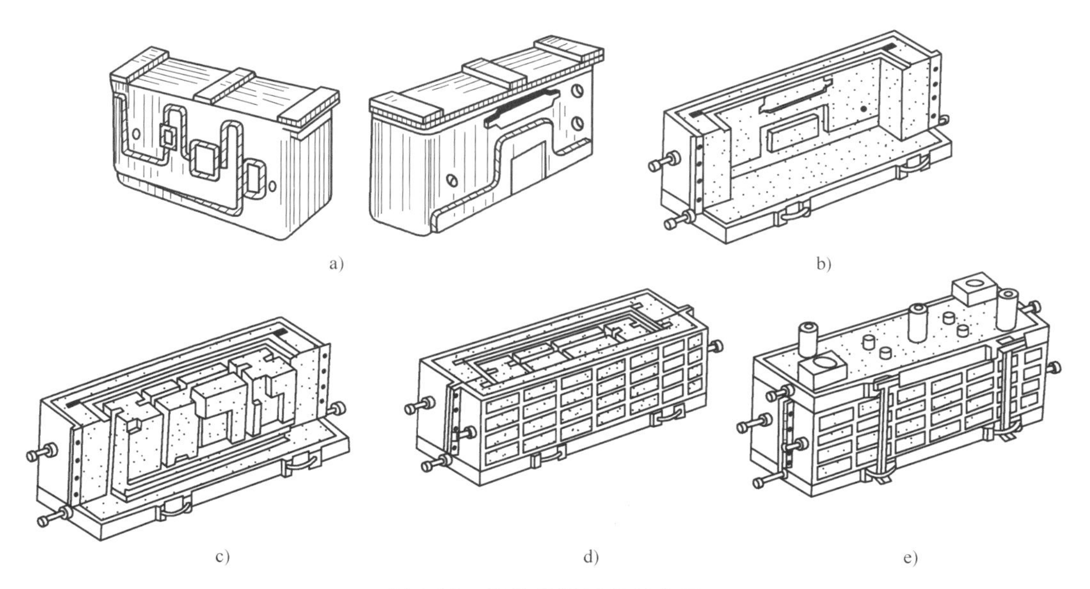

图 1-31 劈箱造型过程示意图

a）劈为两半的模样 b）装配左侧中型 c）组装砂芯 d）装配右侧中型 e）装配上型后成为铸型

用劈分的几块模样可以同时造型，缩短了造型周期；合型是在半敞开情况下进行的，因此，下芯、检验、修型和清除散砂等都较容易。这是一种优质高产的造型方法，在成批生产中很经济合理。

（10）脱箱造型　用湿型成批生产铸件时，为免去制造许多砂箱，常采用脱箱造型。脱箱造型用的砂箱是可以拆合的，如图 1-32 所示。造型时，将砂箱合拢，扣上搭钩锁紧。砂型造好后，搬放到浇注场地，将砂箱脱开、取走，以便继续造型使用。为了减轻重量，可脱式砂箱常用木材或铝合金制成。可脱式砂箱既可用于小件手工造型，也可用于小件机器造型。

（11）叠箱造型　在生产活塞环等薄而小的铸件时，可采用叠箱造型方法，以提高车间面积的利用率。图 1-33 为多层叠箱造型示意图。除顶面和底面两个砂型外，其余每个砂型的上下两面都将构成型腔的工作面。金属液由一个公用的直浇道注入，依次由下而上注入各个型腔。这种造型方法不仅节省了造型场地、造型工时和材料，而且加快了浇注过程，减少了直浇道所用金属液消耗，提高了工艺出品率。但要注意不宜叠得过高，否则下部铸件会产生胀砂缺陷。这种造型方法一般仅适用于大批量生产薄而小的铸件。

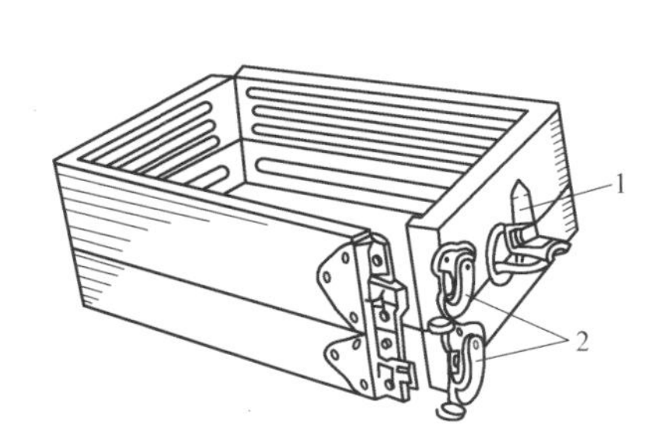

图 1-32　可脱式砂箱简图

1—定位销　2—锁紧用搭钩

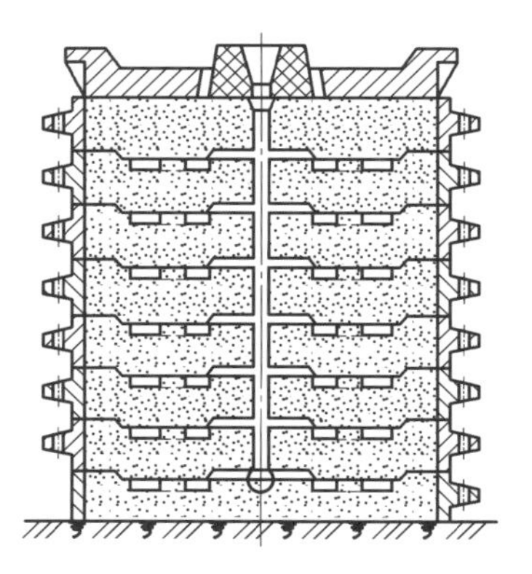

图 1-33　多层叠箱造型示意图

（12）模板造型　在大批量生产铸件时，为了提高生产率和铸件质量，可采用模板造型。图 1-34 所示为手工造型用的木质单面模板。模板上除有固定的铸件模样和浇冒口模样外，还装有三个合型用的定位锥。上、下型分别在上、下两块模板上同时造型。模板四角用厚度为 6～10mm 的铁片制成镶角，一方面使砂箱端面不与模底板接触，起到保护模底板的作用；另一方面能保证分型面高出分箱面，确保合型锁紧后分型面之间密合。

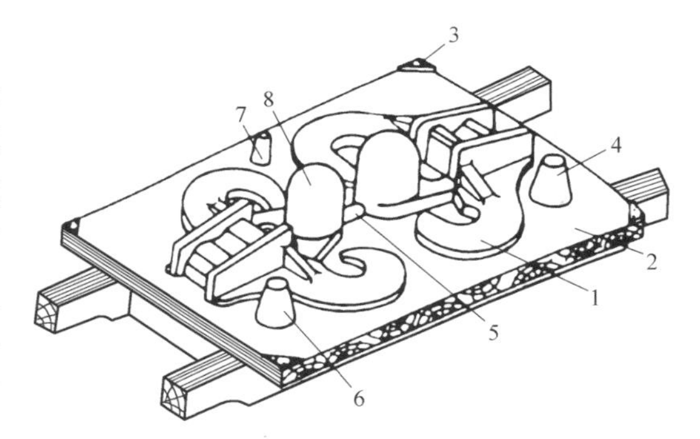

图 1-34　手工造型用的木质单面模板

1—模样　2—模底板　3—铁片镶角

4、6、7—定位锥　5—浇道模样　8—冒口模样

模板造型可节省放置模样、开挖浇冒口等过程的时间，特别是一箱多模造型时，可提高造型的生产率，又保证了铸型的质量。但制造模板费用高，周期长。当生产数量少时，使用模板造型是不划算的，所以模板造型适用于成批、大量生产的中小型铸件。机器造型一定要采用模板造型。

（13）地坑造型　在铸造生产中，除在砂箱内造型以外，还可直接在砂坑内造型，称为地坑造型。一般在铸件生产数量较少，同时又没有合适的砂箱时采用，尤其在大型铸件单件生产时，采用地坑造型能节省铸造大型砂箱的工时和费用，缩短大型铸件的生产周期。此外，将砂型制在坑内，可以降低铸型顶面距地面的高度，使浇注时既安全又方便。

2. 造芯

砂芯由砂芯主体和芯头两部分组成。砂芯的主体用来形成铸件的内腔，芯头起支承、定位和排气作用。为了加强砂芯的强度和刚度，制造砂芯时应在其内部放置芯骨；为了使砂芯排气通畅，砂芯中应开设排气通道；为了提高砂芯表面的耐火度和降低表面粗糙度值，防止铸件产生粘砂缺陷，砂芯的表面常刷一层耐火涂料。

砂芯制备按其成型的方法不同，可分为用芯盒造芯和用刮板造芯两类。

（1）用芯盒造芯　用芯盒造芯须根据芯盒的种类及结构进行规范操作。芯盒造芯的尺寸精度和生产率高，可以制造各种形状复杂的砂芯，适用范围广，是普遍采用的造芯方法。

（2）用刮板造芯　根据刮板移动方式的不同，有以下两种刮板造芯方法：

1）当圆柱体类砂芯的尺寸较大时，为节省制造芯盒的材料和工时，可用刮板造芯。水平车板车制砂芯如图 1-35 所示。

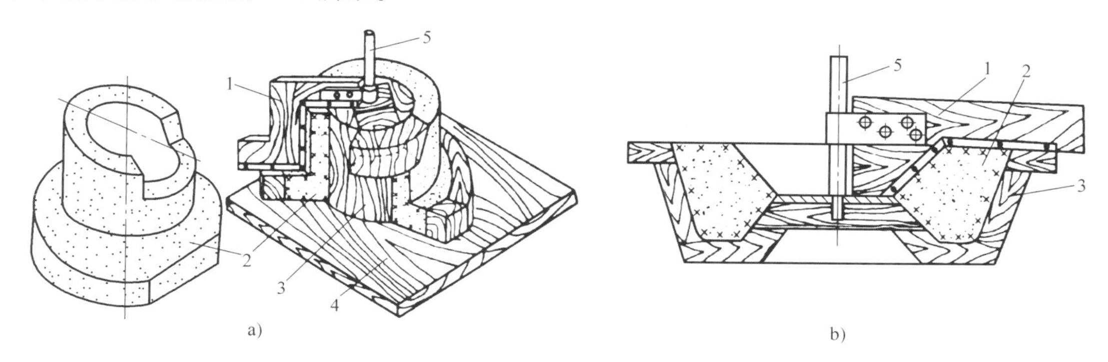

图 1-35　水平车板车制砂芯

a）在模底板上刮制中空砂芯　b）在芯盒内刮制中空砂芯

1—刮板　2—砂芯　3—模样（芯盒）　4—模底板　5—轴

2）对于截面形状为圆形或多边形且截面形状无变化的砂芯，可用移动刮板（导向刮板）来刮制其半片砂芯。其刮制方法与刮制砂型相同，刮板沿轨道移动刮制砂芯，如图 1-36 所示。

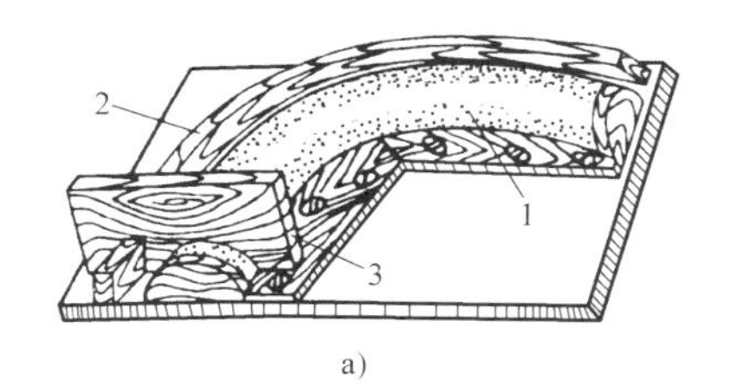

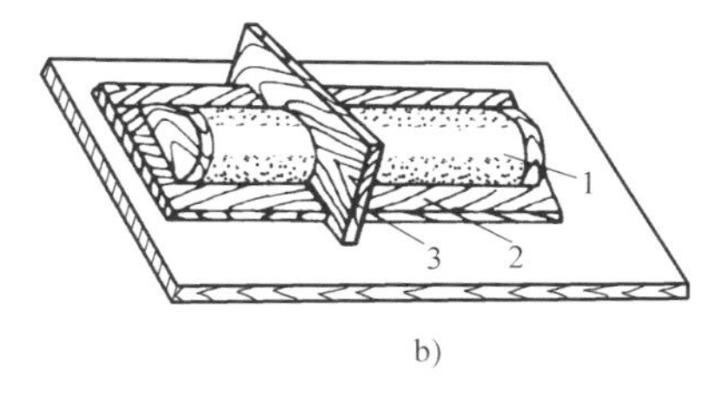

图 1-36　移动刮板造芯

a）刮弯形砂芯　b）刮直砂芯

1—砂芯　2—轨道　3—刮板

3. 铸型的装配

铸型装配的主要任务是按顺序将砂芯安装、固定在砂型内，清理通气孔道并检验型腔的主要尺寸，最后合型。

（1）砂芯的安装　放入砂型中的砂芯应该稳固，不能因砂芯本身重量或金属液对其冲击或浮力的作用而使砂芯发生偏移、歪斜。砂芯一般依靠其芯头在型中固定，当芯头仍不能固定砂芯时，可用芯撑辅助支撑。

（2）砂芯的通气和补正　整个铸型的排气是一个非常重要的工艺问题，在合型时应使各砂芯的通气孔道相互贯通，并使通气孔道与型外大气连通，以便使型芯内的气体顺利而迅速地排出型外。

当砂芯已固定在砂型内后，在合箱以前，还要将砂芯吊环处用芯砂补好并烘干，这一工序不可忽视。

（3）型腔尺寸的检验　在铸造生产过程中，除砂芯、砂型需要分别检验外，在铸型装配时，还要对装配后型腔的主要尺寸进行检验。

装配检验所用的主要工具是样板，一般有如下三种类型的样板：

1）用于检验砂芯在铸型中沿竖直方向安装的准确性的样板，这种样板大多以铸型分型面为基准面。

2）用于检验砂芯在水平方向安装的准确性的样板，这种样板从分型面上检验铸件的壁厚，也称为测壁厚样板。

3）用于同时检验砂芯在铸型中水平和竖直方向安装的准确性的样板。

砂型合型后装配成铸型，浇注前一定要将上、下型紧固。否则，由于浇注时金属液的压力和砂芯的浮力作用，可能将上型抬起，出现“跑火”（金属液泄漏）现象。铸型的紧固方法是根据造型方法、砂型大小、砂箱结构和生产方式的不同来选择的。生产小型铸件的铸型由于抬型力小，用压铁直接压在砂型上比较方便；生产大中型铸件的铸型，一般用卡子、螺栓等紧固。

四、落砂与清理

铸件清理是铸造生产过程的一道重要工序。铸件清理的主要任务是清除型（芯）砂，去除浇冒口，铲除表面凸瘤、飞刺，修补表面缺陷及对铸件进行后处理。

1. 落砂

落砂是在金属液浇入铸型并冷却到一定温度后，将铸型破碎，使铸件从砂型中分离出来。落砂工序通常由落砂机来完成。常用落砂机的种类及适用范围如下：

（1）偏心式落砂机　偏心式落砂机的特点是栅床装在偏心轴上，偏心振动，振幅不变，不受载荷变化的影响。它在单机或流水线上均可使用，多用于中小型铸件的落砂，但轴承容易损坏。

（2）单轴惯性振动落砂机　单轴惯性振动落砂机是利用单偏重轴旋转惯性力的作用落砂的，它受载荷变化的影响较大。它适用于单件、小批或生产线上铸件的落砂，但弹簧损耗较大。

（3）偏心式振动输送落砂机　偏心式振动输送落砂机的特点是偏心轴通过倾斜连杆激振，栅床安装在倾斜摆杆及弹簧上。它适用于小件生产线上的落砂和输送。

（4）双轴惯性振动输送落砂机　双轴惯性振动输送落砂机的特点是双轴激振器倾斜安装。它适用于自动线上的落砂和输送，使用较广。

（5）惯性撞击振动落砂机　惯性撞击振动落砂机的特点是在砂箱支撑架下放置惯性落砂机，每一振动周期，砂箱受到两次冲击。它适用于重载荷下的冲击落砂。

2. 清理

清理一般分为湿法清理和干法清理两大类。前者是利用水力的作用对铸件外部和内部进行清理（如水力清砂、水爆清砂、电液压清砂等），后者是利用机械打击或摩擦的方法来清理铸件表面。通常，除单件小批生产或特殊铸件采用湿法清理外，大量的铸件都采用干法清理。常见的干法清理有抛丸清理、喷丸清理、滚筒清理等。

（1）抛丸清理　抛丸清理是利用高速旋转的叶轮将弹丸抛向铸件，靠弹丸的冲击打掉铸件表面的粘砂和氧化层（皮）。这种清理方法效果好，生产率高，劳动强度低，易实现自动化，在生产中应用广泛。抛丸清理的缺点是抛射方向不能任意改变，灵活性差。单钩吊链式抛丸清理装置适用于多品种、小批量铸件的清理。

（2）喷丸清理　喷丸清理是利用压缩空气将弹丸喷射到铸件表面来实现清理的。喷枪的操作灵活，可清理复杂内腔和带深孔的铸件。但这种方法动力消耗大，生产率较低，劳动条件较差，不易实现自动化，一般用于清理复杂铸件或作为抛丸清理的补充手段。

（3）滚筒清理　滚筒清理是利用铸件与星铁之间的摩擦和轻微撞击来实现清理的。其特点是设备结构简单，清理效果好，适用于清理形状简单、不怕碰撞的小型铸件。其缺点是生产率低，噪声大，动力消耗大，已经逐渐被抛丸清理所取代。

课后练习

1. 简述砂型铸造的工艺过程及特点。
2. 什么是造型材料？型（芯）砂应具备哪些基本性能？
3. 常用的手工造型方法有哪些？造芯方法有哪些？

第三节　特种铸造

砂型铸造虽然具有广泛的适应性和生产准备较为简单等许多优点，但砂型铸造生产的铸件，其尺寸精度和表面质量及内部质量已远不能满足现代工业对机械零件的要求。通过改变铸型材料、造型方法、浇注方法、液态合金充填铸型的形式或铸件凝固条件等因素，又形成了许多不同于砂型铸造的其他铸造方法。凡是有别于砂型铸造工艺的其他铸造方法，统称为特种铸造。常用的特种铸造方法有金属型铸造、熔模铸造、消失模铸造、压力铸造、离心铸造、低压铸造和挤压铸造等。

一、金属型铸造

金属型铸造是指液态金属在重力作用下，充填用金属材料所制成的铸型——金属型，随后冷却、凝固成型而获得铸件的一种铸造方法。由于金属型是用铸铁、钢或其他合金制成，又称为硬模铸造。又因金属型可以连续重复浇注，可浇注成千上万次，又称永久型铸造。

金属型铸造

1. 金属型铸造的特点及应用

金属型铸造与砂型铸造相比，在技术与经济上有如下优点：

1）金属型生产的铸件，其力学性能比砂型铸件高，对于同样的合金，其抗拉强度平均可提高约25%，屈服强度平均提高约20%，其耐蚀性和硬度也显著提高。

2）铸件的精度比砂型铸件高，表面粗糙度值比砂型铸件低，而且质量和尺寸稳定。铸件尺寸精度一般可达IT7~IT9，轻合金铸件可达IT6~IT8，表面粗糙度一般为*Ra*6.3~12.5μm，最好的可达*Ra*3.2μm。

3）铸件的成品率高，液态金属耗量减少，一般可节约15%~30%。

4）不用砂或者少用砂，一般可节约造型材料80%~100%，减少了砂处理和运输设备，降低了车间粉尘和环境污染。

金属型铸造的生产率高，使铸件产生缺陷的原因较少，工序简单，易实现机械化和自动化。金属型铸造虽有以上优点，但也有如下不足之处：

1）金属型制造成本高。

2）金属型不透气，而且无退让性，易造成铸件浇不足、开裂或铸铁件白口等缺陷。

3）金属型铸造时，铸型的工作温度，合金的浇注温度和浇注速度，铸件在铸型中停留的时间以及所用的涂料等，都对铸件质量的影响甚为敏感，需要严格控制。

金属型铸造目前所能生产的铸件，在形状和重量方面还有一定的限制，如：对黑色金属只能铸造形状简单的铸件，且铸件的重量不可太大；对壁厚也有限制，壁厚较小的铸件无法铸出。因此，在决定采用金属型铸造时，必须综合考虑下列各因素：铸件形状和重量大小；足够的批量；完成生产任务的期限许可。所以金属型铸造适用于生产批量大的中小型铸件，特别在铝、镁合金铸件方面应用广泛。

2. 金属型铸造工艺过程

金属型一般用铸铁或铸钢制成，铸件的内腔可用金属型芯或砂芯获得。金属型芯根据抽芯条件可做成整体的，或由几块拼合而成。金属型按分型面不同，可分为水平分型式、垂直分型式和复合分型式等。其中垂直分型式金属型便于开设浇口和取出铸件，易于实现机械化，应用最广。图1-37为铸造铝活塞金属型典型结构简图，它是垂直分型金属型和水平分型金属型相结合的复合结构，其左、右两半型用铰链连接，以开合铸型。由于铝活塞内腔存有销孔内凸台，整体型芯无法抽出，故采用组合金属型芯。浇注后先抽出5，然后再取出4和6。

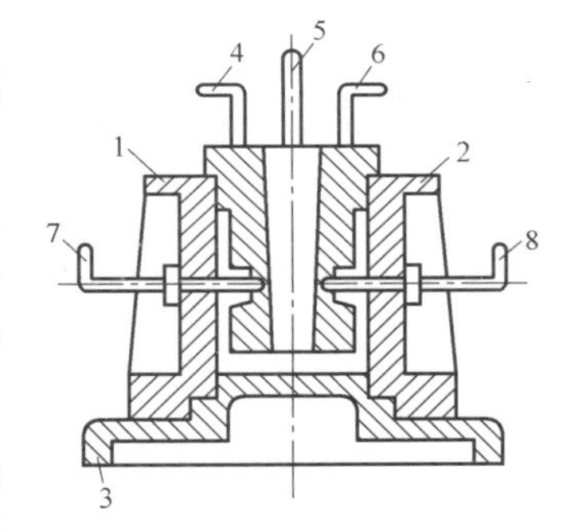

图1-37 铸造铝活塞金属型典型结构简图

1、2—左、右半型 3—底型
4、5、6—分块金属型芯
7、8—销孔金属型芯

3. 金属型铸造的工艺特点

金属型和砂型在性能上有显著的三大区别：砂型有透气性，而金属型则没有；砂型的导热性差，金属型的导热性很好；砂型有退让性，而金属型没有。金属型铸件易产生浇不足、冷隔、裂纹及白口等缺陷。金属型反复经受灼热金属液的冲刷，会降低使用寿命，因此在金属型铸造工艺过程中应采取相应措施。

（1）金属型的预热　未预热的金属型不能进行浇注。这是因为金属型导热性好，液态金属冷却快，从而使流动性显著降低，容易使铸件出现冷隔、浇不足、夹杂、气孔等缺陷。未预热的金属型在浇注时，铸型将受到强烈的热冲击，应力倍增，极易被破坏。因此，金属型在开始工作前，应该先预热，适宜的预热温度（即工作温度）随合金的种类、铸件结构和大小而定，一般通过试验确定。

金属型的预热方法有：①用喷灯或煤气火焰预热；②用电阻加热器预热；③用烘箱加热，其优点是温度均匀，但只适用于小件的金属型；④先将金属型放在炉上烘烤，再浇注金属液将金属型烫热。

（2）金属型的浇注　金属型的浇注温度一般比砂型铸造时高，可根据合金种类、化学成分、铸件大小和壁厚，通过试验确定。铸铁的浇注温度在1300~1370℃，铝合金的浇注温度在680~740℃。

由于金属型的激冷和不透气，浇注速度应做到先慢、后快、再慢。先慢可防止金属液飞溅，后快可使液态金属能够很好充型，再慢是防止浇注末期金属液溢出型外。在浇注过程中应尽可能保证液流平稳。

（3）铸件的出型和抽芯时机　金属型芯在铸件中停留的时间越长，由铸件收缩产生的抱紧型芯的力就越大，因此需要的抽芯力也越大。当铸件冷却到塑性变形温度范围内，并有足够的强度时，是最好的抽芯时机。铸件在金属型中停留的时间过长，就会使金属型壁温度升高，冷却时间加长，也会降低金属型的生产率。

（4）金属型工作温度的调节　要保证金属型铸件的质量稳定、生产正常，首先要使金属型在生产过程中温度变化恒定。所以每浇注一次，就需要将金属型打开一次，停放一段时间，待冷却至规定温度时再浇注。如果靠自然冷却，需要的时间较长，会降低生产率，因此常用强制冷却的方法。冷却的方式一般有风冷、间接水冷、直接水冷等。

（5）金属型的涂料　在金属型铸造过程中，常需在金属型的工作表面喷涂涂料。涂料的作用是调节铸件的冷却速度，保护金属型，防止高温金属液对型壁的冲蚀和热击，利用涂料层蓄气和排气。

二、熔模铸造

熔模铸造是在蜡模表面涂覆多层耐火涂料，待硬化干燥后，加热将蜡模熔去，而获得具有与蜡模形状相应空腔的型壳，再经焙烧之后，进行浇注而获得铸件的一种方法，又称失蜡铸造。随着生产技术水平的不断提高，新的蜡模工艺不断出现，以及可供制模材料的品种日益增多，现在去模的方法已不再限于熔化，模料也不限于蜡料，还可用塑料模，但因习惯的原因，仍沿用原来的名称。由于用这种方法获得的铸件具有较高的尺寸精度和较低的表面粗糙度值，又称熔模精密铸造。

1. 熔模铸造的特点及应用

熔模铸造的基本特点是制壳时采用可熔化的一次性模，因无需起模，故型壳为整体而无分型面，且型壳是由高温性能优良的耐火材料制成的。用熔模铸造可生产形状复杂的铸件，最小壁厚为0.3mm，铸出孔的最小直径为0.5mm。生产中有时可将一些由几个零件组合而成的部件，通过改变结构变成整体，直接用熔模铸造成型，这可以节省加工工时和金属材料消耗，并使零件结构更加合理。

用熔模铸造生产的铸件重量一般为几十克至几千克，甚至几十千克。太重的铸件因受到制模材料性能的限制和制壳时存在一定的困难而不宜采用熔模铸造。

用熔模铸造生产的铸件不受合金种类的限制，尤其是对于难以切削加工或锻压加工的合金，更能显示出它的优越性。但是，熔模铸造生产也存在一些缺点：工序繁多；生产周期长；工艺过程复杂；影响铸件质量的因素多，必须严格控制才能稳定生产。

2. 熔模铸造的工艺过程

熔模铸造的工艺过程包括制造蜡模、制出耐火型壳、造型和浇注等，如图 1-38 所示。

（1）制造母模和压型　母模是用钢或黄铜制出的标准铸件，尺寸比铸件大出蜡料及铸造合金的双重收缩量，母模用于制造压型。压型是用于制造蜡模的特殊铸型，如图 1-38a 所示。为保证蜡模质量，压型内表面必须有很高的尺寸精度和较低表面粗糙度值。

（2）压制蜡模　常用 50%石蜡和 50%硬脂酸配制成低熔点蜡料，将蜡料熔为糊状，以 0.2~0.4MPa 压力将蜡料压入压型内，如图 1-38b 所示。待凝固后取出蜡模，修去毛刺，可得到带有内浇道的单个蜡模，如图 1-38c 所示。

（3）装配蜡模，制成蜡模组　为了能一次铸出多个铸件，一般将若干个单个蜡模焊装在预制好的蜡质浇口棒上，制成蜡模组，如图 1-38d 所示。

（4）制壳　将脱脂处理后的蜡模组浸入由石英粉和水玻璃配制的稀糊状涂料内，使涂料均匀地覆盖在蜡模组表层，再放入硬化剂（质量分数为 20%~25%的氯化铵溶液）中硬化。如此反复几次，使型壳厚度达到 5~10mm，如图 1-38e 所示。

（5）脱蜡　将型壳放入 85~95℃热水中，使蜡模及浇注系统的蜡料熔化，上浮脱出。蜡料回收后可重复使用，如图 1-38f 所示。

（6）造型和焙烧　为提高型壳的强度，避免浇注时型壳变形或破裂，需将型壳置于砂箱中，周围用干砂填紧，称为造型。将造好的铸型（包括砂箱和其中的型壳）入炉焙烧至 850~900℃，以完全除去型壳内水分、残余蜡料、氯化铵及碱性氧化物，使型壳耐火度进一步提高，避免铸件产生粘砂缺陷。高强度型壳可不造型，焙烧后即可浇注。

（7）浇注　为提高液态金属的充型能力，避免产生浇不足，焙烧出炉后的型壳要在 600~700℃趁热浇注，这样可铸出薄而复杂、轮廓清晰完整的精密铸件，如图 1-38g 所示。

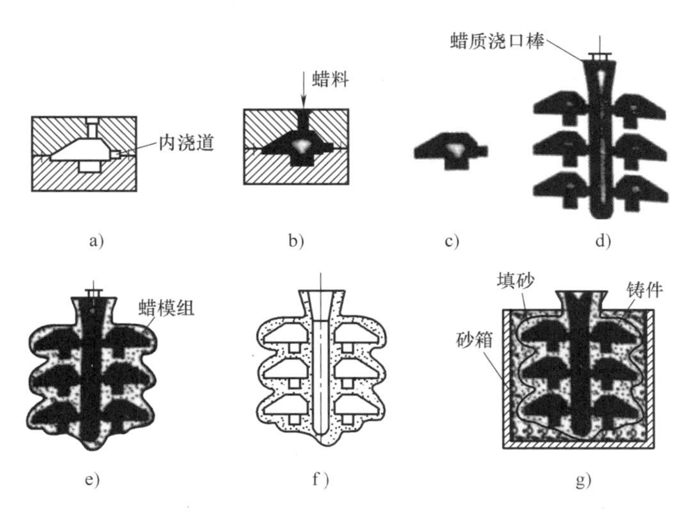

图 1-38　熔模铸造的工艺过程

a）压型　b）注蜡　c）单个蜡模　d）蜡模组　e）制壳　f）脱蜡、焙烧　g）填砂、浇注

3. 熔模铸造工艺设计的特点

熔模铸造工艺设计的内容与普通砂型铸造工艺设计一样，仍应遵循砂型铸造过程的基本

原则，尤其是确定工艺方案及工艺参数时，除具体数值不同外，设计原则与砂型铸造完全相同。下面介绍熔模铸造工艺设计的特点。

(1) 铸件结构工艺性分析　为简化工艺，对铸件结构的要求主要有铸孔、铸槽等方面。

1) 铸件上的铸出孔不能太细太长，以便于制壳时涂料和砂粒能顺利地填充到熔模上的孔内，形成相应的型腔，并可简化铸件的脱壳清理。铸出孔的直径应大于 2mm。铸通孔时，孔深 h 与孔径 d 的比值 h/d 最大为 6；铸不通孔时，$h/d=2.5\sim3$。如果铸件壁较薄，通孔的直径可减小到 0.5mm。

2) 铸件上铸槽的宽度应大于 2mm，槽深应为槽宽的 2~6 倍。

3) 熔模铸造一般不采用冷铁等工艺措施来调节铸件各部分的冷却速度，故要求铸件的壁厚尽可能满足顺序凝固的要求，不要有分散的热节，以便用直浇道进行补缩。

(2) 浇冒口系统设计　熔模铸造的浇注系统除应平稳地引导金属液进入型腔外，还应具有良好的补缩作用；在组合模组和制壳时，它起着支撑熔模和型壳的作用；在熔失熔模时，它又是液态模料流出的通道。因此，要求浇注系统的结构能保证充型平稳，有足够的强度，能顺利排出模料，并应尽可能简化压型结构，便于进行制模、组合模具、制壳、切割、清理等工序。浇冒口系统按组成情况分为以下几种典型结构：

1) 直浇道和内浇道组成的浇冒口系统，如图 1-39 所示。直浇道兼起冒口的作用，它可经内浇道补缩铸件热节，操作方便，但挡渣作用较小，主要用于小于 1.5kg、只有 1~2 个热节的铸件。从图 1-39 中可以看出，模组上熔模沿直浇道的轴线有 60°~80°的倾斜角，目的是熔失熔模时模料便于流出。

2) 使用横浇道的浇冒口系统时，横浇道起冒口或补缩通道作用，横浇道端面形状通常为梯形或长方形，多用于顶注式浇注。

3) 底注式浇冒口系统如图 1-40 所示。该系统能使金属液平稳地充满型腔，金属液不产生飞溅，与专用冒口配合使用，能创造顺序凝固的条件，有利于获得致密铸件。

4) 设专用冒口补缩，其特点是单件浇注，主要用于大型或有较大热节的复杂铸件。

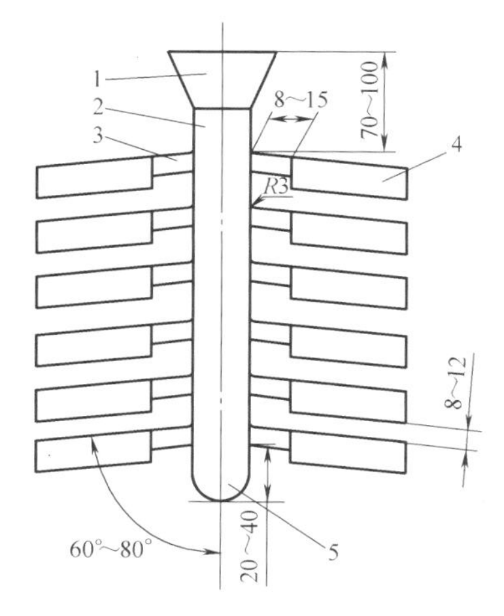

图 1-39　直浇道和内浇道组成的浇冒口系统

1—浇口盆　2—直浇道　3—内浇道
4—铸件　5—缓冲器

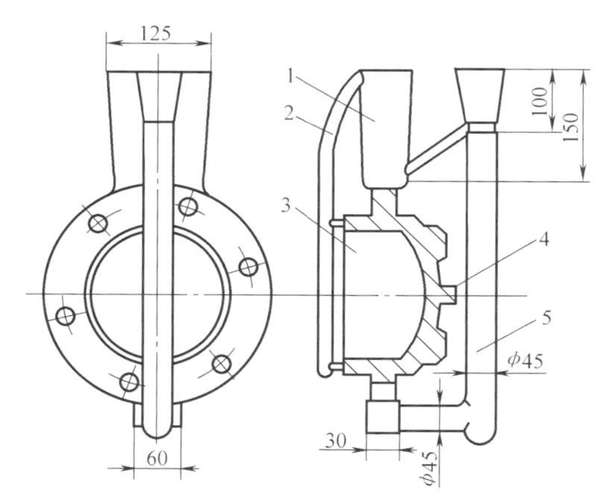

图 1-40　底注式浇冒口系统

1—冒口　2—排气道　3—铸件
4—集渣包　5—直浇道

三、消失模铸造

消失模铸造也称实型铸造，是把涂有耐火涂料涂层的泡沫塑料模样放入砂箱，模样四周用干砂充填紧实，浇注时高温金属液使其热解“消失”，并占据泡沫塑料模样所退出的空间而最终获得铸件的铸造工艺。

消失模铸造技术发明至今已超过半个世纪，但是真正在世界范围铸造生产中的应用是从20世纪80年代开始，在我国消失模铸造的产量近年来也有了迅速的增长。消失模铸造工艺有铸件的尺寸精度高、表面粗糙度值低、污染少等突出优点，相较传统的砂型铸造工艺具有强大的竞争力，为广大铸造工作者和铸造企业所关注，被誉为“21世纪的铸造技术”“绿色铸造技术”。消失模铸造技术将越来越显示出它的强大生命力，应用范围（不同材质、不同类型的铸件）将不断扩大，消失模铸件产量也将不断增加。

人们习惯上把消失模铸造工艺的过程分为白区和黑区两部分。白区指的是白色泡沫塑料模样的制作过程，从预发泡、发泡成型到模样的烘干、粘接（包括模片和浇注系统）。而黑区指的是上涂料以及再烘干、将模样放入砂箱、填砂、金属熔炼、浇注、旧砂再生处理，直到铸件落砂、清理、退火等工序。

1. 消失模铸造的工艺特点

消失模铸造工艺在技术、经济、环境保护三个主要方面具有优势：

（1）技术方面

1）模样设计的自由度增大，消失模铸造工艺完全可以从第一阶段就能在模样上增加一些附加功能。

2）免除了传统铸件工艺中使用的砂芯。

3）很多铸件可以不用冒口补缩。

4）提高了铸件精度，可获得形状结构复杂的铸件，可重复生产高精度铸件，可使铸件壁厚偏差控制在±0.15mm之间。

5）在模样接合面不产生飞边。

6）具有减轻铸件重量约1/3的优势。

7）可以减小机加工余量，对某些零件甚至可以不加工，这就大大降低了机加工和机床投资成本。

8）与传统空腔铸造相比，模具投资成本下降。

9）取消了传统的落砂和出芯工序。

（2）经济方面

1）可整体生产复杂铸件。采用消失模铸造工艺设计，分块模样可粘接组成整体模样，铸成复杂整体部件，对比原先多个铸件组合装配部件（如柴油预热器）而言，获益良多。

2）减少车间人员。建立消失模铸造工厂，所雇员工数量少于传统铸造工厂。

3）铸造工艺灵活。铸造工艺的灵活性非常重要，因消失模铸造工艺有可能同时在砂箱中放置大量类似的或不同的铸件，浇注系统也十分灵活。

（3）环境保护方面　聚苯乙烯和PMMA（聚甲基丙烯酸甲酯）在燃烧时产生一氧化碳、二氧化碳、水及其他碳氢化合物气体，其含量均低于欧洲允许的标准。干砂可使用天然硅砂，100%反复循环使用，不含有粘结剂。模样使用的涂料是在水中添加粘结剂等辅料组成，不产生污染。

2. 消失模铸造的工艺过程

消失模铸造根据其铸型材料可分为自硬砂消失模铸造和无粘结剂干砂消失模铸造。根据浇注条件可分为普通消失模铸造和负压消失模铸造。图 1-41 所示为消失模铸造和粘土砂铸造的主要工艺流程比较。

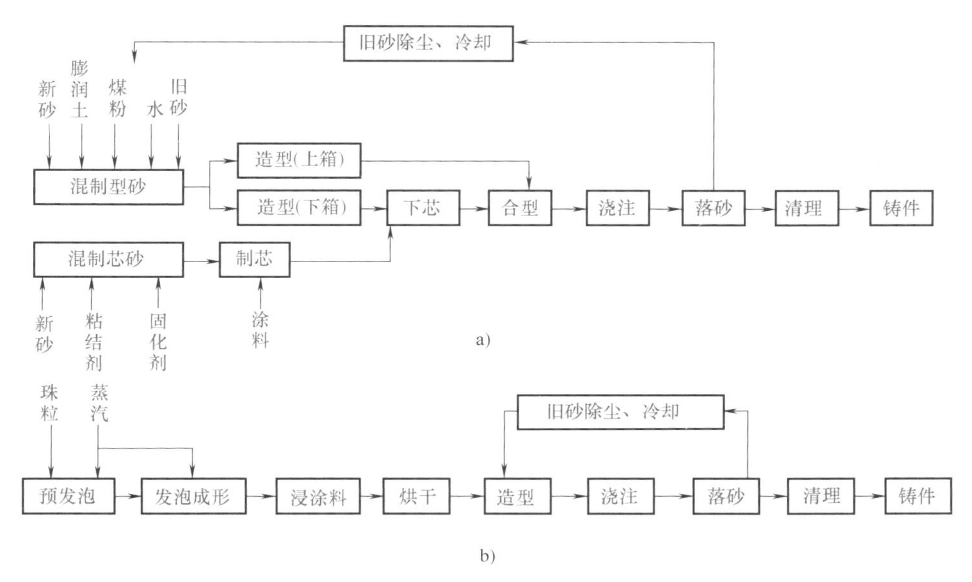

图 1-41 消失模铸造和粘土砂铸造的主要工艺流程比较
a）粘土砂铸造主要工艺流程 b）消失模铸造主要工艺流程

（1）预发泡 模样生产是消失模铸造工艺的第一道工序，对于复杂铸件如气缸盖，需要分别制作数块泡沫模样，然后再粘接成一个整体模样。每个分块模样都需要一套模具进行生产，另外在粘接操作中还可能需要一套胎具，用于保持各分块的准确定位。模样的成型工艺分为两步，第一步是将聚苯乙烯珠粒（或其他发泡材料）预发到适当密度，一般通过蒸汽快速加热来进行，此阶段称为预发泡。预发泡的目的是获得低密度、表面光洁、质量优良的泡沫模样，可发泡珠粒在发泡成型之前必须经过预发泡和随后的熟化处理。

（2）预发珠粒的熟化处理 经过预发泡的珠粒，由于骤冷造成泡孔中发泡剂和渗入蒸汽的冷凝，使泡孔内形成真空。如果立即送去发泡成型，珠粒压扁以后就不会再复原，模样质量很差，必须储存一个时期，让空气渗入泡孔中，使残余的发泡剂重新扩散、分布均匀，这样就可以消除泡孔内部分真空，保持泡孔内外压力的平衡，使珠粒富有弹性，增加模样成型时的膨胀能力和模样成型后抵抗外压变形、收缩的能力，这个必不可少的过程称为熟化处理。熟化处理合格的珠粒是干燥而有弹性的，同时残存发泡剂的含量要符合要求（质量分数为 3.5%以上）。

最合适的熟化温度是 20~25℃，温度过高，发泡剂的损失增大；温度过低，减慢了空气渗入和发泡剂扩散的速度。最佳熟化时间取决于熟化前预发珠粒的湿度和密度。一般来说，预发珠粒的密度越小，熟化时间越长；预发珠粒的湿度越大，熟化时间也越长。

（3）模样成型 经过预发泡的珠粒要先进行稳定化处理，然后再送到成型机的料斗中，通过加料孔进行加料，模具型腔充满预发的珠粒后，开始通入蒸汽，使珠粒软化、膨胀，挤满所有空隙并且粘合成一体，这样就完成了泡沫模样的制造过程，此阶段称为蒸压成型。

成型后，在模具的水冷腔内通入大流量水流对模样进行冷却，然后打开模具取出模样，此时模型温度提高且强度较低，所以在脱模和储存期间必须谨慎操作，防止变形及损坏。

（4）模样簇组合　模样在使用之前，必须存放适当时间使其熟化稳定，典型的模样存放周期多达 30 天。而对于用设计独特的模具所成型的模样仅需存放 2h，模样熟化稳定后，可对分块模进行胶合。

分块模胶合使用热熔胶在自动胶合机上进行。胶合面接缝处应密封牢固，以降低产生铸造缺陷的可能性。

（5）模样簇浸涂　为了使每箱浇注可生产更多的铸件，有时将许多模样胶接成簇，把模样簇浸入耐火涂料中，然后在 30~60℃的空气循环烘炉中干燥 2~3h。干燥之后，将模样簇放入砂箱，填入干砂震实，这时必须使所有模样簇内部孔腔和外围的干砂都得到紧实和支撑。

（6）浇注　模样簇在砂箱内通过干砂震实后，就可浇注铸型，熔融金属浇入铸型后（铸铝的浇注温度约在 760℃，铸铁约在 1425℃），模样气化被金属所取代形成铸件。

在消失模铸造工艺中，浇注速度比传统砂型铸造更关键。如果浇注过程中断，砂型就可能塌陷造成废品。因此为减少每次浇注的差别，最好使用自动浇注机。

（7）落砂清理　浇注之后，铸件在砂箱中凝固和冷却，然后落砂。铸件落砂相当简单，倾翻砂箱，铸件就从松散的干砂中掉出。随后将铸件进行自动分离、清理、检查并放到铸件箱中运走。

干砂冷却后可重新使用，很少使用其他附加工序，金属废料可在生产中重熔使用。

3. 消失模铸造工艺设计特点

与普通铸造不同，消失模铸造在浇注时型腔不是空腔，高温金属与泡沫塑料模样发生复杂的物理、化学反应，泡沫塑料模样高温分解产物以及反应吸热对液态金属的流动、铸件的夹渣缺陷、化学成分变化等都会产生影响。因此，在进行消失模铸造工艺设计时，除一般铸造过程应遵循的原则外，尤其要注意泡沫塑料模样的受热、分解对金属液充型及凝固的影响，注意减少或消除由此造成的消失模铸件内部或表面缺陷。

消失模铸造工艺设计的主要内容如下：

（1）泡沫塑料模样设计　根据产品零件图样、铸造材料特点和零件的结构工艺性确定零件机械加工余量、不铸出的孔（槽）、合金收缩和泡沫塑料模样收缩值、模样在发泡成型时的起模斜度等，即确定泡沫塑料模样的尺寸、形状。

（2）铸造工艺方案设计　主要包括模样在砂箱中的位置、确定浇注金属引入的方式以及一箱浇注铸件的数量及布置情况。

（3）浇冒口系统设计　设计其结构、单元尺寸，确定浇注工艺规范，包括浇注温度、浇注时的真空大小和保持时间。

四、压力铸造

压力铸造（简称压铸）的实质是使液态或半液态金属在高压力的作用下，以极高的速度充填压型，并在压力作用下凝固而获得铸件的一种方法。

1. 压力铸造的特点

高压力和高速度是压铸时液态金属充填压型并成型的两大特点，也是压铸与其他铸造方法最根本的区别。

压铸常用的压射比压范围较大，一般为5~30MPa，甚至更高；充填速度为0.5~120m/s；充填时间很短，一般为0.01~0.2s。此外，压型具有很高的尺寸精度和很低的表面粗糙度值。由于压铸具有这些特点，使得压铸的工艺和生产过程，压铸件的结构、质量和有关性能等都具有其独有的特征。

与其他铸造方法相比较，压力铸造有如下优点：

1）铸件的尺寸精度高且表面粗糙度值很低。一般压铸件可不经机械加工或只需个别部位加工就可使用。

2）铸件的强度和表面硬度较高。由于压型的激冷作用，且在压力下结晶，压铸件表面层晶粒较细，组织致密，所以表面层的硬度和强度都比较高。压铸件的抗拉强度比砂型铸件高25%~30%，但伸长率较小。

3）可以压铸形状复杂的薄壁铸件。对于铸件最小的壁厚值，锌合金为0.3mm，铝合金为5mm。最小铸孔直径为0.7mm，可铸螺纹最小螺距为0.75mm。

4）生产率极高。在所有铸造方法中，压铸是一种生产率最高的方法，这主要是由压铸过程的特点决定的。随着生产工艺过程机械化、自动化程度的提高，压铸生产率还会进一步提高。一般冷室压铸机平均每班可压铸600~700次，热室压铸机可压铸3000~7000次。

5）由于压铸件的精度高，尺寸稳定，故互换性好，可简化机器零件装配操作。

6）在压铸时可嵌铸其他金属或非金属材料零件。这样既可获得形状复杂的零件，又可改善其工作性能，有时镶嵌压铸件还可代替某些部件的装配。

压力铸造也存在以下缺点：

1）由于液态金属充型速度极快，型腔中的气体很难完全排除，常以气孔形式留在铸件中。因此，一般压铸件不能进行热处理，也不宜在高温条件下工作。同样，也尽量不对铸件进行机械加工，以免铸件表面显出气孔。

2）由于黑色金属熔点高，会使压铸型的使用寿命缩短，故目前压铸黑色金属件在实际生产中应用不多。

3）由于压力铸造所用压铸型的加工周期长、成本高，且压铸机生产率高，故压力铸造只适用于大批量生产。

压力铸造的应用范围很广，在非铁合金中以铝合金压铸件比例最高（30%~50%），锌合金次之。在国外，锌合金铸件绝大部分为压铸件。铜合金（黄铜）比例仅占压铸件总量的1%~2%。镁合金铸件易产生裂纹，且工艺复杂，使用较少。随着汽车工业的发展，预计镁合金的压铸件将会逐渐增多。目前用压铸生产的铝合金铸件最大质量达50kg，而最小的只有几克。压铸件最大的直径可达2m。压力铸造产品应用的工业领域有汽车、仪表、电工与电子仪器、农业机械、航空、兵器、电子计算机、照相机及医疗器械等。

2. 压力铸造工艺过程

压力铸造是在压铸机上进行的。压铸机分为热室压铸机和冷室压铸机两类。热室压铸机由于压力较小，压室浸在金属液中易被腐蚀，只能用于铅、锡、锌等低熔点合金的压铸，故应用较少。目前广泛应用的是冷室压铸机，其压室和保温炉分开，在压射前才将金属液浇入压室进行压铸。这类压铸机采用6.5~20MPa的高压油驱动，合型力可达250~2500N，用于压铸铝、镁、锌、铜等合金铸件。冷室压铸机的压铸过程如图1-42所示。

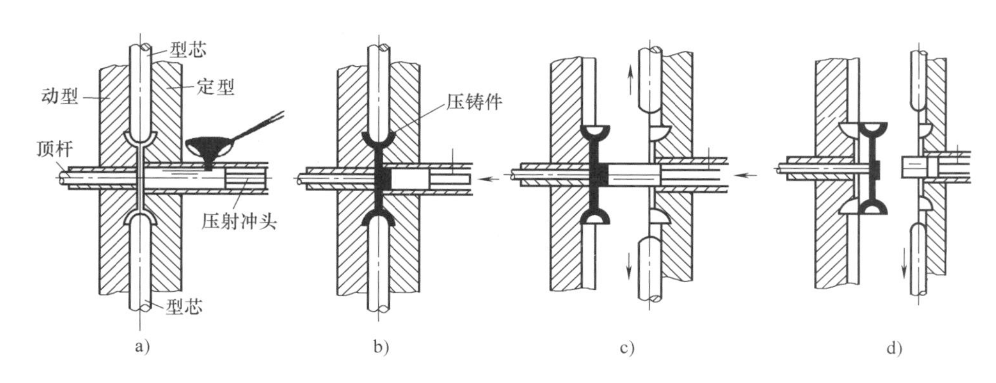

图 1-42 冷室压铸机的压铸过程

a）浇注 b）压射 c）开型 d）顶出铸件

压铸所用的铸型称为压型，它是由两个半金属型所组成，与垂直分型式金属型相似，一半型固定在压铸机定模座板上，另一半型固定在压铸机动模座板上，并可随模底板水平移动。压型上装有顶出铸件机构和抽芯机构，可以自动顶出铸件和抽出型芯。压力铸造的生产工艺过程如图 1-43 所示。

3. 压力铸造的工艺参数

在压铸生产中，压铸机、压铸合金及压铸型是三大基本要素。压铸工艺则是将这三大要素有机地综合并加以运用的过程，具体体现在压铸工艺参数的选择及工艺措施的实施中。

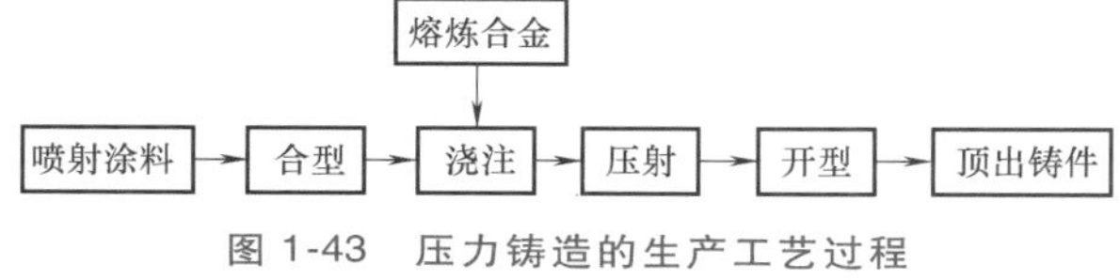

图 1-43 压力铸造的生产工艺过程

（1）压铸速度 压铸速度有压射速度和充型速度两个不同的概念。压射速度是指压铸时压射缸内液压推动压射冲头前进的速度；充型速度是指液态金属在压力作用下，通过内浇道进入型腔的线速度。

充型速度的选择主要取决于合金的性能及铸件的结构特点。充型速度过高会使铸件轮廓不清晰甚至不能成型。充型速度与压射比压、压射速度及内浇道截面积等因素有关。充型速度与压室内径的二次方和压射速度成正比，与内浇道截面积成反比。因此，可通过改变上述三个因素调节充型速度。

（2）压射比压和充型速度的选择 压力和速度是压铸过程中的两个基本工艺参数，生产中常用压射比压和充型速度来表示。正确选择这两个参数对于保证压铸件的质量有着重要的实际意义。选择时应考虑的因素有铸件的结构特点（壁厚及复杂程度）、压铸合金的种类及性能（如流动性、密度等），以及浇注系统的阻力大小、排气是否通畅、合金的压铸温度和压铸型的工作温度等。

（3）压铸的温度规范 在压铸过程中，温度规范对于充型、成型及凝固过程、压铸型寿命和稳定生产等方面都有很大的影响。

1）合金的浇注温度。浇注温度通常用保温坩埚中液态金属的温度来表示。如果温度过高，凝固时收缩大，铸件容易产生裂纹、晶粒粗大及粘砂缺陷；如果温度太低，则易产生浇不到、冷隔及表面流纹等缺陷。因此，应当在保证充满铸型的前提下，采用较低的温度。在确定浇注温度时，还应结合压射压力、压型的温度及充型速度等因素综合考虑。

2）压铸型的工作温度。在压铸生产过程中，压铸型工作温度过高或过低对铸件质量的影响与合金的浇注温度有类似之处。压铸型的工作温度能影响压铸型寿命和生产的正常进行。因此，在生产过程中应控制压铸型的温度，使其维持在一定范围内，这一温度范围就是压铸型的工作温度。通常在连续生产过程中，如果压铸型吸收液态金属的热量大于它向周围散失的热量，则压铸型的温度会不断升高，应采用空气或循环冷却液体（水或油）进行冷却。

压铸型在使用前要预热到一定的温度（称为预热温度），其作用是有利于液态金属的充型、压铸件成型、保护压型和便于喷涂涂料。压铸型的预热方法有煤气加热、电热器加热等。

（4）充型时间、持压时间及铸件在压铸型中停留的时间

1）充型时间。自液态金属开始进入型腔到充满型腔为止所需要的时间称为充型时间。充型时间与压铸件轮廓尺寸、壁厚和形状复杂程度以及液态金属和压铸型的温度等因素有关。对于形状简单的厚壁铸件以及浇注温度与压铸型的温度差较小时，充型时间可以延长；反之，充型时间应缩短。充型时间主要是通过控制压射比压、压射速度或内浇道截面大小来实现，一般为 0.01～0.2s。

2）持压时间。从液态金属充满型腔建立最终静压力至在这一压力持续作用下铸件凝固完毕，这段时间称为持压时间。持压时间与合金的特性及铸件的壁厚有关。对熔点高、结晶温度范围宽的合金，应有足够的时间，若同时又是厚壁铸件，则持压时间还可再长些。持压时间不够，容易造成缩松。当内浇道处的金属液尚未完全凝固，而压射冲头退回时，未凝固的金属液就会被抽出，常在靠近内浇道处出现孔穴。对结晶温度范围窄的合金且壁厚小的铸件，持压时间可短些。

3）铸件在压铸型中的停留时间。从持压终了至开型取出铸件的这段时间称为停留时间。停留时间的长短体现在铸件出型时温度的高低。若停留时间太短，铸件出型时温度较高，强度低，铸件自型内顶出时可能发生变形，铸件中气体膨胀使其表面出现鼓泡。若停留时间过长，铸件出型时温度低，收缩大，抽芯及顶出铸件的阻力增大，热脆性合金铸件还会发生开裂。

4）压铸用涂料。为了避免高温液态金属对压铸型型腔表面的冲刷或出现粘附现象（主要是铝合金），以利于保护压铸型，改善铸件表面质量，减小抽芯和顶出铸件时的阻力，并保证在高温时压射冲头和压室能正常工作，通常在型腔、压射冲头及压室的工作表面上均匀喷涂一层涂料。

涂料一般由隔绝材料或润滑材料及稀释剂组成。在喷涂涂料时，应使涂料层均匀，并避免涂层过厚。喷涂后，应待稀释剂挥发完毕，再合型浇注，以免型腔或压室中有大量气体存在，影响铸件质量。在生产过程中，应注意对排气槽、转角或凹入部位堆积的涂料及时进行清理。

五、离心铸造

离心铸造是将液态金属浇入旋转的铸型中，使之在离心力的作用下完成充填和凝固成型的一种铸造方法。离心铸造采用的铸型有金属型、砂型、石膏型、石墨型、陶瓷型及熔模等。

1. 离心铸造的特点

由于液态金属是在旋转状态离心力的作用下完成充填、凝固成型过程的，所以离心铸造具有以下特点：

1）铸型中的液态金属能形成中空圆柱形自由表面，不用型芯就可形成中空的套筒和管类铸件，因此可简化这类铸件的生产工艺过程。

2）显著提高液态金属的充填能力，改善充型条件，可用于浇注流动性较差的合金和铸件壁较薄的铸件。

3）有利于液态金属中的气体和夹杂物的排除，并能改善铸件凝固的补缩条件。因此，铸件的缩松及夹杂等缺陷较少，铸件的组织致密、力学性能良好。

4）可以减少甚至不用冒口补缩，降低了金属消耗。

5）可生产双金属圆柱形铸件，如轴承套、铸管等。

6）对于某些合金（如铅青铜等）容易产生比重偏析。此外，在浇注中空铸件时，其内表面较粗糙，尺寸难以准确控制。这是离心铸造的缺点。

离心铸造已是一种应用广泛的铸造方法，常用于生产铸管、铜套、缸套、双金属钢背铜套等。对于双金属轧辊、加热炉滚道、造纸机干燥滚筒及异形铸件（如叶轮等），采用离心铸造也比较合适。现已有高度机械化、自动化的离心铸造机，还有年产量达数十万吨的机械化离心铸管厂。

2. 离心铸造工艺过程

离心铸造是在离心铸造机上进行的。离心铸造机按其旋转轴位置的不同，分为立式和卧式两种，如图 1-44 所示。立式离心铸造机主要用于铸造环套类短铸件或成型铸件，卧式离心铸造机适用于铸造长度较大的套筒及管类铸件。在卧式离心铸造机上铸型是绕水平轴回转的，由于铸件各部分的冷却、成型条件基本相同，所得铸件的壁厚在轴向和径向都是均匀的，因此，卧式离心铸造机应用广泛，常用来制造各种铸管、缸套等铸件。

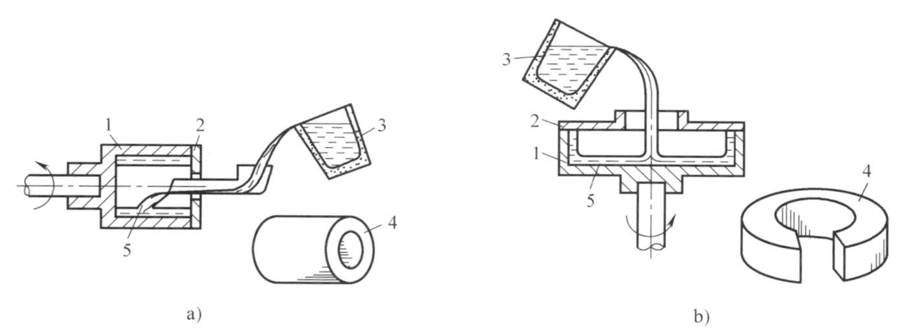

图 1-44　离心铸造

a）卧式离心铸造　b）立式离心铸造

1—铸型　2—端盖　3—浇包　4—铸件　5—液态金属

课后练习

1. 金属型铸造有哪些特点？它为什么不能广泛代替砂型铸造？
2. 简述熔模铸造的工艺过程及优缺点。
3. 离心铸造有哪些优缺点？适用范围如何？
4. 压力铸造有什么特点？适用于哪些情况？

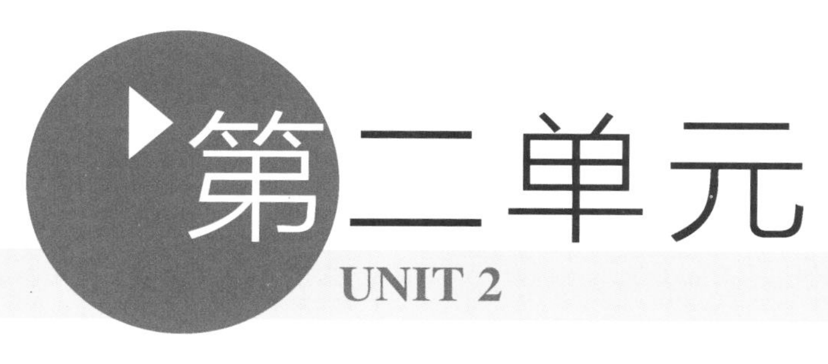

第二单元
UNIT 2

锻压成型

知识目标：

1. 掌握金属塑性变形的基础知识。
2. 掌握锻造的分类及工艺过程。
3. 掌握冲压设备及各种冲压工序。
4. 理解其他成型工艺的工艺过程。

能力目标：

1. 了解锻压生产准备的一般工作。
2. 具备操作锻压生产设备的基础能力。
3. 具备锻压工艺、产品质量分析的基础能力。
4. 具备一定的创新意识和创新能力，提升专业素质，开阔专业视野。

素养目标：

1. 具有探究学习、终身学习的能力。
2. 具有整合知识和综合运用知识分析问题和解决问题的能力。
3. 具有良好的职业道德和吃苦耐劳的精神。
4. 具有严谨的工作态度和良好的安全意识。
5. 引导学生体会老一辈科学工作者艰苦奋斗、不屈不挠、永不放弃的科学精神，加深对社会主义制度优越性的认识，引导学生具备严谨、认真的科研态度和大国重器的担当精神。

在外力作用下使金属材料发生塑性变形，获得具有一定形状、尺寸和力学性能的毛坯或零件的加工方法称为金属的塑性变形加工，也称压力加工。

金属塑性变形加工是利用材料的塑性进行成形加工的方法。各种钢和大多数有色金属及其合金都具有一定的塑性，因此可在其冷态或热态下进行塑性变形加工。塑性变形加工的方式有很多种，主要有轧制、挤压、拉拔、锻造、冲压等，如图 2-1 所示。

金属塑性变形加工或锻压加工因其具有以下优点，在生产中得到广泛的应用。

1）改善金属内部组织。锻压加工后，金属毛坯获得较细的晶粒，并使铸造的内部缺陷（微小裂纹、疏松、气孔等）焊合，从而提高金属的力学性能。

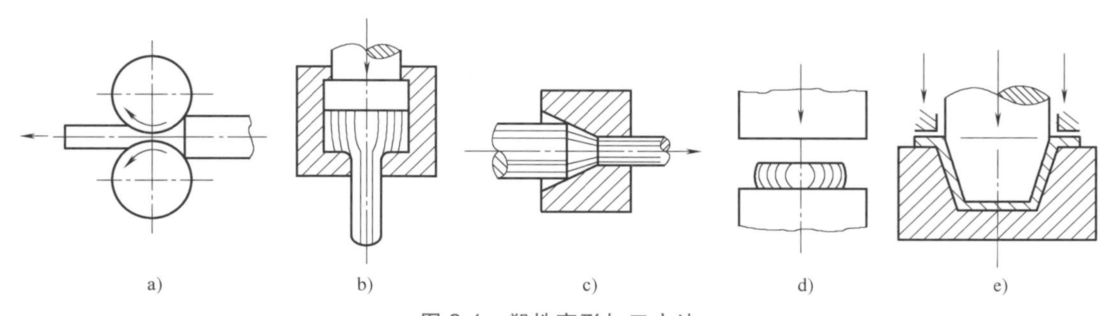

图 2-1 塑性变形加工方法

a）轧制 b）挤压 c）拉拔 d）锻造 e）冲压

2）提高金属材料的利用率。使用精密压力加工，可使锻件的尺寸精度和表面质量接近成品，无须再进行机械加工，即可作为成品件直接使用。

3）具有较高的生产率。有些压力加工方法，如快速锻造、挤压、冲压等，有较高的生产率，一台自动冷锻机生产螺栓和螺母的产量可以相当于十八台自动车床。

4）适用范围广。能加工各种形状及重量的零件，从形状简单的螺钉到形状复杂的曲轴，从质量不足 1g 的表针到重达数百吨的大轴都可以加工制造。

塑性加工成型不能加工脆性材料和形状特别复杂或体积特别大的零件或毛坯，且一次性投资较高。金属塑性加工成型是生产金属型材、板材、线材等的主要方法。此外，承受较大或复杂载荷的机械零件，如机床主轴、内燃机曲轴、连杆以及工具、模具等通常也需采用此成型方法。飞机上的采用压力加工成型的零件约占 85%，汽车、拖拉机上的锻件占 60%~80%。

第一节 金属的塑性变形

金属材料经过塑性变形加工后，其内部组织发生变化，使金属的性能得到改善，为塑性变形加工方法的广泛应用奠定了基础。为了能正确选用塑性变形加工方法、合理设计塑性变形加工成型的零件，必须深入掌握金属塑性变形的实质、规律和影响因素等内容。

一、金属的塑性变形实质

在外力作用下，金属内部将产生应力。此应力迫使原子离开原来的平衡位置，从而改变原子间的距离，使金属发生变形。当外力撤除后，应力消失，变形也随之消失，该变形称为弹性变形；当外力增大到使金属的内应力超过该金属的屈服强度后，即使外力撤除，金属的变形也并不消失，该变形称为塑性变形。

金属的塑性变形是金属晶体中晶粒内部的变形和晶粒间的相对移动、转动共同作用的结果。金属材料多是多晶体，其变形是与其中各个晶粒的变形相关的。因此单晶体的变形是金属塑性变形的基础。单晶体塑性变形主要以滑移为主。

滑移是在切应力的作用下，晶体中的一部分沿着一定的晶面和晶向相对另一部分产生移

动的现象。发生滑移的晶面和晶向分别称为滑移面和滑移方向。单晶体的滑移示意图如图 2-2 所示。

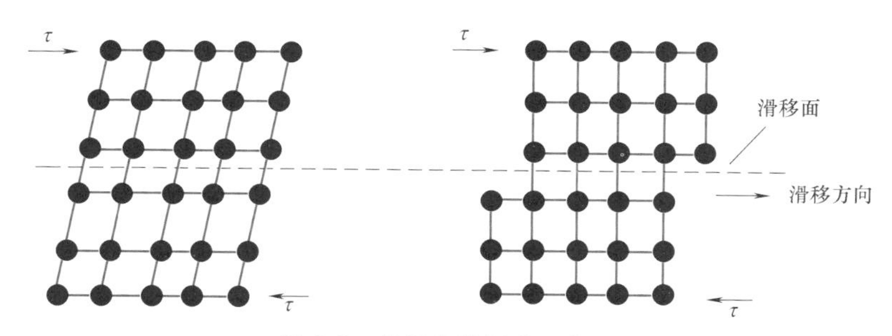

图 2-2 单晶体的滑移示意图

该理论所描述的滑移运动，相当于滑移面上下两部分晶体彼此以刚性的整体相对滑动。实现这种滑移所需外力比实际测得的力大几千倍。由于晶体内部存在缺陷，滑移并非晶体两部分沿滑移面做整体的刚性滑动，而是通过滑移面上位错的运动来实现的。当晶体通过位错运动产生滑移时，只有位错中心的少数原子发生移动，而且它们移动的距离远小于一个原子间距，因而所需临界切应力小。当一个位错移动到晶体表面时，便产生一个原子间距的滑移量。晶体通过位错运动产生滑移示意图如图 2-3 所示。

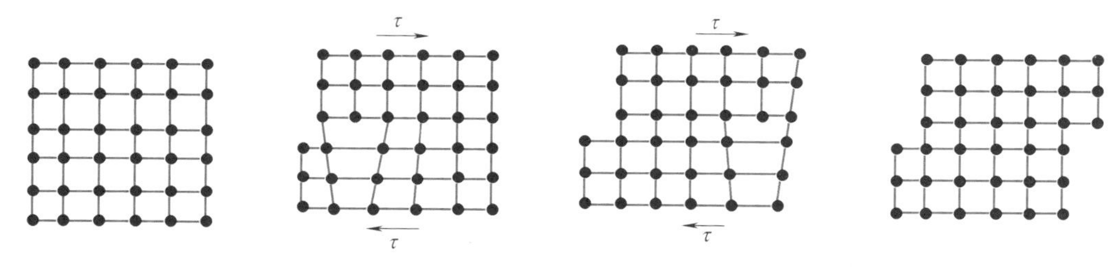

图 2-3 晶体通过位错运动产生滑移示意图

因此，滑移的产生条件是晶体中存在一定数量的位错，而且位错能够在外力作用下产生移动。同理，阻碍位错的移动就可以阻碍滑移的进行，从而阻碍金属的塑性变形，提高塑性变形的抗力，使强度提高，金属材料的强化方式便是以此为理论基础的。

多晶体中各相邻晶粒的位向不同，处于有利位向的晶粒先产生滑移，而处于不利位向的晶粒后产生滑移，多晶体发生塑性变形时晶粒分批、逐步进行滑移，使变形分散在材料各处，如图 2-4 所示。由于每个晶粒塑性变形都要受到周围晶粒的制约和晶界的阻碍，因此多晶体塑性变形抗力要比单晶体高，且晶粒越细小越明显。

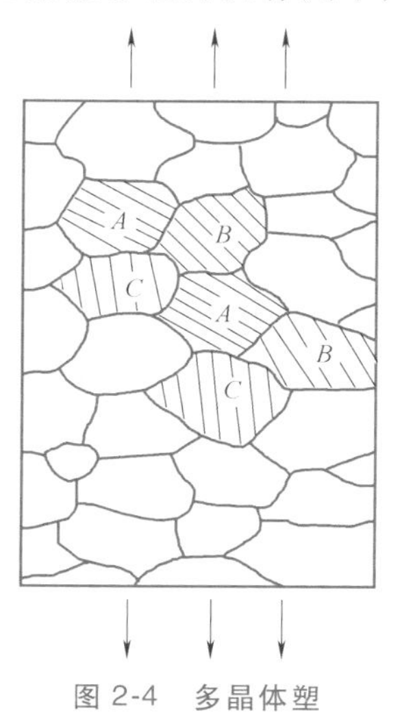

图 2-4 多晶体塑性变形示意图

二、冷塑性变形对金属的组织与性能的影响

1. 冷塑性变形对金属性能的影响

金属在冷塑性变形过程中，随着变形程度的增加，强度和硬度提高而塑性和韧性下降的现象称为加工硬化，也称为冷变形强

化。加工硬化在生产中具有重要的意义。

首先，加工硬化是强化金属，提高金属材料强度、硬度和耐磨性的重要手段之一。特别是对一些不能用热处理强化的金属，如纯金属、奥氏体型不锈钢、某些铜合金、变形铝合金、奥氏体高锰钢等，加工硬化是唯一有效的强化方法。

其次，加工硬化是利用塑性变形方法使工件成型的保证。由于加工硬化的存在，可使先变形部位的金属发生硬化而停止变形，而未变形部位的金属随之开始变形，使塑性变形均匀地分布于整个工件中，从而获得壁厚均匀的制品，而不至于使变形集中在某些局部而导致最终断裂。图 2-5 所示是拉拔生产示意图。

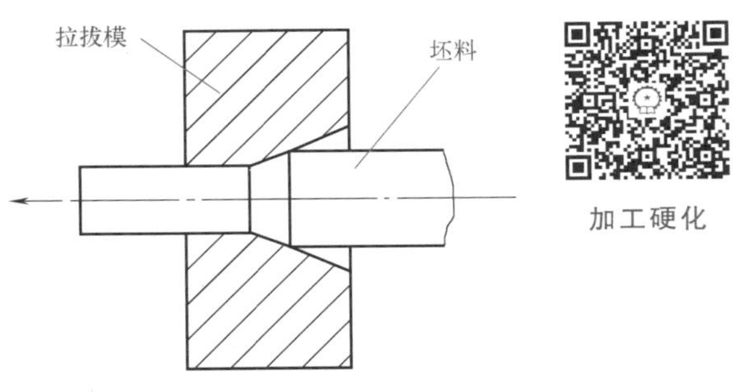

图 2-5 拉拔生产示意图

再次，加工硬化还可以在一定程度上提高构件在使用过程中的安全性。构件在使用过程中往往不可避免地在某些部位（如孔、键槽、螺纹、截面过渡处）出现应力集中和过载现象。在这种情况下，金属的加工硬化使局部过载部位在产生少量塑性变形之后提高了屈服强度并与所承受的应力达到平衡，变形就不会继续发展，从而在一定程度上提高了构件的安全性。

最后，加工硬化也有不利的一面。由于加工硬化后金属的塑性和韧性降低，给进一步变形带来了困难，甚至会导致开裂。为了使金属材料能继续变形，必须进行中间热处理来消除加工硬化现象，这就增加了生产成本，降低了生产率。

2. 冷塑性变形对金属组织的影响

金属在常温下发生塑性变形，内部产生晶内滑移、晶间滑动及晶粒转动，其显微组织呈现晶粒伸长、破碎、晶格扭曲等，同时产生内应力。

（1）形成纤维组织　经塑性变形后，晶粒沿变形方向被压扁或拉长，原来的等轴晶粒将逐渐变成细条状，且变形量越大，晶粒伸长的程度越显著。当变形量很大时，晶界变得模糊不清，晶粒已难以分辨，而呈现出一片纤维状的条纹，称为纤维组织。

由于纤维组织的存在，使变形金属的横向（垂直于伸长方向）力学性能低于纵向（沿纤维的方向）力学性能，这样就使变形金属的力学性能有明显的各向异性。

（2）产生形变织构　多晶体的金属由许多排列不规则的晶粒组成。在塑性变形过程中，当达到一定的变形度（70%以上）以后，由于在各晶粒内晶格位向发生了转动，使各晶粒的位向趋近于一致，形成了特殊的择优取向，这种有序化的结构称为形变织构。

织构的存在会使材料产生严重的各向异性。由于各方向上的塑性、强度不同，会导致产生非均匀变形，使筒形零件的边缘出现严重不齐的现象，称为制耳，如图 2-6 所示。

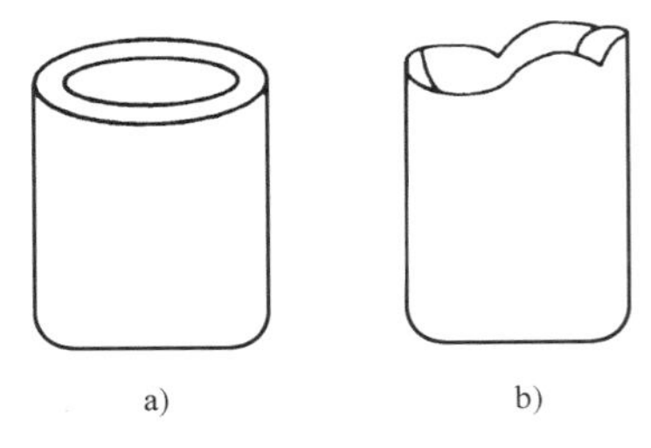

图 2-6 制耳现象
a）无织构　b）有织构

织构也有有利的一面。变压器所用的硅钢片就利用织构带来的各向异性，使变压器铁心增加磁导率、降低磁滞损耗，从而提高变压器的效率。

（3）残余内应力　由于金属在发生塑性变形时，内部变形不均匀，导致在金属内部产生了残余应力。残余应力根据其作用范围不同，可分为宏观残余应力、微观残余应力和晶格畸变应力三类。金属塑性变形后的残余内应力可以通过去应力退火来消除。

三、冷塑性变形后金属在加热时的组织与性能变化

金属发生冷塑性变形后，其组织结构和性能发生了很大的变化，组织处于不稳定状态，具有自发恢复到稳定状态的趋势。但在常温下，金属原子动能太小，扩散速度太慢，这种趋势无法实现。如果将金属温度升高，则原子的动能增大，扩散能力增强，就会产生一系列组织与性能的变化。这种变化可分为三个阶段，即回复、再结晶和晶粒长大。组织与性能变化示意图如图 2-7 所示。

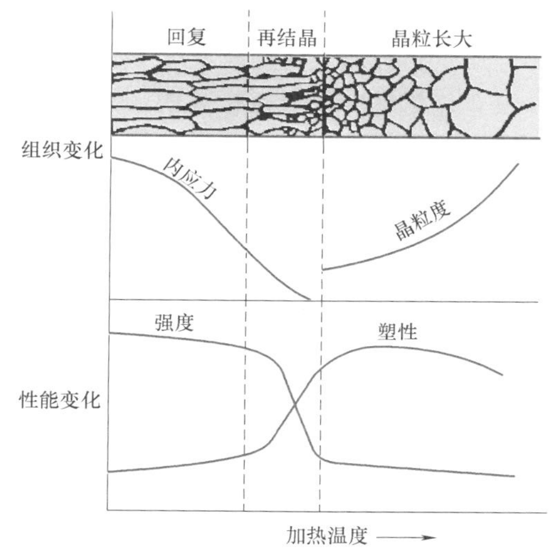

图 2-7　冷塑性变形后金属在加热过程中组织与性能变化示意图

1. 回复

冷塑性变形后的金属在较低温度进行加热时，原子扩散能力不大，只是晶粒内部位错、空位、间隙原子等缺陷通过移动、复合消失而大大减少，内应力大为下降，但晶粒仍保持变形后的形态，变形金属的显微组织不发生明显的变化，材料的强度和硬度略有降低，塑性有所增高，这种现象称为回复。

在实际生产中，常利用回复过程对冷塑性变形金属进行去应力退火，以降低残余内应力，防止工件变形、开裂，保留加工硬化效果。

2. 再结晶

冷塑性变形后的金属在回复后继续升温时，金属原子的扩散能力增大，在原变形组织中重新产生了新的、无畸变的等轴晶粒，同时加工硬化与残余内应力完全消除，金属又恢复到了冷塑性变形之前的状态，这个过程称为再结晶。

金属开始再结晶的最低温度称为再结晶温度，通常用经大变形量（70%以上）的冷塑性变形的金属经 1h 加热后能完全再结晶的最低温度来表示。大量试验证明，各种纯金属的再结晶温度（$T_{再}$）与其熔点有如下近似关系：

$$T_{再}=(0.35\sim0.40)T_0$$

式中　$T_{再}$——以热力学温度表示的再结晶温度（K）；

T_0——以热力学温度表示的金属熔点（K）。

由于塑性变形后的金属发生再结晶后，可消除加工硬化现象，恢复金属的塑性和韧性，因此生产中常用再结晶退火工艺来恢复金属的塑性变形能力，以便继续进行变形加工。

当金属在高温下受力变形时，加工硬化和再结晶过程同时存在。变形中的加工硬化随时都被再结晶过程所消除，因此高温变形后金属没有加工硬化现象。

3. 晶粒长大

再结晶后的晶粒是细小的，如果继续延长加热时间或提高加热温度，则晶粒会明显长大成为粗晶组织，导致金属的强度、硬度、塑性、韧性等力学性能均显著降低。一般情况下，晶粒长大是应当避免的现象。

4. 冷加工与热加工

由于金属在不同温度下变形后的组织和性能不同，因此金属的塑性变形加工分为冷变形加工和热变形加工，即冷加工和热加工。

在再结晶温度以下的塑性变形加工称为冷变形加工。因变形过程中无再结晶现象，变形后的金属只具有加工硬化现象。变形过程中变形程度不宜过大，避免产生破裂。冷变形加工工件没有氧化皮，可获得较高的公差等级和较小的表面粗糙度值，其强度和硬度较高。因此，冷变形加工适用于截面尺寸较小、加工精度和表面质量要求较高的金属制品。

在再结晶温度以上的塑性变形加工称为热变形加工。变形后，金属具有再结晶组织，而无加工硬化痕迹。金属只有在热变形情况下，才能以较小的力达到较大的变形，同时获得具有高力学性能的再结晶组织。金属在热变形加工时较易发生表面氧化现象，产品的表面质量和尺寸精度不如冷加工，因此热加工主要用于截面尺寸较大、变形量较大的金属制品及半成品，以及脆硬性较大的金属材料的变形。

课后练习

1. 什么是金属的加工硬化？简述加工硬化在生产中的工程意义。
2. 简述冷加工与热加工的特点及应用。

第二节 锻造

锻造是机械制造中常用的成型方法，通过锻造能消除金属的铸态组织疏松并焊合孔洞，锻件的力学性能一般优于相同材质的铸件。机械设备中负载高、工作条件严峻的重要零件，除形状较简单的可用轧制的板材、型材或焊接件外，其余多采用锻件。

锻造是指在压力加工设备及模具的作用下，使坯料（铸锭）产生局部或全部的塑性变形，从而获得一定几何尺寸、形状和质量的锻件的加工方法。与其他加工方法相比，锻造加工生产率高；锻件的形状、尺寸稳定性好，并有极佳的综合力学性能，锻件的最大优势是韧性高、纤维组织合理，锻件与锻件之间性能变化小。锻件的内部质量与加工历史有关。图 2-8 表示出铸造、机械加工、锻造三种金属加工方法得到的零件低倍宏观流线。

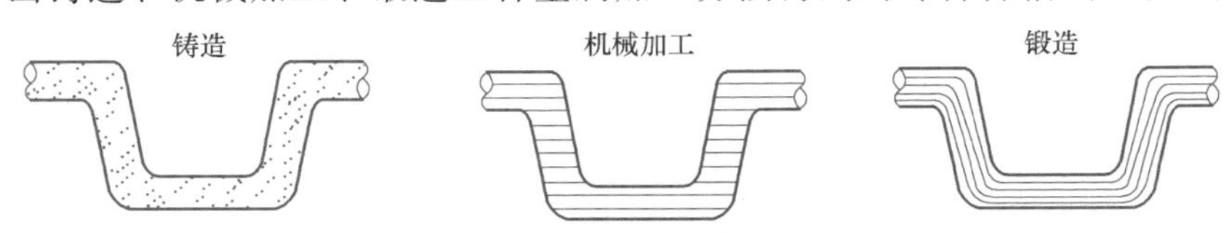

图 2-8　三种加工方法所得零件低倍宏观流线示意图

锻造成型具有许多优点，近年来在各制造业领域如汽车、冶金、机床、动力机械等许多需要承受交变载荷的零件或零件毛坯都必须采用锻造成型的方法来加工制造，以满足其对强度的要求，如发动机曲轴、连杆以及各种齿轮毛坯等。此外，锻造生产属于材料消耗少、无废料加工，采用这种成型加工方法可以较大幅度地提高材料利用率。因此锻造生产是机械制造业中重要的成型方法之一。

一、锻造的分类及工艺过程

1. 根据使用工具和生产工艺的不同分类

锻造生产按变形力的来源可分为手工锻造和机器锻造。手工锻造主要利用手锻工具依靠人力实现对金属材料的成型加工。现代锻造方法都是利用压力加工设备和相应的工模具来实现的，根据成型方法、所用设备和工模具不同，可以分为自由锻、模锻、胎模锻及特种锻造等。

（1）自由锻　自由锻是指借助简单工具，如锤、砧、型砧、摔子、冲子、垫铁等对铸锭或棒材采用镦粗、拔长、弯曲、冲孔、扩孔等方式生产零件毛坯。自由锻的特点如下：锻件加工余量大，生产率低；锻件力学性能和表面质量受生产操作工人的影响大，不易保证。这种锻造方法只适合单件、小批量或大型锻件的生产。自由锻设备根据锻件质量大小而选用空气锤、蒸汽-空气自由锻锤或锻造水压机。

（2）模锻　模锻是指将坯料放入上、下模块的型槽（按零件形状尺寸加工）间，借助锻锤锤头、压力机滑块或液压机活动横梁向下的冲击或压力成型为锻件。锻模的上、下模块分别固紧在锤头和底座上。模锻的特点如下：模锻件加工余量小，只需少量的机械加工；生产率高；锻件内部组织均匀，件与件之间的性能变化小；锻件的形状和尺寸主要是靠模具保证，受操作人员的影响较小。模锻须借助模具，加大了投资，因此不适合单件和小批量生产。模锻还常需要配置自由锻或辊锻设备制坯，尤其是在曲柄压力机和液压机上模锻。模锻常用的设备主要是模锻空气锤、曲柄压力机、模锻液压机等。

（3）胎模锻　胎模锻是介于自由锻和模锻之间的一种锻造加工工艺。通常将被加热金属坯料用自由锻方法预锻成接近锻件形状的锻坯，然后再利用胎模具终锻成型。胎模锻的一个主要特点是胎模具不固定在锻造设备上，即模具可以根据需要而移动。

（4）特种锻造　特种锻造是在普通锻造加工的基础上发展起来，并进行了相应工艺改变的特殊锻造工艺，通常用于普通锻造方法很难或不能成型的锻件加工。有些零件采用专用设备可以大幅度提高生产率，锻件的各种要求（如尺寸、形状、力学性能等）也可以得到很好的保证。如：螺钉，采用锹头机和搓丝机，生产率成倍增长；利用摆动辗压生产盘形件或杯形件，可以节省设备吨位，即用小设备干大活；利用旋转锻造生产棒材，其表面质量高，生产率也较其他设备高，且操作方便。特种锻造也具有一定的局限性，特种锻造机械只能生产某一类型产品，因此适合生产批量大的零部件。

2. 根据锻造的温度区域分类

根据锻造的温度区域不同可分为冷锻、温锻、热锻三个成型温度区域。当温度超过300～400℃（钢的蓝脆区），达到700～800℃时，变形抗力将急剧减小，变形能也得到很大改善。根据锻件质量和锻造工艺要求的不同，在室温下的锻造称为冷锻；温度不超过再结晶温度时进行的锻造称为温锻；在高于再结晶的温度区域的锻造称为热锻。

(1) 冷锻　冷锻是指坯料在低于金属加工的再结晶温度，通常是指在常温下进行的锻造成型加工。这种状态下成型的工件，形状和尺寸精度较高，表面粗糙度值低，加工工序少，有利于实现自动化生产。许多冷锻件或冲压件可以直接用作最终结构零件或制品，而不再需要进行切削或其他加工。但冷锻成型时，由于金属的塑性较差，变形时易产生开裂，同时变形抗力大，需要大吨位的锻压机械。

(2) 热锻　热锻是将坯料加热至金属加工的再结晶温度以上进行的锻造加工。提高坯料的温度能改善金属的塑性，有利于提高工件的内在质量，不易开裂，还能减小金属的变形抗力，降低锻压机械的吨位。但热锻工序较冷锻工序多，工件精度差，表面粗糙度值大，且锻件表面容易产生氧化、脱碳、热膨胀或烧损等缺陷。因此，热锻成型的工件，还需经过大量的后续加工，才能成为成品件。

(3) 温锻　温锻是指坯料的温度在高于常温且低于再结晶温度下进行的锻造加工。坯料在相对软化的状态下进行塑性成型，变形比冷锻容易，同时所需成型设备的吨位也可以减小。由于加热温度较热锻低，氧化、脱碳的可能性小或有所减轻，成型制品的精度较高，表面粗糙度值较小。特别是对于变形抗力较大及在室温下加工困难的材料，通常可以采用温锻成型加工。

3. 根据坯料的移动方式分类

根据坯料的移动方式分为自由锻、镦粗、挤压、模锻、闭式模锻、闭式镦锻。闭式模锻和闭式镦锻由于没有飞边，材料的利用率高，用一道工序或几道工序就可能完成复杂锻件的精加工。由于没有飞边，锻件的受力面积减小，所需要的载荷也减小。但是，应注意不能使坯料完全受到限制，为此要严格控制坯料的体积，控制锻模的相对位置和对锻件进行测量，尽量减少锻模的磨损。

4. 根据锻模的运动方式分类

根据锻模的运动方式分为摆辗、摆旋锻、辊锻、楔横轧、辗环和斜轧等方式。摆辗、摆旋锻和辗环也可用精锻加工。为了提高材料的利用率，辊锻和楔横轧可用作细长材料的前道工序加工。与自由锻一样的旋转锻造也是局部成型的，它的优点是在锻造力较小的情况下也可实现成型。包括自由锻在内的这种锻造方式，加工时材料从模具面附近向自由表面扩展，因此很难保证精度，所以，将锻模的运动方向和旋锻工序用计算机控制，就可用较低的锻造力获得形状复杂、精度高的产品，例如生产品种多、尺寸大的汽轮机叶片等锻件。

5. 锻造工艺过程

锻造工艺在锻件生产中起着重要作用。工艺过程不同，得到的锻件质量（指形状、尺寸精度、力学性能、流线等）有很大的差别，使用设备的类型、吨位也相差甚远。有些特殊性能要求只能靠更换强度更高的材料或新的锻造工艺来满足，如航空发动机压气机盘、涡轮盘，在使用过程中，盘缘和盘毂温度梯度较大（高达 300~400℃），为适应这种工作环境，出现了双性能盘，通过适当安排锻造工艺和热处理工艺，生产出的双性能盘能同时满足在高温和室温下的性能要求。工艺过程安排恰当与否，不仅影响质量，还影响锻件的生产成本。最合理的工艺过程应该是得到的锻件质量最好，成本最低，操作方便、简单，而且能充分发挥出材料的潜力。

不同的锻造方法有不同的流程，其中热模锻的工艺过程最长，如图 2-9 所示。

下面针对主要工序进行简单介绍。

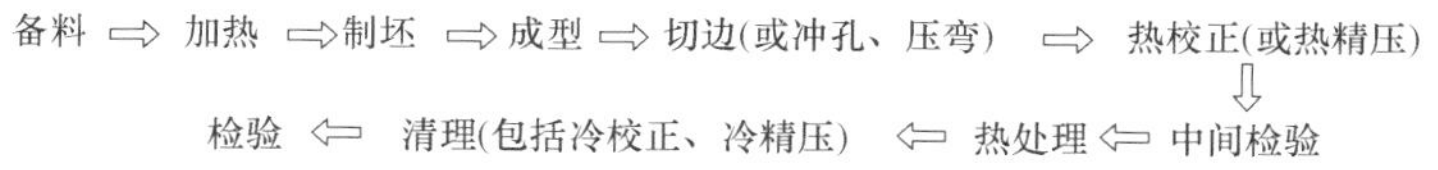

备料 ⇨ 加热 ⇨ 制坯 ⇨ 成型 ⇨ 切边(或冲孔、压弯) ⇨ 热校正(或热精压)
⇩
检验 ⇦ 清理(包括冷校正、冷精压) ⇦ 热处理 ⇦ 中间检验

图 2-9 热模锻的工艺过程

（1）备料 适于锻造成型的金属材料需要具有足够的塑性，保证在锻造过程中容易产生塑性变形而不致破裂。非合金钢、合金钢以及铜、铝等非铁合金均具有良好的塑性，可以锻造。铸铁的塑性很差，在外力作用下易碎裂，因此不能锻造。非合金钢的塑性随含碳量增加而降低，低碳钢和中碳钢具有良好的塑性，是生产中常用的锻造材料。合金钢的塑性随合金元素的增多而降低，锻造时易出现锻造缺陷。锻造材料的原始状态有棒料、铸锭、金属粉末和液态金属。

锻造用钢有钢锭和钢坯两大类，大中型锻件常用钢锭，小型锻件则使用钢坯。毛坯下料通常采用锯切下料、剪切下料、冷折下料、砂轮切割、火焰切割和阳极切割等方法。其中剪切下料生产率较高，在大批量生产中被普遍采用。

（2）加热 热锻是将锻坯加热到一定温度后进行的锻造成型工序，加热及加热温度范围的控制是确保锻造生产顺利进行和保证锻件质量的重要工艺过程。

加热可以提高金属的塑性，降低变形抗力，使其易于流动成型，并获得良好的锻后组织。金属坯料加热后硬度降低、塑性提高，可以利用较小的外力使坯料产生较大的塑性变形且不致产生破裂。锻造加热的原则是在保证坯料整体均匀热透的前提下，尽可能缩短加热时间，以减少金属的氧化，并降低燃料消耗。

确定锻造温度范围的基本方法是以钢材的铁碳相图为基础，再参考材料的变形抗力图和再结晶图来综合决定。金属的锻造温度范围是指始锻温度与终锻温度之间的一段温度区间。始锻温度是指各种金属材料锻造时允许加热的最高温度，终锻温度是指各种金属材料锻造时允许变形的最低温度。将锻造的始锻温度和终锻温度控制在再结晶温度范围内，可利用金属的高温再结晶特点完全抵消锻造变形产生的加工硬化现象。

锻造加热中根据热源不同，可分为火焰加热和电加热。火焰加热是利用燃料燃烧产生具有大量热能的高温气体，通过对流、辐射传给金属，再由表面向中心热传导，最终将金属坯料整体加热的方法。加热设备有明火炉、反射炉、室式炉等。电加热是利用加热元件产生的热量来间接地加热金属坯料，其中主要有感应加热、接触加热、电阻炉及盐浴炉加热等。

（3）锻造成型 锻造成型是锻造生产的核心，按照成型方式不同，锻造可分为自由锻、胎模锻和模锻三种方式。

（4）锻后冷却 锻后冷却是保证锻件质量的重要环节，冷却时应防止产生硬化、变形和裂纹。常用的方式有空冷、坑冷和炉冷三种。一般来说，低、中碳钢及合金结构钢的中、小型锻件多采用空冷；合金工具钢锻件常采用坑冷；对于高合金钢及大型锻件通常锻后放在500~700℃下缓慢冷却。

（5）检验、热处理、清理 检验主要检验锻件的尺寸和表面缺陷；热处理主要用以消除锻造应力，改善金属切削性能；清理主要是去除表面氧化皮。对于一般锻件检验主要检验外观和硬度，对于重要锻件还要经过化学成分分析、力学性能、残余应力和无损探伤等检验。

二、自由锻

自由锻通常指手工自由锻和机器自由锻。

手工自由锻主要依靠人力利用简单的工具对坯料进行锻打，从而改变坯料的形状和尺寸以获得所需锻件，这种方法主要用于生产小型工具或用具。机器自由锻主要依靠专用的自由锻设备和专用工具对坯料进行锻打，改变坯料的形状和尺寸，从而获得所需锻件。

机器自由锻根据其所使用的设备类型不同，可分为锻锤自由锻和水压机自由锻两种，前者用以锻造中小型自由锻件，后者主要用以锻造大型自由锻件。径向锻造机锻造是近十几年才发展起来的，它主要用于阶梯轴和异形截面轴类锻件的成型。

自由锻工艺过程的实质是利用简单的工具逐步改变原坯料的形状、尺寸和组织结构，以获得所需锻件的加工过程。

自由锻具有所用工具简单，通用性强、灵活性大等优势，因此适合单件和小批量锻件，特别是特大型锻件的生产，这为新产品的试制、非标准的工装夹具和模具的制造提供了经济快捷的方法。为了减轻模锻设备的负担或充分利用现有模锻设备，简化锻模结构，有些模锻件的制坯工步也在自由锻设备上完成。但自由锻锻件也有缺点，如精度低、加工余量大、生产率低、劳动强度大等。

1. 自由锻锻件分类

按自由锻锻件的外形及其成型方法，可将自由锻件分为六大类：饼块类、空心类、轴杆类、曲轴类、弯曲类和复杂形状类锻件。

1）饼块类锻件外形横向尺寸大于高度尺寸，或两者相近，如圆盘、叶轮、齿轮、模块、锤头等。

2）空心类锻件有中心通孔，一般为圆周等壁厚锻件，轴向可有阶梯变化，如各种圆环、齿圈、轴承环和各种圆筒（异形筒）、缸体、空心轴等。

3）轴杆类锻件为实轴轴杆，轴向尺寸远远大于横截面尺寸，可以是直轴或阶梯轴，如传动轴、车轴、轧辊、立柱、拉杆等，也可以是矩形、方形、工字形或其他形状截面的杆件，如连杆、摇杆、杠杆、推杆等。

4）曲轴类锻件为实心长轴，锻件不仅沿轴线有截面形状和面积变化，而且轴线有多方向弯曲，包括各种形式的曲轴，如单拐曲轴和多拐曲轴等。

5）弯曲类锻件具有弯曲的轴线，一般为一处弯曲或多处弯曲，沿弯曲轴线，截面可以是等截面，也可以是变截面。弯曲可以是对称和非对称弯曲。

6）复杂形状类锻件是除上述五类锻件以外的其他形状锻件，也可以是由上述五类锻件的特征所组成的复杂锻件，如阀体、叉杆、吊环体、十字轴等。

2. 自由锻工序

任何一个锻件的成型过程，都是由一系列变形工步所组成的。自由锻工序一般可分为：基本工序、辅助工序和修整工序三类。

1）基本工序指能够较大幅度地改变坯料形状和尺寸的工序，也是自由锻过程中主要变形工序。如镦粗、拔长、冲孔、弯曲、切割、错移、扭转等工步。

2）辅助工序指在坯料进入基本工序前预先变形的工序。如钢锭倒棱和缩颈倒棱、预压夹钳把、阶梯轴分锻压痕等。

3）修整工序指用来精整锻件尺寸和形状使其完全达到锻件图要求的工序。一般是在某一基本工步完成后进行。如镦粗后的鼓形滚圆和截面滚圆、凸起、凹下及不平和有压痕面的平整、端面平整、拔长后的弯曲校直和锻斜后的校正等。

任何一个自由锻锻件的成型过程中，上述三类工序中的各工步可以按需要单独使用或进行穿插组合。

自由锻锻件在基本工序中的变形，均属于敞开式、局部变形或局部连续变形。了解和掌握自由锻各类基本工序的金属变形分布，对合理制订锻件自由锻工艺规程，准确分析质量来说十分重要。下面对基本工序进行简单介绍。

（1）镦粗 镦粗是使坯料高度减小而横截面增大的成型工序。镦粗工序是自由锻中最常见的工序之一。镦粗的目的在于：由横截面积较小的坯料得到横截面积较大而高度较小的锻件；冲孔前增大坯料的横截面积以便于冲孔和冲孔后端面平整；反复镦粗、拔长，可提高坯料的锻造比，同时使合金钢中碳化物破碎，达到均匀分布；提高锻件的横向力学性能以减小各向异性。

镦粗是自由锻最基本的工序，当改变锻坯高径比时，需要采用锻造工序，而且在其他锻造工序（如拔长、冲孔等）中也都包含镦粗因素。如图 2-10 所示，镦粗可分为平砧间镦粗、垫环镦粗以及局部镦粗三种主要形式。

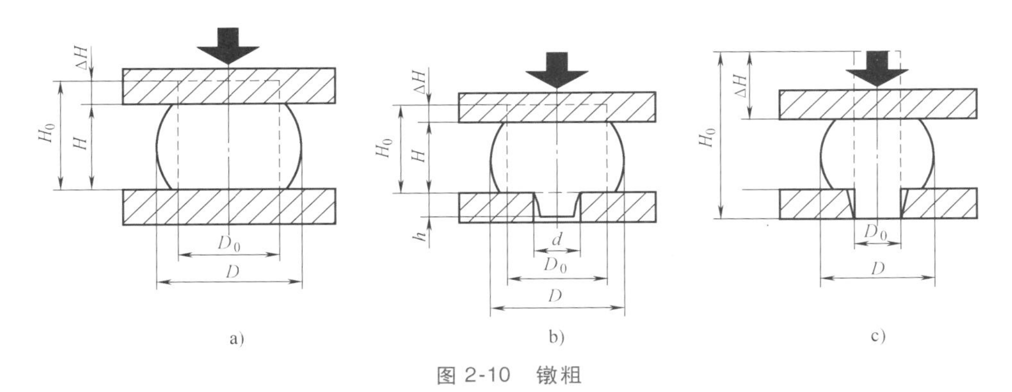

图 2-10 镦粗

a）平砧间镦粗 b）垫环镦粗 c）局部镦粗

1）平砧间镦粗。坯料完全在上、下砧间或镦粗平板间进行的压制称为平砧间镦粗。对于高径比 $H_0/D_0>3$ 的锻坯进行镦粗时，容易产生纵向弯曲，使锻坯变形失去稳定。因此，对于锻坯的高径比应有所限制。通常，对于圆形截面锻坯，应保证 $H_0/D_0\leqslant 2.5$，对于方形或矩形截面锻坯，高宽比应小于 3.5。

平砧间镦粗时，与上、下砧面接触的锻坯受到砧面摩擦力的影响，变形较小；中心部是主变形区，变形量较大时，该区内原有的铸造缺陷可被锻合；而锻坯外侧部分的金属由于受到中心金属的外膨胀力作用，产生切向拉应力，过大变形可能导致产生纵向裂纹。在生产中，对于塑性较差的锻坯，经常在球面砧或模具中进行镦粗，可以改善其应力状态。

2）垫环镦粗。坯料在单个垫环上或两个垫环间进行镦粗称为垫环镦粗，如图 2-10b 所示。这种镦粗方法可用于锻造带有单边或双边凸肩的饼块类锻件，由于锻件凸肩和高度比较小，采用的坯料直径要大于环孔直径，因此，垫环镦粗变形实质属于镦挤。

垫环镦粗，既有挤压又有镦粗，这必然存在一个使金属分流的分界面，这个面称为分流面，在镦挤过程中分流面的位置是变化的。分流面的位置与坯料高径比（H_0/D_0）、环孔与坯料直径之比（d/D_0）、变形程度（ε_H）、环孔斜度（α）及摩擦条件等有关。

3）局部镦粗。坯料只是在局部长度（端部或中间）进行镦粗，称为局部镦粗，如图 2-10c 所示。这种镦粗方法可以锻造凸肩直径和高度较大的饼块类锻件，也可以锻造端部带有较大法兰的轴杆类锻件。

（2）拔长　拔长是使坯料横截面积减小而长度增加的锻造工序。拔长的目的在于：由横截面积较大的坯料得到横截面积较小而轴向较长的轴类锻件；可以辅助其他工序进行局部变形；反复拔长与镦粗可以提高锻造比，使合金钢中碳化物破碎，达到均匀分布；提高锻件的横向力学性能。

根据坯料拔长方式不同，拔长可以分为以下三类：

1）平砧间拔长。平砧间拔长是生产中应用最多的一种拔长方法。在平砧间拔长中有以下几种坯料界面变化过程：

① 方形截面→方形截面拔长。由较大尺寸的方形截面坯料，经拔长得到较小尺寸的方形截面锻件的过程，称为方形截面坯料拔长。矩形截面拔长也属于这一类。

② 圆形截面→方形截面拔长。圆形截面坯料经拔长得到方形截面锻件的拔长，除最初变形外，以后的拔长过程的变形特点与方形截面坯料拔长相同。

③ 圆形截面→圆形截面拔长。较大尺寸的圆形截面坯料，经拔长得到较小尺寸的圆形截面锻件，称为圆形截面坯料拔长。这种拔长过程是由圆形截面锻成四方截面、八方截面，最后倒角滚圆，获得所需直径的圆形截面长轴锻件。

2）型砧拔长。型砧拔长是指坯料在 V 型砧或圆弧型砧中的拔长。而 V 型砧拔长一般有两种情况：一种是在上平下 V 型砧中拔长，另一种是在上、下 V 型砧中拔长，如图 2-11 所示。

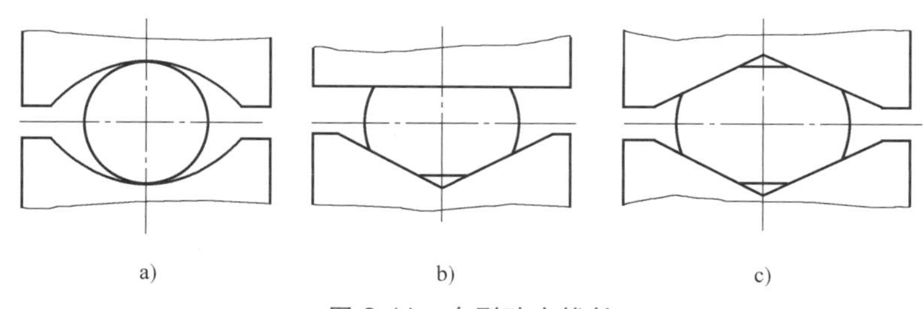

图 2-11　在型砧中拔长

a）圆弧型砧　b）上平下 V 型砧　c）上、下 V 型砧

型砧主要用于拔长塑性低的材料，它是利用型砧的侧面压力限制金属的横向流动，迫使金属沿轴向伸长。

3）芯棒拔长。空心件也称管件，这类坯料拔长时，在孔中穿一根芯轴，所以称为芯棒拔长。芯棒拔长是一种减小空心坯料外径（壁厚）而增加其长度的锻造工序，用于锻制长筒类锻件。

（3）冲孔　采用冲子将坯料冲出通孔或不通孔的锻造工序称为冲孔。冲孔工序常用于：

① 锻件带有大于 $\phi 30\text{mm}$ 以上的不通孔或通孔。

② 需要扩孔的锻件应预先冲出通孔。

③ 需要拔长的空心件应预先冲出通孔。

一般冲孔分为开式冲孔和闭式冲孔两大类。但在生产实际中，使用最多的是开式冲孔。开式冲孔常用的方法有实心冲子冲孔、空心冲子冲孔和垫环上冲孔三种，如图 2-12 所示。

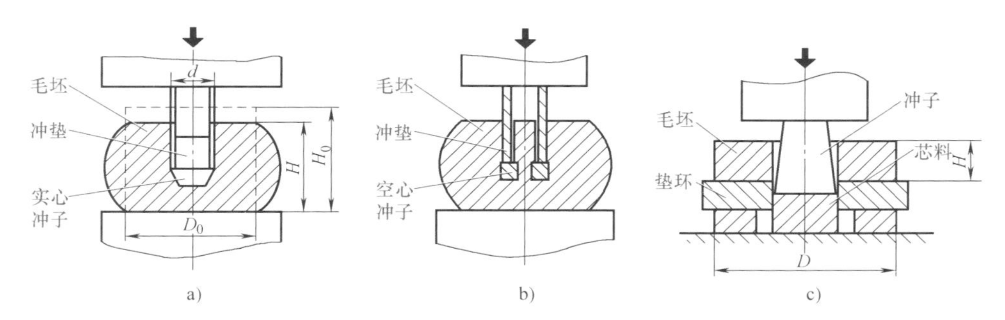

图 2-12 开式冲孔常用的冲孔方法

a）用实心冲子冲孔 b）用空心冲子冲孔 c）在垫环上冲孔

1）用实心冲子冲孔。将实心冲子从坯料的一端冲入，当孔深达到坯料高度 H_0 的 70%~80%时，取出实心冲子，将坯料翻转 180°，再用冲子从坯料的另一面把孔冲穿，这种方法称为双面冲孔。

2）用空心冲子冲孔。用空心冲子冲孔时坯料形状变化较小，但芯料损失较大。当锻造大型锻件时，能将钢锭中心质量差的部分冲掉，为此钢锭冲孔时，应将钢锭冒口端朝下。这种方法主要用于孔径大于 400mm 的大型锻件。

3）在垫环上冲孔。在垫环上冲孔时坯料形状变化很小，但芯料损失较大。这种冲孔方法只适用于高径比 $H/D<0.125$ 的薄饼类锻件。

（4）错移 错移是将毛坯的一部分相对另一部分上、下错开，仍保持这两部分轴线平行的锻造工序，错移常用来锻造曲轴。错移前，毛坯须先进行压肩等辅助工序，错移过程示意图如图 2-13 所示。错移常用于锻造曲轴等带有弯曲形状的轴、杆类锻坯。

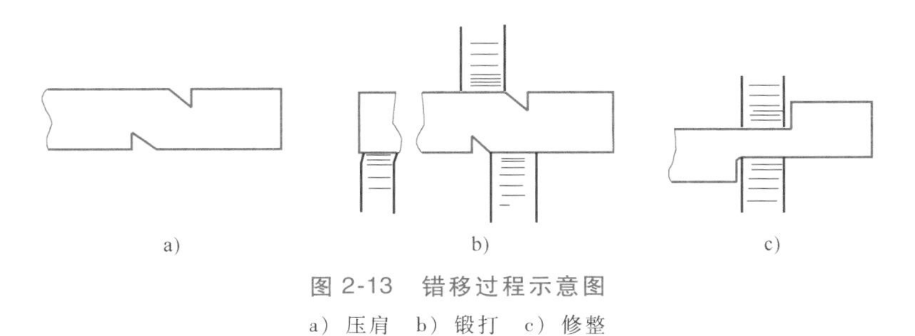

图 2-13 错移过程示意图

a）压肩 b）锻打 c）修整

（5）切割 切割是使坯料分开的工序，如切去料头、下料和切割成一定形状等。用手工切割小毛坯时，把工件放在砧面上，将錾子垂直于工件轴线，边錾边旋转工件。当快切断时，应将切口稍移至砧边处，轻轻将工件切断。大截面毛坯是在锻锤或压力机上切断的，方形截面的切割是先将剁刀垂直切入锻件，至快断开时，将工件翻转 180°，再用剁刀或克棍把工件截断。切割圆形截面锻件时，要将锻件放在带有圆凹槽的剁垫上，边切边旋转锻件。

（6）弯曲 使坯料弯成一定角度或形状的锻造工序称为弯曲。弯曲用于锻造吊钩、链环、弯板等锻件。弯曲时锻件的加热部分最好只限于被弯曲的一段，且加热必须均匀。在空气锤上进行弯曲时，将坯料夹在上、下砧铁间，使欲弯曲的部分露出，用锤子将坯料打弯，如图 2-14a 所示，或借助于成型垫铁、成型压铁等辅助工具使其产生成型弯曲，如图 2-14b 所示。

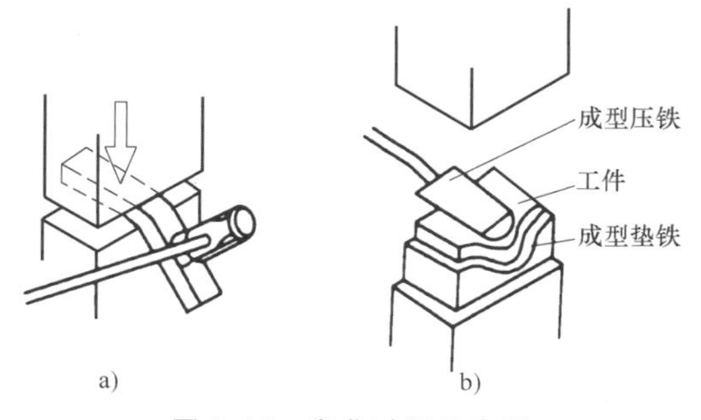

图 2-14　弯曲过程示意图

a）角度弯曲　b）成型弯曲

（7）扭转　扭转是将毛坯的一部分相对于另一部分绕其轴线旋转一定角度的锻造工序。锻造多拐曲轴、连杆、麻花钻等锻件和校直锻件时常用这种工序。

扭转前，应将整个坯料先在一个平面内锻造成型，并使受扭曲部分表面光滑，然后进行扭转。扭转时，由于金属变形剧烈，要求受扭部分加热到始锻温度，且均匀热透。扭转后，要注意缓慢冷却，以防止出现扭裂。

3. 自由锻设备

自由锻设备根据锻造时对毛坯作用力的性质不同常分为锻锤和液压机两大类。

（1）空气锤　空气锤由电力直接驱动，其结构原理如图 2-15 所示，电动机通过减速器驱动曲柄转动，此旋转力矩由连杆再传递给活塞形成活塞的往复直线运动。踏下踏杆调节气阀使压缩空气通过进气阀和排气阀交替进入工作缸的上、下部。驱动工作缸活塞连同锤杆、锤头和上砧一起上下运动，对锻件进行打击锻造。上砧固定在锤头的燕尾槽内，下砧装于砧垫的燕尾槽内，再固定在下砧座上。通过手柄或脚踏板控制进、排气阀的位置，可使锤头实现上悬、连续打击、单击和下压等动作。

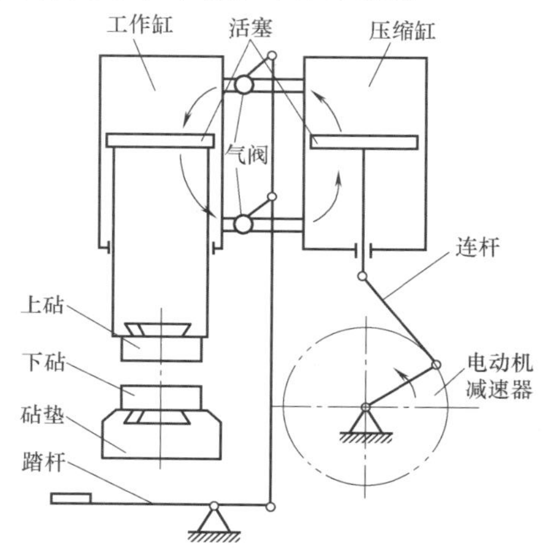

图 2-15　空气锤的结构原理

空气锤打击速度快，作用力呈冲击性，有利于锻件成型。空气锤的规格是以落下部分的质量来表示的，一般为 50～1000kg。锻锤产生的打击力是落下部分质量的 800～1000 倍，常用于小型锻件的锻造生产。

（2）蒸汽-空气锤　蒸汽-空气锤通常利用 0.4～0.9MPa 的压力蒸汽或压缩空气作为动力，经节气阀和滑阀的调节和控制推动主缸活塞运动，完成打击动作。其落下部分的质量可以显著增大，提高锤头打击能量。一般来说，锻件开始产生变形时，锤头的打击速度可达 6～8m/s。

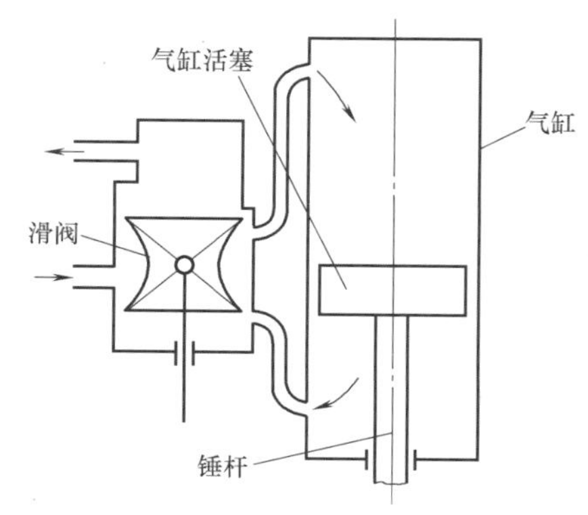

图 2-16　蒸汽-空气锤的工作原理

蒸汽-空气锤的工作原理如图 2-16 所示，当滑阀处于图 2-16 所示位置时，蒸汽沿进气管道经滑阀外圆环形空间进入气缸上部，迫使活塞连同锤杆、锤头下行进行打击。气缸下部的废气通过滑阀的中孔，沿排气管道排出。当滑阀移至下端时，滑阀外围的环形空间将进气管与气缸下部接通，蒸汽推动活塞连同锤杆、锤头上升，活塞上部废气则直接经排气管排出。

为了保证蒸汽锤的动能大部分转化为锻件的变形能，其砧座的重量须为其落下部分重量的10~15倍。尽管如此，锻造过程中仍有一部分打击能量会消耗于砧座和地基的振动，对于附近的工厂、建筑及生产本身都会产生不良影响。因此，锻锤的吨位不宜过大，而大型锻件应在液压机上进行锻造。

（3）水压机　水压机是以高压泵所产生的高压水作为能源进行工作的，其工作原理如图2-17所示。当高压水经过上部管道进入工作水缸时，在水压力作用下，柱塞连同横梁和上砧向下对坯料施加压力，同时返程缸下部的水经排水管道排出。扳动手柄调节高压水阀，使高压水进入返程缸，可使横梁及上砧向上运动，工作水缸中的水经管道排出。

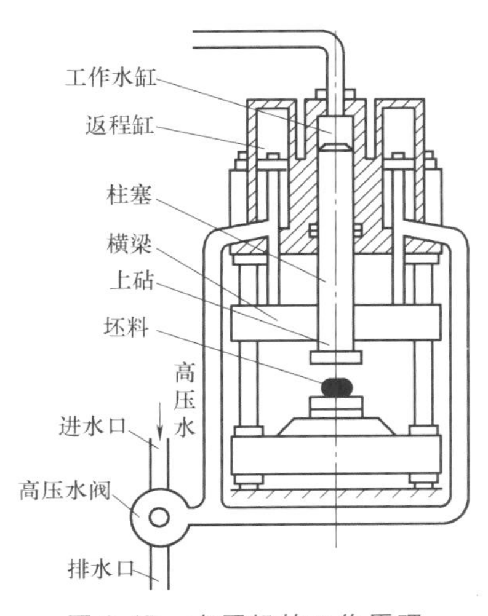

图2-17　水压机的工作原理

水压机上自由锻是依靠高压水的压力对锻件进行锻造成型的，其高压水压力可达20~35MPa。水压机的常用吨位为600~15000t，可锻钢锭质量最高可达300t。金属坯料在水压机上锻造成型时，其锻透率比在锤上锻造还要高，容易获得整个截面都是细晶粒组织的锻件。使用水压机锻造时，以静压力作用在坯料上（上砧的下行速度为0.1~0.3m/s），工作时振动小，劳动条件好。其缺点是设备庞大，需要有一套供水系统和操作系统，设备造价高。

三、胎模锻

胎模锻是介于自由锻和模锻之间的一种锻造方法。通常采用自由锻制坯，在锻压设备上使用可移动模具（即胎模）将坯料锻造成型为模锻件。

1. 胎模锻工艺与特点

胎模锻的生产工艺过程包括制订工艺规程、胎模制造、备料、加热、锻制胎模锻件及后续工序等。在制订工艺规程时，分模面可灵活选取，数量不限于一个，而且不同工序中可以选取不同的分模面，以便于制造胎模和锻件成型。胎模不固定在锤头或砧座上，只在需要时在下砧上使用。胎模的结构型式多种多样，比固定锻模灵活简便，易于制作。胎模锻可采用多个模具，每个模具都能完成工艺中的一个工序。因此，胎模锻可以加工不同外形的锻件。

胎模锻具有以下工艺特点：

1）与自由锻相比，胎模锻在提高锻件精度和复杂程度、减少敷料和机加工余量以及节约金属等方面具有明显的优势。

2）胎模锻锻件的形状和尺寸基本与锻工的技术无关，主要靠模具精度保证，操作简单。

3）胎模锻锻件在胎模模膛内成型，锻件内部组织致密，纤维分布状态有利于提高锻件的力学性能。

4）胎模锻工艺操作灵活，可以局部成型，因此，可以在较小的设备上实现较大锻件的锻造成型。

5）胎模锻生产劳动强度较大，适合于中、小批量生产。

2. 胎模锻的种类及应用

胎模锻所用模具简称胎模，其结构种类较多，主要可分成制坯整形模、成型模和切边-冲孔模等。图2-18a所示是制坯整形模的一种，称摔模（又称摔子），为最常用的胎模，用于锻件成型前的整形、拔长、制坯、校正。用摔模锻造时，须不断旋转锻件，因此适用于锻制回转体锻件。扣模、套模、合模（图2-18b、c、d）均为成型模。扣模由上扣和下扣组成，或只有下扣，而以上砧代替上扣。扣模既能制坯，也能成型，锻造时锻件不转动，可移动。扣模用于非回转体锻件的制坯、弯形或终锻成型。

套模分为开式和闭式两种：开式套模只有下模，上模由上砧代替，适用于回转体锻件的制坯或成型，锻造时常产生小飞边；闭式套模锻造时，坯料在封闭模膛中变形，无飞边，但产生纵向毛刺，除能完成制坯或成型外，还可以冲孔。

合模一般由上、下模及导向装置（定位销）组成，用于形状复杂的非回转体锻件的成型。

切边模（图2-18e）用于切除飞边。

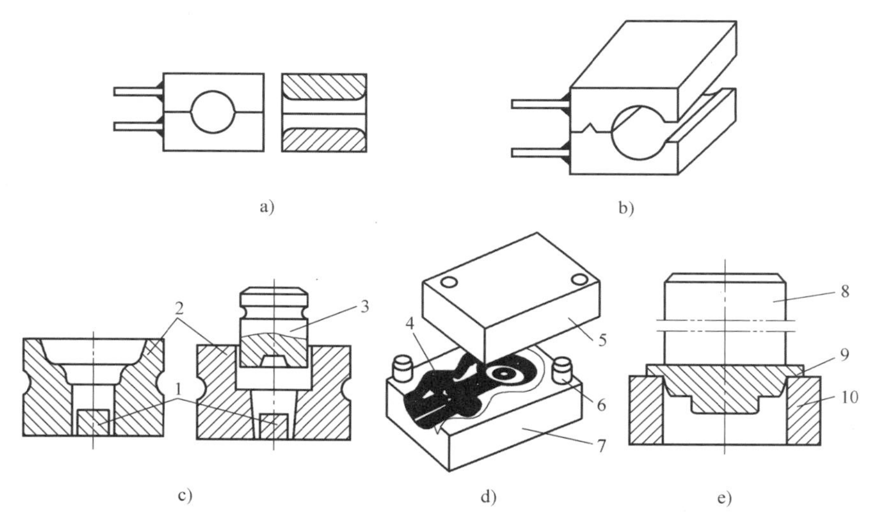

图2-18 胎模锻

a）摔模 b）扣模 c）套模 d）合模 e）切边模

1—垫块 2—套筒 3、5—上模 4—模膛 6—定位销 7—下模 8—冲头 9—锻件飞边 10—垫块（凹模）

四、模锻

金属坯料在具有一定形状的模膛内受冲击力或压力而变形的加工方法，称为模型锻造，简称模锻。

1. 模锻的工艺特点

1）模锻过程中，金属坯料在锻模模膛中的变形是在锤头通过模具多次打击下逐步完成的，同时，金属的流动受到模膛壁部的限制，形成较好的压应力状态，因此锻件内部组织和力学性能好。另外，由于锻模模膛的限制，金属充满后所得到的锻件形状尺寸比自由锻生产的锻件精度高，且表面粗糙度值小，因此，后续机加工余量相对小。

2）由于利用锻模模膛对金属流动的约束，模锻可以成型状较为复杂的锻件。通常锻件外形无需过多简化，可以节省敷料，因而降低了金属材料的消耗。

3）采用模具进行锻造成型，锻件的形状和精度由锻模模膛保证，因此，对操作技术要求不高。与自由锻和胎模锻相比，模锻简化了许多工序，具有较高的生产率，并且易于实现机械化和自动化生产。

4）锻模导向精度有限，特别是锤上模锻，锤头行程和打击力不稳定，影响了模锻件的质量、精度。

5）由于模锻过程中金属坯料变形强烈，锻模受到较大热应力而降低了模具使用寿命，因模具损耗导致模锻件的成本增加。模锻需要使金属整体变形，所需锻造设备吨位较大。

2. 模锻的分类

（1）按照模锻所用的设备分类　模锻生产所用设备有锤（模锻锤、无砧座锤、夹板锤）、热模锻压力机、平锻机、摩擦锻压机、水压机及其他特种锻压机（辊锻机、旋转锻机、扩孔机）。在相应设备上所进行的模锻，分别称为锤上模锻、摩擦压力模锻、水压模锻等，或是几种设备联合模锻。

1）模锻锤是在中、大批量生产条件下进行各种模锻件生产的锻造设备，可进行多型模锻，具有结构简单、生产率高、造价低廉和适应模锻工艺要求等特点，是常用的锻造设备。模锻锤在现代锻造工业中的地位取决于以下几个方面：

① 结构简单，维护费用低。

② 操作方便，灵活性强。

③ 模锻锤可进行多模膛锻造，无须配备预锻设备，万能性强。

④ 成型速度快，对不同类别的锻件适应性强。

⑤ 设备投资少（仅为热模锻压力机投资的1/4）。

模锻锤的突出优点在于打击速度快，因而模具接触时间短，特别适合要求高速变形来充填模具的场合。例如带有薄肋板、形状复杂而且有重量公差要求的锻件。由于其快速灵活的操作特性，模锻锤适应性非常强，被称为万能设备，特别适合多品种、小批量的生产。模锻锤是性能价格比最优的成型设备。

2）螺旋压力机适用于模锻、镦锻、精压、校正、切边、弯曲等工序。但螺旋压力机的平均偏载能力远小于热模锻压力机和模锻锤，因此，螺旋压力机不适合一次加热完成几道工序（如去除氧化皮、预锻和切边）。所以当采用螺旋压力机终锻时，需要用另外的设备完成辅助工序。

螺旋压力机模锻的工艺特点是由设备的性能决定的。螺旋压力机具有模锻锤和热模锻压力机的双重工作特性，如在工作过程中有一定的冲击作用，滑块行程不固定，设备带顶料装置；锻件形成时，中滑块和工作台之间所受的力由压力机的框架结构所承受等。其相应的特点如下：

① 螺旋压力机滑块行程速度较慢，略带冲击性，可以在一个型槽内进行多次打击变形。所以，它可以为大变形工序（如镦粗、挤压）提供大的变形能量，也可以为小变形的工序（如精压、压印）提供较大的变形力。

② 由于滑块行程不固定并设有顶料装置，很适用于无飞边模锻及长杆类锻件的镦锻，

用于挤压和切边工序时，须在模具上增设限制行程装置。

③ 螺旋压力机承受偏心载荷的能力较差，通常用于单型槽模锻，制坯一般在其他辅助设备上进行。也可在偏心力不大的情况下布置两个型槽，如压弯—终锻或镦粗—终锻。

螺旋压力机模锻也受设备吨位小、工作速度低和需配备辅助设备制坯等不利因素的限制，一般用于中、小型锻件的中、小批量生产。

3）热模锻压力机上模锻的特性是由压力机本身结构特点所决定的，具体如下：

① 机架和曲柄连杆机构的刚性大，工作中弹性变形小，可以得到精度较高的锻件。

② 滑块具有附加导向的象鼻形结构，从而增加滑块的导向长度，提高了导向精度。由于热模锻压力机导向精度高，并采用带有导向装置的组合模，所以能锻出精度较高的锻件。各个工步的型槽制作在更换方便的镶块上，并用紧固螺钉紧固在通用模架上。工作时上、下模块不产生对击。

③ 压力机的工作行程固定，一次行程完成一个工步。

④ 设有自动顶出装置。

（2）按照模膛的结构型式分类

1）开式模锻。分模面（上、下模分界面）垂直于作用力方向，有飞边槽，已产生阻力使金属易于充满模膛，并容纳多余的金属及能在打击时起缓冲作用，是模锻中采用的最广泛的方式。通常所指的模锻就是开式模锻。

2）闭式模锻，也称为无飞边模锻。分模面平行于作用力方向，金属在封闭的模腔内成型，无飞边产生。这种形式可以节约金属材料，减少飞边，但易使模锻寿命下降，并对下料、制坯及坯料定位等要求较高，锻件出模困难。闭式模锻一般适于形状简单而对称的锻件。在摩擦压力机上使用广泛。

3）小飞边模锻，这是开式、闭式模锻的变形，飞边槽设置在金属最后充满模膛的位置，目的是提高容纳多余的金属。小飞边模锻克服了开式模锻的缺点，易于得到准确的尺寸，提高模具寿命。

3. 锤上模锻

锤上模锻是将上模固定在模锻锤头上，下模紧固在砧座上，通过上模对置于下模中的坯料施以直接打击来获得锻件的模锻方法。

（1）锤上模锻的锻模结构　一般工厂主要采用蒸汽-空气模锻锤，其结构主要由带燕尾的上模和下模两部分组成。下模用楔铁紧固在模垫上，上模通过楔铁紧固在锤头并与锤头一起做上下运动，上、下模构成模膛，如图 2-19 所示。

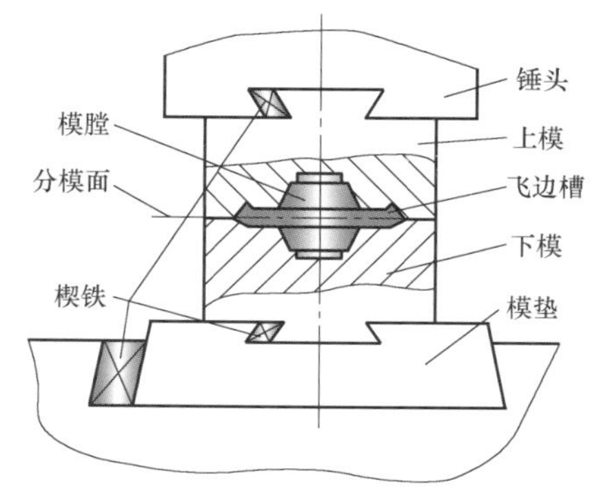

图 2-19　锤上模锻的锻模结构

模锻设计过程包括制订锻件图、坯料计算、工序的确定和模膛设计、设备选择、坯料加热、模锻及锻件的修正工序。

其中锻件图是用作设计和制造锻模、计算坯料和检验锻件尺寸的依据，对模锻件生产质量有很大影响。锻件图绘制时须考虑以下参数：

1） 分模面的确定。分模面是上、下模在锻件上的分界面。应按照以下原则确定：

① 要保证锻件能从模膛中顺利取出，一般选择在锻件最大尺寸处。

② 分模面必须做成与沿分模面的上、下模的模膛外形一致，以避免在生产中易发现错模事故。

③ 最好把分模面选在使模膛最浅的位置上。这样便于金属充满模膛，锻件易于取出，并有利于模膛的铣削。

④ 应使零件上要增加的敷料最少。

⑤ 分模面最好为一平面，上、下模膛深浅一致，以便于锻模的制造。

2） 余量、公差和敷料。模锻时由于坯料是在模膛中成型，故锻件尺寸准确、表面粗糙度值低。余量一般在 0.4~5mm 范围内，公差一般为 0.3~3mm。对于带孔的锻件要留冲孔连皮，若孔径在 30~80mm 时，冲孔连皮厚度取 4~8mm。若孔径小于 25mm 时，一般不锻出该孔。

3） 模锻斜度。模锻件的侧面平行于锤击力方向的表面，必须有斜度，以便于从模膛中取出锻件。锤上模锻斜度一般为 5°~15°，其值与模膛的深度和宽度之比 h/b 有关系，h/b 大，则模锻斜度取较大值。内壁斜度要比外壁斜度大 2°~5°。

4） 圆角半径。在零件上所有两平面的交角均须做成圆角，这样可以增加锻件强度，模锻时金属便于流动而充满模膛，避免了锻模在凹入的尖角处产生应力集中而造成裂纹，以及避免了在凸起的尖角处阻碍金属流动而容易磨损，从而提高了模具使用寿命。内圆角半径 R 比外圆角半径 r 大 3~4 倍，模膛越深，则圆角半径取较大值。

（2） 模膛的分类 模锻时的上、下模块分别固定在锤头和模垫上，模块上加工出模膛，模膛可分为模锻模膛和制坯模膛两大类。

1） 模锻模膛。模锻模膛又分为终锻模膛和预锻模膛两种。

终锻模膛的作用是使坯料最后变形到锻件所要求的外形和尺寸，因此它应和锻件的外形相同。但因锻件要冷缩，终锻模膛的尺寸应比锻件尺寸大一个收缩量。钢件收缩量取 1.5%。另外，沿模膛四周有飞边槽，用以增加金属从模膛中溢出的阻力，促使金属能更好地充满模膛，同时容纳多余的金属。

预锻模膛的作用是使坯料预变形到接近锻件的外形和尺寸，在进行终锻时，金属容易充满终锻模膛而达到锻件要求的外形和尺寸，同时能减少终锻模膛的磨损，延长锻模的使用寿命。预锻模膛和终锻模膛的主要区别是前者的圆角半径和斜度大于后者，且模膛周边无飞边槽。

2） 制坯模膛。对于外形复杂的锻件，应使坯料形状逐步地接近锻件的形状，以便金属变形均匀，纤维合理分布和顺利地充满模锻模膛。因此，要设计出制坯模膛以满足上述要求。

制坯模膛有以下几种：

① 拔长模膛。用来减小坯料某部分横截面积以增加其长度。当锻件沿轴线方向的横截面积相差较大，则采用拔长模膛。

② 滚压模膛。用来减小坯料局部横截面积，增大另一部分的横截面积，使金属坯料能按锻件的形状分配。

③ 弯曲模膛。对于弯曲的杆类锻件，要采用弯曲模膛，坯料在其他制坯工序后可直接

放入弯曲模膛，弯曲后的坯料转 90°再放入模锻模膛。

④ 切断模膛。由上、下模的角组成的一对刀口，用于切断金属。

制坯锻模共有五个模膛，坯料经过拔长、滚压、弯曲三个制坯模膛的变形工艺后，已初步接近锻件的形状，然后再利用预锻模膛和终锻模膛制成带有飞边的锻件，最后还须在压力机上用切边模将飞边去除，获得所需工件。

（3）模锻工步的确定及模膛种类的选择

1）模锻工步的确定。

模锻工步主要有：镦粗、拔长、滚压、弯曲、预锻、终锻、模锻工步主要根据模锻件的形状和尺寸确定。模锻件的形状可分为长轴类锻件和短轴类锻件。

① 长轴类锻件。长轴类锻件的长度与宽度（或直径）之比较大，锻造时锤击方向垂直于锻件的轴线。终锻时，金属沿高度和宽度方向流动，长度方向流动不显著。因此，根据坯料与锻件最大横截面积的对比选择工步。

a. 当坯料横截面积大于锻件最大横截面积时，可只选用拔长工步。

b. 当坯料横截面积小于锻件最大横截面积时，应选用拔长、滚压工步。

c. 锻件的轴线为曲线时，应增加弯曲工步。

d. 对于小型长轴类锻件，为减少钳口料并提高生产率，常用一根坯料锻造几个锻件，此时应增加切断工步。

e. 对于形状复杂的锻件，需选用预锻和终锻工步，而选用截面呈周期性变化的轧制材料作为坯料时，可省去拔长、滚压等工步，简化模锻过程，提高生产率。

② 短轴类锻件。短轴类锻件在分模面上的投影为圆形或长度与宽度相近，锻造时，锤击方向与坯料轴线相同，终锻时金属沿高度、宽度及长度方向均产生流动，常选用的工步有镦粗、终锻。对于形状简单的锻件，只需用终锻工步成型；对于形状复杂、有深孔或有高筋的锻件，则应采用镦粗、预锻、终锻等工步。

2）模膛种类的选择。模锻工步确定后，再选择预锻模膛和终锻模膛。

预锻模膛的形状、尺寸与锻件接近，无飞边槽，圆角和斜度较大。

预锻模膛的主要目的是在终锻前进一步分配金属，分配金属是为了确保金属无缺陷流动，易于充填型槽，减少材料流向飞边槽的损失，减小终锻模膛磨损（由于减少了金属的流动量），取得所希望的流线和便于控制锻件的力学性能。

终锻模膛的形状同锻件，尺寸比锻件大一个收缩量。

终锻模膛是各种型槽中最重要的模膛，用来完成锻件最终成型。终锻模膛按热锻件图加工制造和检验，所以设计终锻模膛，须先设计热锻件图。热锻件图上高度方向的尺寸标注是以分模面为基准的，以便于锻模机械加工和准备样板。同时，考虑到金属有冷缩现象，热锻件图上所有尺寸应计入收缩率。

4. 压力机上模锻

模锻锤在工作中存在振动和噪声大、劳动条件差、能源消耗大等缺点，特别是大吨位的模锻锤，因此有被压力机取代的趋势。

（1）摩擦压力机上模锻　摩擦压力机吨位为 350~1000t，多用于中、小型锻件。摩擦压力机上模锻的特点如下：

1）行程不固定。

2）滑块速度较慢，适用于塑性稍差的合金材料。

3）设备有顶料装置，可采用组合模具。

4）偏心承载能力差，适用于单膛模锻。

（2）曲柄压力机上模锻　曲柄压力机吨位为2000~12000t，适用于大批量生产。曲柄压力机上模锻的特点如下：

1）滑块行程固定。

2）采用组合模。

3）有导向、顶杆装置。

4）可以一次成型。

（3）平锻机模锻　平锻机吨位为50~3150t，适合加工$\phi25$~$\phi230$mm的棒料。

平锻机模锻也称平锻，是镦锻长杆件、管件的头部和用棒料制造带通孔环形件的常用方法，材料利用率可达90%左右，如制造长轴的法兰部分、轴承环等。

工作时，活动凹模移动，将端部已加热的棒料夹住，然后由固定在主滑块上的多工位凸模进行镦锻，使金属充满模具的模膛。如果棒料的变形部分长度大于棒料直径的3倍，则必须在预锻、终锻之前对棒料端部进行一次或几次积聚，避免镦锻时棒料弯曲或产生折叠。图2-20所示为平锻机模锻成型工艺，图2-21所示为平锻机及其运动过程。锻通孔时，先锻出带不通孔的锻件，然后在冲子穿孔时将锻件与棒料分离。平锻件一般不产生飞边或只产生较小的飞边，所以材料的利用率高，但需要将棒料夹住后锻造，所以要求棒料有较小的直径公差。

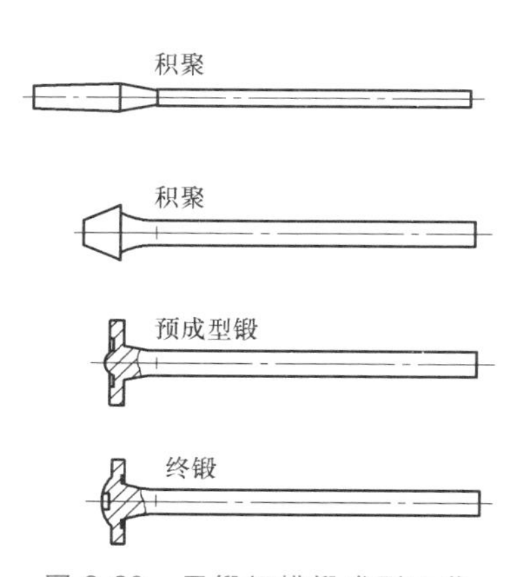

图2-20　平锻机模锻成型工艺

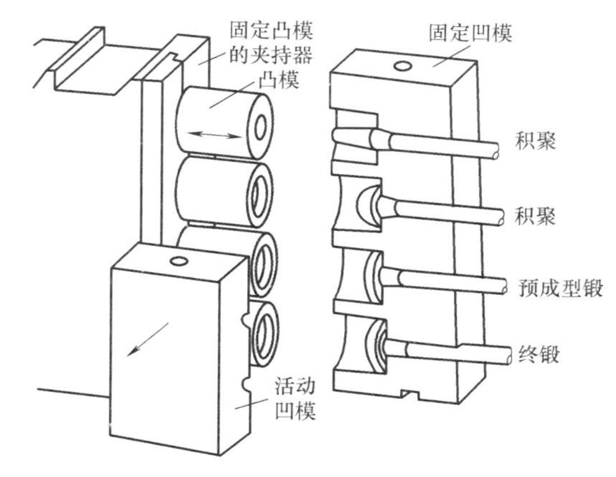

图2-21　平锻机及其运动过程

（4）水压机模锻　水压机的工作速度低，行程大，压力高，并且可以调节，有顶出装置，如果有需要还可以从几个方向施加压力（多向模锻水压机）。巨型水压机的压力达到几十万千牛，工作平台面积达几十平方米。它适用于模锻大型钢、钛合金、铝合金和镁合金锻件，特别是大型航空锻件，如飞机框架、起落架大梁。多向模锻水压机则适合于模锻各种多空膛复杂锻件，如高压机壳、阀体和三叉、四叉管接头等。

五、精密锻造

精密塑性成型技术作为先进制造技术的重要组成部分，近年来得到了迅速发展，精密锻造技术就是其中之一。精密锻造在制造工业中的应用主要有两个方面，即精化毛坯和精锻零件。前者取代了切削粗加工工序，将精锻制品直接进行精加工而获得成品零件；而后者则不需要进行切削加工，利用精密锻造直接锻出成品零件。

1. 精密锻造的工艺特点

1）精锻件尺寸精度高，加工余量和公差小。一般热模锻件所能达到的尺寸极限偏差为±0.5mm左右，而采用精密锻造方法制造的锻件尺寸可达±0.02mm，表面粗糙度值可达 $Ra0.8\sim3.2\mu m$。通常锻件的尺寸精度比模膛精度低2级，温锻件的尺寸精度可达IT4，热锻件可达IT5，一般表面粗糙度值为 $Ra6.3\sim12.5\mu m$。采用精密锻造方法可以部分或全部代替零件的切削加工，可以节省大量机加工工时，降低零件的生产成本。

对于直接进行使用装配的精锻件，表面精度和尺寸精度要求较高，例如表面氧化皮厚度须限制在0.05mm以下，表面脱碳层常需控制在磨削余量范围内。

2）精锻件力学性能好。精锻件在锻造过程中，金属流线没有被割断，且分布合理，故力学性能比采用切削加工的零件要高，符合零件的使用要求。

3）对坯料尺寸和重量要求高。由于精锻件在锻造过程中，没有普通锻造所产生的飞边废料，而且毛坯形状和尺寸直接影响到金属充模、锻件成型和模具寿命，故要求毛坯尺寸精确、形状合理。

4）要求采用少、无氧化加热。为了获得较好的表面质量和尺寸精度，精锻工艺要求采用少、无氧化的加热方法，以避免因加热氧化造成的锻件尺寸和表面精度缺陷。因此，精锻时通常采用感应加热、气体保护加热等。另外，锻件锻后需要在保护介质中冷却，如在砂箱、石灰或无焰油中进行冷却。

5）坯料表面需进行润滑或涂层保护。精锻时接触面上的单位压力一般在800～1200MPa，有的甚至高达2500MPa，温度在1150～1200℃。因此，为了降低金属流动阻力，减轻坯料与锻模表面的摩擦和模膛磨损，必须采用特殊的专用润滑剂和润滑方法改善锻造条件。

6）对锻模要求高。精锻模膛应具有较高的尺寸精度和尽可能低的表面粗糙度，以提高锻件精度。为了获得轮廓清晰的锻件，精锻模中常需开出排气孔。精锻模或精锻设备上应设相应的顶出机构，以便于锻后脱模。

2. 精密锻造的分类

按照金属变形方式和模具结构，精密锻造主要分为开式精锻、闭式精锻和半闭式精锻三种。有时，也根据锻造时坯料的温度分为热精锻、温精锻和冷精锻等。

（1）开式精锻　锻造成型时，受到锻打方向压缩的局部材料不受模具约束，可自由横向延展的变形方式称为开式精锻。如图2-22所示，在开式精锻中，坯料的原始直径为 D_0，模孔内径为 d，当 D_0 的大小介于 d 与 $4d$ 之间时，模孔以内的材料基本不产生变形，只有模孔以外的材料受到锻打方向压缩并产生横向自由延展。这种情况下，模孔内材料的凸起高度与坯料原始高度基本相同或略微低一点，即模孔内材料没有发生挤压变形，模孔以外材料的变形与镦锻基本相同。如果 $D_0>4d$，模孔外部特别是直径大于或等于 d 处附近材料的径向流动阻力

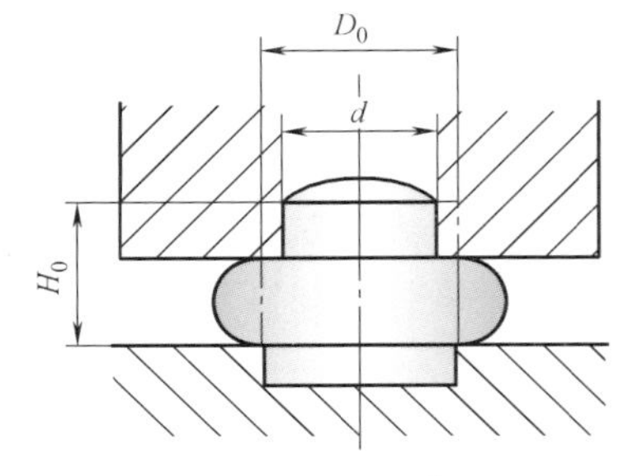

图2-22　开式精锻

增大，产生被迫反向流入模孔的变形趋势，导致成型后模孔内制品高度大于原始坯料高度 H_0。这种情况下，坯料产生的变形既有镦锻又有挤压，属于镦挤复合变形。

模膛周围设有飞边槽，在正常情况下，多余金属全部挤入飞边槽内，这种锻造工艺中，坯料的体积波动并不影响锻件的尺寸。开式精锻的主要锻造过程可以分为三个阶段：①镦粗，即坯料外圈金属流向法兰部分，内圈金属流向凸台部分；②模膛充满，即下模膛充满，凸台和角部待充满，金属开始流向飞边槽；③打靠，即模膛全部充满，桥部金属变薄，多余金属挤入飞边槽，变形力急剧上升。

（2）半闭式精锻　半闭式精锻是指利用带有飞边槽的锻模进行的冷态模锻加工。这种锻造工艺适合于工件需要在锻造方向上有大量金属材料充填模膛的情况，如 $D_0>4d$ 且模孔内充填高度较大的锻件。

如图 2-23 所示，半闭式冷态模锻过程中，坯料变形流动通常经历镦粗、充填和剩余材料挤入飞边槽三个阶段。开始锻造时，坯料在凸模力作用下产生轴向压缩变形，随凸模继续下行，模孔附近材料受到径向阻力作用挤入模孔，使模孔内坯料高度增加，同时一部分径向流动的金属在飞边槽的桥部受到阻碍，进一步反向向模孔内流动。金属充满模膛之后，继续锻造，则多余金属全部挤入飞边槽。

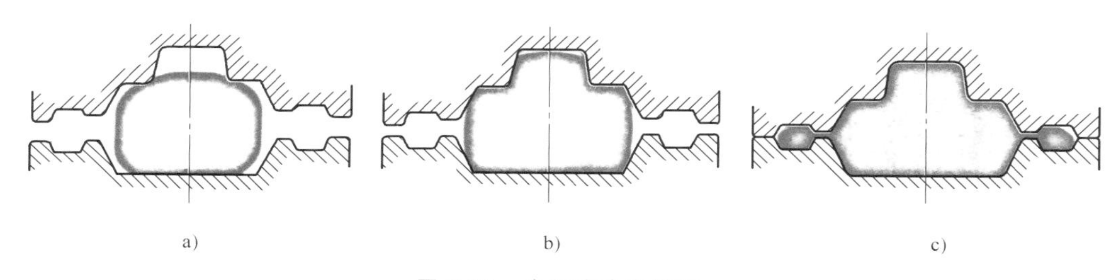

图 2-23　半闭式冷态模锻

a）镦粗　b）充填　c）充满挤出

（3）闭式精锻　闭式精锻是将金属坯料完全限制在模膛内进行塑性变形，且模具不设飞边槽的锻造工艺。图 2-24 所示为镦粗压入闭式精锻成型过程，金属变形也可分为三个阶段。图 2-24a 所示为镦粗冲孔，金属流动变形与开式精锻相似，但坯料体积小于开式精锻，所以，坯料镦成鼓形，外侧与模膛接触较迟。图 2-24b 所示为由于模膛表面限制了径向流动，金属坯料只能向上、下模膛充填。图 2-24c 为模膛角部均已充满，精锻变形结束。

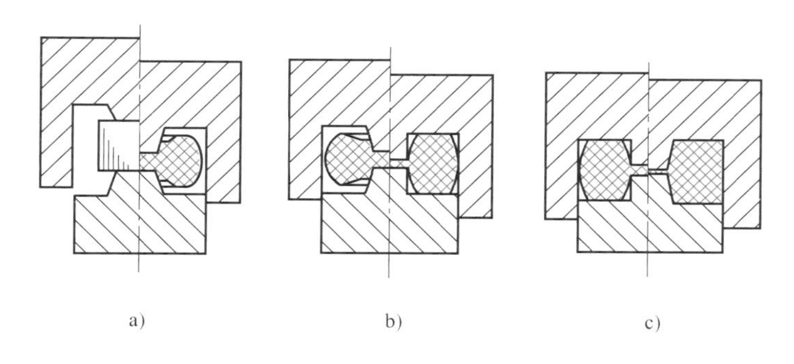

图 2-24　镦粗压入闭式精锻成型过程

a）镦粗冲孔　b）上、下流动　c）充满模膛

对于回转体精锻制品，通常采用闭式精锻工艺。因模具没有飞边槽，因此坯料体积的波动直接引起锻件尺寸的变化。闭式精锻工艺主要包括镦粗、正挤、反挤、侧挤和压入等变形方式。由于有色合金模锻温度低，不易氧化且对模具的磨损较轻，宜于采用闭式精锻。

课后练习

1. 自由锻的特点是什么？自由锻的主要工序有哪些？自由锻的基本变形方式有哪些？
2. 锤上模锻选择分模面的原则是什么？
3. 锻件上为什么要有模锻斜度和圆角？

第三节　冲压

冲压加工是借助于常规或专用冲压设备的动力，使板料在模具里直接受到变形力并进行变形，从而获得一定形状、尺寸和性能的产品零件的方法。板料、模具和设备是冲压加工的三要素。冲压加工是一种金属冷变形加工方法，简称冲压。它是金属塑性加工（或压力加工）的主要方法之一。

冲压的原材料必须具有足够高的塑性，常用的金属材料有低碳钢、塑性较好的合金钢、非铁金属等，一般为板料、条料或带料。由于塑料性能的提高，一部分塑料板材也可以利用冲压方法加工。用于冲压加工的板料厚度一般小于6mm。冲压所使用的模具称为冲压模具，简称冲模。冲模是将材料（金属或非金属）批量加工成所需冲压件的专用工具。冲模在冲压中至关重要。没有符合要求的冲模，批量冲压生产就难以进行；没有先进的冲模，先进的冲压工艺就无法实现。冲压工艺与模具、冲压设备和冲压材料构成冲压加工的要素，只有它们相互结合才能生产出冲压件。

与机械加工及塑性加工的其他方法相比，冲压加工无论在技术方面还是经济方面都具有许多独特的优点。主要表现如下：

1）冲压加工的生产率高，且操作方便，易于实现生产的机械化与自动化。由于冲压是依靠冲模和冲压设备来完成加工，普通压力机的行程次数每分钟可达几十次，高速压力机的行程次数每分钟可达数百次甚至千次以上，而且每次冲压行程就可能得到一个冲压件。

2）冲压时由于模具保证了冲压件的尺寸与形状精度，且一般不破坏冲压件的表面质量，而模具的寿命一般较长，所以冲压的质量稳定，互换性好，具有一模一样的特征。

3）冲压可加工出尺寸范围较大、形状较复杂的零件，如小到钟表的秒表，大到汽车车架纵梁、覆盖件等。由于冲压时材料的冷变形硬化效应，冲压件的强度和刚度均较高。

4）冲压一般没有切屑碎料生成，材料的消耗较少，且不需要其他加热设备，是一种省料、节能的加工方法，因而冲压件的成本较低。

由于冲压加工具有优越性，所以它在国民经济各个领域应用范围相当广泛，飞机、火车、汽车、拖拉机上就有许多大、中、小型冲压件，小轿车的车身、车架及车圈等零部件都是冲压加工出来的。据统计，自行车、缝纫机、手表里有80%是冲压件，电视机、摄像机里有 90% 是冲压件，还有食品金属罐壳、锅炉、搪瓷盆碗及不锈钢餐具都是使用模具的冲压加工产品，即使计算机的硬件中也少不了冲压件。

但是，冲压加工所使用的模具一般具有专用性，有时一个复杂零件需要数套模具才能加工成型，且模具制造的精度高，技术要求高，是技术密集型产品。所以，只有在冲压件生产批量较大的情况下，冲压加工的优点才能充分体现，从而获得较好的经济效益。

一、冲压设备与冲模

1. 冲压设备

冲压常用的设备有剪板机和压力机。

（1）剪板机　剪板机用于把板料切成需要宽度的条料，以供冲压工序使用。图 2-25 是斜口剪板机的外形及传动示意图，电动机 1 通过带轮驱动轴 2 转动，再通过齿轮传动及离合器 3 使曲轴 4 转动，然后驱动带有刀片的滑块 5 上下运动，完成剪切工作。生产中常用的剪板机还有平口剪板机、圆盘剪板机等。

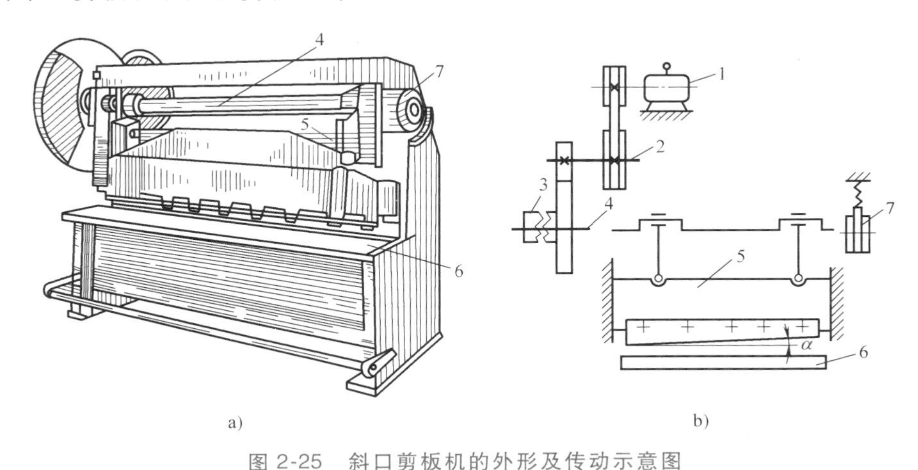

图 2-25　斜口剪板机的外形及传动示意图

a）外形图　b）传动图

1—电动机　2—轴　3—离合器　4—曲轴　5—滑块　6—工作台　7—滑块制动器

（2）压力机　压力机是冲压加工的基本设备，种类较多，主要有单柱压力机、双柱压力机和双动压力机等。图 2-26 所示为常用的小型单柱压力机外形及传动示意图。接通电源后，电动机 5 通过减速机构带动飞轮 4 旋转，踩下踏板 6 使离合器 3 闭合，通过曲轴 2 和连杆 8 使原处于最高极限位置的滑块 7 沿导轨向下运动，进行冲压，放松踏板，使离合器脱开，则制动器 1 立刻使曲轴停止运动，滑块便停留在待工作位置，完成单次冲压。如果不放松踏板，则可进行连续冲压。

2. 冲模

冲模是冲压生产中必不可少的模具，它直接影响冲压件的质量及冲压生产率。冲模的种类很多，按模具动作特点，一般可分为简单冲模、连续冲模等。

简单冲模如图 2-27 所示，其特点是在压力机的一次冲程中只完成一道工序。这种冲模结构简单，容易制造，成本较低，适用于单件小批量生产。

连续冲模如图 2-28 所示，其特点是在一个模具的不同位置，安装着两个或两个以上的凸

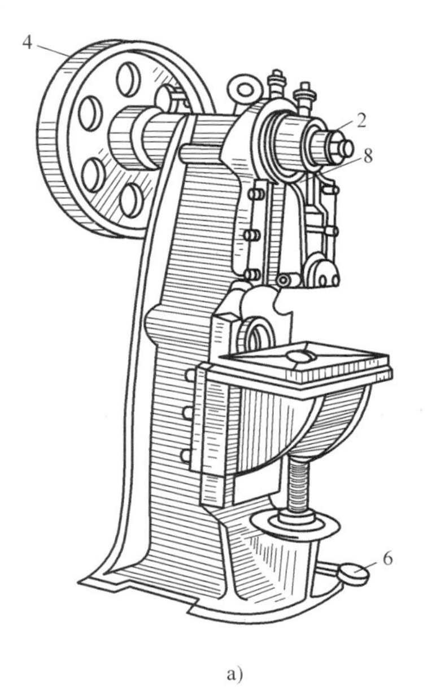

a)

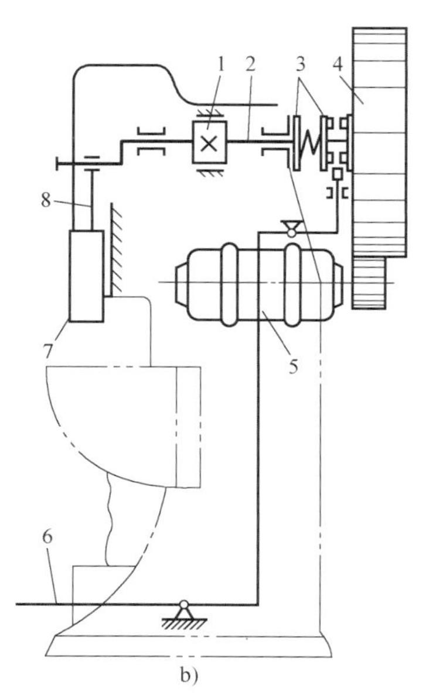

b)

图 2-26　常用的小型单柱压力机外形及传动示意图

a）外形图　b）传动图

1—制动器　2—曲轴　3—离合器　4—飞轮　5—电动机　6—踏板　7—滑块　8—连杆

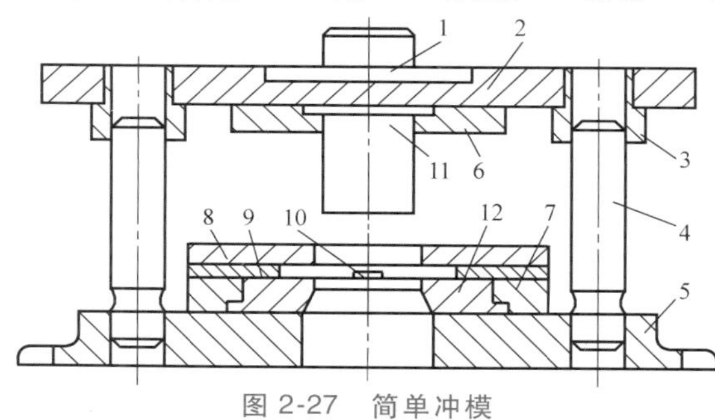

图 2-27　简单冲模

1—模柄　2—上模板　3—套筒　4—导柱　5—下模板　6、7—压板　8—卸料板　9—导板　10—定位销　11—凸模　12—凹模

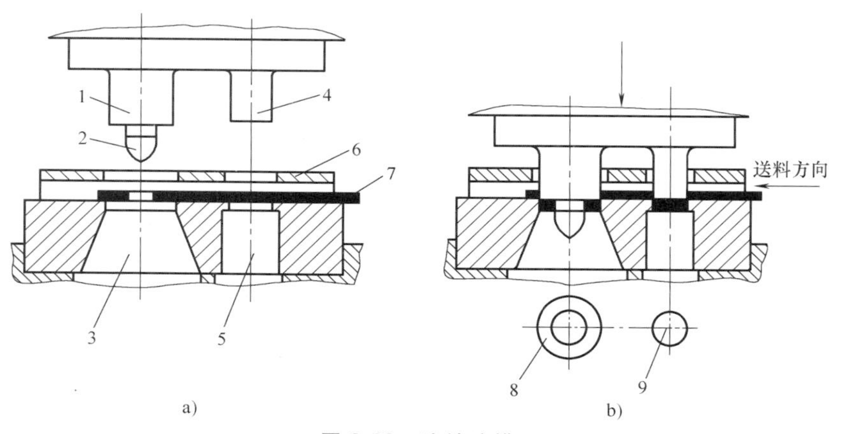

图 2-28　连续冲模

a）工作前　b）工作时

1—落料凸模　2—定位销　3—落料凹模　4—冲孔凸模　5—冲孔凹模　6—卸料板　7—坯料　8—成品　9—废料

模和凹模，因此，在模具的一次冲程中，可以在模具的不同部位完成两道或两道以上的冲压工序。这种冲模结构较复杂，制造较困难，成本较高，精度不够高，但生产率很高，一般适用于大批量生产。

制造冲模选择材料的关键是要结合冲模的工作特点，由于冲模是在频繁的冲击载荷作用下工作的，所以选材应保证冲模的强度和韧性，尤其是工作部分除了要有足够的强度和韧性，还要有高硬度、高耐磨性和淬火变形小等特性。

二、冲压基本工序

通常把生产中的冲压工序分为两大类，一大类是分离工序，即使坯料的一部分与另一部分相互分离的工序，主要包括冲裁、剪切和修整等。另一大类是成型工序，即使坯料的一部分相对于另一部分产生位移而不破裂的工序，主要包括弯曲、拉深、翻边和成型等。

（一）分离工序

1. 冲裁

利用冲模将板料以封闭的轮廓与坯料分离的一种冲压方法称为冲裁。落料和冲孔都属于冲裁工序。落料是指利用冲裁取得一定外形的制件或坯料的冲压方法。冲孔是指将坯料内的材料以封闭的轮廓分离开来，得到带孔制件的一种冲压方法，其冲落部分为废料。落料与冲孔如图 2-29 所示。

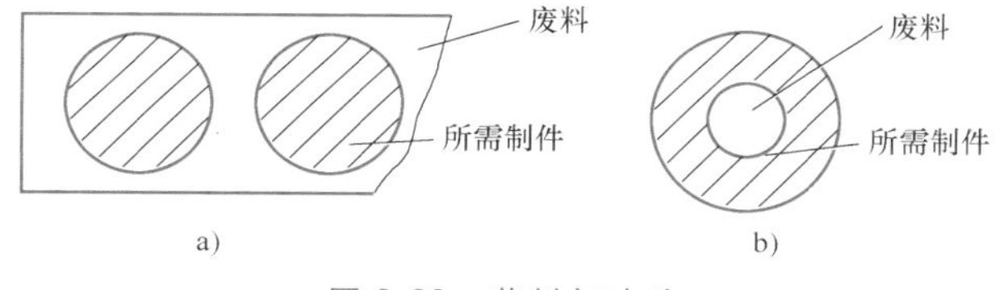

图 2-29 落料与冲孔

a）落料工序 b）冲孔工序

（1）冲裁过程 冲裁过程可分为三个阶段，如图 2-30 所示。

1）弹性变形阶段。凸模与凹模都有锋利的刃口，二者之间有一定的间隙。凸模接触板料后继续向下运动的初始阶段使凸、凹模刃口附近的材料产生弹性压缩、拉深与弯曲等变形，如图 2-30a 所示。

2）塑性变形阶段。凸模继续下压，材料中的应力值达到屈服极限，则产生塑性变形。变形达到一定程度时，凸、凹模刃口处的材料硬化加剧，出现微裂纹，如图 2-30b 所示。

3）断裂分离阶段。凸模继续下压，板料上的上、下裂纹汇合，冲裁件实现与坯料的断裂分离，如图 2-30c 所示。

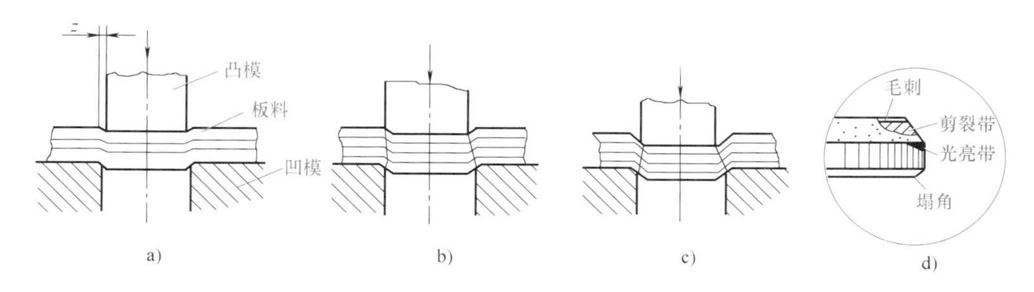

图 2-30 金属板料的冲裁过程

a）弹性变形阶段 b）塑性变形阶段 c）断裂分离阶段 d）落下部分的放大图

如图 2-30d 所示，当凸、凹模间隙合适时冲裁件的断面明显分为四个部分：塌角、光亮带、剪裂带及毛刺。

① 塌角是由凸模压入板料时刃口附近的板料被牵连拉入变形而形成的。

② 光亮带是在变形开始阶段由刃口切入并挤压形成的，较光洁。

③ 剪裂带则是在变形后期由裂纹扩展形成的，较粗糙。

④ 塌角、剪裂带及毛刺导致断面质量下降。这四部分在断面上所占的比例随材料的力学性能、厚度和凸、凹模间隙等的不同而变化。如塑性差的材料剪裂带所占比例较大。

（2）凸、凹模间隙　凸、凹模间隙对冲裁件的断面质量、模具寿命、冲裁力等都有重要影响。

1）间隙过小，上下裂纹就不能很好重合，导致毛刺增大，甚至出现二次裂带，影响断面质量；同时还会使摩擦力增大，加快刃口的钝化，缩短模具寿命；此外，还会增加冲裁力、卸料力和推件力。

2）间隙过大，拉应力会增大，塑性变形阶段结束较早，断面光亮带窄，剪裂带宽，毛刺大。

3）间隙合适，上下裂纹自然汇合，断面较平整，毛刺不大，光亮带较宽，断面质量好。

因此，合理选择间隙对冲裁生产至关重要。选用时主要考虑冲裁件断面质量和模具寿命这两个因素。当冲裁件断面质量要求较高时，应选取较小的间隙值；当冲裁件断面质量要求不高时，应尽可能加大间隙，减小模具间的摩擦力，从而提高模具寿命。

2. 剪切

剪切是指将材料沿不封闭的曲线分离的一种冲压方法，通常是在剪板机上进行的。剪切所用的剪板机有以下三种：

1）平口剪板机。它的刀口是相互平行的，如图 2-31a 所示。

2）斜口剪板机。它的上刀口是倾斜的，倾斜角 α 一般为 6°~8°，如图 2-31b 所示。

3）圆盘剪板机。它是利用两片反向转动的刀片，而将板料剪开的剪板机，如图 2-31c 所示。

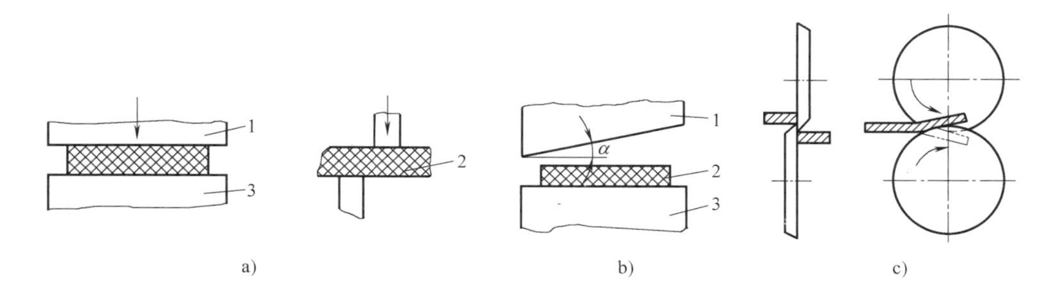

图 2-31　剪板机分类

a）平口剪板机刀口　b）斜口剪板机刀口　c）圆盘剪板机刀片

1—上刀口　2—板料　3—下刀口

3. 修整

修整是使落料或冲孔后的制件获得精确轮廓的工序，利用整修模从冲裁件的内、外轮廓上修切下一层薄薄的切屑，以获得规整的棱边、光洁的断面和较高的尺寸精度的工序。修整的目的与切削加工相似，主要是去除塌角、剪裂带及毛刺。通常，当冲裁件的质量要求较高时，才增加修整工序。

（二）成型工序

1. 弯曲

弯曲是将毛坯或半成品沿弯曲线弯成一定的形状和角度的冲压工序。

（1）冷弯　当弯曲半径 R 满足下列条件时，可冷弯。

1）钢板：$R \geqslant 2.5\delta$（δ 为钢板厚度）。

2）工字钢：$R \geqslant 25h$ 或 $R \geqslant 25b$（随弯曲方向而定，h 为工字钢高度，b 为工字钢腿宽度）。

3）槽钢：$R \geqslant 45b$ 或 $R \geqslant 25h$（随弯曲方向而定，h 为槽钢高度，b 为槽钢腿宽度）。

4）角钢：$R \geqslant 45b$ 或 $R \geqslant 45B$（对于不等边角钢，随弯曲方向而定，b 为角钢短边宽度，B 为角钢长边宽度）。

（2）热弯　弯曲半径小于上述规定时则应热弯，将钢材加热到 900~1100℃，弯曲过程中温度不得低于 700℃，对普通低合金钢，应注意缓冷。对于管子的弯曲成型，应装砂热弯，加热温度在 800~1000℃，弯曲过程中温度不得低于 700℃。管子的弯曲半径 $R>3d$（d 为管径）。

弯曲时的金属变形如图 2-32 所示。弯曲时应尽可能使弯曲线与坯料纤维方向垂直，若弯曲线与纤维方向一致，则容易产生破裂。弯曲时材料内侧受压，外侧受拉，当拉应力超过材料的抗拉强度时材料将遭到破坏。坯料厚度 s 越大，内弯半径 r 越小，越易拉裂。一般取 $r=(0.25\sim2.0)s$。

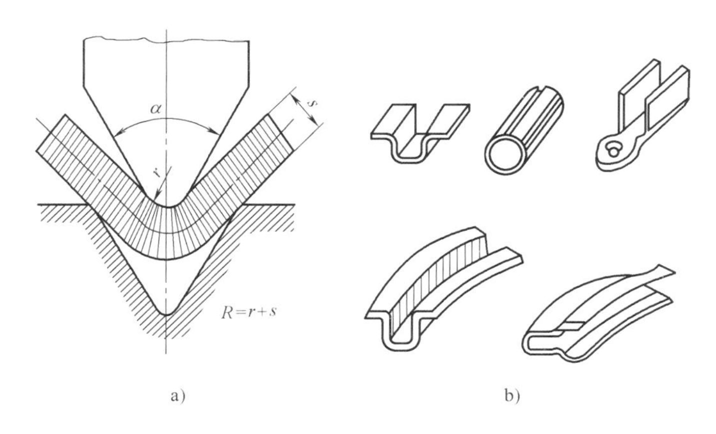

图 2-32　弯曲时的金属变形

a）弯曲过程　b）弯曲件

通常采用的几种弯曲方法如下：

1）利用专用型胎在台虎钳及弯板机等简单设备上用人力进行弯曲成型。这种方法多用于单件及少量零件的生产。

2）在普通压力机及液压机上，利用弯曲模对坯料进行弯曲。这种方法主要是用于小型零件的大批量生产。

3）用专用弯曲设备如折弯机、滚弯机等进行特殊形状的弯曲。这种方法主要是用于大、中型零件的批量生产。

板料在弯曲时，一般经过以下两个阶段：

1）弹性弯曲阶段。板料在外加弯矩的作用下，首先发生弯曲变形，即弹性弯曲阶段。在外加弯矩消失的情况下，零件总会恢复到原来的形状。

2）塑性弯曲阶段。随着弯矩的增加，板料弯曲变形增大，板料内外层金属达到屈服极限后，板料开始由弹性变形阶段转入塑性变形阶段。随着弯矩的不断增加，塑性变形就由表向里扩展，最后使整个断面进入塑性状态。弯曲变形过程中，材料本身除塑性变形外，必然同时伴有弹性变形的过程。当弯曲后去掉外力时，弹性变形部分将立刻恢复，使弯曲件的弯曲角与弯曲半径发生改变，而不再和冲裁形状一致，这种现象称为弯曲件的回弹。

2. 拉深

拉深是把毛坯拉压成空心体，或者把空心体拉压成外形更小的空心体的冲压工序。用拉深工艺可制成筒形、阶梯形、锥形等不规则的零件。

（1）拉深过程　将板料放在凸、凹模之间并由压边圈适当压紧，凸模往下运动时直径为 D_0 的坯料与凸模端部接触部分不变形，形成杯底底面，其他部位发生很大变形，被拉进凸、凹模的间隙中形成工件的侧直壁，如图 2-33 所示。如果板料很薄，拉深的深度又较大时很容易出现皱褶现象。压边圈的作用是防止皱褶现象的产生。

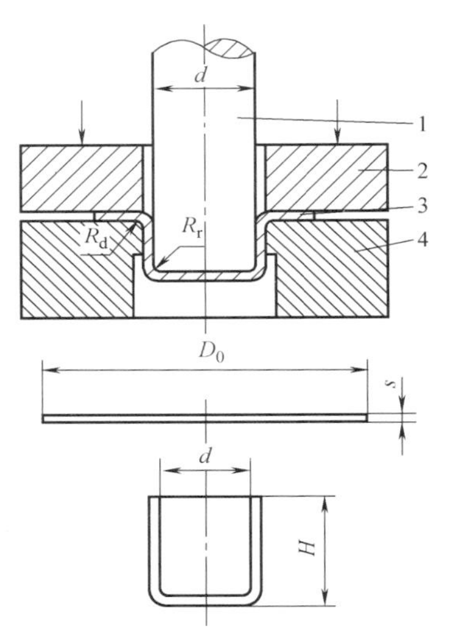

图 2-33　拉深过程示意图

1—凸模　2—压边圈

3—板料　4—凹模

（2）防止拉裂的措施

1）凸、凹模工作部分必须做成圆角。凹模圆角半径 $r=10s$（s 为坯料厚度），凸模圆角半径 $r=(0.6\sim1.0)s$。

2）凸、凹模间隙要合适。一般拉深的凸、凹模间隙比冲裁模间隙大。可取 $z=(1.1\sim1.2)s$。间隙过小会使凸、凹模与被拉深件间的摩擦力增加，易拉伤工件，擦伤工件表面。间隙过大又易引起拉深件侧壁起皱，影响精度。

3）控制合适的拉深系数。拉深件直径与坯料直径之比为拉深系数，拉深系数越小则拉深直径越小，变形程度大，易拉成废品。一般取拉深系数为 0.5~0.8。坯料塑性差取大值，反之取小值，若拉深次数多则要分成几次拉深，但多次拉深必定出现加工硬化现象，所以必须在多次拉深期间对工件进行退火以保证有足够的塑性，同时每次拉深系数应该比其上一次大。总拉深系数等于各拉深系数的乘积。

4）要有良好的润滑。为防止拉穿、减少摩擦、降低冲压力，在压边圈、凹模顶面间、凸凹模间都要加润滑剂，通常使用矿物油。

（3）影响拉深件表面质量的主要原因

1）凸模或凹模表面有尖利的压伤，致使工件表面相应也产生拉痕。

2）凸模、凹模之间的间隙过小或间隙不均匀，拉延时使工件表面被刮伤。

3）凹模圆角表面粗糙，拉延时导致工件表面被刮伤。

4）冲压时由于冲模工作表面或材料表面不清洁而混进杂物，从而压伤工件表面。

5）当凸模、凹模硬度低时，其表面附有金属废屑产生粘结现象，使拉延后的工件表面产生拉痕。

6）润滑油质量差，使工件表面粗糙度值增大。

3. 翻边

翻边是指在预先冲孔的坯料上成型出凸缘的工序。翻边时孔边坯料沿切向受拉而使孔径扩大，材料厚度变薄。翻边简图如图 2-34 所示。

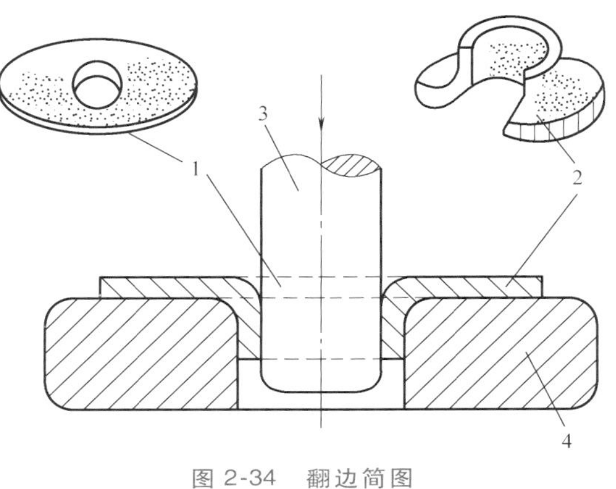

图 2-34 翻边简图
1—平坯料 2—成品 3—凸模 4—凹模

翻边的主要优点在于：

1）用翻边方法可以加工形状复杂且具有良好刚度和合理空间形状的零件。

2）在生产中可以广泛地用来代替无底拉深件和先拉深后切底工序。

3）用翻边工序可大大提高生产率，节约部分拉深件所用模具，降低工件的制造成本。

4）翻边时，工件的外缘（指孔翻边）只需要把被切掉的部分翻成所需的形状，从节约了材料。

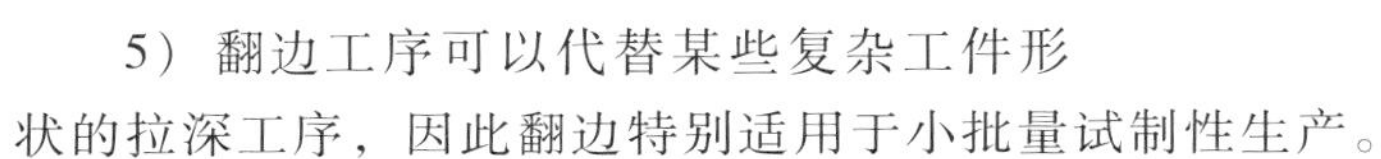

5）翻边工序可以代替某些复杂工件形状的拉深工序，因此翻边特别适用于小批量试制性生产。

4. 成型

成型是使板料或半成品改变局部形状的工序，包括压印、缩口和胀形等。成型工艺是指用各种局部变形的方式来改变工件或坯料形状的各种加工工艺方法，如图 2-35 所示。

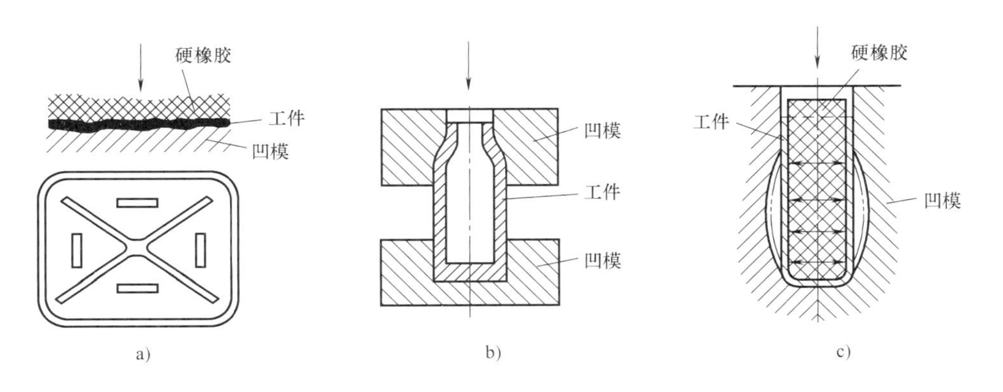

图 2-35 成型
a）压印 b）缩口 c）胀形

课后练习

1. 什么是冲压加工？冲压加工有哪些特点？
2. 板料冲裁加工中有哪几个变形阶段？简述在各阶段中所产生的变形现象。

3. 什么是弯曲工艺？设计弯曲模的角度时应注意什么问题？
4. 什么是拉深工艺？为保证拉深件的质量应注意哪些问题？

第四节 其他成型工艺

一、旋压成型

旋压成型是利用旋轮（或称赶棒）对装夹在旋压机上的旋转板料施加垂直赶压力，使板料逐点产生塑性变形逐步贴向芯模，从而形成旋转体空心零件的成型方法。旋压是一种特殊的成型方法，采用其他成型方法如拉深、翻边、缩口及胀形等加工的零件，利用旋压成型的方法都可以制出。

1. 旋压成型过程

旋压成型过程如图 2-36 所示，由顶板将板料或半成品的底部紧紧顶压在芯模底面上，板料、芯模和顶板均随旋压机（或车床）主轴同步旋转，利用旋轮的轴向移动强行将板料压向芯模，由点到线、由线到面逐渐形成所需空心制品的形状。

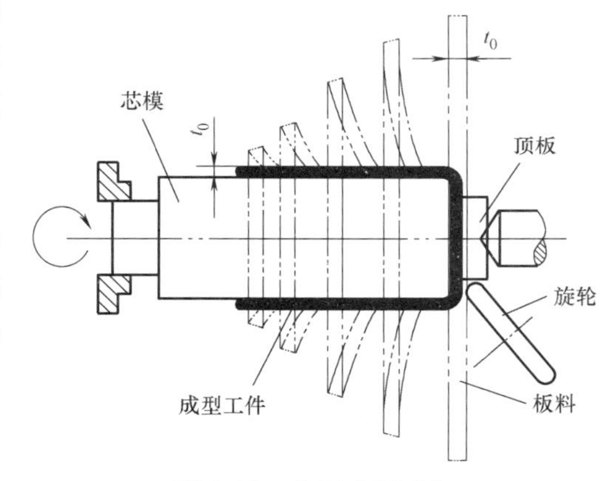

图 2-36 旋压成型过程

2. 旋压成型的变形特点

旋压成型与其他塑性成型具有许多不同的特点，并且不变薄旋压与变薄旋压的变形状态也不同，这些特点是分析加工过程中材料变形和控制合理工艺参数的重要依据。

（1）材料的应变状态　对于不变薄旋压，毛坯在芯模的圆周方向上产生压缩变形，轴向产生拉伸变形，因此，板厚基本不变。变形状况与板料圆筒形件拉深中的法兰类似，即被看作处于平面应变状态。

变薄旋压则不同，随着旋轮的轴向擀压，板料产生了三向应变。即在轴向和周向均产生拉伸变形，而板厚方向上则发生压缩变形。

（2）旋压过程的变形是逐点变形　在旋压过程中，芯模每旋转一周，变形区每一质点只变形一次，就相当于芯模旋转一周加载一次，同时也发生一次卸载，属于典型的逐点变形。这种变形方式有利于变形扩散，从而产生较大变形。

（3）旋压成型极限　在不变薄旋压加工中，由于制品的底部紧贴在芯模底面，几乎不产生变形。因此，制品产生破裂的可能性很小。但是，由于制品凸缘部分处于悬空状态，如果芯模转速过低，则容易产生板料失稳起皱现象。而在变薄旋压过程中，毛坯外径始终不变，因此不会发生凸缘起皱现象，也不受毛坯相对厚度的限制，通常可以一次旋压加工深度较大的制品。

3. 旋压成型的工艺特点

(1) 成型力小　旋压成型是一个典型的局部连续塑性变形的过程，瞬时变形区很小，因此，成型力很小。与其他冲压加工方法相比，旋压成型所需设备的输出变形力要小得多，设备投资也较低。

(2) 工装简单　与同类产品成型所需模具相比，旋压成型的工装相对简单，通常工装费用仅为拉深、挤压等模具费用的1/10左右。旋压设备特别是自动旋压机，调整和控制简便，具有很大的柔性，适合于多品种的单件小批量生产。

(3) 应用范围广　旋压成型具有较大的灵活性，适合于各种复杂旋转体空心件成型，包括一些采用普通冲压方法所无法成型的空心板材成型制品。如大型封头制品，若利用其他成型方法加工，都存在一些难以解决的工艺问题，但采用旋压工艺则可较好地完成成型。另外，对于一些头部很尖的火箭弹锥形药罩、带收口形状的薄壁空心件、带内螺旋线的枪管、内表面带有分散的点状突起的反射灯碗、大型锅炉以及各种容器的封头等，均可采用旋压的方法实现成型。

(4) 成型质量好　与其他板材成型方法相比，旋压成型制品的尺寸精度高、表面质量好，其成型精度甚至可与切削加工相媲美。如普通大型旋压件直径的极限偏差可达±0.025mm，对于直径为6~8m的特大型旋压件，其直径的极限偏差可保证在±(1.27~1.54)mm范围内。

另外，板材或板坯经过旋压成型后，疲劳强度、屈服强度、抗拉强度及硬度有所提高，使制品获得较好的使用性能。

4. 旋压成型的分类

(1) 不变薄旋压　不变薄旋压是指成型过程中，板料的厚度变化很小或基本不变的旋压工艺。根据旋压变形特征，可将不变薄旋压分为拉深旋压（拉旋）、缩颈旋压（缩旋）及扩径旋压（扩旋）等。

拉深旋压是使板坯包覆在芯模表面形成空心旋转体零件的板材成型方法，由于成型制品与拉深成型制品有些类似，也可认为是利用旋压方法成型拉深制品。拉深旋压是不变薄旋压生产中应用较广泛的方法之一。

(2) 变薄旋压

1) 剪切旋压。剪切旋压是指空心锥形件的变薄旋压，毛坯可以是平板，也可以是预制坯。在锥形件变薄旋压过程中，旋轮对毛坯施加压力，使材料产生局部塑性变形，塑性变形区在工件的旋转和旋轮的进给中不断扩展，材料不仅逐点产生轴向剪切变形，还可能绕对称轴产生一定的扭转变形。

旋压成型半球形件或抛物面形件时，制品壁厚产生不等变化。

2) 挤压旋压。挤压旋压是指筒形件的变薄旋压，其壁厚变化没有锥形件变薄旋压时的正弦关系，仅产生材料的体积位移。

按照加工时旋轮的进给方向和工件材料的流动方向不同，筒形件变薄旋压可分为正旋和反旋两种。旋轮正旋加工时，旋轮的运动方向与材料的流动方向相同，旋轮反旋加工时，二者相反。

筒形件变薄旋压中，当变薄率超过一定界限时，筒壁将产生破裂。另外，在旋压过程中，在旋轮前方还容易产生类似于板材起皱的隆起。这是一种材料流动过程中的失稳现象，隆起不严重且能保持稳定状态时，旋压加工仍可继续进行。但隆起较严重时，可能产生毛坯掉皮现象，应注意清除，以防压伤制品表面。

二、挤压成型

挤压是利用锻压设备带动模具做往复运动，对金属毛坯施加很大的压力，使金属毛坯在模膛内产生塑性变形，从而制成具有一定形状、尺寸和相应性能工件的加工方法。

1. 挤压成型的分类

挤压成型的分类方法很多，通常可按金属变形流动方向与金属变形温度进行分类。

（1）按金属变形流动方向分类　根据挤压成型过程中金属流动方向与凸模运动方向的关系，可将挤压加工分为正挤压、反挤压、复合挤压、径向挤压及镦挤等形式。

1）正挤压。挤压模出口处的金属流动方向与凸模的运动方向相同，如图 2-37 所示。

2）反挤压。挤压模出口处的金属流动方向与凸模的运动方向相反，如图 2-38 所示。

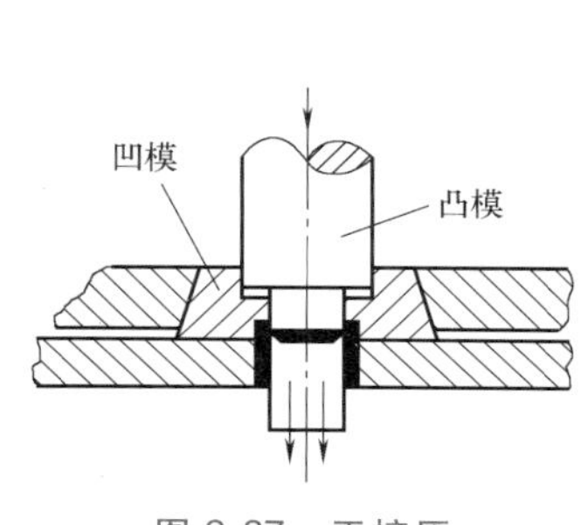

图 2-37　正挤压

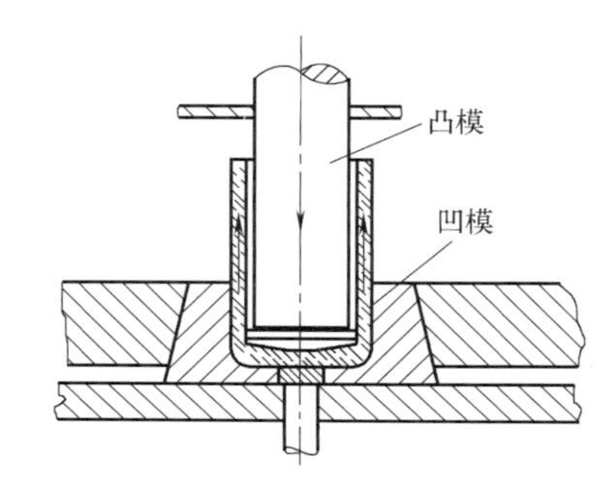

图 2-38　反挤压

3）复合挤压。挤压过程中，一部分金属的流动方向与凸模的运动方向相同，而另一部分金属的流动方向与凸模的运动方向相反，如图 2-39 所示。

4）径向挤压。挤压过程中，金属的流动方向与凸模的运动方向垂直，如图 2-40 所示。另外，径向挤压又可分为分流式径向挤压和汇流式径向挤压两种。

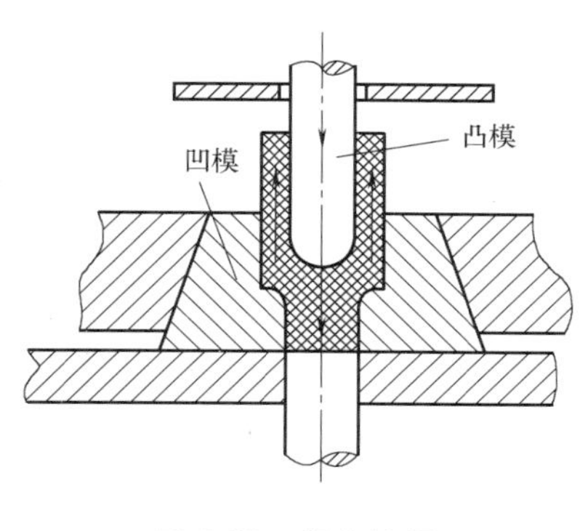

图 2-39　复合挤压

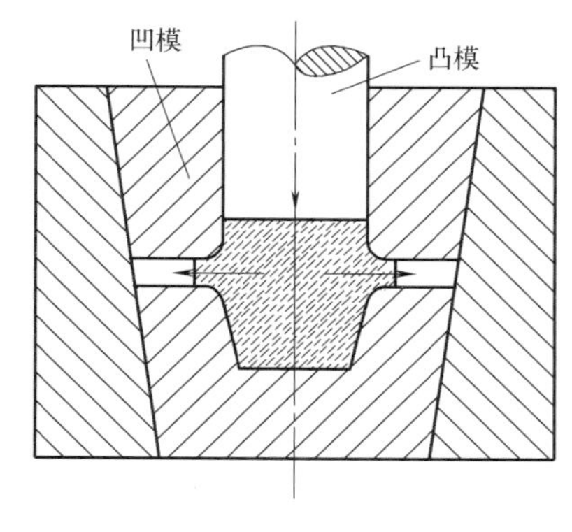

图 2-40　径向挤压

5）镦挤。挤压时，一部分材料被挤入凹模孔内，另一部分材料受到挤压方向的镦压变形，如图 2-41 所示。镦挤主要适用于大头制品及阶梯轴类制品。

(2) 按金属变形温度分类　根据挤压时金属变形温度还可以分成冷挤压、温挤压和热挤压三种形式。

1) 冷挤压。将金属坯料在常温下进行挤压加工。

2) 温挤压。挤压加工时，金属坯料在常温以上、再结晶温度以下或在一般热压力加工温度以下某个适合的温度范围内进行挤压加工。

3) 热挤压。将金属坯料加热至热锻温度时进行挤压加工。

除上述挤压方法外，还有一种静液挤压方法，如图 2-42 所示，即利用液体的压力使金属坯料产生塑性变形，获得所需形状尺寸的挤压制品。

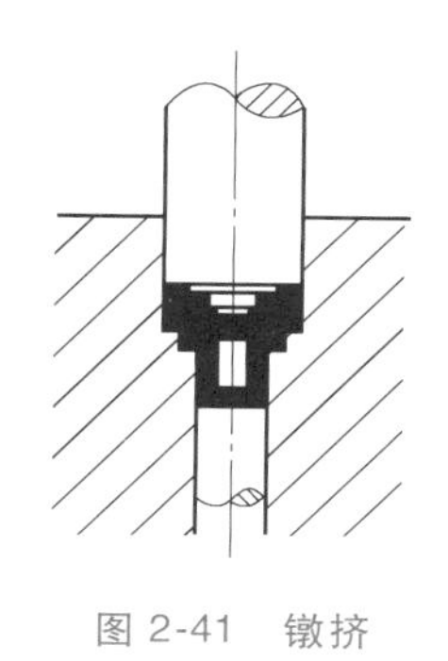

图 2-41　镦挤

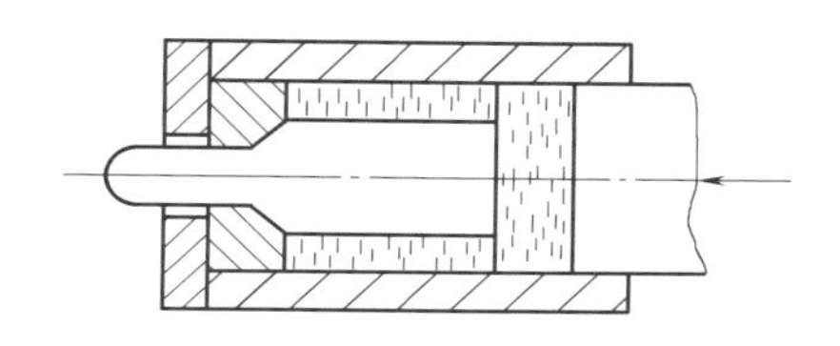

图 2-42　静液挤压

静液挤压时，金属坯料在液体压力下产生塑性变形，因此，通常可用液压缸柱塞代替挤压凸模。静液挤压过程中，金属坯料大部分表面积与高压液体相接触，产生的摩擦力很小，所需变形力也较其他挤压小（降低 10%~50%）。静液挤压时材料变形均匀，可一次产生较大的变形量，主要适用于低塑性材料，如钼、铬、钼、钨等金属及其合金，已经成功地应用于挤压圆柱斜齿轮和麻花钻等复杂零件。

2. 挤压成型的特点

挤压成型是利用模具来控制金属流动，依靠金属的大量转移来形成制品，特点如下：

(1) 制品力学性能好　挤压成型过程中金属材料是在三向压应力下发生塑性变形，经挤压后金属材料的晶粒组织更加细小而密实，由于成型过程中金属的纤维未被破坏，所以有利于提高制品强度。

(2) 制品精度高　金属坯料经挤压加工后所得制品的尺寸精度等级可达 IT6~IT7，表面粗糙度在 $Ra0.4 \sim Ra3.2\mu m$ 范围内，有时还可达到 $Ra0.2\mu m$。

(3) 材料利用率高　挤压成型属于少（无）废屑加工，可以大大降低原材料消耗，冷挤压的材料利用率可达 70%~80%。

(4) 工艺简单、生产率高　对于空心制品，如果高度与直径之比大于 3∶1 时，冷挤压方法比拉深成型工艺简单。冷挤压的生产率高，可比其他锻造方法的生产率高几倍。

(5) 应用范围广　适用于挤压成型的金属材料不仅有铝、铜等塑性较好的有色金属，非合金钢、合金结构钢、不锈钢及工业纯铁等也可用于挤压成型。在一定的变形量下，某些高碳钢、高速工具钢等也可进行挤压加工。利用挤压成型方法，可以加工出各种形状复杂、带有深孔、异型截面及薄壁零件。

三、拉拔成型

金属材料在牵引力的作用下通过模孔产生塑性变形，并获得一定形状尺寸制品的成型方法称为拉拔，如图 2-43 所示。拉拔是制造棒材、管材及各种型材的重要工艺方法之一。

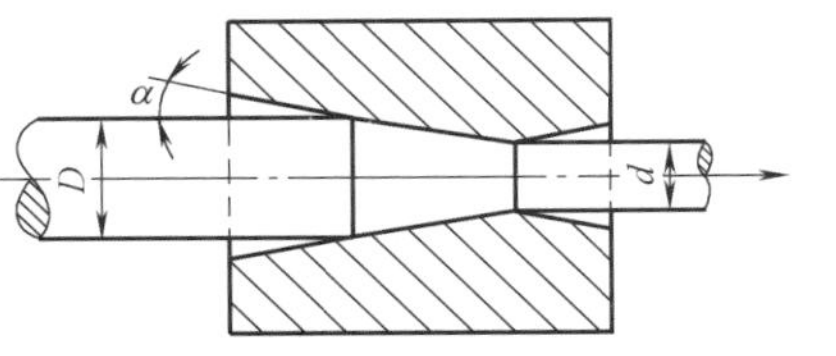

图 2-43 拉拔示意图

1. 拉拔工艺的分类

按照制品横截面形状不同，可以将拉拔分为实心拉拔和空心拉拔。按照成型时坯料的变形温度不同，还可以分为冷拔和温拔两种工艺。

(1) 实心拉拔 实心拉拔如图 2-43 所示，主要用于棒材、线材及型材拉拔。

(2) 空心拉拔 空心拉拔用于管材及各种空心异型材拉拔，如图 2-44 所示。

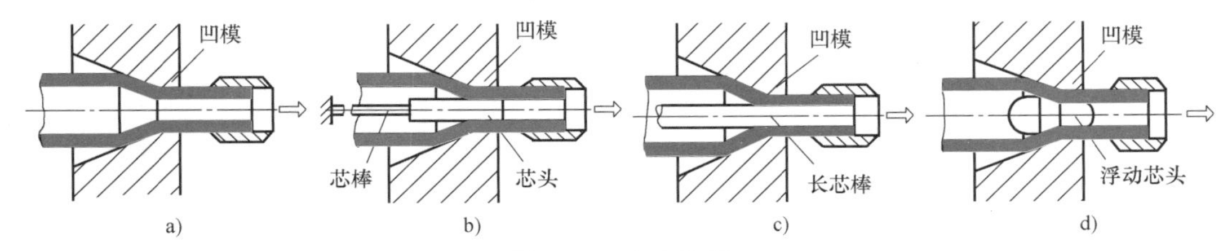

图 2-44 空心拉拔

a) 空心拉拔 b) 固定芯棒拉拔 c) 长芯棒拉拔 d) 浮动芯头拉拔

2. 拉拔成型的特点

拉拔与其他压力成型方法相比较具有如下特点：

1) 由于拉拔制品的形状尺寸与毛坯相差较多，为了减小拉拔中的材料变形量，通常采用多道次成型方法。一般道次加工率控制在 0.2～0.6mm，过大的道次加工率会导致拉断。

2) 拉拔制品的尺寸精度高且表面粗糙度值低，适合于连续生产非常细长的棒材、型材以及线材。

四、轧制成型

轧制成型是使金属坯料依靠摩擦力咬入相互作用的轧辊之间，利用旋转轧辊的压力作用使其产生连续塑性变形，获得所需截面形状尺寸并改变其性能的塑性加工方法。图 2-45 所示为在万能轧机上轧制成型工字钢。

1. 轧制成型的特点与分类

轧制成型主要用于型材、板材及管材的加工制造，属于材料塑性成型。近年来，轧制工艺正在逐步向零件加工方向发展。零件轧制具有生产率高、质量好、成本低的优点，另外利用轧制工艺生产机械零件，可以减少金属材料消耗。

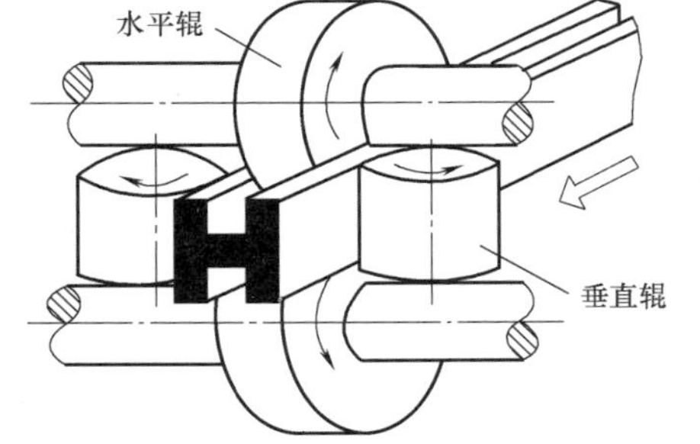

图 2-45 轧制成型工字钢

根据轧辊轴线与坯料轴线的位置关系，可将轧制分为横轧、纵轧、斜轧和楔横轧等。横轧是指轧辊轴线与坯料轴线相互平行的轧制方法，通常用于零件轧制。纵轧是轧辊轴线与坯料轴线相互垂直的轧制方法。斜轧也称螺旋斜轧，是轧辊轴线与坯料轴线相交成一定角度的轧制方法。楔横轧是利用轧辊上带有的楔形模具进行轧制的成型方法。

2. 轧制的工艺过程

（1）横轧　横轧是使坯料咬入一对位置确定且反向旋转的轧辊中，由于轧辊外缘部分带有与待成型制品形状相同的型槽，一对轧辊在对碾过程中向坯料施加径向压力，从而使坯料逐渐被压入型槽内，形成一定形状尺寸的制品。横轧时金属坯料内部的金属流线趋势与制品的轮廓一致，使制品的力学性能提高。横轧有很多工艺方法，如图 2-46 所示。图 2-46a 所示为外回转楔形模横轧，坯料在左、右轧辊的反向对碾压力下成型。图 2-46b 所示为内回转楔形模横轧，固定外模与回转内模同心布置，坯料在固定外模与回转内模之间受到回转内模自转碾压，同时产生自转并绕轧辊中心公转，最终被轧制成型。

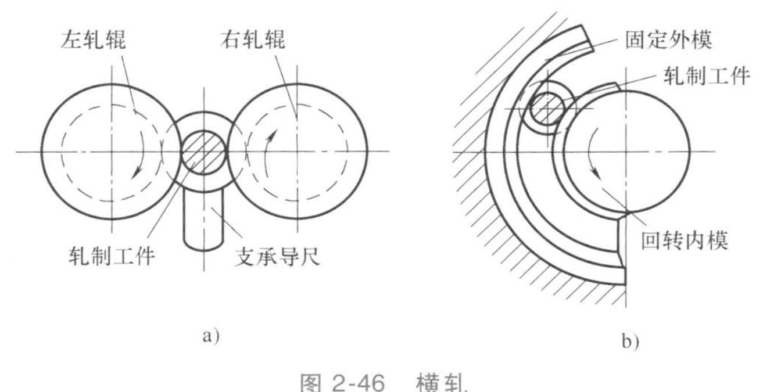

图 2-46　横轧

a）外回转楔形模横轧　b）内回转楔形模横轧

（2）纵轧　纵轧通常用来轧制金属型材，也可用于轧制零件。纵轧的成型方法较多，其中包括型轧、辊锻（也称辊轧）及碾环轧制等。

1）型轧。型轧的应用比较广泛，主要用于各种金属型材的轧制成型，如图 2-47 所示，圆钢、方钢、板材及各种型材等都属于型轧的范畴。

2）辊锻，是将轧制原理应用到锻造加工中的一种塑性成型工艺。辊锻是使坯料咬入一对相对旋转装有扇形模具的轧辊间隙中，利用模具所传递的压力使坯料产生塑性变形，从而获得所需零件的锻造工艺方法，如图 2-48 所示。辊锻成型既可以作为模锻前的制坯工序，也可直接成型零件。通常将前者称为制坯辊锻，后者称为成型辊锻。辊锻的成型原理与轧钢相似，不同之处在于轧制时型槽直接制作在轧辊上，而辊锻是将扇形锻模固定在轧辊上，且可随时更换。

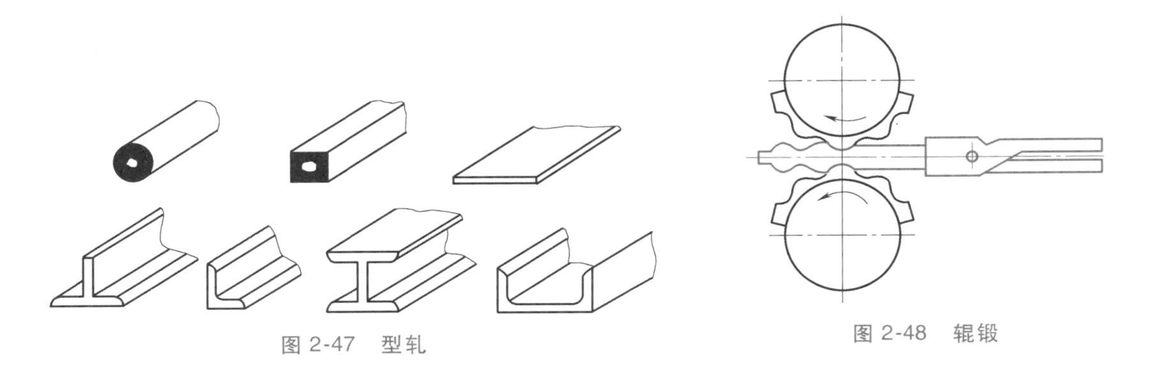

图 2-47　型轧

图 2-48　辊锻

3）碾环，也称碾扩或扩孔，是利用辗辊的转动压力扩大环形坯料的内径和外径，以获得所需环状零件的轧制方法，如图 2-49 所示。

碾环加工时，坯料产生局部的连续性变形，坯料上的变形区处于芯辊与碾压辊之间。通常变形压下量较小，可能发生表面变形。碾环加工的制品精度较高，可碾轧的环形件尺寸几乎不受限制，甚至可以碾扩直径达几米的环形制品。

（3）斜轧　图 2-50 所示为斜轧钢球的工艺过程。斜轧成型中，一对轧辊相互倾斜配置但同向旋转，轧制品在轧辊的碾压力作用下绕自身轴线向反向转动，同时还可沿轴向移动。斜轧钢球时，棒料在轧辊型槽内辗轧成型，在出口处由上、下轧辊凸筋交错分离成单球。

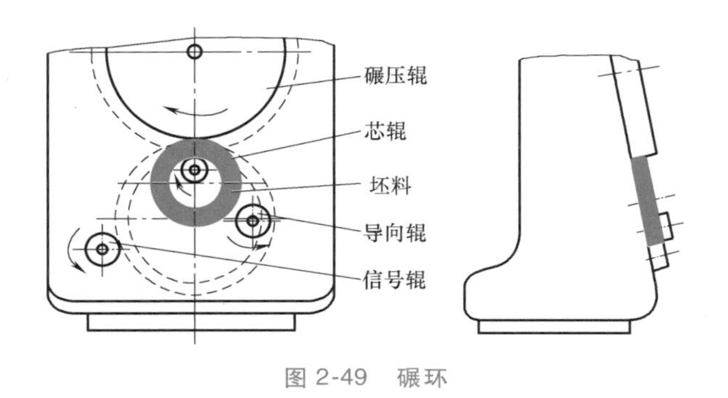

图 2-49　碾环

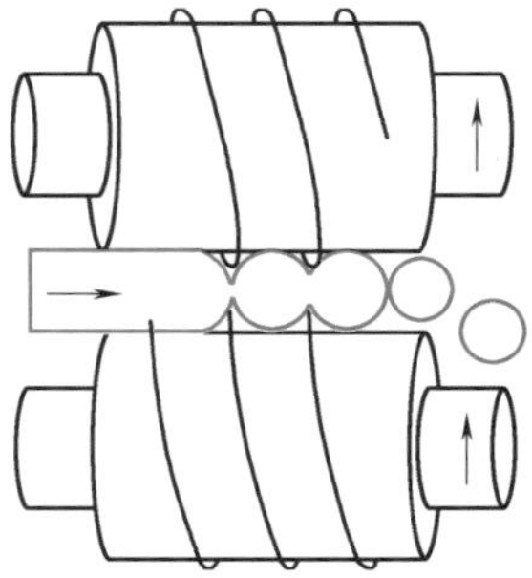

图 2-50　斜轧钢球的工艺过程

斜轧时，轧机的两个轧辊同方向旋转，两个辊轴之间成一角度，轧辊的圆周速度在轧制工件圆周方向上的分速度带动工件旋转，同时沿轧制工件轴线方向的分速度带动工件沿轴向移动，当金属被挤入轧辊型槽内时即形成制品。由于坯料同时受到圆周方向和进给方向两个力的作用，移动过程中可能会偏离轴线，因此，通常需要设置导板进行导向。

（4）楔横轧　楔横轧与横轧相似，但楔横轧的轧辊上装有带楔形的模具，利用上、下模的楔形凸起楔入坯料，使坯料径向尺寸减小且沿轴向流动，如图 2-51 所示。楔横孔可以成型轴类，特别是阶梯轴或变截面轴类零件。

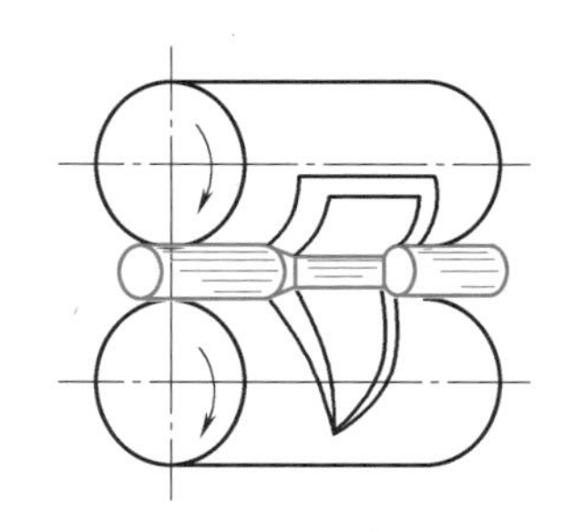

图 2-51　楔横轧

课后练习

1. 简述旋压成型的工艺过程及其特点。
2. 轧制工艺有哪几种方法？这几种方法各有哪些特点？
3. 简述挤压加工的两种分类方法。

第三单元

UNIT 3

金属连接成型

知识目标：

1. 了解焊接冶金的基础知识，掌握焊接接头组织与性能特点。
2. 掌握常用焊接方法的特点、原理、设备组成及常用焊接方法的基本操作。
3. 掌握非合金钢、不锈钢、铸铁、铜、铝等金属材料的焊接特点与焊接工艺。
4. 掌握激光焊、电子束焊、摩擦焊、扩散焊的基本原理、工作特点及其应用。

能力目标：

1. 能够掌握焊缝金属的组织与性能的变化规律及调节方法。
2. 能够根据不同情况选择恰当的焊接方法。
3. 能够进行金属材料焊接工艺的编制。
4. 能够根据焊接结构的特点及类型选择恰当的焊接接头形式。
5. 能够掌握激光焊、电子束焊、摩擦焊、扩散焊的基本原理、设备组成、工作特点及其应用。

素养目标：

1. 能充分认识冶金在焊接加工中的重要性。
2. 具备搜索、阅读、鉴别资料和文献，以获取信息的能力。
3. 具有严谨的工作态度以及较强的质量和成本意识。
4. 能根据冶金的特点和过程解决焊接中出现的问题。
5. 追溯近代焊接技术的起源，培养传承与创新的品质。
6. 从国家体育场“鸟巢”主支承用钢的自主研发到成功焊接，增强民族自信。
7. 对比分析国内外的焊接产品结构，增强学生的责任担当，培养学生勇于探索的精神。

在机械产品的制造中，经常需要将两个或两个以上的零件按一定形式和位置连接起来。通常可以根据连接方法的特点，将其分为两大类：一类是可拆卸连接，如螺栓连接、销连接等，如图 3-1 所示；另一类是永久性连接方法，如铆接、焊接等，如图 3-2 所示。

焊接与铆接、粘接等其他连接方法相比存在着本质上的区别，焊接的本质是使焊件间达成原子间的结合，即使焊件的原子达到晶格距离。当原子间距处于晶格距离时，原子间结合

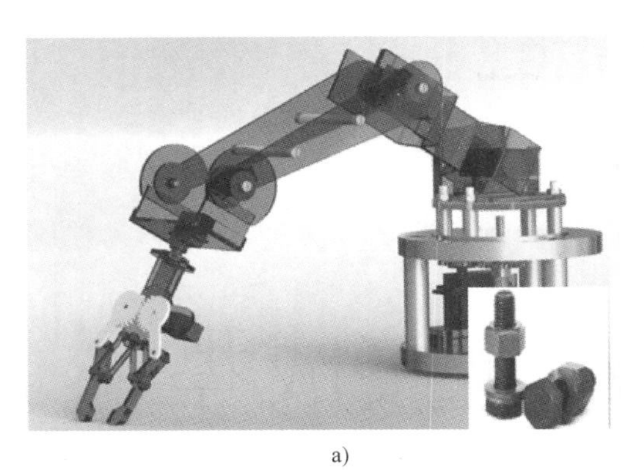

a)

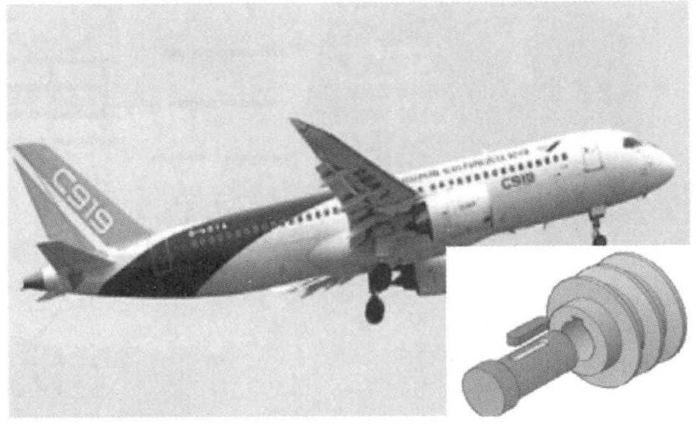

b)

图 3-1 可拆卸连接

a）螺栓连接 b）销连接

a)

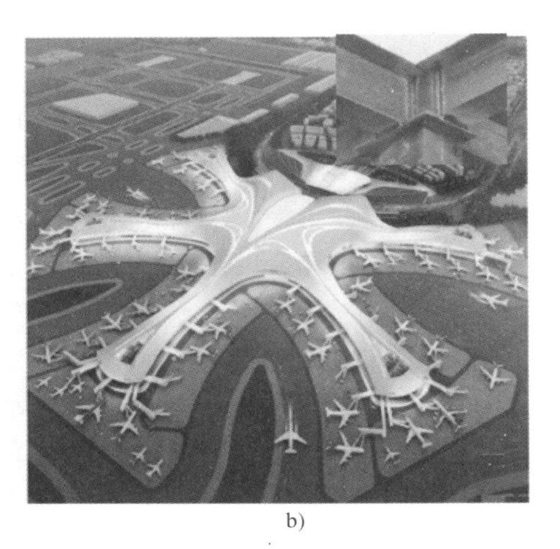

b)

图 3-2 永久性连接

a）铆接 b）焊接

力表现为引力；原子间距大于晶格距离时，原子间结合力表现为斥力。金属表面存在着凹凸不平和氧化膜等污染物，凹凸不平和氧化膜会阻碍两个金属原子相互接近，使原子间距远远大于晶格距离。为了使两个金属原子达到晶格距离，需要通过加热或加压等措施消除阻碍原子相互结合的障碍。

按照焊接过程中所采用的措施将焊接分为熔焊、压焊和钎焊三大类。熔焊是利用一定的热源，如电弧热、化学热、电阻热等，使焊件的被连接部位局部熔化成液体，然后再结晶成一体，在焊件之间（母材和焊缝）形成共同晶粒。压焊主要通过外加压力使焊件表面氧化膜破碎、接头部位产生塑性变形，使其分子或原子间接近晶格距离。为了提高材料塑性变形能力，对于某些材料及结构，在加压时要预先对焊件进行加热。钎焊利用液态钎料在母材表面润湿、铺展和扩散，通过钎料形成过渡层将两焊件连接在一起。

焊接加工具有以下优点：

1）焊接可以节省金属材料，提高接头强度。与铆接相比，焊接可以节省金属材料，从而减小结构质量；与粘接相比，焊接具有较高的强度，焊接接头的承重能力可以达到与母材相当的水平。

2）焊接工艺过程比较简单，生产率高。焊接既不需要像铸造那样进行制作模型、造砂型、熔炼、浇注等一系列工序，也不需要像铆接那样要开孔、制造铆钉并加热等，因而缩短了生产周期，提高了生产率。

3）焊接接头质量好。焊接接头不仅强度高，而且其他性能如物理性能、耐热性、耐蚀性及密封性都能够与焊件材料相匹配。

4）焊接方法利用率高。焊接可以将不同材料连接成整体制造双金属结构，还可将不同种类的毛坯连成铸-焊、铸-锻-焊复合结构，从而充分发挥材料的潜力，提高设备利用率，用较小的设备制造出大型的产品。

焊接的缺点：焊接时局部加热，焊接接头的组织和性能与母材相比发生变化，产生焊接残余应力和焊接变形，且由于焊接缺陷的隐蔽性，给焊接质量的排查造成了一定的难度。

焊接作为一种实现材料永久性连接的方法，被广泛应用于机械制造、石油化工、桥梁、建筑、动力工程、交通车辆、船舶、航天航空等各个领域，并已成为现代机械制造工业中不可缺少的加工工艺方法。

第一节 焊接成型的工艺基础

一、焊接冶金基础

1. 焊接冶金及其特点

（1）焊接冶金过程及其作用　焊接时，熔化金属、熔渣、气体之间在高温下相互作用，会产生一系列剧烈而复杂的物理变化和化学反应，如金属的蒸发、有益合金元素的烧损、气体的溶解和析出等，这种熔焊过程中，焊接区内各物质之间在高温下相互作用的过程，称为焊接冶金过程。焊接冶金过程的实质是金属在焊接条件下的再熔炼过程。

焊接冶金与普通冶金有相同点，但也有不同之处。普通冶金过程是将铁矿石、焦炭、废钢铁等材料放在特定的炉中进行熔炼加工的过程，而焊接冶金过程是金属在焊接条件下的再熔炼过程，焊接时焊缝相当于高炉。

焊接冶金过程中，熔化金属和周围介质的相互作用，使焊缝金属的成分和性能与母材和焊材有较大的不同，因此，为了提高焊缝的质量，在焊接重要结构时，焊接冶金的首要作用就是对熔化金属进行保护，以免受空气的有害作用。

不同的焊接方法有不同的保护方式，见表 3-1。

表 3-1　各种焊接方法的保护方式

焊接方法	保护方式
埋弧焊、电渣焊	熔渣保护
在惰性气体或其他气体（如二氧化碳）保护中焊接、切割	气体保护
具有造气物质的焊条或药芯焊丝焊接	气-渣联合保护
真空电子束焊	真空
含有脱氧剂和脱氮剂的自保护焊丝进行焊接	自保护

焊接冶金的第二个作用是对熔化金属进行冶金处理，通过调整焊接材料的成分和性能，控制冶金反应的发展，来获得预期的焊缝成分。

（2）焊接冶金的特点　焊接冶金与普通冶金相比，主要有以下特点：

1）冶金反应温度高。普通冶金反应温度在1500～1700℃，而焊接弧柱区的温度可达5000～8000℃。焊条熔滴的平均温度可达2100～2200℃，熔池温度可达1600～2000℃，与熔融金属接触的熔渣温度也高达1600℃。因此，焊接冶金反应在超高温下进行，反应过程快而剧烈，容易造成合金元素的烧损与蒸发。

2）冶金反应时间短。熔焊时，熔滴和熔池存在的时间很短，熔滴在焊条端部停留的时间只有0.01～0.1s；由于焊接熔池体积小（一般2～3cm^3），冷却速度快，熔池存在的时间最多为几十秒（通常熔池从形成到凝固约10s）。因此，冶金反应时间短导致冶金反应不能充分进行，各种冶金化学反应无法达到平衡状态，在焊缝中很容易出现化学成分不均匀的偏析现象。

3）冶金反应条件差。熔焊时，焊接熔池一般保留在空气中，熔池周围的气体、铁锈、油污等在电弧的高温下将分解成原子态的氧、氮等，极易与铜金属元素产生化学反应，反应生成的氧化物、氮化物混入焊缝中，使焊缝的力学性能下降。空气中的水蒸气分解出氢原子，会在焊缝中生成气孔、裂纹等缺陷和氢脆等现象。焊接冶金反应条件差，将严重影响焊接质量，因此，焊接时必须采取有效措施来保护焊接区，防止周围有害气体侵入熔池。

4）冶金反应界面大。熔焊时，焊接冶金反应是多相反应，熔滴和熔池金属的比表面积大，能与熔渣、气体充分接触，促使冶金反应快速完成。

5）熔融金属处于不断运动状态。熔焊时，熔滴和熔池金属均处于不断运动状态，有利于提高冶金反应的速度，促使气体和杂质快速排除，使焊缝成分均匀化。

（3）焊接冶金反应区　焊接冶金过程是分区域（或阶段）连续进行的，各区的反应条件有较大的差异。下面以焊条电弧焊为例，说明各反应区的特点及相互联系。焊条电弧焊有三个反应区，即药皮反应区、熔滴反应区和熔池反应区，如图3-3所示。

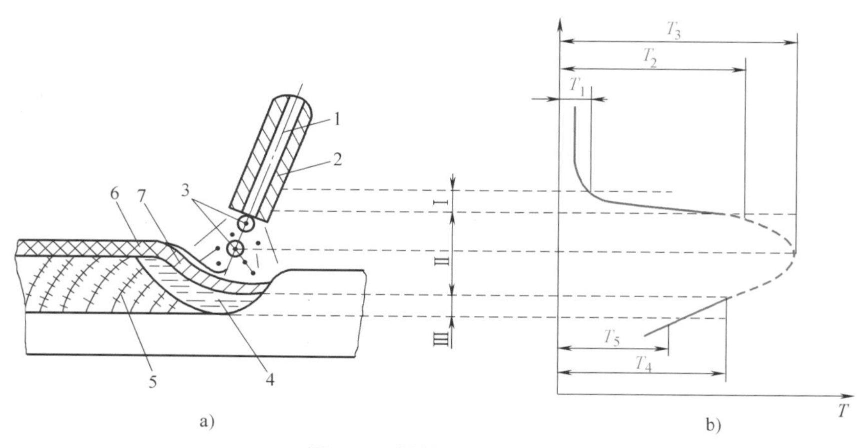

图3-3　焊接冶金反应区

a）焊接区纵剖面　b）焊接反应区温度变化特性示意图

1—焊芯　2—药皮　3—熔滴　4—熔池　5—焊缝　6—渣壳　7—熔渣

T_1—药皮反应开始温度　T_2—焊条熔滴表面温度　T_3—弧柱间熔滴表面温度

T_4—熔池表面温度　T_5—熔池底部温度

Ⅰ—药皮反应区　Ⅱ—熔滴反应区　Ⅲ—熔池反应区

焊条电弧焊——
分清铁液和熔池

1）药皮反应区。药皮反应区的温度范围从100℃至药皮的熔点（钢焊条约为1200℃）。在该区内的主要物理化学反应有水分蒸发、某些物质的分解和铁合金的氧化。

药皮加热至100℃时，其吸附水开始蒸发；当药皮温度超过200℃时，有机物开始分解（如木粉、纤维素和淀粉），产生CO_2、CO、H_2等气体；当温度超过300℃时，药皮组成物（如云母、白泥等）内的结晶水开始蒸发；当温度超过400℃时，药皮中的碳酸盐和高价氧化物开始分解，形成CO_2、O_2等气体。其反应式为：

$$CaCO_3 = CaO + CO_2$$

$$MgCO_3 = MgO + CO_2$$

$$2MnO_2 = 2MnO + O_2$$

$$2Fe_2O_3 = 4FeO + O_2$$

上述反应使气体的氧化性大大下降，将减弱气体对熔滴和熔池金属的氧化程度，这个过程称为“先期脱氧”。几种类型焊条焊接区气氛的组成见表3-2。

表3-2 几种类型焊条焊接区气氛的组成（体积分数，%）

药皮类型	CO	CO_2	H_2	H_2O
钛钙型	50.7	5.9	37.7	5.7
钛铁矿型	48.1	4.8	36.6	10.5
低氢型	79.8	16.9	1.8	1.5

2）熔滴反应区。从熔滴的形成、长大到过渡过程都属于熔滴反应区。熔滴反应区除液态金属以外，充满了药皮反应区分解产生的气体和可能掺入的少量空气。同时，一部分熔化的药皮形成的熔渣包围在熔滴表面，将随熔滴一起过渡。熔滴反应区的特点如下：

① 熔滴的温度高。熔滴的平均温度在1800~2400℃的范围内，最高温度接近焊芯材料的沸点，约为2800℃。

② 熔滴的比表面积（面积/体积）大。在正常情况下，熔滴的比表面积为103~104cm^2/kg，因而与气体和熔渣的接触面积大。

③ 作用时间短。熔滴在焊条末端停留的时间只有0.01~0.1s，而通过弧柱区的时间更短，只有0.0001~0.001s，说明熔滴反应区的反应主要集中在焊条末端进行。

④ 液态金属与熔渣发生强烈的混合。熔滴从形成、长大至过渡过程中，尺寸与形状均在不断改变，使熔渣容易进入熔滴内部，增大了反应物间的接触面积。

由上述特点可知，熔滴反应区因温度最高，接触面积最大，并有强烈的混合作用，所以反应最为激烈，对焊缝成分的影响最大。在熔滴反应区进行的主要反应有金属的蒸发、气体的分解和溶解、金属的氧化与还原、合金元素的过渡等，其中许多反应基本进行完全。

3）熔池反应区。熔池反应区是指由熔滴和熔渣落入熔池后，同熔化的母材混合，各相间进一步发生物理化学反应，直到金属凝固形成焊缝。和熔滴反应区相比，熔池反应区的特点如下：

① 熔池的平均温度低，为1600~1900℃。

② 比表面积较小，为3~130cm^2/kg。

③ 反应时间较长，焊条电弧焊时通常为3~8s。

④ 温度分布极不均匀，因此在熔池的头部和尾部，反应可以同时向相反的方向进行，

如头部有利于气体的溶解，尾部有利于气体的逸出。

⑤ 具有强烈的搅拌作用，有助于加快反应速度，促使气体和夹杂物的上浮。

熔池反应区是熔滴反应区的继续，虽然不如熔滴反应区反应剧烈，但由于作用时间长，同时熔化的母材参与了反应，因此能最终决定焊缝的成分和均匀程度。

2. 焊接热过程

熔焊时，被焊金属在焊接热源的作用下局部加热和熔化，同时伴随着热量在被焊金属中传播和分布的过程，统称为焊接热过程。焊接热过程贯穿焊接过程的始终。

要完成焊接过程，必须为焊接过程提供热量支持，可以是机械能，也可以是热能。对于熔焊方法，必须提供足够的热能达到金属材料的熔点，使之熔化形成焊接接头。所以焊接热源是熔焊的基础，也是焊接热过程的基础。熔焊的发展过程从某种意义上讲就是焊接热源的发展过程。从电弧放电现象被发现以后，现代焊接技术得以发展。

（1）常用焊接热源及热能传递的基本方式

1）生产中常用的焊接热源如下：

① 电弧热。利用熔化或不熔化的电极与金属工件之间的电弧放电所产生的热量作为焊接热源。它是目前应用极为广泛的焊接热源，可用于焊条电弧焊、埋弧焊、CO_2 气体保护焊、惰性气体保护焊。

② 化学热。利用可燃气体（如乙炔、液化气）或铝、镁热剂与氧或氧化物发生强烈的放热反应产生的热量作为热源，可用于氧乙炔焊。

③ 电阻热。利用电流流过导体所产生的电阻热作为焊接热源。这种热源往往需要较大功率的供电系统支持，可用于电渣焊。

④ 等离子焰。利用电弧放电或高频放电产生高度电离的离子流所携带的大量热能和动能作为热源，可用于等离子弧焊与等离子切割。

⑤ 电子束。利用加速和聚焦的电子束轰击真空中的工件表面，使动能转变为热能作为热源。由于是真空焊接，能量集中，故焊接质量好，热影响区窄，可用于电子束焊。

⑥ 激光束。利用经过聚焦的激光束轰击工件表面所产生的热量作为热源，可用于激光焊与激光切割。

各种焊接热源都有不同的特点。一般可以通过三个特征对热源进行比较：最小加热面积，即保证在热源稳定条件下加热的最小面积；最大功率密度，即热源在单位面积上的最大功率，功率密度越大，热源加热越集中，热影响区越小；正常焊接参数下能达到的温度，温度越高，使用的范围越广泛。

从表 3-3 中可以看出，不同的焊接方法热源的特征参数差别很大。理想的焊接热源应该是加热面积小、功率密度大、加热温度高的热源。

表 3-3 各种热源的主要特征参数

热源	最小加热面积/cm^2	最大功率密度/(W/cm^2)	达到的温度/K
乙炔火焰	10^{-2}	2×10^3	3200
金属极电弧	10^{-3}	10^4	6000
钨极氩弧	10^{-3}	1.5×10^4	8000
埋弧焊电弧	10^{-3}	2×10^4	6400

（续）

热源	最小加热面积/cm^2	最大功率密度/(W/cm^2)	达到的温度/K
电渣焊电阻	10^{-2}	10^4	2000
熔化极氩弧	10^{-4}	10^5	—
等离子焰	10^{-5}	1.5×10^5	18000~24000
电子束	10^{-7}	10^9	—
激光束	10^{-8}		

2）焊接过程中的传热方式。焊接时，由于热源对焊件是局部加热，焊件中温度分布必然是不均匀的，存在着很大的温度差，同时焊接区与介质之间也存在着很大的温度差。不管是哪种情况，只要存在着温度差，就会发生热量的传递活动。物质传热的基本方式有如下三种：

① 传导是指热量从物体中温度较高的部位传递给相邻的温度较低的部位，或从高温物体传递给相接触的低温物体的过程。

② 对流是指由不同温度的流体各部分相对运动引起的，流体与流体、流体与固体接触面的热量交换过程。

③ 辐射是指物体因自身温度高而向周围发射出能量的过程。

熔焊过程中，这三种传热方式都存在。热量从热源传递给焊件和焊条（焊丝）主要是通过对流和辐射，而母材和焊条（焊丝）获得热量后，内部传递热量是以传导为主。焊接热过程研究的主要内容是温度在焊件上分布、变化的情况，所以研究焊接热过程应以传导为主，同时适当考虑对流和辐射。

3）焊接热效率。焊接热效率是指焊接热源产生热量的有效利用系数。焊接热源产生的热量并不能完全得到有效利用，一部分损失于周围介质，一部分损失于飞溅，大部分热量被基体金属吸收和用于熔滴过渡，形成了焊接接头。

把形成焊接接头的热量称为有效热功率，有效热功率与热源总功率之比定义为焊接热效率，用符号 η 表示。η 值的大小主要取决于焊接方法、焊接参数、焊接材料和保护方式等。熔焊中电弧焊应用较多，所以以电弧焊为例。根据试验测定，不同电弧焊方法的 η 值见表 3-4，同时图 3-4 所示还细致地分析了电弧焊方法热量的利用及损失情况。

表 3-4　不同电弧焊方法的 η 值

电弧焊方法	碳弧焊	焊条电弧焊	埋弧焊	钨极氩弧焊		熔化极氩弧焊	
				交流	直流	钢	铝
η 值	0.5~0.65	0.74~0.87	0.7~0.9	0.68~0.85	0.78~0.85	0.66~0.69	0.7~0.85

由表 3-4 可以看出，埋弧焊的热效率比焊条电弧焊的热效率高。这是因为焊条电弧焊的电弧暴露在空气中，而埋弧焊的电弧是在焊剂层下面，介质吸收的热量和飞溅均较小，所以热量利用更为充分。

还应指出，焊接热效率只能说明焊件吸收热量的情况，并不能说明这部分热量真正得到了有效利用。焊件吸收热量分为两部分，一部分熔化基体金属和熔滴过渡而形成焊缝，另一部分向基体金属传导形成热影响区。只有形成焊缝的热量才是真正得到有效利用的热量，而形成热影响区的热量往往会带来不利影响。如电渣焊时，焊缝冷却速度较慢，在熔化金属的同时，有大量的热量向热影响区传导，造成热影响区的高温停留时间较长，晶粒严重粗化，导致焊件冲击韧度下降，这是电渣焊工艺的最大缺点。

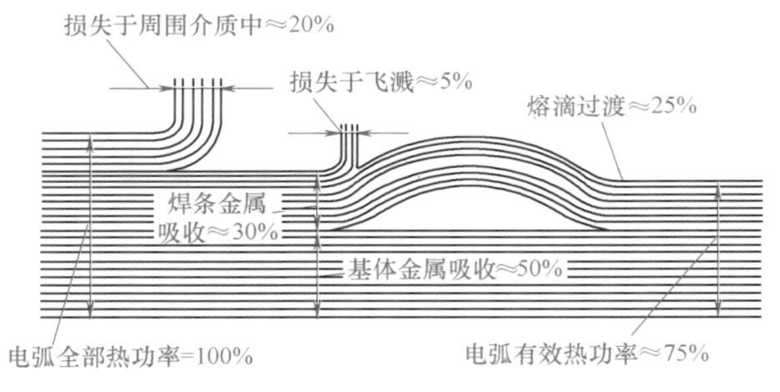

图 3-4　电弧焊时的热量分配

（2）焊接温度场

1）焊接温度场的一般特征。焊接温度场是研究焊件在某一范围内温度分布的状况。正常焊接过程中某一瞬时焊件各点的温度分布称为焊接温度场。在研究焊接温度场时，应注意：与磁场、电场一样，焊接温度场考察的对象是一定空间范围内的温度分布情况；焊接温度场是某一瞬时的焊接温度场。

焊接温度场可以用公式、表格或图像来表示，其中最直观的方法是图像法。为了研究方便，把焊接温度场内温度相同的点连接成一条线或一个面，组成等温线（面）。在一个给定的焊接温度场中，任何一点不可能同时具有两个温度，故不同温度的等温线（面）绝不相交，这是等温线（面）的重要性质。根据等温线（面）密集程度的不同，可以知道温度变化的规律。图 3-5 所示为一个较大工件表面熔敷焊的温度场。焊接时，热源向前运动，运动方向上的温度分布是不均匀的，前面是未加热的冷金属，温度下降快，等温线密集，后面是刚焊完的焊缝，温度下降慢，等温线稀疏。热源对焊缝两侧影响是相同的，因此在 xOy 平面形成的是对称于 x 轴的不规则的椭圆，如图 3-5a 所示；而厚度方向所在的 yOz 平面，可以理解是以焊缝中心为原点，向四周传热是均匀的，因此在 yOz 平面形成的是以焊缝中心为圆心的同心半圆，如图 3-5b 所示。

2）焊接温度场的分类。按照焊接温度场随时间变化的规律可以把焊接温度场分为稳定温度场和非稳定温度场。焊接时温度场内各点的温度不随时间变化而变化的，称为稳定温度场；温度随时间变化而变化的，称为非稳定温度场。在绝大多数情况下，焊接热源是移动的，因此焊接温度场基本上属于非稳定温度场。研究非稳定温度场是很不方便的，这里提出了准稳定温度场的概念。

采用恒定热功率的热源固定加热焊件（如补焊某一缺陷时），开始时，焊件各点温度是变化的。但经过一段时间后达到平衡状态，焊件各点的温度不再变化，把这种情况称为准稳定温度场。另一种情况是恒定热功率的移动热源在工作中做匀速直线运动，当经过一段时间后同样会形成准稳定温度场，这个准稳定温度场是与热源同步移动的。

如果采用移动坐标系，令坐标原点与热源中心重合，不稳定温度场就转变为准稳定温度场，图 3-5 所示就是采用移动坐标系的准稳定温度场。在分析焊接区内温度分布时，均采用准稳定温度场。

根据焊件的尺寸和热源的性质，温度场可分为三维温度场（空间传热）、二维温度场（平面传热）和一维温度场（单向传热）。厚大焊件表面堆焊时，热量是向焊件的三个方向（x、y、z 方向）传递的，属于三维温度场，如图 3-6a 所示，此时热源是点状热源；一次焊透的薄板，可以认为在厚度上没有温差，热量是向焊件的两个方向（x、y 方向）传递的，属于二维温度场，如图 3-6b 所示，此时热源是线状热源；细棒对焊时，可以认为在细棒截

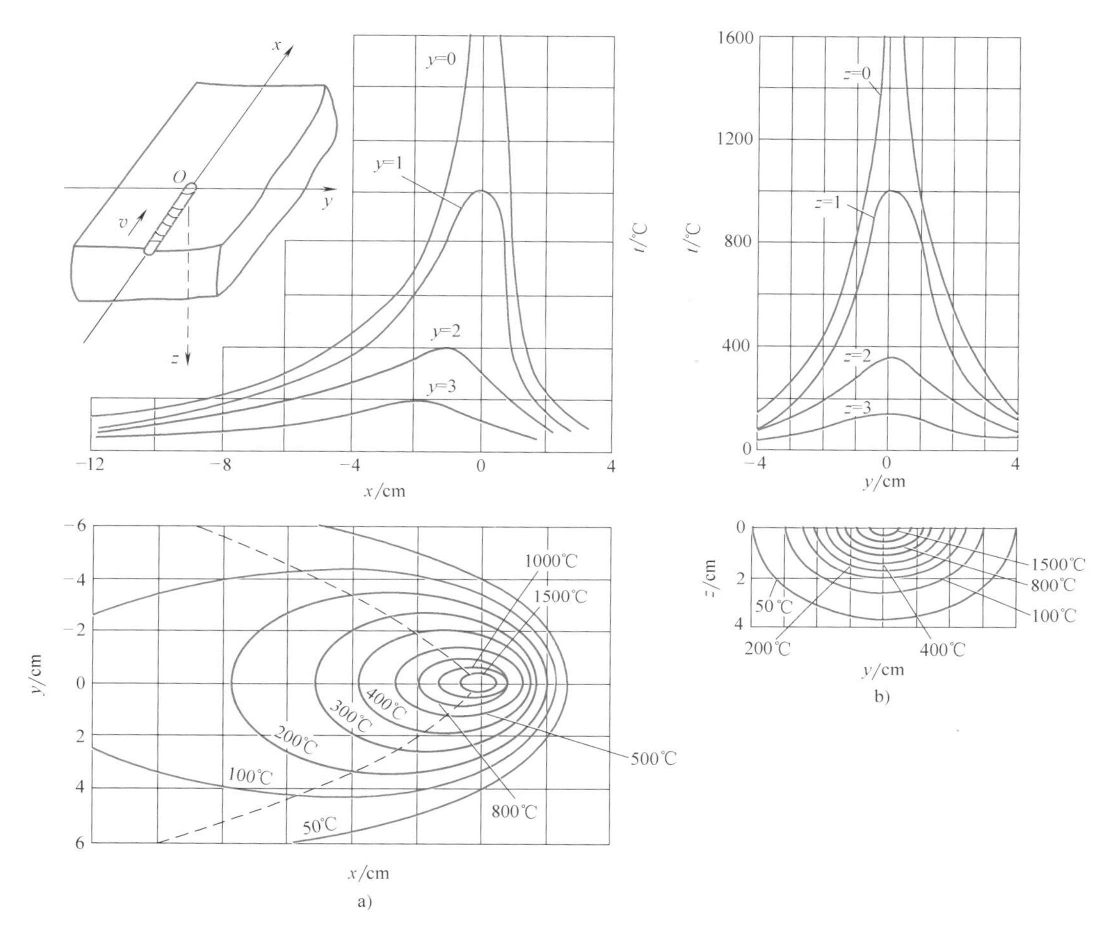

图 3-5 较大工件表面熔敷焊的温度场

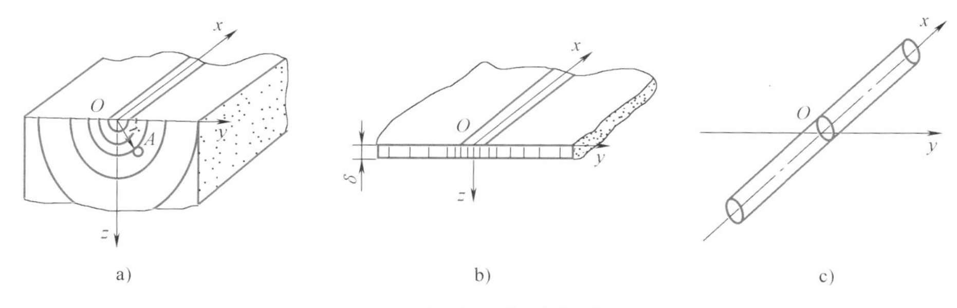

图 3-6 温度场的分类

a）三维温度场 b）二维温度场 c）一维温度场

面上是没有温差的，热量是向焊件的一个方向（x 方向）传递的，属于一维温度场，如图 3-6c 所示，此时热源是面状热源。

3）影响焊接温度场的因素。

① 热源性质。不同的焊接热源，加热的温度和加热面积是不同的，焊接时温度场的分

布也不同。热源越集中，加热面积越小，等温线（面）越密集。如电子束焊时热能相当集中，温度场范围也很小，只有几毫米的区域范围；而气焊加热面积大，温度场范围也大，可达几厘米。

② 焊接参数。焊接参数是指为实施焊接工艺而选定的各项参数的总称。不同的焊接方法，焊接参数是不同的。对于熔焊，电弧电压、焊接电流、焊接速度、焊接热输入等参数都包括在内。同样的热源，采用的焊接参数不同，温度场的分布也会发生变化。图 3-7 所示是

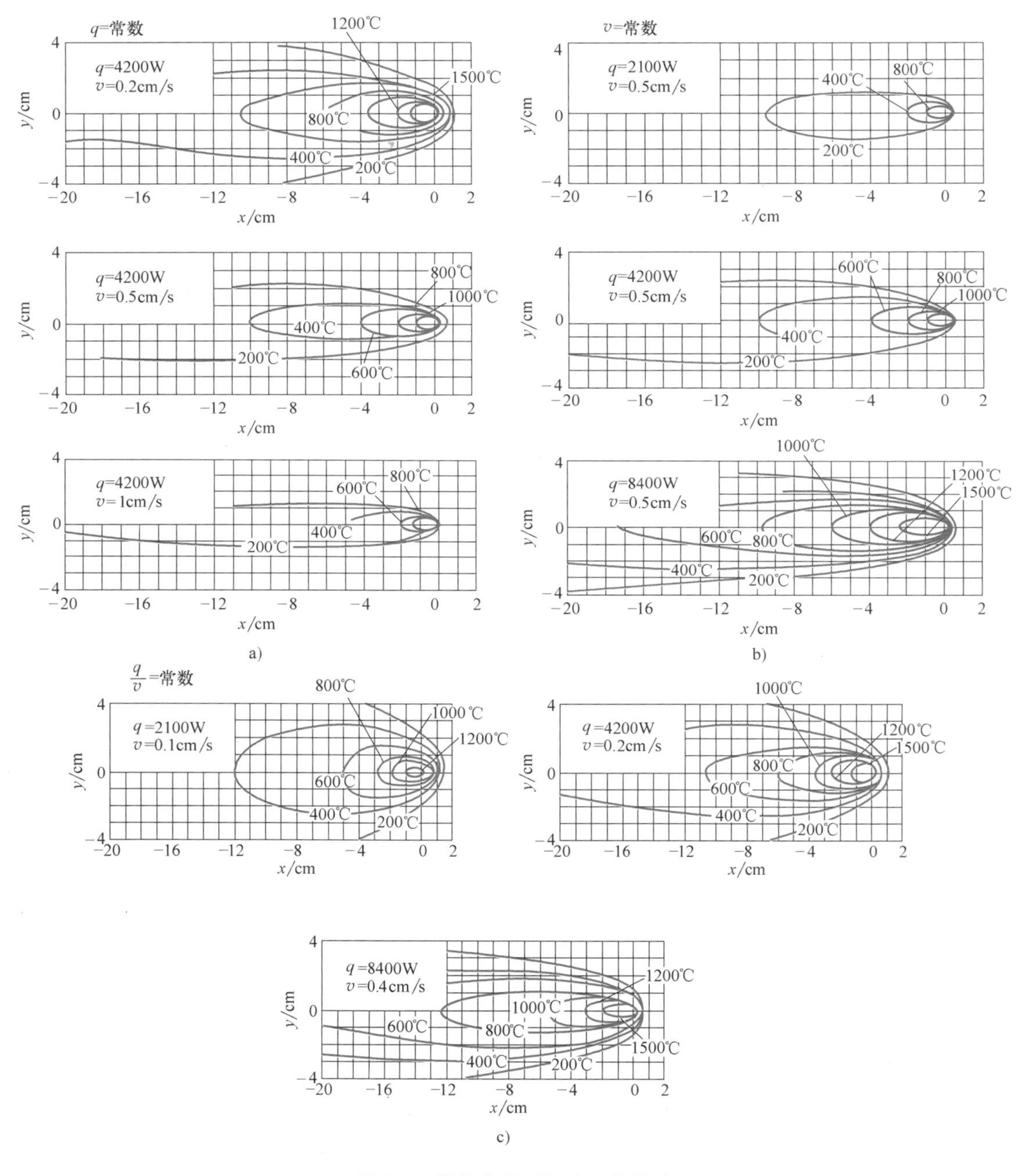

图 3-7 焊接参数对温度场的影响

电弧焊时，焊接参数对 10mm 厚低碳钢工件焊接温度场的影响，q 为热源功率，v 为焊接速度。

当 q 为常数时，随着 v 的增加，焊接热输入减少，会使加热的面积变小，温度场的长度和宽度均变小，宽度的变化更大些，等温线变得细长，如图 3-7a 所示。

当 v 为常数时，随着 q 的增加，焊接热输入增加，会使加热的面积变大，温度场的长度和宽度均增大，如图 3-7b 所示。

当 q/v 为常数，且 q、v 同时等比例增加时，等温线会沿着运动方向变得细长，而宽度变化不大，温度场的范围也拉长，如图 3-7c 所示。

③ 热导率。热导率表示的是金属内部导热的能力。它的物理意义是在单位时间内，沿等温线法线方向单位距离温度降低 1℃时经过单位面积所传递的热量，符号为 λ，单位为 W/(m·K)。λ 对温度场的影响如图 3-8 所示，在焊接热输入和工件尺寸相同时，λ 大，热量向金属内部传递的速度快，热作用的范围扩大，但高温区（阴影部分）却缩小了。

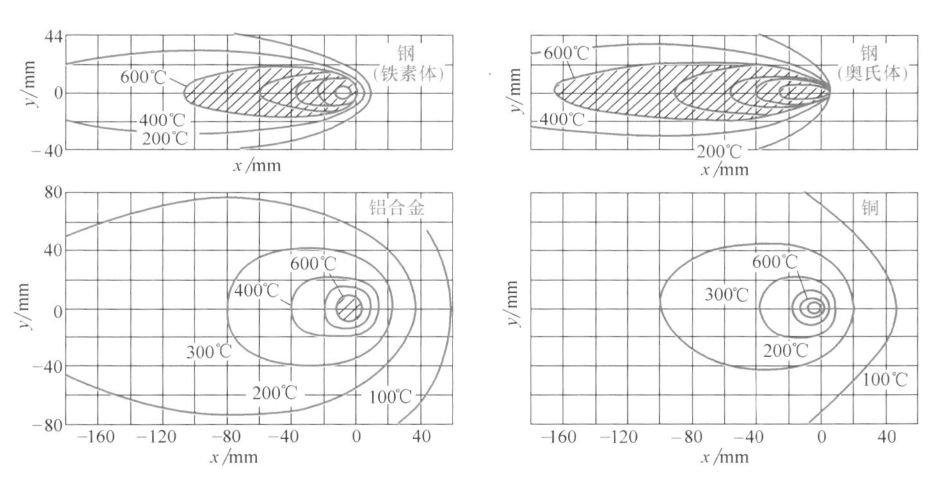

图 3-8 热导率 λ 对温度场的影响

由于铬镍不锈钢的热导率［λ = 0.193W/(m·K)］比低碳钢的小［λ = 0.331W/(m·K)］，高温区的范围比低碳钢的大，在相同的接头形式下，焊接铬镍不锈钢时选用的热输入要比低碳钢的小一些。而铜、铝进行焊接时，由于其导热性能优良，必须选择比低碳钢大得多的热输入才能保证金属熔化形成焊缝。

④ 预热。预热是焊接时经常采用的工艺措施。工件经过预热后，会减小热源中心与周围金属的温差，向工件内部传递的热量减少，等温线比不预热的稀疏。

（3）焊接热循环

1）焊接热循环的定义及基本参数。

在焊接热源作用下，焊件上某点温度随时间的变化过程称为焊接热循环。焊接开始时，热源沿着焊件移动，向某点靠近时，该点的温度随着时间变化由低变高，达到最大值后，热源远离后温度逐渐降低，最后恢复到与周围介质相同的温度。

整个过程可以用一条温度-时间曲线表示，称为焊接热循环曲线。典型的焊接热循环曲线如图 3-9 所示。对于未熔化的母材，焊接热循环相当于对其进行了一次特殊的热处理，经历了特殊的加热—保温—冷却过程。显然，在焊缝两侧不同距离的点，所经历的热循环是不同的。距焊缝不同距离的各点的焊接热循环曲线如图 3-10 所示，图中 X_e 表示各点与焊缝间的距离。

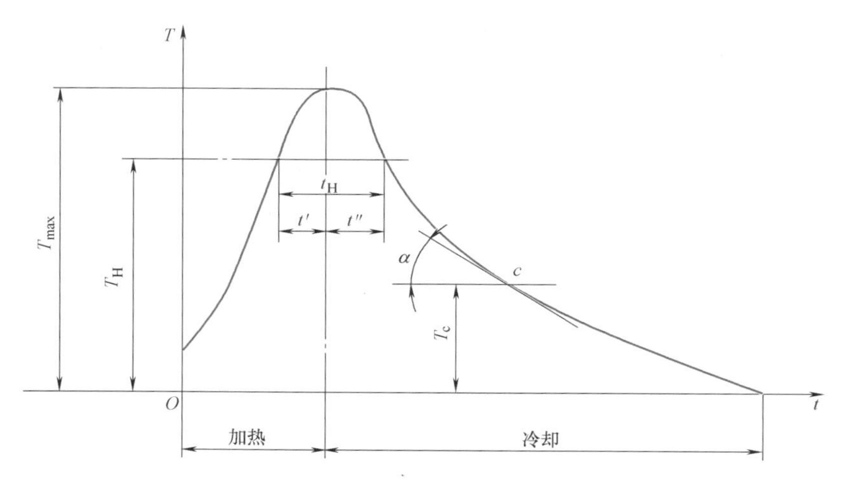

图 3-9　焊接热循环曲线

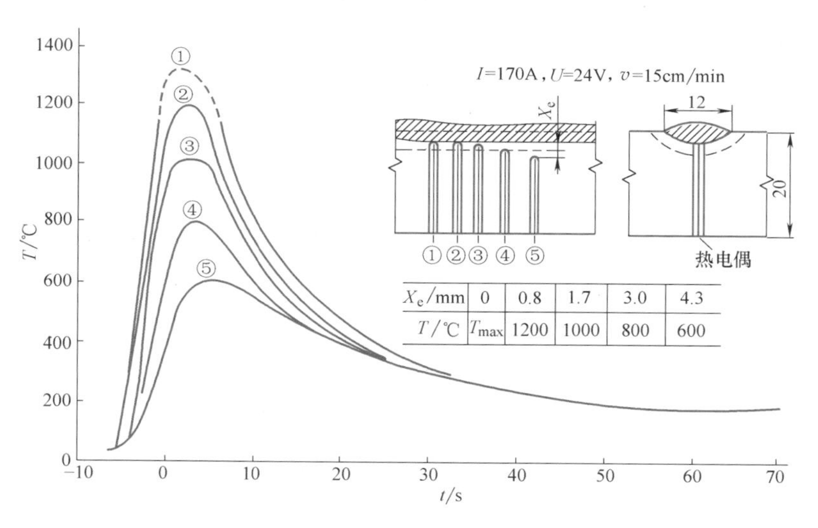

图 3-10　距焊缝不同距离的各点的焊接热循环曲线

焊接热循环的基本参数有加热速度、峰值温度、相变温度以上的停留时间和冷却速度（或冷却时间）。

2）影响焊接热循环的因素。

① 焊接热输入和预热温度。焊接热输入增大，加热速度加快，峰值温度升高，相变温度以上的停留时间变长，而冷却速度降低。预热温度的影响与焊接热输入的影响类似。

② 焊接方法。不同的焊接方法所选定的焊接电流、电弧电压和焊接速度是不尽相同的，有时差距还很大。不同的焊接方法所形成的焊缝形状明显不同，必然影响焊件上各点的焊接热循环过程。

③ 焊件的几何形状。焊件的几何形状的变化，必将直接影响热量向焊件内部的传递过程。一般情况下，增大板的厚度和宽度，均能增加焊件的体积，向内部传导的热量多，使冷却速度加快。但当板的宽度增大到一定程度时，继续增加宽度，对金属内部的导热将不再产生影响，此时金属内部的导热只与板的厚度有关。

④ 焊道长度。焊道长度对冷却速度的影响如图 3-11 所示，在相同的焊接条件下，焊道越短，其冷却速度越快。当焊道长度小于 40mm 时，冷却速度急剧增加。因此，在定位焊时所选电流一般比正式焊接时的电流大 15%～20%。

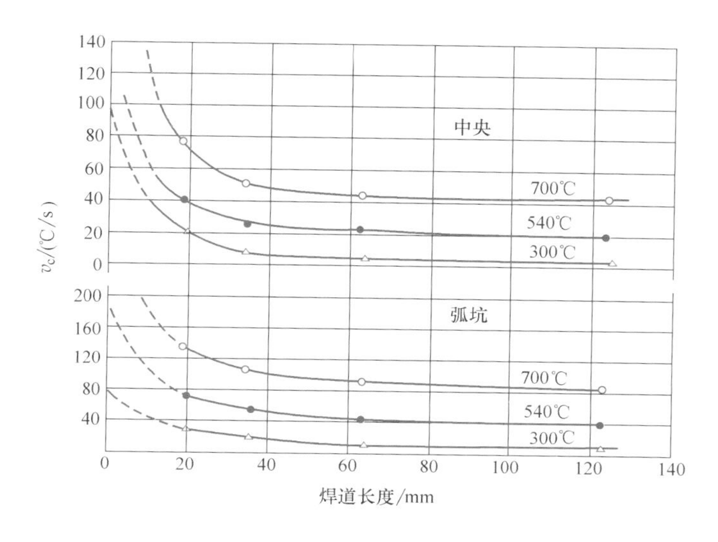

图 3-11　焊道长度对冷却速度的影响

3）焊接热循环的调节方法。

① 采用合理的焊接参数。不同的焊接材料，对冷却速度的敏感程度是不同的。以焊条电弧焊为例，对于奥氏体不锈钢，一般采用小直径焊条、小电流、短弧焊、快速焊来加快焊接接头的冷却速度，有利于提高焊接接头的耐蚀性；而灰铸铁同质焊缝补焊时，必须减小冷却速度，焊接接头石墨化过程才能充分进行，同时有利于减少裂纹倾向，故采用大直径焊条、大电流、长弧焊、连续焊。

② 采取预热、焊后保温或缓冷等措施降低冷却速度。对于淬硬倾向比较大的材料（如中、高碳钢，某些低合金结构钢），冷却速度快，热影响区容易得到淬硬组织，焊接接头脆性增加，性能发生变化，同时裂纹倾向增大。采取预热手段来降低冷却速度是生产中极为常用的方法。对于灰铸铁同质焊缝补焊时，热焊的预热温度可达 600～700℃；半热焊的预热温度为 300～400℃，焊后一般用保温材料（如石棉灰等）覆盖或随炉冷却。

焊条（酸性焊条和碱性焊条）的介绍

③ 进行多层焊。在实际生产中，多层多道焊应用比较广泛。如焊条电弧焊，板厚超过 6mm 时，单层焊是无法一次焊成的。和单层焊相比，多层焊可以从更大范围内调整焊接热输入。

从焊接热循环的角度出发，多层焊是多个单层焊的叠加，前层焊道对后层焊道起到预热作用，后层焊道对前层焊道起到保温缓冷作用。

二、焊接接头的组织与性能

1. 焊缝金属的组织和性能

(1) 焊缝金属的一次组织

1) 熔池金属的凝固过程。大多数熔池金属是由焊接过程中熔化的填充金属和部分熔化的母材组成的，高温下呈液态。随着温度的降低，液态金属凝固结晶形成焊缝，温度进一步降低，固态焊缝经过连续冷却的固态相变到室温。熔池的凝固和焊缝金属的固态相变决定了焊缝金属的晶体结构、组织和性能。

许多焊接缺陷如气孔、夹杂物、偏析、结晶裂纹都在此过程中产生。因此了解焊缝的结晶过程，对控制焊缝的质量意义重大。

① 熔池凝固的特点。焊接熔池凝固与一般铸锭相比有如下特点：

a. 熔池的体积小，冷却速度快。熔池处于过热状态。熔池在运动状态下结晶。焊接时，熔池是与焊接热源同步运动的，呈现出前部（*abc* 部分）在熔化，后面（*cda* 部分）在结晶，如图 3-12 所示。

b. 熔池的散热条件好。熔池周围母材金属形成壁模，熔池直接与母材金属接触，不像铸锭那样存在间隙，故散热条件好，形核速度快。

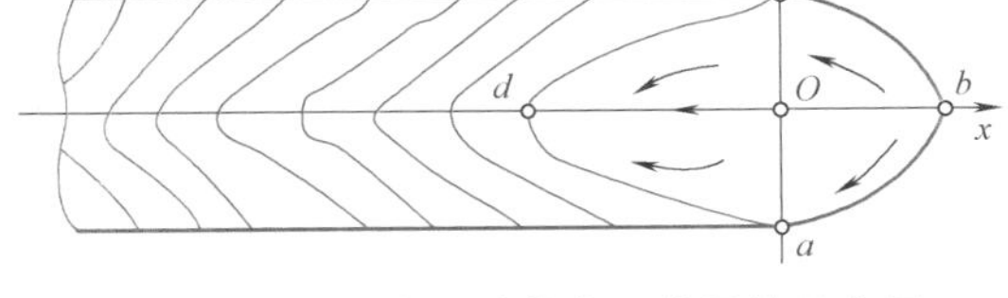

图 3-12　熔池在运动状态下结晶的示意图

c. 熔池的凝固与焊接参数密切相关。熔池的凝固是以熔化的母材为基础的，在熔化母材的基础上的凝固过程与焊接熔池的尺寸和形状密切相关，而熔池的尺寸和形状主要取决于焊接方法与焊接参数。

② 熔池的凝固过程。熔池的凝固过程虽然是不平衡状态下的结晶，但也是从液态金属变为固态金属的过程，必然服从于金属结晶的基本规律，是由形核和晶核长大两个基本过程组成的，而过冷度是熔池凝固的首要条件。如前面所述，焊接熔池的体积小，散热条件好，冷却速度快，容易取得很大的过冷度，非常有利于凝固过程的进行。

具备了温度条件后，结晶过程必须依靠一定尺寸的晶核才能进行。由金属学的知识可以知道，形核有自发形核和非自发形核两种，一般情况下以非自发形核为主，利用某些“现成”表面进行。对于焊接熔池来说，“现成”表面有两类：一类是熔池边界熔合区的半熔化晶粒表面，另一类是液态金属中未能熔化的悬浮质点。熔池的平均温度高，难熔物质少，而半熔化晶粒的尺寸与构造符合新相形成的条件，成为“现成”表面。也就是说，熔池凝固时主要以半熔化的母材晶粒为非自发晶核，以柱状晶形态向焊缝中心长大，好像母材晶粒的延伸，二者不存在晶界面。这种依附于母材半熔化晶粒的结晶方式称为联生结晶（或交互结晶），如图 3-13 所示。

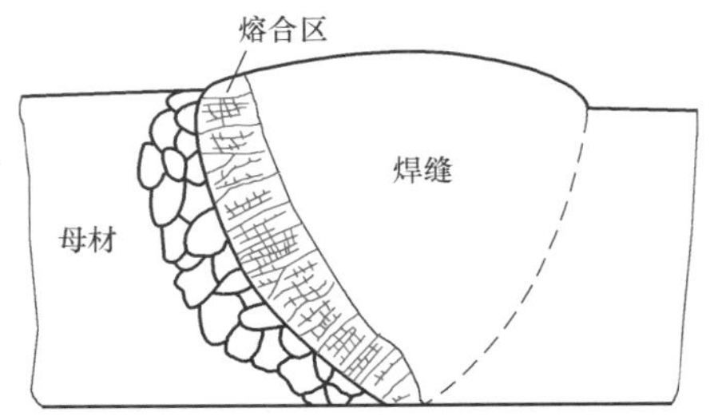

图 3-13　联生结晶示意图

熔池结晶是从熔合线处半熔化的母材晶粒开始长大，有的长大速度快，一直能长大至焊缝中心，有的长大速度慢，长大到一定距离被抑制。

晶粒的长大程度主要取决于结晶位向与散热方向的关系：方向一致时，最有利于晶粒长大；方向不一致时则长大速度较慢，最终被排斥而停止生长。这就是柱状晶的选择长大，如图 3-14 所示。

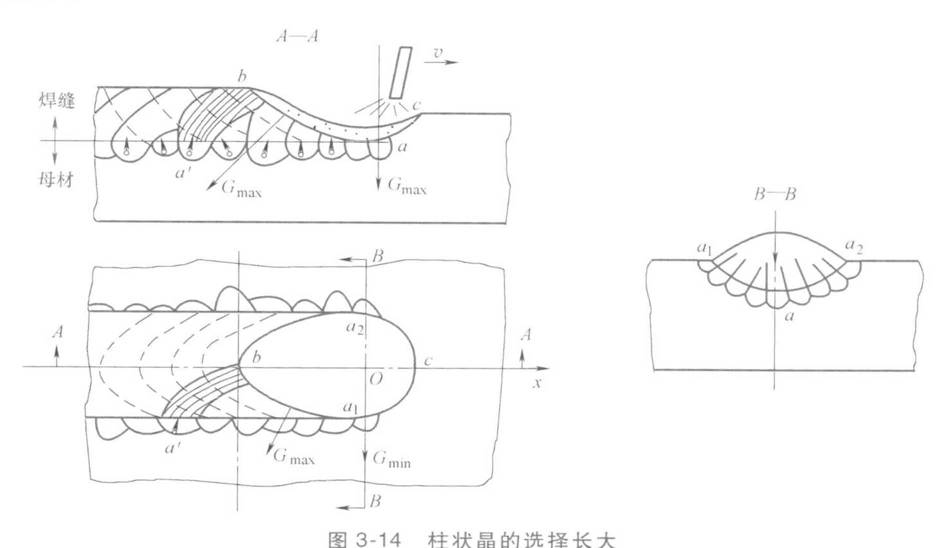

图 3-14 柱状晶的选择长大

2）焊缝的一次组织和形态。焊接熔池由液态到完全变为固态的过程称为焊缝的一次结晶，一次结晶后得到的组织称为一次组织。对于大多数钢，焊缝的一次组织是高温奥氏体。由于焊缝的一次结晶方式主要是联生结晶，形成的柱状晶是由半熔化的母材晶粒延伸而成的，其初始尺寸为焊缝边界母材晶粒的尺寸。在焊接热循环的作用下，近缝区晶粒容易粗化，造成柱状晶也比较粗大。

粗大的柱状晶方向性强，塑性差，不仅降低高温时的抗裂性，而且影响冷却后的组织和性能，所以要对焊缝的一次组织进行改善。

3）改善焊缝一次组织的措施。

① 调整焊缝成分。焊缝成分主要取决于焊接材料，其次是母材在焊缝金属中所占的比例，即熔合比。合理选择焊接材料，适当控制熔合比，可以在一定范围内调整焊缝金属的成分，从而使焊缝能达到所要求的组织和性能。

② 对熔池进行变质处理。通过焊接材料（焊条、焊剂、焊丝）向金属熔池中加入某些合金元素，从而使结晶过程发生变化，达到细化晶粒的目的，这种方法称为变质处理。被加入的合金称为变质剂，其作用主要有两个方面：一是形成难熔质点成为新相晶核，增加晶核数量；二是能阻碍柱状晶长大，破坏枝晶生长的方向性。变质处理对改善焊缝的一次组织和性能十分有效。

常用的变质剂有 Mo、V、Nb、Ti、B、Zr、Al 及稀土元素。这种微量元素的作用比较复杂，特别是几种元素共存时，需要通过反复试验才能获得最佳搭配和含量。

③ 振动结晶。振动结晶是通过不同途径使熔池在振动状态下进行结晶，使正在生长的晶粒破碎从而达到细化晶粒的目的，同时振动结晶还有利于气体上浮组织的均匀化。目前正在研究和发展的振动结晶的方法有低频机械振动、高频超声振动、电磁振动。

与变质处理相比，振动结晶的效果显著。但由于这种工艺须使用专门的设备，成本高、效率低，所以在实际生产中还没有推广。

④ 调整焊接参数。焊接参数决定了熔池的温度、形状、尺寸和冷却速度，最终直接影响熔池结晶时晶粒成长的方向、晶粒的形状和尺寸，并影响焊缝金属的化学不均匀性。在不进行预热、电弧功率不变时，提高焊接速度，使焊接热输入减小，可使晶粒细化；当焊接热输入不变时，同时提高电弧功率和焊接速度也可细化晶粒。调整焊接参数最主要的目的是减少熔池过热。

⑤ 锤击坡口或焊道表面。锤击坡口或焊道表面是生产中简单易行、行之有效的工艺措施，在中厚板多层焊和铸铁补焊时经常被采用。

多层焊时，锤击可使坡口或前层焊道表面晶粒不同程度地破碎，熔池会以破碎的晶粒为"现成"表面进行形核，而达到细化晶粒的目的。此外，逐层锤击焊道还能起到减小焊接残余应力的作用。灰铸铁异质焊缝补焊时，工艺要点为"准备工作要做好，焊接电流适当小，短段断续分段焊，焊后立即小锤敲"。由此可见，锤击措施对铸铁补焊工艺是非常必要和有效的。

（2）焊缝金属的二次组织　对于有同素异构转变的焊缝金属，焊接熔池完全凝固后所形成的固态组织在随后的连续冷却过程中还将发生组织转变，从而形成新的组织，即焊缝最终的组织。

焊缝的凝固过程称为一次结晶，所得到的组织称为一次组织。焊缝的固态相变过程称为二次结晶，所得到的组织称为二次组织，也称为室温组织。二次组织是在一次组织的基础上形成的，最终直接影响和决定焊缝的性能。全面把握二次结晶过程和组织变化规律对提高焊缝质量是非常必要的。

焊缝金属的固态相变遵循一般钢铁固态相变的基本规律。就钢材而言，一般情况下，二次组织主要取决于焊缝金属的化学成分和冷却速度。由于钢材的种类很多，这里以低碳钢焊缝和低合金钢焊缝的固态相变为例进行分析。

1）低碳钢焊缝的固态相变。低碳钢焊缝的碳含量很低，二次组织主要是铁素体+少量的珠光体。铁素体一般是沿原奥氏体边界析出，其晶粒比较粗大。当高温停留时间过长，冷却速度又快时，还会出现魏氏组织，这种组织的塑性和韧性都很差。魏氏组织的特征是铁素体在原奥氏体晶界呈网状析出，或从原奥氏体晶粒内部沿一定方向呈长短不一的针状或片条状析出，直接插入珠光体晶粒之中，如图 3-15 所示。

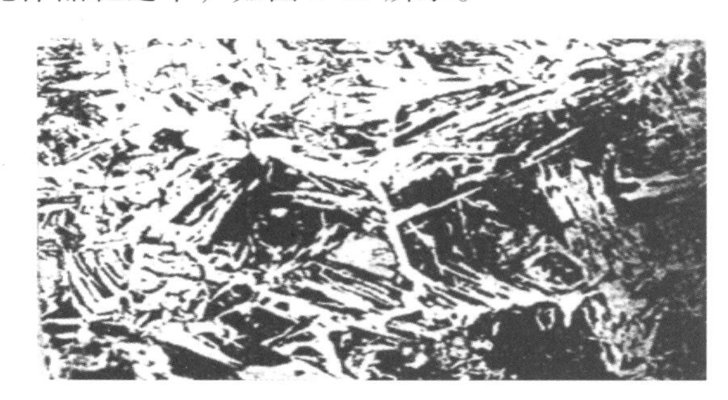

图 3-15　低碳钢焊缝中的魏氏组织

低碳钢焊缝中铁素体和珠光体的比例随冷却速度的变化而变化。冷却速度加快，焊缝金属中珠光体增多，而且组织细化，显微硬度提高。冷却速度对低碳钢焊缝二次组织的影响见表 3-5。

表 3-5 冷却速度对低碳钢焊缝二次组织的影响

冷却速度/(℃/s)	焊缝组织(质量分数,%)		焊缝硬度 HRB
	F(铁素体)	P(珠光体)	
1	82	18	83
5	79	21	83
10	65	35	88
35	61	39	90
50	40	60	91
110	38	62	96

2）低合金钢焊缝的固态相变。低合金钢焊缝的固态相变的情况比低碳钢复杂得多，随母材、焊接材料的化学成分及冷却条件的不同而变化。固态相变除铁素体与珠光体转变外，还可能出现贝氏体与马氏体转变，它们对焊缝金属的性能有不同程度的影响。应该指出，低合金钢焊缝中的铁素体、珠光体与低碳钢焊缝中的铁素体、珠光体虽然在组织结构上相同，但在形态上却有很大的差别，从而具有不同的性能。

① 铁素体转变。低合金钢焊缝中的铁素体转变，其形态随转变温度的不同而具有不同形态，目前公认的有：先共析铁素体（PF）、侧板条铁素体（FSP）、针状铁素体（AF）和细晶铁素体（FGF）。

先共析铁素体是固态相变时，首先沿奥氏体晶界析出，转变温度为 770~680℃。高温停留时间越长，冷却速度越慢，先共析铁素体的数量越多。当先共析铁素体较少时，呈细长状分布于晶界，较多时呈块状，如图 3-16 所示。

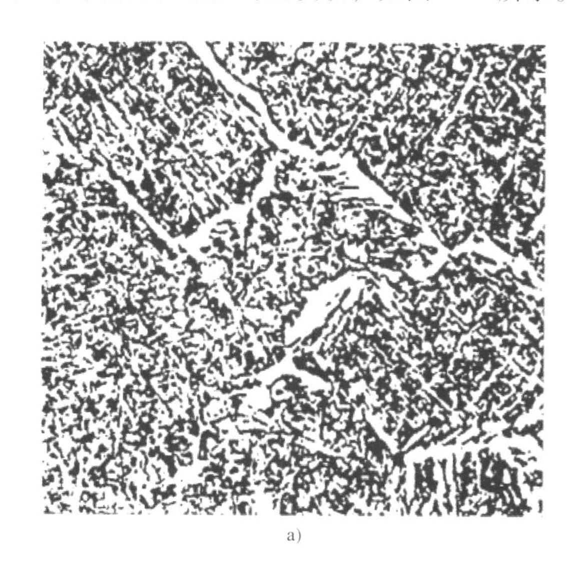

a)

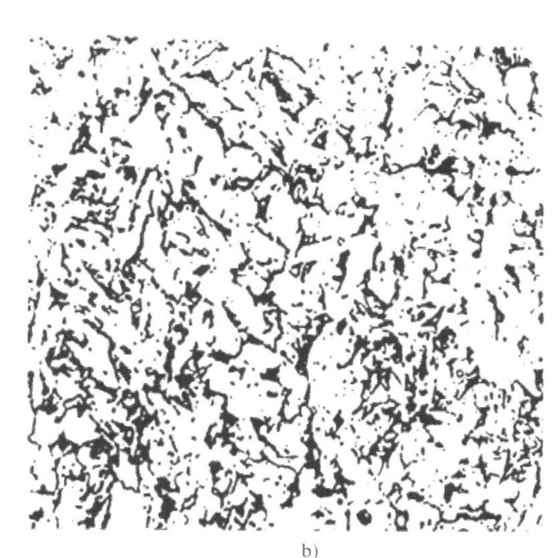

b)

图 3-16 低合金钢焊缝中先共析铁素体的形态

a）细长状先共析铁素体 b）块状先共析铁素体

侧板条铁素体的形成温度比先共析铁素体略低，转变温度为 700~550℃。它是从先共析铁素体的侧面以板条状向原奥氏体晶内生长，其形态如镐牙状，如图 3-17 所示。

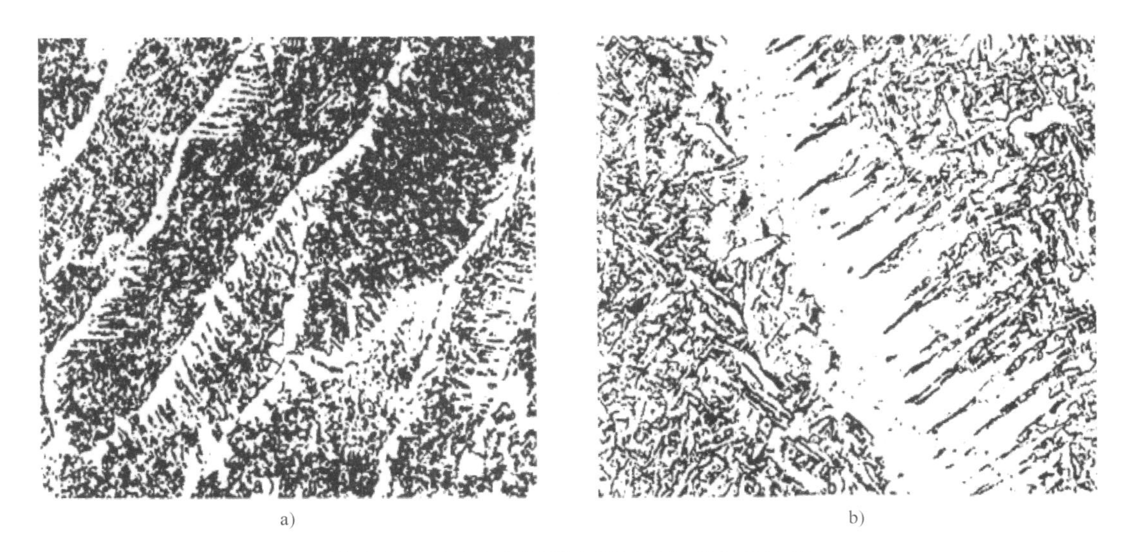

a)　　　　b)

图 3-17　低合金钢焊缝中侧板条铁素体的形态

针状铁素体的形成温度比侧板条铁素体还低，约为 500℃。它是在原奥氏体晶内以针状生长的铁素体，常以某些弥散碳化物或氮化物质点为核心，呈放射性生长，如图 3-18 所示。

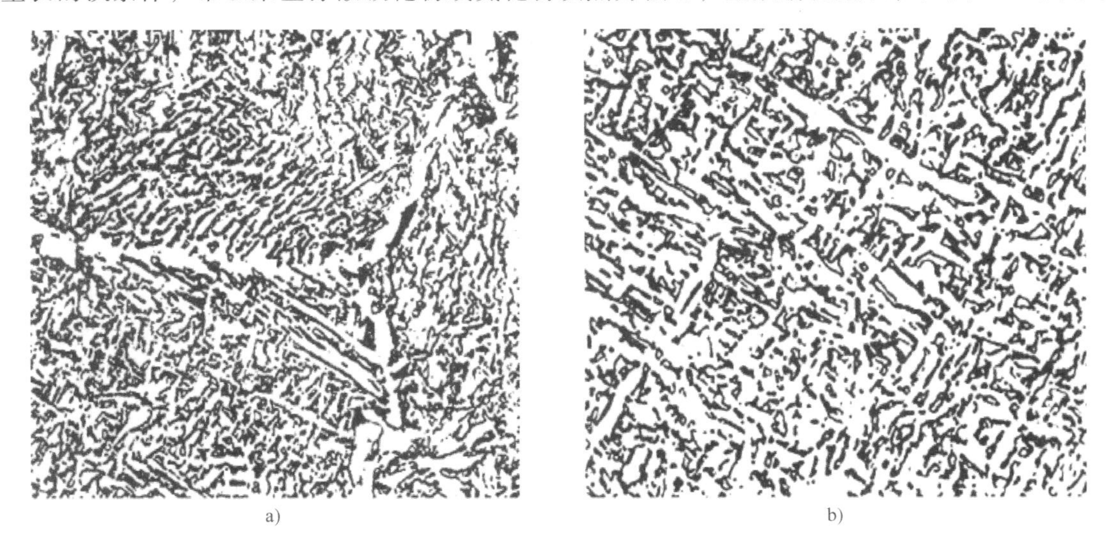

a)　　　　b)

图 3-18　低合金钢焊缝中针状铁素体的形态

a）碳化物质点核心　b）氮化物质点核心

细晶铁素体是在原奥氏体晶内形成的晶粒尺寸较小的铁素体，通常出现在含细化晶粒的元素（如 Ti、B 等）的焊缝中，形成温度略低于 500℃，如图 3-19 所示。

② 珠光体转变。由金属学知识得知，珠光体是铁素体和渗碳体的层状混合物，是钢在接近平衡状态下（如热处理时的连续冷却过程），在 Ac_1 ~ 550℃ 温区内发生扩散型相变的产物。而焊接条件下的固态相变是在非平衡状态下进行的，原子不能充分扩散，抑制了珠光体的转变，致使低合金钢焊缝中很少产生珠光体组织。只有在预热、缓冷及后热等使冷却速度变得极其缓慢的情况下，才能在焊缝中形成少量的珠光体。

根据珠光体中层片的细密程度，可将低合金钢焊缝中的珠光体分为层状珠光体、粒状珠光体和细珠光体，如图 3-20 所示。其中粒状珠光体又称托氏体，细珠光体又称索氏体。

③ 贝氏体转变。贝氏体转变属于中温转变，此时合金元素已不能扩散，只有碳还能扩散，它的转变温度在 550℃～Ms。根据贝氏体的转变温度不同，贝氏体又分为上贝氏体（$B_{上}$）和下贝氏体（$B_{下}$），如图 3-21 所示。

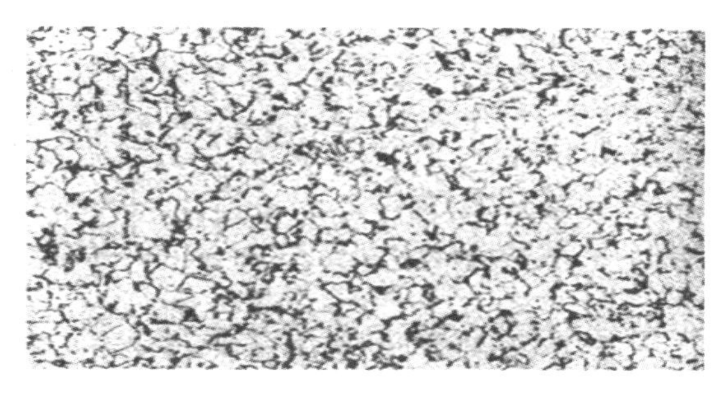

图 3-19　低合金钢焊缝中细晶铁素体的形态

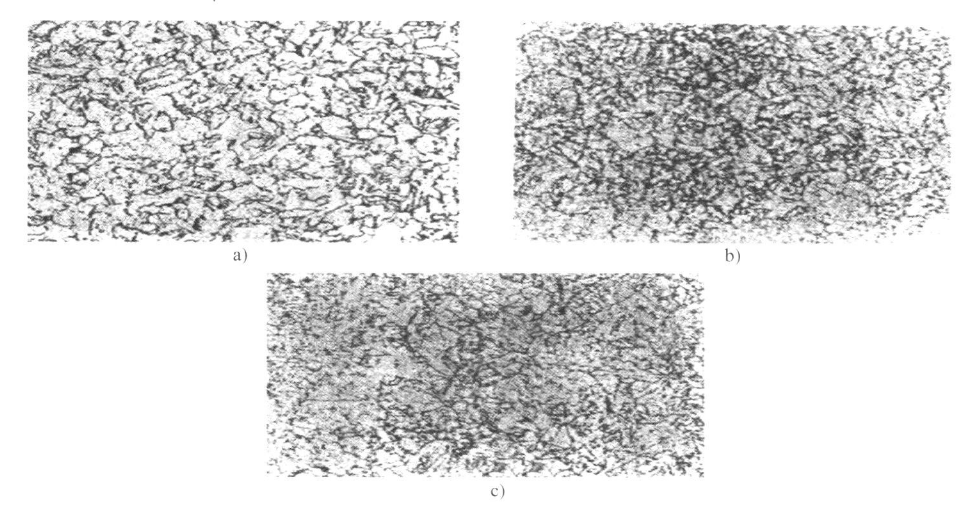

图 3-20　低合金钢焊缝中的珠光体

a）层状珠光体　b）粒状珠光体　c）细珠光体

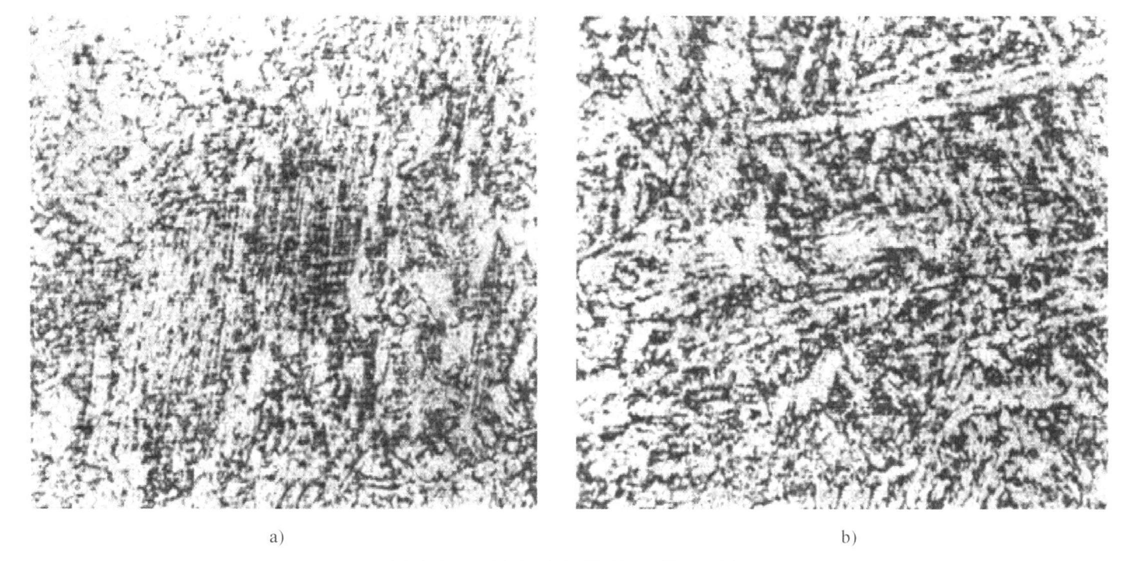

图 3-21　低合金钢焊缝中的贝氏体

a）上贝氏体（$B_{上}$）　b）下贝氏体（$B_{下}$）

④ 马氏体转变。在快速冷却条件下，当焊缝金属的碳含量较高或合金元素较多时，将会发生由过冷奥氏体向马氏体的转变，形成马氏体。

马氏体是在 Ms 温度以下发生的相变产物，它实际上是碳在 α-Fe 中形成的过饱和固溶体。按碳含量不同，马氏体又分为板条状马氏体和片状马氏体，如图 3-22 所示。

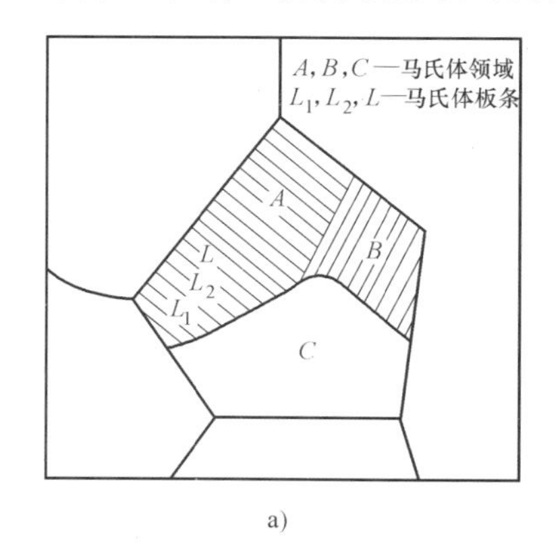

a)

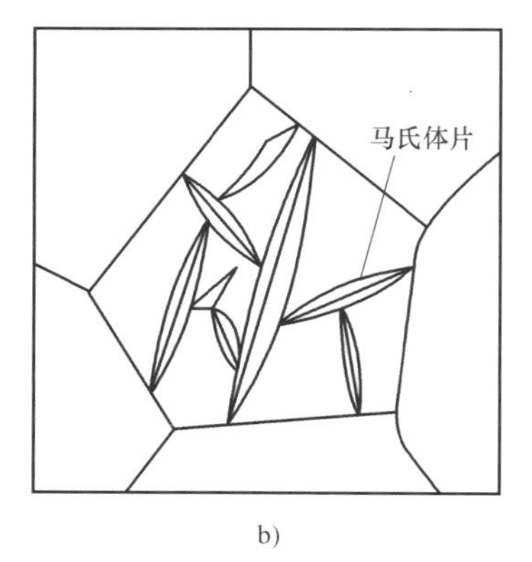

b)

图 3-22　马氏体的形态

a）板条状马氏体　b）片状马氏体

板条状马氏体的特征是在原奥氏体晶粒内部形成具有一定交角的马氏体板条，每个马氏体板条内部都是平行生长的束状细条。由于板条马氏体碳含量低，因而又称低碳马氏体。板条状马氏体不但具有较高的强度，而且具有良好的韧性，是综合性能最好的一类马氏体。一般低碳低合金钢焊缝中出现的马氏体主要是低碳马氏体。

片状马氏体是在焊缝碳含量较高（碳的质量分数超过 0.4%），且在连续快冷条件下形成的组织形态，它与板条状马氏体的主要区别在于：马氏体片互不平行，初始形成的马氏体片较粗大，往往贯穿原奥氏体整个晶粒。由于片状马氏体的碳含量较高，因而又称高碳马氏体。片状马氏体硬度很高，而且很脆，容易产生冷裂纹，因此，在焊缝中应避免出现这种组织。

3）改善焊缝的二次组织的措施。

① 焊后热处理。焊后热处理是指焊后为改善焊接接头的组织和性能而进行的热处理工艺。焊后热处理可起到改善组织和性能、消除残余应力、消除扩散氢的作用。它既然能改善整个焊接接头的性能，当然也包括焊缝。热处理工艺根据母材的化学成分及结构特点、产品的技术要求和焊接方法而定。焊后热处理的方法主要有正火、高温回火、消除应力退火和调质处理。

② 多层焊。对于相同厚板的焊接接头，采用多层焊可以有效地提高焊缝金属的性能。一方面是通过调整焊道层数和焊接参数改善了凝固结晶的条件，更为重要的是后一层焊缝对前一层焊缝起到了附加热处理作用。多层焊的后热效果在焊条电弧焊中比较明显，几乎可以覆盖整个前层焊缝；而对于埋弧焊，由于焊层较厚，后一层的热作用只能达到 3～4mm，不能覆盖整个前层焊缝。

试验证明：对于低碳钢焊缝采用多层焊或对焊缝进行焊后热处理也可破坏焊缝中的柱状晶，得到细小的铁素体和少量珠光体。图 3-23 所示为低碳钢焊缝柱状晶消失的临界温度与加热时间的关系。

③ 跟踪回火。跟踪回火是指每焊完一道焊缝立即用火焰加热焊道表面的工艺方法。跟踪回火采用中性焰，加热的温度为 900~1000℃，用焰芯对准焊缝中心做“Z”字运动（图 3-24），宽度比焊缝宽度大 2~3mm。

跟踪回火可对焊缝表面下 3~10mm 范围内的金属起到不同程度的热处理作用。

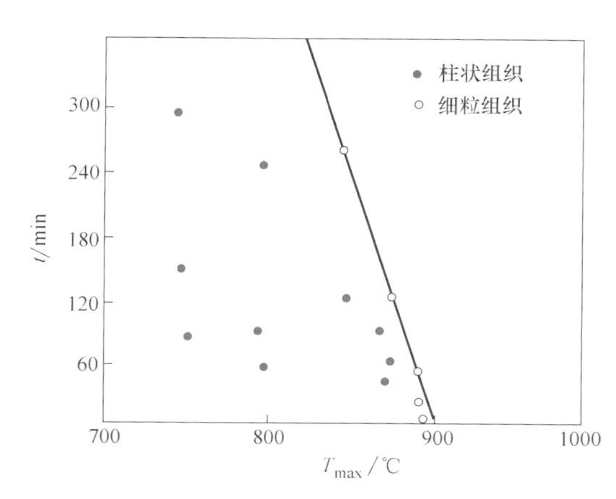

图 3-23 低碳钢焊缝柱状晶消失的临界温度与加热时间的关系

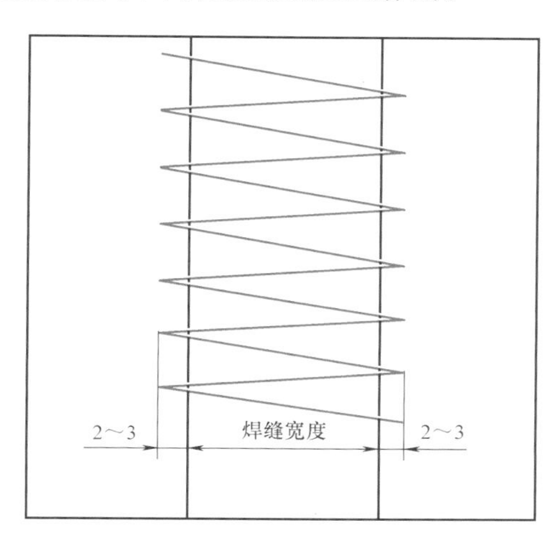

图 3-24 跟踪回火运行轨迹

④ 调整焊接参数。焊接参数对二次组织的影响主要是冷却速度。由焊缝金属的过冷奥氏体连续冷却转变曲线（CCT 曲线）可知，对同一成分的焊缝，冷却速度不同，得到的组织有所差异，性能也不尽相同。因此可以根据焊缝性能（特别是韧性和硬度）的要求合理制定预热温度，调整焊接热输入。

⑤ 锤击坡口或焊道表面。锤击坡口或焊道表面不仅能改善焊缝的一次组织，还能改善焊缝的二次组织。锤击造成晶粒破碎能改善焊道的韧性。同时锤击能降低焊道表面的应力，对提高焊缝的疲劳强度和抗裂性均有利。对于一般碳素钢和低合金钢多用风铲锤击，锤头圆角为 1.0~1.5mm，锤痕深度为 0.5~1.0mm，锤击焊缝的方向和顺序如图 3-25 所示。

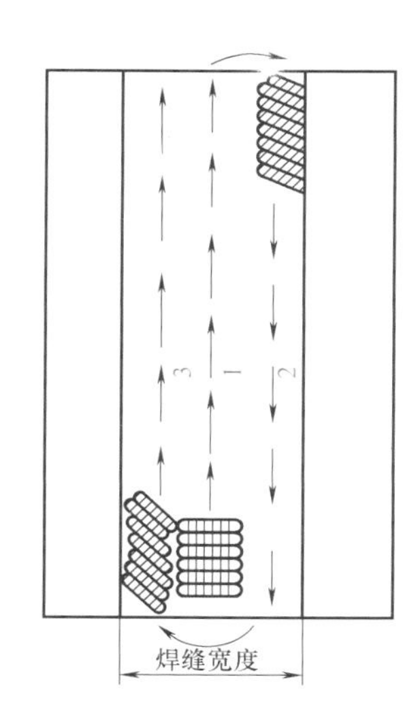

图 3-25 锤击焊缝的方向和顺序

2. 熔合区的组织和性能

(1) 熔合区的概念 焊缝与母材之间不是一条简单的熔合线，而是由一个区域构成，这个区域称为熔合区。过去人们一直认为熔合区是热影响区的组成部分，随着研究的深入，人们发现熔合区的组织和性能与热影响区有诸多不同之处，故将熔合区作为焊接接头的一个组成部分。GB/T 3375—1994 对熔合区的定义是：焊缝与母材交接的过渡区，即熔合线处微观显示的母材半熔化区。

熔合区的范围非常窄，在正常电弧条件下，低碳钢和低合金钢的熔合区宽度为 0.133~0.50mm，奥氏体不锈钢的熔合区宽度为 0.06~0.12mm。

（2）熔合区的组成　熔合区是由半熔化区和未混合区组成，如图 3-26 所示。

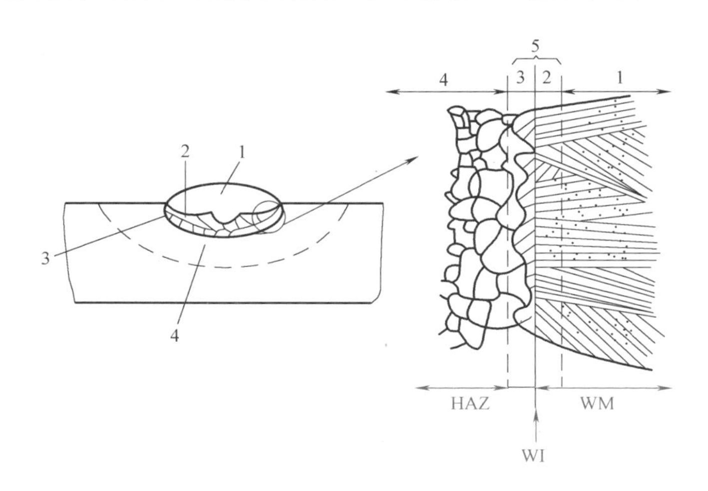

图 3-26　熔合区的构成示意图

1—焊缝金属　2—熔合区　3—熔合线　4—焊接热影响区　5—半熔化区

HAZ—焊接热影响区　WI—熔合区　WM—焊缝金属

半熔化区的特征是焊缝与母材未熔化晶粒相互渗透、交错存在，半熔化区是由于母材坡口表面复杂的熔化状态形成的。一方面，由于电弧力和熔滴过渡的周期性造成传递到母材表面的热量是不均匀的，熔化也出现不均匀现象；另一方面，母材表面晶粒的取向各不相同而造成熔化程度不同，其中晶粒取向与导热方向一致的晶粒熔化得快。如图 3-27 所示，阴影部分代表已熔化的部分，其中 1、3、5 晶粒取向有利于导热而熔化较多，2、4 晶粒不利于导热而熔化较少，从而形成了液固两相共存的半熔化区。

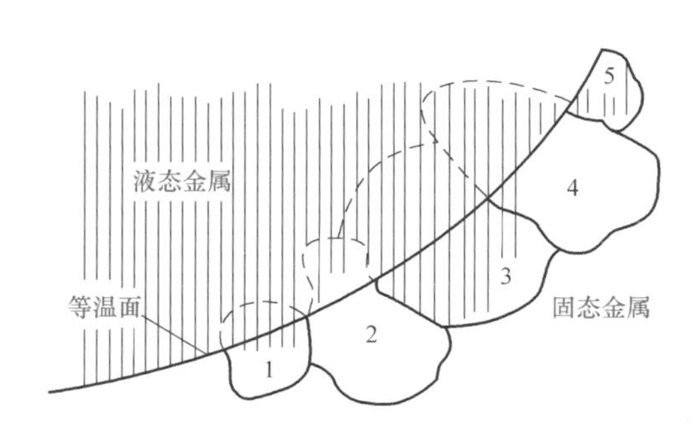

图 3-27　半熔合区晶粒熔化情况

未混合区在熔合线焊缝一侧，该区的晶粒是完全熔化的，只是未能与熔化的填充金属相互混合。这是因为在焊缝金属熔池边缘，金属处于液态的停留时间最短，温度也较低，液态金属的流动性差，受到的各种机械力引起的搅拌作用很弱，造成熔化的母材金属和填充金属基本不能混合。未混合区的产生及范围与焊缝的化学成分密切相关。焊缝成分与母材相差越大，未混合区越明显。如珠光体钢与奥氏体不锈钢焊接时，选用的是奥氏体钢焊条，在珠光体钢一侧熔合线的焊缝附近存在一个明显的未混合区；焊接低碳钢和某些低合金钢时，母材与焊缝的成分差别不大，未混合区极小，可忽略不计；不加填充材料的气焊、TIG 焊，就不存在未混合区，熔合区只由半熔化区组成。

（3）熔合区的主要特征

1）化学不均匀性。通过了解熔合区的形成可知，熔合区的范围非常小，加热和冷却都比较快，溶质原子不能充分扩散，会呈现出严重的化学不均匀性。

一般钢中的合金元素及杂质在固相中的溶解度都小于在液相中的溶解度。因此，在熔池凝固过程开始时，高温析出的固相比较纯，造成周围的液相中溶质原子含量比较高，随着固相的不断增加，必然有大量溶质原子堆积在固相前沿。特别是开始凝固时，这种堆积更加明显。这样在固液交界的地方将发生溶质原子的浓度突变，而熔合区不会像焊缝中心那样，有充分的时间进行扩散，随着快速凝固，堆积的大量溶质原子滞留在固液交界处，形成成分突变，如图 3-28 所示。

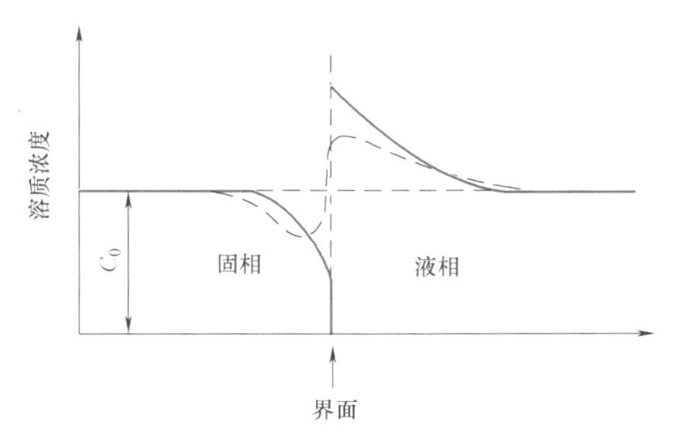

图 3-28　固液界面的溶质分布

由不平衡凝固过程所造成的这种化学不均匀性，与溶质原子的性质有关。在钢中，越易偏析的元素造成的化学不均匀性越明显，如硫、磷、碳。在凝固后的冷却过程中，化学不均匀性会有所缓和，如图 3-29 所示虚线部分，缓和的程度与元素的扩散能力有关。碳的扩散能力强，在凝固后仍可扩散而趋于均匀，完全冷却后没有明显的偏析；而硫、磷扩散能力弱，凝固后浓度变化很小，会呈现出较为明显的不均匀性。图 3-29 所示为熔合区中硫的分布。

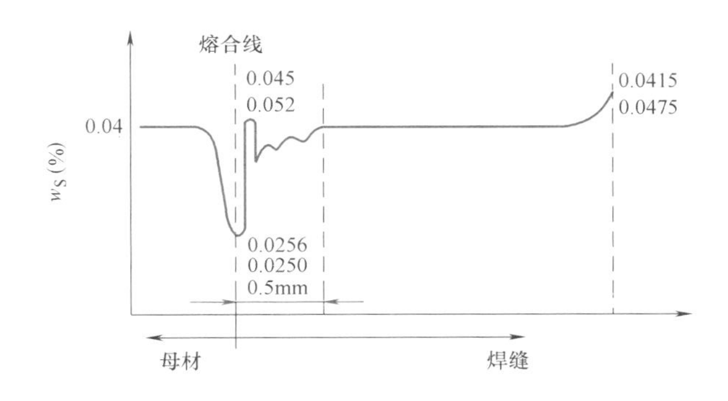

图 3-29　熔合区中硫的分布

在异种材料焊接或同种材料焊接但采用不同填充材料时，这种成分不均匀现象可能会更加明显。因此，化学不均匀性是熔合区最大的特征，它会引起熔合区组织和性能的不均匀，甚至导致焊接缺陷的产生。

2）物理不均匀性。在不平衡的加热和冷却条件下，熔合区会发生空位及位错等结晶缺陷的聚集或重新分布，就是所谓的物理不均匀性。在熔合区，加热温度高，冷却速度快，空位密度高。这是因为在焊接加热过程中，原子的振动加强，键结合力减弱，原子容易离开静态的平衡位置而使空位密度增大，加热的温度越高，空位的密度越大。在冷却过程中，空位密度应该降低，但由于熔合区冷却速度很快，空位来不及迁移而处于过饱和状态。

这种物理不均匀性对焊接接头的性能会产生重大的影响，使金属的抗裂能力降低，聚集的空位可能会成为焊接接头中延时裂纹的裂源。

3）残余应力大。熔合区的残余应力是由熔合区在焊接接头中所处的位置决定的。如前所述，在焊接中，熔合区两侧分别是焊缝和热影响区，它们之间的分界就是熔合区的边界。一方面，这三个区域的线胀系数不同，因而产生的热应力不同，在熔合区的两个边界上将产生应力集中；另一方面熔合区本身较窄，又存在着严重的物理不均匀性和化学不均匀性，更加重了应力集中的程度，最终在熔合区内形成了较大的残余应力。在异种钢焊接时，焊缝和母材成分差距较大，这个现象显得尤为突出，应引起高度重视。

3. 热影响区的组织

在焊接或切割过程中，母材因受热作用（但未熔化）而发生金相组织和力学性能变化的区域称为热影响区。在焊接热源的作用下，形成焊缝的同时，热量必然向周围母材传递，使焊缝周围的母材金属经历了一次特殊的加热—冷却过程，因此，组织会发生不同程度的改变，力学性能也随之变化，从而形成了热影响区。

和一般条件下的普通热处理相比，热影响区热循环有以下特点：

1）加热的温度高。一般热处理条件下，加热温度都不超过 Ac_3 以上 100℃，而在焊接时，熔合线附近可接近金属的熔点。对于低碳钢和低合金钢，加热温度一般都在 1350℃左右。

2）加热的速度快。一般热处理条件下，为了保证工件整体受热均匀，加热速度比较缓慢。而焊接时，热源就集中在熔池周围，故加热的速度比热处理时要快得多，往往超过几十倍甚至几百倍。表 3-6 列出了不同焊接方法热影响区的加热速度。

表 3-6　不同焊接方法热影响区的加热速度 v_H

焊接方法	板厚 δ/mm	加热速度 v_H/(℃/s)
焊条电弧焊(包括 TIG)	1~5	200~1000
单层埋弧焊	10~25	60~200
电渣焊	50~200	3~20

3）局部加热。热处理时工件是放在炉中整体均匀加热的。而焊接时是局部集中加热的，并且随热源的移动，被加热的范围也随之移动。正是这种局部集中加热和热源移动，造成加热速度快、冷却速度也快、热影响复杂的应力状态。

4）高温停留时间短。在热处理条件下，可以根据工件要求和工艺需要控制保温时间。焊接时在 Ac_3 以上保温的时间很短，一般焊条电弧焊时为 4~20s，埋弧焊时为 30~100s。

5）自然条件下连续冷却。在热处理时，可以根据需要来控制冷却速度或在冷却过程中的不同阶段进行保温。在焊接时一般都是在自然条件下连续冷却，个别情况下才根据需要进行焊后保温或焊后热处理。

综上所述，在焊接条件下，热影响区的热循环有自身的特点，因此在热影响区的组织转变必然与热处理时的规律不同。由此可见，不能完全根据金属学热处理的理论去解决焊接接头的组织和性能问题。

（1）不易淬火钢热影响区的组织和性能　不易淬火钢包括常用的低碳钢和某些低合金钢，如 Q355、Q390 等，热影响区主要由过热区、正火区、不完全重结晶区组成。

1）过热区。过热区又称粗晶区，紧邻熔合区，峰值温度范围为固相线至 1100~1100℃是奥氏体晶粒急剧长大的温度。该区的温度很高，在加热过程中铁素体和珠光体全部转变为奥氏体，金属处于过热状态，奥氏体晶粒发生急剧长大，冷却后主要得到晶粒粗大的铁素体和珠光体。在气焊和电渣焊时还可能出现魏氏组织。因此该区的韧性很低，通常降低20%~30%，焊接刚度较大的结构时，常在过热区产生脆化或裂纹，因而成为焊接接头的薄弱环节。但应指出，过热区的组织及范围与焊接方法和焊接热输入密切相关。

一般气焊和电渣焊时晶粒粗大、过热区较宽，焊条电弧焊和埋弧焊时晶粒粗大并不严重、过热区较窄，而激光焊和电子束焊时几乎没有过热区，见表3-7。

表3-7 不同焊接方法热影响区的平均尺寸

焊接方法	各区的平均尺寸/mm			总宽/mm
	过热区	正火区	不完全重结晶区	
焊条电弧焊	2.2~3.0	1.5~2.5	2.2~3.0	6.0~8.5
埋弧焊	0.8~1.2	0.8~1.7	0.7~1.0	2.3~4.0
电渣焊	18.0~20.0	5.0~7.0	2.0~3.0	25.0~30.0
氧乙炔焊	21.0	4.0	2.0	27.0
电子束焊	—	—	—	0.05~0.72

2）正火区。正火区又称完全重结晶区或细晶区，峰值温度范围为1100℃~Ac_3。该区金属在加热过程中全部经历了由铁素体和珠光体到奥氏体的相变过程，奥氏体晶粒还比较细小，冷却过程中奥氏体又转变为细小的铁素体和珠光体，相当于进行了一次正火处理。组织晶粒细小均匀，强度较高，塑性和韧性也较好，具有较高的力学性能，是热影响区中性能最好的区域。

3）不完全重结晶区。不完全重结晶区又称部分相变区，峰值温度范围为Ac_3~Ac_1。该区金属在加热过程中只有一部分经历了由铁素体、珠光体到奥氏体的转变，冷却后得到细小的铁素体和珠光体；而另一部分为始终未能发生转变的铁素体，受热作用使晶粒较为粗大，冷却后得到粗大的铁素体组织。因此该区组织的晶粒大小不一、分布不均，使得该区的力学性能也不均匀。

热影响区的大小受许多因素的影响，例如焊接方法、板厚、热输入，以及不同的加工工艺等都会使热影响区的尺寸发生变化。

（2）易淬火钢热影响区的组织和性能　易淬火钢包括某些低合金钢（如18MnMoNbR）、中碳钢（如45钢）和低、中碳调质钢（如30CrMnSi）等，其热影响区的组织分布与母材焊前的热处理状态有关。如图3-30所示，当母材为调质状态时，热影响区由完全淬火区、不完全淬火区和回火区组成；当母材为退火或正火状态时，热影响区只由完全淬火区和不完全淬火区组成。

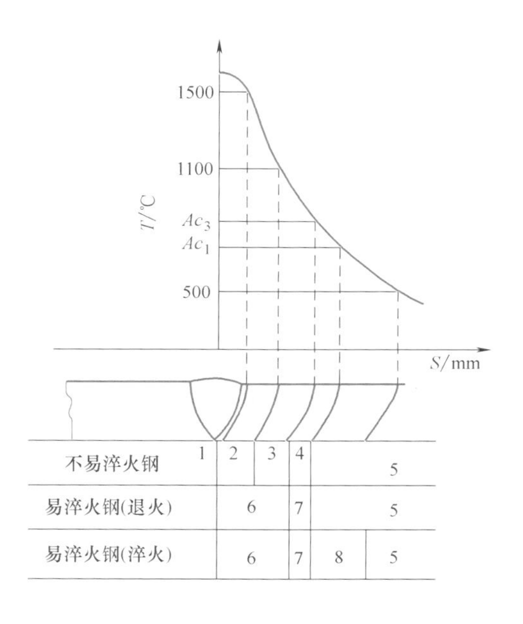

图3-30 热影响区的分布特征

1—熔合区 2—过热区 3—正火区 4—不完全重结晶区 5—母材 6—完全淬火区 7—不完全淬火区 8—回火区

1）完全淬火区。峰值温度范围为固相线至

Ac_3 的区域，它包括了相当于不易淬火钢的过热区和正火区两部分。

2）不完全淬火区。峰值温度范围为 $Ac_3 \sim Ac_1$。

3）回火区。对于焊前处于调质状态的母材，热影响区中除具有以上两个特征区外，还明显存在一个回火区，其峰值温度为 $Ac_1 \sim T_{回}$，$T_{回}$ 为原来调质处理的回火温度。

4. 热影响区的性能及改善措施

（1）热影响区的性能

1）热影响区的硬度分布。对于热影响区，硬度是反映其化学成分、金相组织、力学性能和抗裂性的一个综合指标。一般情况下，热影响区某处硬度高，说明此处碳或其他合金元素含量高，淬硬倾向增加，组织的强度高，塑性、韧性差，抗裂性差。加之硬度试验比较简单，因此用硬度分析热影响区性能方便易行。图 3-31 所示为相当于 20Mn 的低合金钢单道焊缝热影响区硬度分布曲线。由图可以看出，熔合线附近的硬度最高，随着至熔合线距离的增加，热影响区的硬度逐渐降低，直至达到母材的水平。

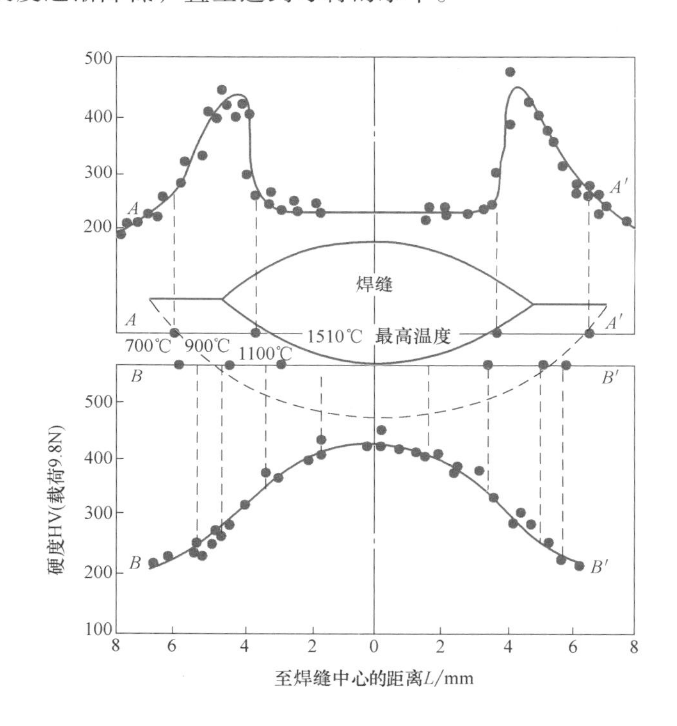

图 3-31 相当于 20Mn 的低合金钢单道焊缝热影响区硬度分布

为了研究化学成分对热影响区最大硬度的影响，引入了碳当量的概念。碳当量（Ceq）是将钢中包含碳在内的所有合金元素按其对强度、硬度的作用，折算成相当于碳的作用，相加而得到的一个数值。碳当量的计算公式很多，其中国际焊接学会（IIW）推荐的 CE、日本工业标准（JIS）规定和美国焊接学会（AWS）推荐的 Ceq 应用较广泛。

2）热影响区力学性能的分布。不易淬火钢热影响区的力学性能如图 3-32 所示。

3）热影响区的脆化。脆化是韧性迅速下降、脆性急剧升高的现象，也可以认为是由韧性转变为脆性的现象，脆化是热影响区力学性能变化的一个重要方面。实践证明，很多焊接结构失效都起因于热影响区的脆化。因此，研究热影响区的脆化问题，进而提高其韧性，对

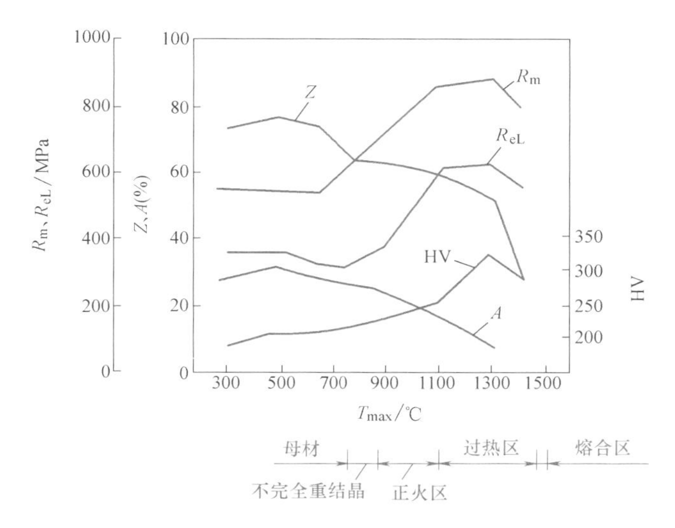

图 3-32 不易淬火钢热影响区的力学性能

于提高整个焊接接头的性能是非常重要的。

① 粗晶脆化。粗晶脆化是指热影响区因晶粒粗大而发生韧性降低的现象。一般来讲，晶粒尺寸越大，晶界结构越疏松，抗冲击能力越差，因而脆性越大，韧性越低。在热影响区的过热区中，由于受热温度很高而发生了严重的晶粒粗化，从而造成韧性明显降低。晶粒长大受到多种因素的影响，其中钢种的化学成分、组织状态和加热温度及时间对晶粒长大的影响较大。对于不同材料，导致粗晶脆化的主要因素不尽相同。

② 淬火脆化。易淬火钢产生脆化除了晶粒粗大以外，主要是由热影响区形成脆硬的马氏体所致。脆化程度取决于马氏体的数量与形态两个方面。板条状马氏体具有较高的韧性，而且 *Ms* 比较高，转变完成后有自回火作用，韧性可得到一定改善。

因此，有些低碳低合金钢的淬透性虽然很好，但脆化现象并不严重，选择较小的焊接热输入有利于提高这类钢热影响区的韧性；选择大的热输入，由于粗晶和上贝氏体诸多原因，反而使韧性下降。钢中含碳量较高时，会使针状马氏体增加，脆化严重。

③ 热应变时效脆化。热应变时效脆化多发生在低碳钢和碳锰低合金钢的亚热影响区（加热温度低于 Ac_3 的部位），在显微镜下看不出明显的组织变化。这种脆化主要是由制造过程中各种加工（如下料、剪切、弯曲、气割等）或焊接热应力所引起的局部塑性应变与焊接热循环的作用相叠加造成的。

4）热影响区的软化。热影响区软化是指焊后其强度、硬度低于焊前母材的现象。这种现象主要出现在焊前经过淬火+回火的钢中。软化部位在回火区（加热温度为 $T_{回}\sim Ac_1$ 的部位）。钢经过淬火处理后，在回火过程中随着回火温度的提高，强度与硬度逐渐下降，在回火区加热温度超过了焊前回火温度，相当于提高了回火温度，强度必然比焊前低。焊前回火温度越低，强度下降的幅度越大（图 3-33 中曲线 *A* 段、*B* 段），母材焊前是退火状态时，不存在软化现象（图中曲线 *C* 段），加热温度超过 Ac_3 的部位，加热时发生了相变重结晶，焊前热处理效果消失，所以焊前的热处理状态对这个部位的性能没有影响。

（2）改善热影响区性能的措施

1）采用高韧性母材。为了保证热影响区焊后具有足够的韧性，近年来发展了一系列低

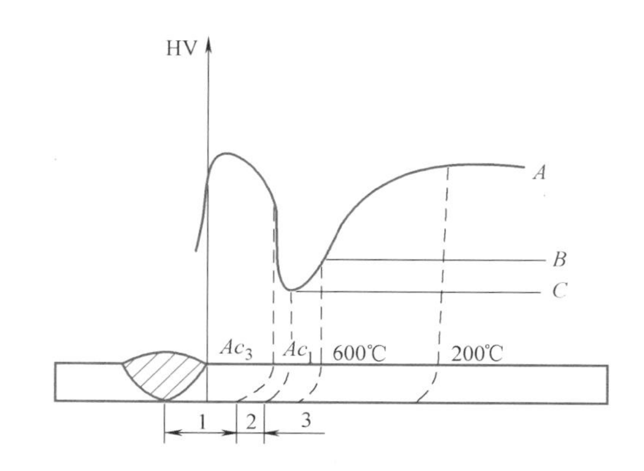

图 3-33 调质钢热影响区硬度分布

碳微量多元素强化的钢种。这些钢在热影响区可获得韧性较高的组织：针状铁素体、下贝氏体或低碳马氏体，同时还有弥散分布的强化质点。

冶炼技术的迅速发展可使钢中的杂质（S、P、N、O 等）含量极低，加之微量元素的强化作用而得到高纯度、细晶粒的高强度钢。这些钢有很强的韧性，热影响区的韧性相应也有明显的提高。

但在母材选用上必须注重合理性。即钢材的质量与价格应与产品的重要性及工作条件相匹配，而不是一味追求高质量。

2）焊后热处理。焊后热处理措施与改善焊接接头组织和性能的措施相同。

3）采用能量集中的焊接方法。能量集中，则热影响区的范围小，可获得细晶组织，尤其对调质钢焊接时降低热影响区软化程度更有利。

4）合理制定焊接工艺，包括正确选择预热温度、合理控制焊接参数及后热温度等，具体做法因钢种不同而不同。

课后练习

一、名词解释

焊接冶金过程，熔合比，焊接热输入，焊接温度场，焊接热循环。

二、填空题

1. 焊接过程中的化学冶金反应，主要是熔融金属与（　　）和（　　）的反应。

2. 熔滴阶段的化学反应，主要在（　　）进行。

3. 影响焊接热循环的主要因素有（　　）、（　　）、焊件尺寸、接头形式、焊道长度等。

4. 熔滴过渡有（　　）、（　　）和（　　）三种形式。

5. 熔池的主要尺寸是（　　）、（　　）、（　　）。

三、简答题

1. 什么是焊接熔渣？其作用有哪些？

2. 什么是焊接冶金过程？其特点有哪些？

3. 调整焊接热循环的措施有哪些？

第二节 常用焊接方法

一、焊条电弧焊

常用焊接方法

焊条电弧焊是利用手工操作焊条进行焊接的电弧焊方法，它是利用焊条和焊件之间产生的焊接电弧来加热并熔化焊条与局部焊件形成焊缝的，是熔焊中最基本的一种焊接方法。

1. 焊条电弧焊的原理

焊条电弧焊的焊接回路是由焊条、药皮、焊条夹持端、绝缘手把、焊钳、焊件、地线夹头、焊缝所组成的。焊接时，将焊条与焊件接触短路后立即提起焊条，引燃电弧，其工作原理如图 3-34 所示。

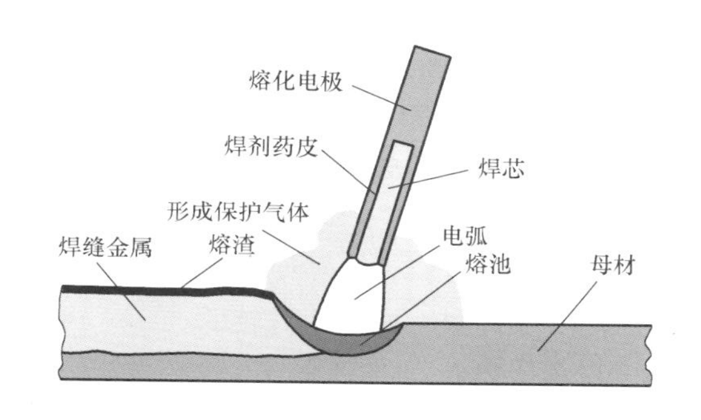

图 3-34 焊条电弧焊原理

2. 焊条电弧焊的设备和工具

焊条电弧焊的设备和工具有弧焊电源、焊钳、焊接面罩、焊条保温桶、焊条红外线烘干箱，此外还有敲渣锤、钢丝刷等手工工具及焊工手套、绝缘胶鞋和工作服等防护用品。常用的几种工具如图 3-35 所示。

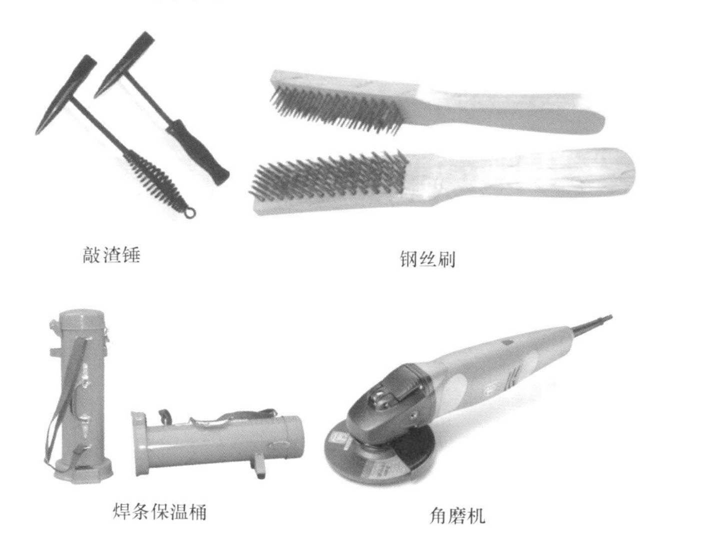

焊工所用工具

图 3-35 焊条电弧焊常用的几种工具

3. 焊条电弧焊的焊接材料

焊条电弧焊的焊接材料是焊条，焊条由焊芯和药皮组成。进行焊条电弧焊时，焊条既作为电极传导电流，又作为填充金属，熔化后与母材熔合形成焊缝。

4. 焊条电弧焊的特点

（1）焊条电弧焊的优点

1）工艺灵活、适应性强。对于不同的焊接位置、接头形式、焊件厚度及焊缝，焊条所能达到的任何位置，均能进行方便的焊接。对一些单件、小件、短的、不规则的、空间任意位置的以及不易实现机械化焊接的焊缝，采用焊条电弧焊更显得机动灵活，操作方便。

2）应用范围广。焊条电弧焊的焊条能够与大多数焊件金属性能相匹配，因此，接头的性能可以达到焊件金属的性能。焊条电弧焊不但能焊接非合金钢、低合金钢、不锈钢及耐热钢，对于铸铁、高合金钢及非铁金属等也可以用焊条电弧焊进行焊接。此外，还可以进行异种钢焊接和各种金属材料的堆焊等。

3）易于分散焊接应力和控制焊接变形。由于焊接是局部的不均匀加热，所以焊件在焊接过程中都存在着焊接应力和变形。对结构复杂而焊缝又比较集中的焊件、长焊缝焊件和大厚度焊件，其应力和变形问题更为突出。采用焊条电弧焊，可以通过改变焊接工艺，如采用跳焊、分段退焊、对称焊等方法，来减少变形和改善焊接应力的分布。

4）设备简单、成本较低。焊条电弧焊使用交流焊机和直流焊机，其结构都比较简单，维护保养也较方便，设备轻便、易于移动，且焊接中不需要辅助气体保护，并具有较强的抗风能力，故投资少，成本相对较低。

（2）焊条电弧焊的缺点

1）焊接生产率低、劳动强度大。焊条的长度是一定的，因此每焊完一根焊条后必须停止焊接，更换新的焊条，而且每焊完一条焊道后要求清渣，焊接过程不能连续地进行，所以生产率低，劳动强度大。

2）焊缝质量依赖性强。由于采用手工操作，焊缝质量主要靠焊工的操作技术和经验保证，甚至焊工的精神状态也会影响焊缝质量。但是该方法不适合活泼金属、难熔金属及薄板的焊接。

5. 焊条电弧焊的焊接参数

焊接参数是指焊接时为保证焊接质量而选定的各物理量的总称。焊条电弧焊的焊接参数主要包括焊条直径、焊接电流、电弧电压、焊接速度、焊接层数等。焊接参数选择得正确与否，直接影响焊缝的形状、尺寸、焊接质量和生产率，因此选择合适的焊接参数在焊接生产中十分重要。

二、埋弧焊

埋弧焊是相对于明弧焊而言的，是指电弧在颗粒状焊剂层下燃烧的一种焊接方法。焊接时，焊机的启动、引弧、焊丝的送进及热源的移动全由机械控制，是一种以电弧为热源的高效的机械化焊接方法。埋弧焊广泛用于锅炉、压力容器、重型机器、桥梁建筑和海洋石油平台等领域。长直焊缝的埋弧焊如图 3-36 所示。

1. 埋弧焊的原理

埋弧焊是利用焊丝和焊件之间燃烧的电弧所产生的热量来熔化焊丝、焊剂和焊件而形成焊缝的。埋弧焊示意图如图 3-37 所示。埋弧焊焊缝断面示意图如图 3-38 所示。

管板自动焊装置

图 3-36 长直焊缝的埋弧焊

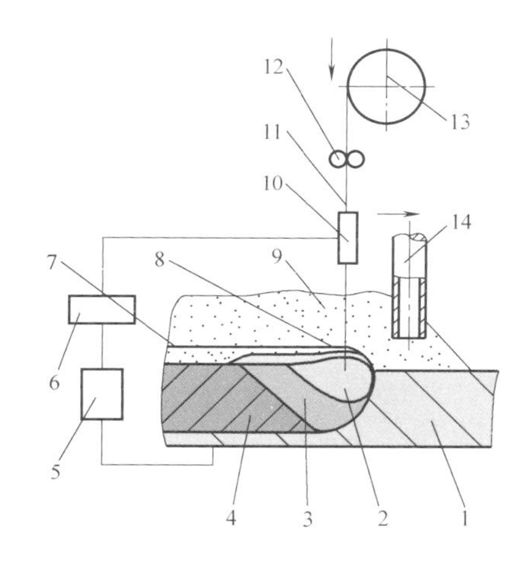

图 3-37 埋弧焊示意图

1—母材 2—电弧 3—金属熔池 4—焊缝金属 5—焊接电源 6—电控箱 7—焊渣 8—熔渣 9—焊剂 10—导电嘴 11—焊丝 12—焊丝送进轮 13—焊丝盘 14—焊剂输送管

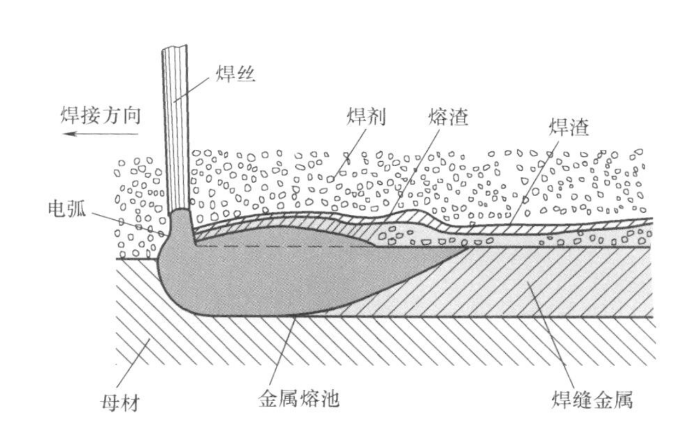

图 3-38 埋弧焊焊缝断面示意图

2. 埋弧焊设备

埋弧焊机按结构型式可分为小车式、悬挂式、车床式、门架式、悬臂式埋弧焊机等。图 3-39 所示为埋弧焊机的几种结构型式。目前小车式、悬臂式埋弧焊机用得较多。

典型的埋弧焊机组成如图 3-40 所示，它是由焊接电源、机械系统（包括送丝机构、行走机构、导电嘴、焊丝盘、焊剂漏斗等）、控制系统（控制箱、控制盘）组成。目前使用最广泛的是变速送丝式埋弧焊机和等速送丝式埋弧焊机两种，其典型型号分别是 MZ-1000 和 MZ1-1000。

3. 埋弧焊的焊接材料

埋弧焊的焊接材料有焊丝和焊剂，如图 3-41 所示。

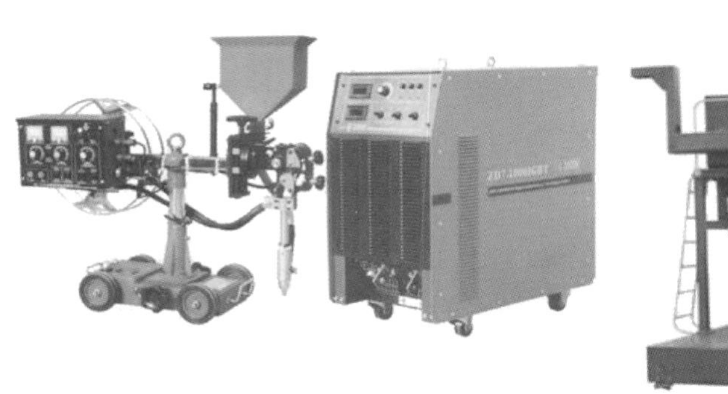

a)

b)

小车式埋弧焊机

c)

图 3-39 埋弧焊机的几种结构型式

a）小车式埋弧焊机 b）悬臂式埋弧焊机 c）门架式埋弧焊机

（1）焊丝 焊接时作为填充金属同时用来导电的金属丝称为焊丝。埋弧焊的焊丝按结构不同可分为实芯焊丝和药芯焊丝两类，生产中普遍使用的是实芯焊丝，药芯焊丝只在某些特殊场合使用。埋弧焊的焊丝按被焊材料不同可分为碳素结构钢焊丝（如H08A）、合金结构钢焊丝（如H10Mn2）、不锈钢焊丝（如H03Cr21Ni10）等。常用的焊丝直径有 ϕ2mm、ϕ3mm、ϕ4mm、ϕ5mm和 ϕ6mm 等规格。

图 3-40 MZ-1000 型埋弧焊机

1—焊接电源 2—控制装置 3—焊丝盘 4—焊丝 5—焊丝送给电动机 6—焊剂漏斗 7—焊丝送给滚轮 8—小车 9—轨道

（2）焊剂 埋弧焊时，能够熔化形成熔渣和气体，对熔化金属起保护作用并进行复杂的冶金反应的颗粒状物质称为焊剂。焊剂具有以下作用：

1）焊接时熔化产生气体和熔渣，有效地保护了电弧和熔池。

2）对焊缝金属渗合金，以改善焊缝的化学成分和提高其力学性能。

3）改善焊接工艺性能，使电弧能稳定燃烧，脱渣容易，焊缝成型美观。

4. 埋弧焊的特点

（1）埋弧焊的优点

图 3-41 焊丝和焊剂

1）焊接生产率高。埋弧焊可采用较大的焊接电流，同时因电弧加热集中，使熔深增加，单丝埋弧焊可一次焊透 20mm 以下不开坡口的钢板。

2）焊接质量好。因熔池有熔渣和焊剂的保护，使空气中的氮气、氧气难以侵入，提高了焊缝金属的强度和韧性。

3）改变焊工的劳动条件。焊接过程机械化，操作较简便，而且电弧在焊剂层下燃烧，没有弧光的有害影响，故可省去面罩，同时，放出烟尘也少。

4）节约焊接材料及电能。可不开或少开坡口，减少了焊缝中焊丝的填充量，也节省因加工坡口而消耗掉的母材。

5）焊接范围广。埋弧焊不仅能焊接非合金钢、低合金钢、不锈钢，还可以焊接耐热钢及铜合金、镍基合金等非铁金属。

（2）埋弧焊的缺点

1）埋弧焊采用颗粒状焊剂进行保护，一般只适用于平焊或倾斜度不大的位置及角焊位置焊接，其他位置的焊接，则需要采用特殊装置来保证焊剂对焊缝区的覆盖和防止熔池金属的漏淌。

2）焊接时不能直接观察电弧与坡口的相对位置，容易产生焊偏及未焊透，不能及时调整焊接参数，故需要采用焊缝自动跟踪装置来保证焊枪对准焊缝不焊偏。

3）埋弧焊使用电流较大，电弧的电场强度较高，电流小于 100A 时，电弧稳定性较差，因此不适宜焊接厚度小于 1mm 的薄件。

4）焊接设备比较复杂，维修保养工作量比较大，且仅适用于直的长焊缝和环形焊缝焊接，对于一些形状不规则的焊缝无法焊接。

5. 埋弧焊的焊接参数

埋弧焊的焊接参数有焊接电源、电弧电压、焊接速度、焊丝直径、焊丝伸出长度、焊丝倾角、焊件倾斜度等。

三、二氧化碳气体保护焊

二氧化碳气体保护焊简称 CO_2 焊，是利用焊丝进行焊接的电弧焊方法，它是利用 CO_2 作为保护气体，保护焊丝和焊件之间产生的焊接电弧来加热并熔化焊丝与局部焊件以形成焊缝的，是熔焊中最基本的一种焊接方法。

1. CO_2 焊的原理

CO_2 焊的工作原理如图 3-42 所示。电源的两输出端分别接在焊枪和焊件上。盘状焊丝由送丝机构带动，经软管和导电嘴不断地向电弧区域送给，同时，将 CO_2 气体以一定的压力和流量送入焊枪，通过喷嘴后，形成一股保护气流，使熔池和电弧不受空气的侵入。随着焊枪的移动，熔池金属冷却凝固而形成焊缝，从而将焊件连成一体。

2. CO_2 焊的设备

CO_2 焊设备有半自动 CO_2 焊设备和自动 CO_2 焊设备。其中半自动 CO_2 焊设备在生产中应用较广。常用的半自动 CO_2 焊设备如图 3-43 所示，主要由焊接电源、焊枪及送丝系统、CO_2 供气系统、控制系统等部分组成。而自动 CO_2 焊设备还有焊车行走机构。

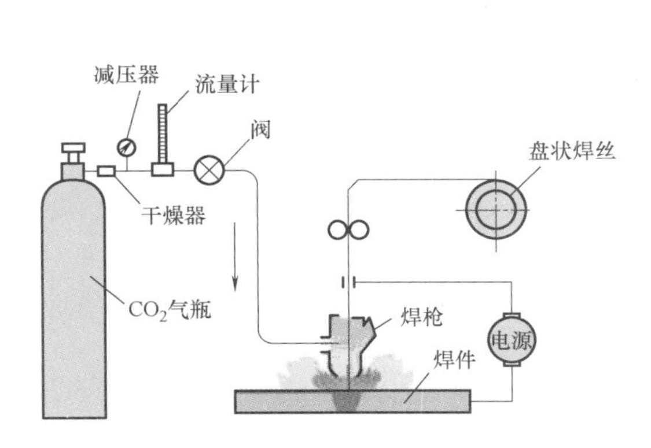

图 3-42　CO_2 焊的工作原理

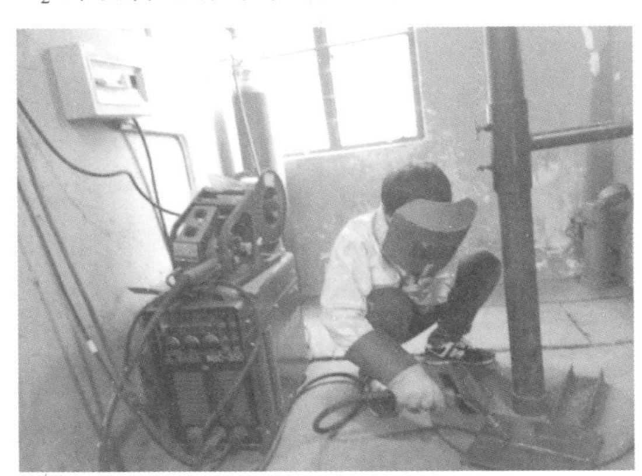

图 3-43　半自动 CO_2 焊设备

3. CO_2 焊的焊接材料

CO_2 焊所用的焊接材料是 CO_2 气体和焊丝。

（1）CO_2 气体　焊接用的 CO_2 一般是将其压缩成液体储存于钢瓶内。CO_2 气瓶的容量为 40L，可装 25kg 的液态 CO_2，占容积的 80%，满瓶压力为 5~7MPa，气瓶外表涂铝白色，并标有黑色“液化二氧化碳”的字样。焊接用 CO_2 气体的纯度应大于 99.5%，水的质量分数不超过 0.05%，否则会降低焊缝的力学性能，焊缝也易产生气孔。如果 CO_2 气体的纯度达不到标准，可进行提纯处理。

（2）焊丝　对焊丝的要求：焊丝必须比母材含有更多的 Mn 和 Si 等脱氧元素，以防止焊缝产生气孔，减少飞溅，保证焊缝金属具有足够的力学性能；焊丝中 C 的质量分数限制在 0.10%以下，并控制 S、P 含量；焊丝表面镀铜，可防止生锈，有利于保存，并可改善焊丝的导电性及送丝的稳定性。

目前常用的 CO_2 焊焊丝有 ER49-1 和 ER50-6 等。CO_2 焊所用的焊丝直径在 0.5~5mm 范围内，半自动 CO_2 焊常用的焊丝直径有 ϕ0.6mm、ϕ0.8mm、ϕ1.0mm、ϕ1.2mm 等几种。

4. CO_2 焊的特点

（1）CO_2 焊的优点

1）生产率高。CO_2 焊的焊接电流密度大，使焊缝厚度增大，焊丝的熔化率提高，熔敷速度加快。另外，焊丝又是连续送进，且焊后没有焊渣，特别是多层焊接时，节省了清渣时间，所以生产率比焊条电弧焊高 1~4 倍。

2）成本低。CO_2 气体来源广、价格低，而且消耗的焊接电能少，所以 CO_2 焊的成本低，仅为埋弧焊及焊条电弧焊的 30%~50%。

3）焊接质量高。CO_2 焊对铁锈的敏感性不大，因此焊缝中不易产生气孔。而且焊缝含氢量低，抗裂性能好。

4）焊接变形和焊接应力小。由于电弧热量集中，焊件加热面积小，同时 CO_2 气流具有较强的冷却作用，因此，焊接应力和焊接变形小，特别适用于薄板焊接。

5）操作性能好。因 CO_2 焊是明弧焊，可以看清电弧和熔池情况，便于掌握与调整，也有利于实现焊接过程的机械化和自动化。

6）适用范围广。CO_2 焊可进行各种位置的焊接，不仅适用于薄板焊接，还常用于中、厚板的焊接，而且也适用于磨损零件的修补堆焊。

（2）CO_2 焊的缺点

1）使用大电流焊接时，焊缝表面成型较差，飞溅较多。

2）不能焊接容易氧化的非铁金属材料。

3）很难用交流电源焊接及在有风的地方施焊。

4）弧光较强，特别是大电流焊接时，所产生的弧光强度及紫外线强度分别是焊条电弧焊的 2~3 倍和 20~40 倍，电弧辐射较强，而且操作环境中的 CO_2 气体含量较大，对操作者的健康不利，故应特别重视对操作者的劳动保护。

5. CO_2 的工艺

CO_2 焊的主要焊接参数有焊丝直径、焊接电流、电弧电压、焊接速度、焊丝伸出长度、气体流量、电源极性、回路电感、装配间隙与坡口尺寸、喷嘴至焊件的距离等。

由于 CO_2 焊的优点显著，而其不足之处随着对 CO_2 焊的设备、材料和工艺的不断改进，将逐步得到克服。

四、氩弧焊

钨极惰性气体保护焊（即 TIG 焊）是使用纯钨或活化钨（钍钨、铈钨等）作为电极的惰性气体保护焊。TIG 焊一般采用氩气作为保护气体，也称钨极氩弧焊。由于钨极本身不熔化，只起发射电子产生电弧的作用，也称非熔化极氩弧焊，TIG 焊如图 3-44 所示。

1. TIG 焊的工作原理及分类

TIG 焊是利用钨极与焊件之间产生的电弧热，来熔化附加的填充焊丝或自动送给的焊丝（也可不填充焊丝）及母材形成熔池而形成焊缝的。焊接时，氩气流从焊枪喷嘴中连续喷出，在电弧区形成严密的保护气层，将电极和金属熔池与空气隔离，以形成优质的焊接接头。TIG 焊的工作原理如图 3-45 所示。

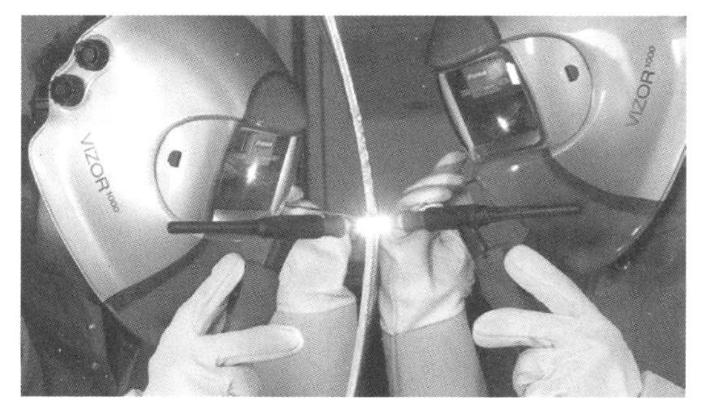

图 3-44 TIG 焊

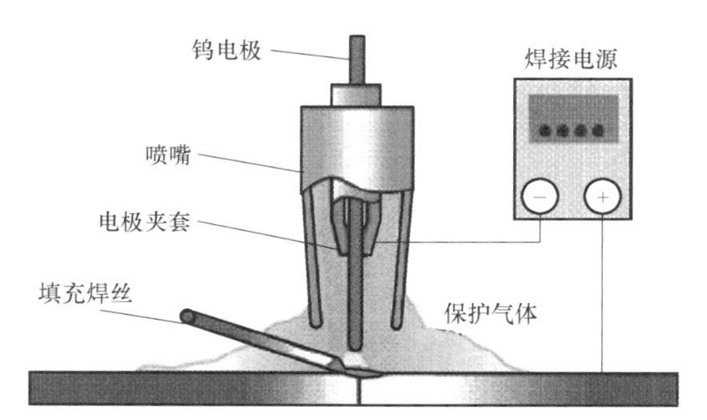

图 3-45 TIG 焊的工作原理

TIG 焊按采用的电流种类可分为直流 TIG 焊、交流 TIG 焊和脉冲 TIG 焊等。TIG 焊按其操作方式可分为手工 TIG 焊和自动 TIG 焊。在实际生产中，手工 TIG 焊应用更广。

2. TIG 焊的焊接材料

TIG 焊的焊接材料主要是钨极、焊丝和保护气体。

（1）钨极　TIG 焊时，钨极的作用是传导电流、引燃电弧和维持电弧正常燃烧。所以要求钨极具有较大的许用电流，熔点高、损耗小，引弧和稳弧性能好等特性。常用的钨极有纯钨极、钍钨极和铈钨极三种，它们的牌号和特点见表 3-8。

表 3-8　常用钨极的牌号和特点

钨极种类	常用牌号	特点
纯钨极	W1、W2	熔点高达 3400℃，沸点约为 5900℃，基本上能满足焊接过程的要求，但电流承载能力低，空载电压高，目前已很少使用
钍钨极	WTh-7 WTh-10 WTh-15	在纯钨中加入 1%～2%的氧化钍（ThO_2），显著提高了钨极电子发射能力。与纯钨极相比：引弧容易，电弧稳定；不易烧损，使用寿命长；电弧稳定但成本比较高，且有微量放射性，必须加强劳动防护
铈钨极	WCe-10 WCe-15 WCe-20	在纯钨中加入 2%的氧化铈（CeO）。与钍钨极相比：引弧容易、电弧稳定；许用电流密度大；电极烧损小，使用寿命长；几乎没有放射性，是一种理想的电极材料

为了使用方便，钨极的一端常涂有颜色，以便识别。例如，钍钨极涂红色，铈钨极涂灰色，纯钨极涂绿色。常用的钨极直径有 0.5mm、1.0mm、1.6mm、2.0mm、2.5mm、3.2mm、4.0mm、5.0mm 等规格。钨极使用前应修磨成一定形状和尺寸。钨极与钨极磨尖机如图 3-46 所示。

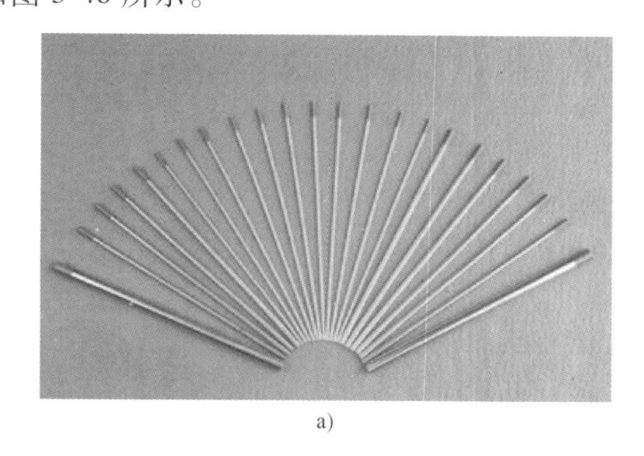

a)

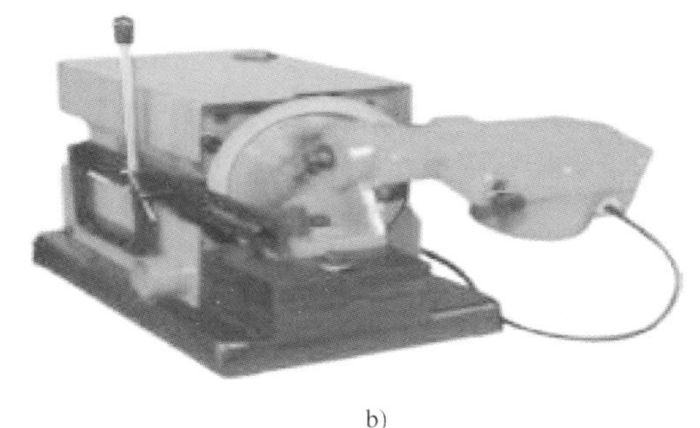

b)

图 3-46　钨极与钨极磨尖机

a）钨极　b）钨极磨尖机

（2）焊丝　焊丝选用的原则是熔敷金属化学成分或力学性能与焊件材料相当。氩弧焊用焊丝主要分钢焊丝和非铁金属焊丝两大类。

（3）保护气体　TIG 焊的保护气体大致有氩气、氦气及氩-氢和氩-氦的混合气体三种，使用最广的是氩气。氦气由于比较稀缺，提炼困难，价格昂贵，国内极少使用。氩-氢和氩-氦的混合气体，仅限于用在不锈钢、镍及镍-铜合金的焊接中。

3. TIG 焊设备

TIG 焊设备包括焊机、焊枪、供气系统、冷却系统及控制系统等部分。

（1）焊机　焊机有交流电源、直流电源、交直流电源及脉冲电源等。由于氩气的电离能较高，难以电离，引燃电弧困难，但又不宜使用提高空载电压的方法，所以TIG焊必须使用高频振荡器来引燃电弧。对于交流电源，由于电流每秒有100次经过零点，电弧不稳，故还需使用脉冲稳弧器，以保证重复引燃电弧并稳弧。

（2）焊枪　焊枪的作用是夹持电极、导电和输送氩气流。焊枪分为气冷式焊枪（QQ系列）和水冷式焊枪（QS系列）。气冷式焊枪使用方便，但限于小电流（$I \leqslant 100A$）焊接使用；水冷式焊枪适宜大电流（$I>100A$）和自动焊接使用。焊枪的外形如图3-47所示。

焊枪一般由枪体、喷嘴、电极夹持机构、电缆、氩气输入管、水管、开关及按钮组成。

（3）供气系统　TIG焊的供气系统由氩气瓶、减压器、流量计和电磁阀组成。减压器用以减压和调压。流量计是用来调节和测量氩气流量的大小的，现常将减压器与流量计制成一体，组成氩气流量调节器，如图3-48所示。电磁气阀是控制气体通断的装置。

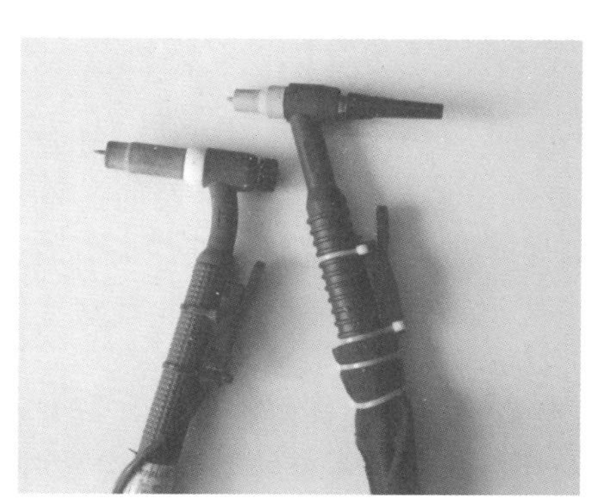

图3-47　TIG焊枪

TIG焊枪的组成

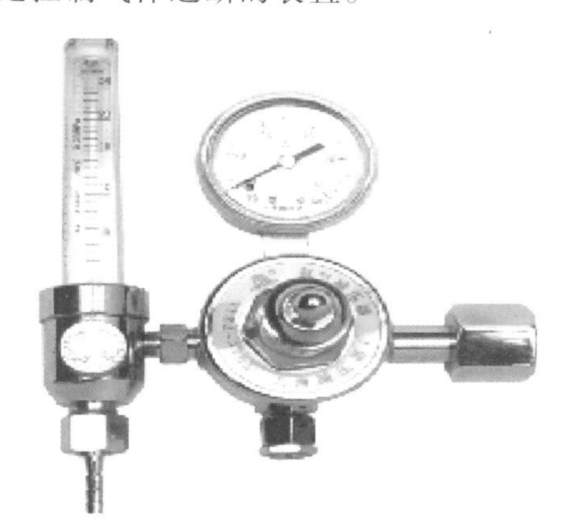

图3-48　氩气流量调节器

（4）冷却系统　一般选用的最大焊接电流在150A以上时，必须通水来冷却焊枪和电极。冷却水接通并有一定压力后，才能启动焊接设备，通常在TIG焊设备中用水压开关或手动来控制水流量。

（5）控制系统　TIG焊的控制系统是通过控制线路，对供电、供气、引弧与稳弧等各个阶段的动作程序实现控制。

4. TIG焊的特点

（1）焊接质量好　氩气是惰性气体，不与金属起化学反应，合金元素不会氧化烧损，而且也不溶解于金属。焊接过程基本上是金属熔化和结晶的简单过程，因此保护效果好，能获得高质量的焊缝。

（2）适应能力强　采用氩气保护无熔渣，填充焊丝不通过电流，不产生飞溅，焊缝成型美观，电弧稳定性好，即使在很小的电流（$I<10A$）下仍能稳定燃烧，且热源和填充焊丝可分别控制，热输入容易调节，所以特别适合薄件、超薄件（厚度<0.1mm）及全位置焊接（如管道对接）。

（3）焊接范围广　TIG焊几乎可焊接除熔点非常低的铅、锡以外的所有金属和合金，特别适宜焊接化学性质活泼的金属和合金。它常用于铝、镁、钛、铜及其合金和不锈钢、耐热钢及难熔活泼金属（如锆、钽、钼）等材料的焊接，由于容易实现单面焊双面成型，有时还可用于焊接结构的打底焊。

(4) 焊接效率低 由于用钨作为电极，承载电流能力较差，焊缝易受钨的污染，因此TIG焊使用电流较小，电弧功率较低，焊缝熔深浅，熔敷速度小，仅适用于厚度小于6mm的焊件焊接，且大多采用手工焊，焊接效率低。

(5) 焊接成本较高 由于使用氩气等惰性气体，焊接成本高，常用于质量要求较高的焊缝及难焊金属的焊接。

五、电渣焊

1. 电渣焊的原理

电渣焊是利用电流通过熔渣，发出大量的电阻热来熔化焊丝与金属而形成焊缝的一种方法。焊接过程可分为三个阶段。

1) 建立渣池。先使电极（焊丝或带极焊丝）与引弧板之间产生电弧，利用电弧的热量熔化焊剂，并慢慢添加焊剂。当熔渣积累到一定深度时，电极就埋入熔渣之中，电弧熄灭，开始电渣过程。

2) 电渣过程。渣池建立后，由于熔渣具有一定的导电性，焊接电流就从焊丝经过渣池到工件，因渣池的电阻较大，就产生大量的电阻热将焊丝和工件熔化。液态金属的比重较大，故下沉形成金属熔池，被冷却滑块强迫冷却，凝固成焊缝，而渣池浮于上部保证电渣过程不断进行。焊接过程中应定期测量渣池深度，均匀添加焊剂并随时注意防止漏渣现象产生。

3) 电渣结束。此时应逐渐减小送丝速度并减小焊接电流，适当提高焊接电压，最好在最后断续送丝，以填满尾部缩孔和防止产生热裂。同时收尾结束后，不应将渣池完全放掉，以减慢冷却速度，防止产生裂纹。

2. 电渣焊的特点

1) 电渣焊可以一次焊成很厚的工件。采用单焊丝摆动的电渣焊可焊厚度达200mm。

2) 电渣焊时母材不需要开坡口，只要使两工件保持一定间隙即可，因此可大大节省金属和机械加工时间，并可提高生产率。

3) 焊剂消耗少，只有自动电弧焊的1/20~1/15，而电能消耗也少，只有埋弧焊的1/3~1/2。

4) 焊缝金属的化学成分较均匀，焊缝美观。

5) 焊缝金属结晶后晶粒粗大，且不能焊接厚度小于40mm的金属。

3. 电渣焊的种类

(1) 丝极电渣焊 这类方法是利用焊丝作为熔化电极，根据工件的厚度可以用一根或多根焊丝。图3-49所示为丝极电渣焊示意图，此方法多用于中小厚度工件及较长的焊缝。

(2) 带极电渣焊 这类焊接方法是利用一条或数条金属带作为熔化电极。带极电渣焊示意图如图3-50所示。带极电渣焊与丝极电渣焊相比，其设备简单，不需要电极横向摆动机构和送丝机构，只要求带极材料的化学成分与工件的化学成分相同或相近即可。带极电渣焊比丝极电渣焊的生产率高，而且焊接过程受热均匀，电渣过程稳定，但需要大功率的焊接电源。因此，带状电极电渣焊多用于大截面的工件，如果焊缝长度过长就不适宜用此方法。

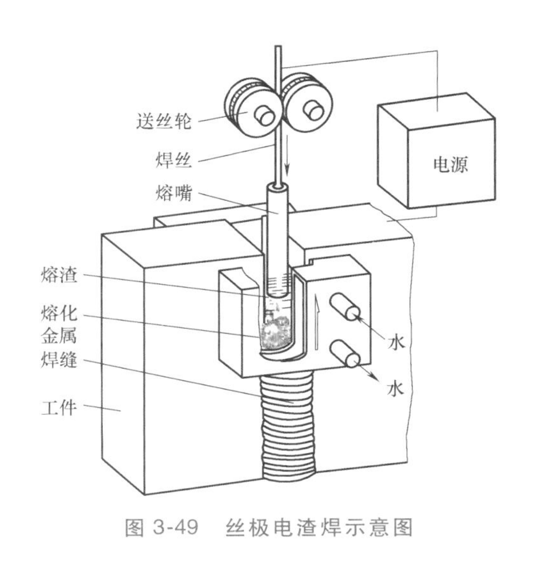

图 3-49 丝极电渣焊示意图

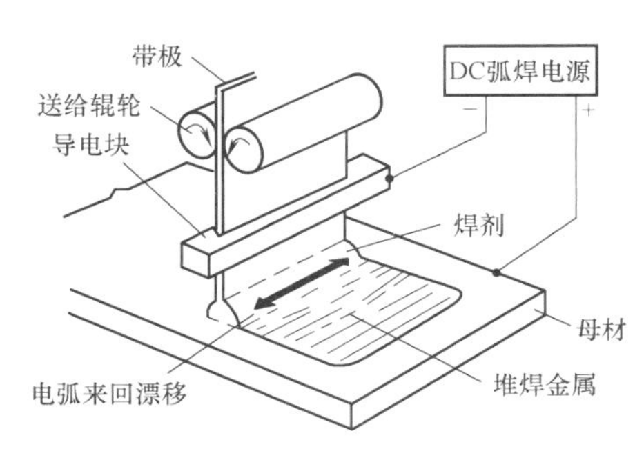

图 3-50 带极电渣焊示意图

六、电阻焊

1. 电阻焊的分类及特点

（1）电阻焊的分类　电阻焊的种类很多，分类的方法也很多。应用较多的是按工艺方法分类，如图 3-51 所示。

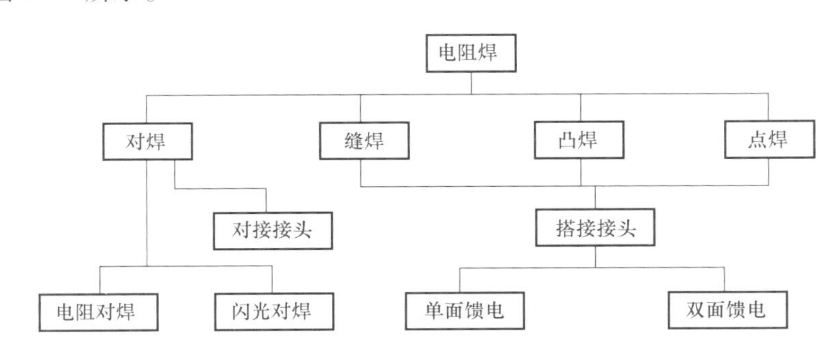

图 3-51 按工艺方法划分的电阻焊种类

1）点焊。点焊接头如图 3-52a 所示，接头形式为搭接，电源通过铜电极向焊件通电加热，在焊件内部的熔化核心达到预定要求后切断电源，在压力作用下凝固结晶形成焊点。点焊按供电方式不同分为单面点焊和双面点焊，点焊还可按一次形成的焊点数目分为单点焊、双点焊和多点焊等类型。

2）缝焊。缝焊接头如图 3-52b 所示，它实际上是点焊的延伸，使用两个可以旋转的圆盘状电极代替点焊时的柱状电极。

3）对焊。对焊接头如图 3-54c 所示，接头形式一般为对接。

电阻对焊与闪光对焊都是基本的对焊方法，焊接时将焊件夹持在夹具之间，焊件两端面对准，并在接触处通电加热进行焊接。二者的区别在于操作方法不同，电阻对焊是焊件对正、加压后再通电加热，而闪光对焊则是先通电，然后使焊件接触建立闪光过程进行加热。

① 电阻对焊　电阻对焊一般用于对接截面较小（一般小于 250mm^2、形状紧凑的棒料或

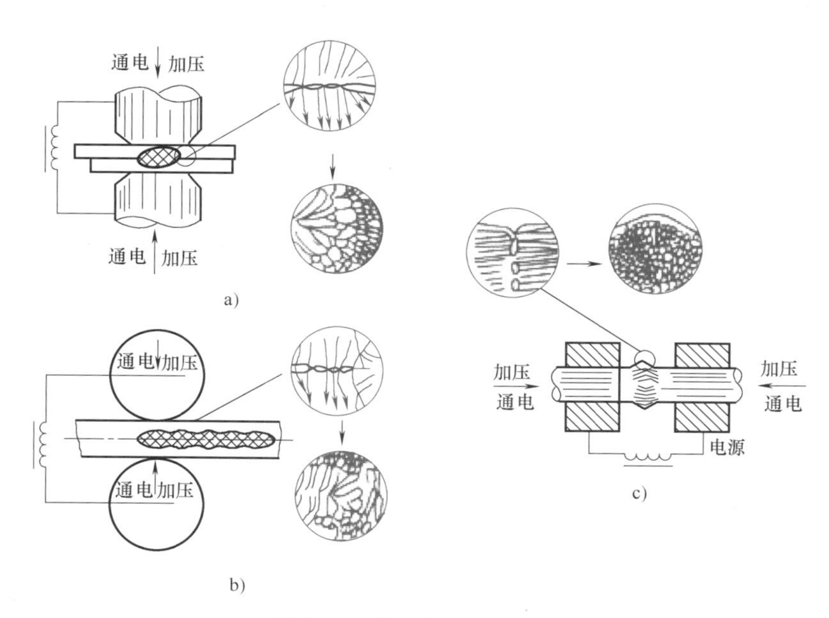

图 3-52　电阻焊接头示意图

a）点焊接头　b）缝焊接头　c）对焊接头

厚壁管等）、氧化物易于挤出的工件的焊接。

② 闪光对焊　闪光对焊用于中大截面的焊接，不仅可焊接同种材料，还可焊接异种材料。闪光对焊接头组织致密，且对焊件的焊前准备要求不高。但由于焊件焊后收缩量大，需要预留顶锻留量。

4）凸焊。凸焊是点焊的一种变形，是在一工件的贴合面上预先加工出一个或多个凸点，使其与另一工件表面相接触并通电加热，然后压塌，使这些接触点形成焊点的电阻焊方法。

凸焊主要用于焊接低碳钢和低合金钢的冲压件。板件凸焊最适宜的厚度为 0.5~4mm。焊接更薄的板件时，凸点设计要求严格，需要随动性极好的焊机，因此厚度小于 0.25mm 的板件更宜于采用点焊。

（2）电阻焊的特点　电阻焊利用的是热能集中的内部热源（电阻热），且焊接接头是在压力作用下形成的。电阻焊具有下列优点：

1）焊接生产率高。如点焊时，通用点焊机的生产率约为每分钟 60 点，若用快速点焊机则可达到每分钟 500 点以上；对焊直径为 40mm 的棒材时，每分钟可焊一个接头；缝焊厚度为 1~3mm 的薄板时，其焊速可达 0.5~1m/min。

2）焊缝质量好。电阻焊冶金过程简单，焊缝化学成分基本不变，焊缝因在压力作用下结晶而致密，由于是内部热源，热量集中，加热范围小，因此热影响区和焊接变形都很小。

3）焊接成本低。电阻焊不使用焊条、焊丝等填充材料，也不使用保护气体等，所以焊接成本低。

4）操作简便。电阻焊一般使用机械化或自动化焊接，焊接过程没有弧光辐射，也不产生有害气体，劳动条件好。

2. 电阻焊的基本原理

（1）电阻焊的热源　电阻焊的热源是电流流过电极间（焊件本身及其接触处）产生的

电阻热，该热源产生于焊件内部，属于内部热源。

（2）影响电阻焊产生热的因素　影响电阻焊产生热的因素包括焊接电流、电极间电阻和通电时间，除此之外，凡是对电极间电阻有影响的因素，如电极压力和焊件表面状况、焊件本身的性能（导热性等）及电极形状，都会影响电阻热的产生。

1）电极间电阻。电极间电阻包括焊件本身电阻 R_w、焊件间接触电阻 R_c、焊件与电极间电阻 R_{ew}，如图 3-53 所示。

2）焊接电流。电流对电阻热的影响最大，因此在点焊过程中必须严格控制电流。

3）通电时间。为保证点焊时熔核尺寸和焊点强度，通电时间和电流可以在一定范围内相互补充。

4）电极压力。电极压力主要影响两极间的总电阻 R。

5）电极形状和电极材料。电极的接触面积决定接触面上的电流密度，电极材料的电阻率和导热性影响产热与散热，因此电极的形状和材料对形成熔核有较大影响。

6）焊件表面状况。焊件表面存在氧化膜、油污及其他杂质均会增加接触电阻，过厚的氧化膜会造成电流不能流过。

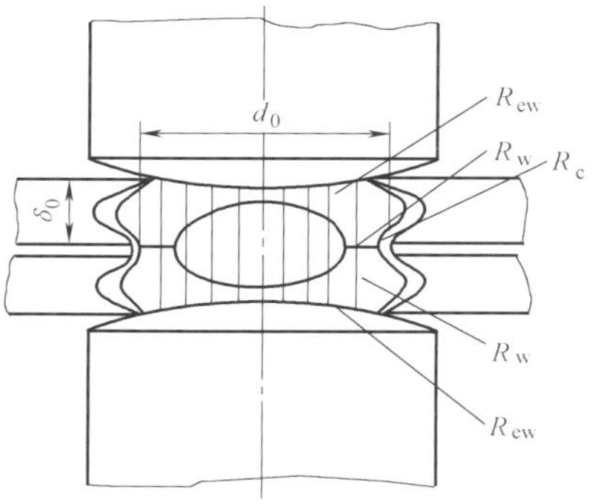

图 3-53　电阻焊时电流分布和电流线

七、钎焊

1. 钎焊的原理

钎焊是利用熔点比母材（被钎焊材料）熔点低的填充金属（称为钎料或焊料），在低于母材熔点、高于钎料熔点的温度下，利用液态钎料在母材表面润湿、铺展和在母材间隙中填缝，与母材相互溶解与扩散而实现工件间连接的焊接方法。较之熔焊，钎焊时母材不熔化，仅钎料熔化；较之压焊，钎焊时不对焊件施加压力。钎焊接头的固定方法如图 3-54 所示。

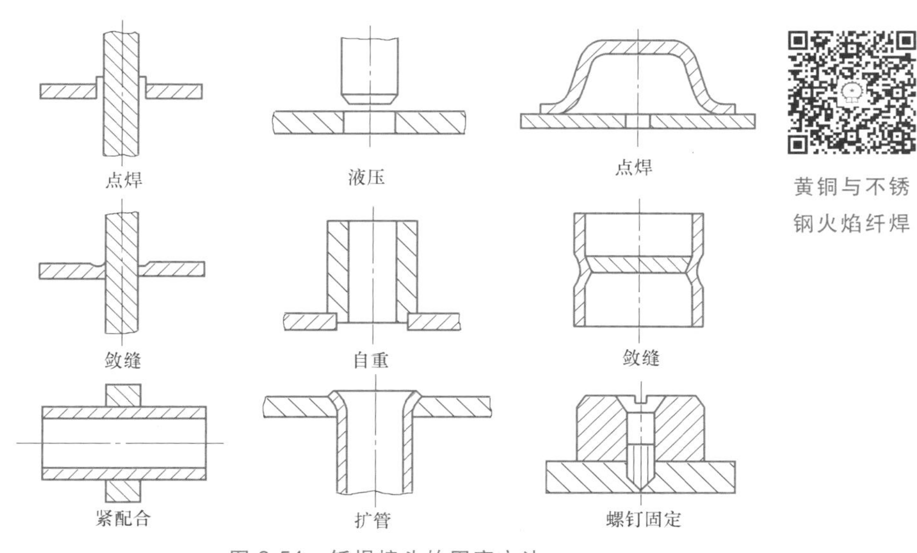

图 3-54　钎焊接头的固定方法

表面清洗好的工件以搭接的形式装配在一起，把钎料放在接头间隙附近或接头间隙之间。当工件与钎料被加热到稍高于钎料熔点温度后，钎料熔化（工件未熔化），并借助毛细管作用被吸入和充满固态工件间隙之间，液态钎料与工件金属相互扩散溶解，冷凝后即形成钎焊接头。

2. 钎焊的特点

1）钎焊加热温度较低，接头光滑平整，组织和力学性能变化小，变形小，工件尺寸精确。

2）可焊异种金属，也可焊异种材料，且对工件厚度差无严格限制。有些钎焊方法可同时焊多焊件、多接头，生产率很高。

3）钎焊设备简单，生产投资费用少。

4）接头强度低，耐热性差，且焊前清整要求严格，钎料价格较贵。

3. 钎焊的应用

钎焊不适用于一般钢结构和重载、动载机件的焊接，主要用于制造精密仪表、电气零部件、异种金属构件以及复杂薄板结构。例如：制造机械加工用的各种刀具特别是硬质合金刀具，钻探、采掘用的钻具，各种导管和容器，汽车拖拉机的水箱，各种用途的不同材料不同结构型式的换热器，电机部件以及汽轮机的叶片和拉筋等构件。在轻工业生产中，如医疗器械、金属植入假体、乐器和家用电器、炊具、自行车，都大量采用钎焊技术。对于电子工业和仪表制造业，在很大范围内钎焊是唯一可行的连接方法，如在元器件生产中大量涉及金属与陶瓷、玻璃等非金属的连接问题，以及在布线连接中必须防止加热对元器件的损害，这些问题都有赖于采用钎焊技术来解决。在核电站和船舶核动力装置中，燃料元件定位架、换热器、中子探测器等重要部件也常采用钎焊结构。

课后练习

一、名词解释

焊条电弧焊、埋弧焊、CO_2焊、TIG焊、钎焊、电渣焊、电阻焊。

二、填空题

1. 焊条电弧焊时，工件接直流电源（　　），焊条接（　　）时，被称为正接或（　　）。
2. 自动埋弧焊焊接状态下，电弧长度是由（　　）和（　　）共同决定的。
3. 带极埋弧焊适合于（　　）的焊接，尤其适合于（　　）。
4. 送丝系统通常由（　　）、（　　）、（　　）等组成。
5. 手工TIG焊焊机由（　　）、（　　）、（　　）、（　　）等部分组成。
6. 焊接区的温度分布是（　　）和（　　）的综合结果。

三、简答题

1. 焊条电弧焊的常用工具有哪些？
2. 埋弧焊时，焊前应该做哪些准备工作？其目的是什么？

第三节 常用金属材料的焊接

一、金属材料的焊接性

1. 金属材料焊接性的概念

金属材料的焊接性是焊接金属材料的一项非常重要的性能指标，用来评定在一定的焊接工艺条件下，获得优质焊接接头的难易程度。金属材料的焊接性是指材料在限定的施工条件下焊接成按规定设计要求的构件，并满足预定服役要求的能力。它包含两个方面的内容：一是工艺焊接性；二是使用焊接性。

（1）工艺焊接性　工艺焊接性是指在一定的焊接工艺条件下，获得优质焊接接头性能的能力。焊接性是一个相对的概念，对于某些金属，在简单的焊接工艺条件下，就能获得较好的接头，满足相应的使用要求，就可认为其焊接性优良。而对于一些必须采用很特殊、复杂的焊接工艺才能获得优质接头的金属材料，则认为其焊接性较差。

（2）使用焊接性　使用焊接性是指焊接接头或整体结构满足各种使用性能的程度。使用焊接性主要是通过焊接工艺评定来衡量，包括常规力学性能、低温韧性、抗脆断性能、高温蠕变、疲劳性能、持久强度、耐蚀性、耐磨性等。由于结构的使用条件不用，所要求的焊接接头性能也有所不同。因此，焊接技术必须满足不同使用条件下各种性能的要求。

2. 影响金属材料焊接性的因素

影响金属材料焊接性的因素很多，对于钢铁，可归纳为材料、设计、工艺及服役条件四类因素。

（1）材料因素　钢的化学成分、冶金轧制状态、热处理条件、组织状态和力学性能等因素都对焊接性有较大的影响，其中影响最大的是化学成分（包括杂质的分布）。对焊接性影响较大的元素有碳、硫、磷等。还有一些元素是为了满足钢的某种性能而加入的，如锰、硅、铬、镍、钛等，但它们却又不同程度地增加了钢的淬硬倾向和焊接裂纹倾向。

（2）设计因素　设计因素主要是指结构型式，它对焊接接头的应力状态有影响，从而对焊接性产生影响。如结构的刚度大、接口断面的突变、焊接接头的缺口效应、过大的焊缝体积等，对造成脆性破坏都有不同程度的影响。在某些部位，焊缝过度集中和多向应力状态对结构的安全性也会产生不良影响。

（3）工艺因素　工艺因素包括施工时所采用的焊接方法、焊接工艺规程和焊后热处理等。对于相同的焊件，采用不同的焊接方法和工艺措施时，所表现出来的焊接性也是不一样的。如对于有过热敏感的高强度钢，从防止过热的角度出发，应选用窄间隙焊接、等离子弧焊接等方法，改善其焊接性。

（4）服役条件因素　服役条件指焊接结构的工作温度、受载类别和工作环境，如在高温条件下工作时，可能产生蠕变；在低温或冲击载荷下工作时，易发生脆性破坏；在腐蚀介质下工作时，接头会发生腐蚀等。

总之，焊接结构的服役条件越不利，焊接性就越难保证。

3. 评定金属材料焊接性的程序

对于一些新的材料、新的结构或新的工艺方法，在正式制造之前，都要经过焊接性的分析和试验，预测在焊接过程中可能存在的问题，以评定其工艺焊接性及使用焊接性是否能达到要求。

评定焊接性的准则一般包括两个方面的内容：一是评定焊接接头产生工艺缺陷的倾向，为制定出合理的焊接工艺提供依据；二是评定焊接接头能否满足结构使用性能的要求。评定焊接接头工艺缺陷的敏感性，通常是进行抗裂性试验及气孔敏感性试验。评定焊接接头或结构的使用性能，要根据结构的工作条件和设计提出的技术要求来确定试验内容。

二、钢的焊接

1. 非合金钢的焊接

非合金钢是以 Fe 为基础，以少量 C 为合金元素的铁碳合金，可以简称碳钢。碳钢有不同的分类方法，按含碳量可分为低碳钢、中碳钢和高碳钢；按品质可分为普通碳素钢、优质碳素钢和高级优质碳素钢；按用途可分为结构钢和工具钢；根据某些行业特殊要求及用途，有一些专业用钢，如压力容器用钢、锅炉用钢、船用碳素结构钢等。

碳钢的焊接性主要取决于含碳量。随着含碳量的增加，焊接性逐渐变差。碳钢中的 Mn 和 Si 对焊接性也有影响，随着它们含量的增加，焊接性变差，但不及碳作用显著。把钢中合金元素的含量按其作用换成碳的相当含量，就称为碳当量。它可作为评定钢材焊接性的一项参考指标。这样，就可以把 C、Mn、Si 对焊接性的影响汇合成一个适用于碳素钢的碳当量 Ceq 经验公式：

$$Ceq = C + 1/6Mn + 1/24Si(\%)$$

Ceq 值增加，冷裂纹的敏感性增大，焊接性变差。通常，当 Ceq 值小于 0.4%时，钢材的淬硬倾向不大，焊接性良好，不需要预热。Ceq 值在 0.4%～0.6%之间时，钢材的淬硬倾向大，冷裂纹的敏感性将增大，焊接性一般，焊接时需要采取一些工艺措施，如预热等。Ceq 值大于 0.6%时焊接性变得很差。

碳钢中的杂质（如 S、P、O、N）和一些微量元素（如 Cr、Mo、V、Cu）等对焊接接头的裂纹敏感性和力学性能都有重大影响。实际上，焊接性的好坏不仅取决于合金元素的含量，还取决于焊接接头的冷却速度。尤其中、高碳钢在某种焊接热循环的作用下，冷却速度较快，碳钢可能在焊缝和热影响区中形成马氏体组织，马氏体量越多，硬度越高，焊接性越差，产生裂纹的倾向越大，因此，焊接时控制冷却速度也成为至关重要的问题。

采用预热、控制层间温度和后热，或使用大焊接热输入，都能降低焊接接头的冷却速度，从而控制组织和硬度，减小产生冷裂纹的可能性。

除上述影响碳钢焊接性的诸多因素外，母材焊前热处理状态对焊接性的影响也是碳钢焊接时不容忽视的问题。下面以低碳钢为例进行具体分析。

（1）低碳钢的焊接特点　低碳钢为碳的质量分数低于 0.25%的非合金钢，Mn、Si 含量少，所以，通常情况下不会因焊接而引起严重硬化组织或淬火组织。这种钢材的塑性和冲击韧性优良，焊成的接头塑性和冲击韧性也很好，焊接时，一般不需要预热、控制层间温度和后热，焊后也不必采用热处理改善组织。可以说，低碳钢在整个焊接过程中不需要特殊的工艺措施，其焊接性优良。但在少数情况下，低碳钢焊接时会出现困难，例如低碳钢母材成分不合格，S、P、O、N 等杂质含量过高，焊接方法选择不当等。

（2）焊接方法和焊接材料的选择

1）焊条电弧焊。焊接低碳钢时大多采用焊条电弧焊。低碳钢选用焊条的主要原则是等强度原则，大多使用 E43 系列的焊条，在力学性能上正好与之匹配。这一系列焊条有多种型号，商品牌号更多，可根据具体母材、受载情况等选用。比较重要的结构或受载情况复杂的结构，尽量选用低氢型焊条。

2）CO_2 焊。近年来，CO_2 焊用来焊接低碳钢也很普遍，所用焊丝可分为实芯焊丝和药芯焊丝两大类。低碳钢选用焊丝的主要原则也是等强度原则。

3）埋弧焊。低碳钢的焊接采用埋弧焊的也很多，尤其是中、厚钢板。低碳钢埋弧焊一般选用实芯焊丝 H08A 或 H08MnA 等，它们与高锰高硅低氟熔炼焊剂 HJ430、HJ431 或 HJ433 配合，应用广泛。烧结焊剂应用也日益广泛，有的烧结焊剂附加铁粉，可以在衬垫上单面焊双面成型，焊缝美观，效率很高。

4）手工 TIG 焊。在比较重要的结构中，低碳钢管对焊时，一般要求焊接接头必须是全焊透结构。许多工厂采用手工 TIG 焊封底，焊条电弧焊填充和盖面的方法或全部采用手工 TIG 焊焊接。低碳钢 TIG 焊用焊丝尽量选用专用焊丝以减少化学成分的变化，保证焊缝一定的力学性能，20、Q245R 这类钢一般采用 H08Mn2SiA 就可以了，焊接时所用氩气纯度应不低于 99.99%。

（3）焊接工艺要点

1）焊前准备。焊前准备包括以下几个方面：

① 坡口的制备。坡口的制备宜采用冷加工方法，也可采用热加工方法，焊接坡口应保持平整，不得有裂纹、分层、夹渣等缺陷，尺寸应符合图样要求或焊接工艺的规定。

② 焊条、焊剂按规定进行烘干、保温。焊丝需除去油污、水锈等杂质。

③ 预热。低碳钢焊接一般不需要预热，但若在寒冷冬季施焊时，焊接接头冷却速度快，裂纹倾向增大，特别是焊接厚度大的刚性结构时更是如此，为避免裂纹的产生，可采取焊前预热、焊接时保持层间温度和后热等工艺措施。

④ 定位焊。定位焊是为组装和固定焊件上各零件的位置而进行的焊接，所形成的焊缝称为定位焊缝。定位焊需采取与所焊焊缝相同的焊接材料，按相同的焊接工艺施焊。定位焊缝不得有裂纹，否则必须清除重焊。

2）焊接要求。

① 焊工必须按图样、工艺文件、技术标准的要求施焊。

② 应在引弧板或坡口内引弧，禁止在非焊接部位引弧。熄弧时，弧坑要填满。

③ 施焊过程中应控制层间温度不超过规定的范围，当焊件预热时应控制层间温度不低于预热温度。

④ 每条焊缝应尽可能一次焊完，尽量避免中断。

⑤ 焊缝表面的形状尺寸及外观要求应满足相关标准的要求。

⑥ 焊缝表面不得有裂纹、气孔、弧坑及肉眼可见的夹渣等缺陷，焊缝上的熔渣和两侧的飞溅物必须清除。焊缝与母材应光滑过渡。

2. 不锈钢的焊接

不锈钢是指通过添加合金元素 Cr 使钢处于表面钝化状态，从而能抵抗大气和一定介质的腐蚀，并具有良好的化学稳定性的钢。不锈钢中 Cr 的质量分数高于 12%时，钢的表面能迅速形成致密的氧化膜，使钢的电极电位和在氧化性介质中的耐蚀性发生突变性提高。

不锈钢有多种分类方法，按组织类型可分为铁素体不锈钢、奥氏体不锈钢、马氏体不锈钢、双相不锈钢和沉淀硬化型不锈钢五种。

奥氏体不锈钢在各种类型不锈钢中应用最为广泛，品种也最多。目前奥氏体不锈钢大致可分为 Cr19-Ni10 型，如 06Cr19Ni10、022Cr19Ni10、06Cr19Ni9NbN 等。铁素体不锈钢的应用也比较广泛，其中 Cr13 和 Cr17 型，如 06Cr13Al、10Cr17 等铁素体不锈钢主要用于腐蚀环境不十分苛刻的场合。马氏体不锈钢应用较为普遍的是 Cr13 型，如 06Cr13、12Cr13、20Cr13 等。双相不锈钢是指金相组织由奥氏体和铁素体两相组成的不锈钢。沉淀硬化型不锈钢是在不锈钢中单独或复合添加硬化元素，通过适当热处理获得高强度、高韧性并具有良好耐蚀性的一类不锈钢。

（1）奥氏体不锈钢的焊接特点　与其他不锈钢相比，奥氏体不锈钢的焊接是比较容易的，焊接时存在的主要问题是：焊缝及热影响区热裂纹敏感性大；接头产生碳化铬沉淀析出，耐蚀性下降；接头中铁素体含量高时，可能出现 475℃脆化或 σ 相脆化。

1）焊接接头的热裂纹。奥氏体不锈钢具有较高的热裂纹敏感性，在焊缝及热影响区都有产生热裂纹的可能，这是最常见的焊缝凝固裂纹，也可能在热影响区或多层焊层间金属出现液化裂纹。从裂纹的物理本质上讲，有凝固裂纹、液化裂纹和高温低塑性裂纹等。

2）焊接接头的耐蚀性。焊接接头在使用过程中会产生晶间腐蚀、刀状腐蚀和应力腐蚀。

晶间腐蚀：在腐蚀介质中工作一段时间后可能局部发生沿着晶粒边界的腐蚀。

刀状腐蚀：在含有 Ti、Nb 等稳定化学元素的奥氏体不锈钢焊接接头中，腐蚀部位沿熔合线发展，处于 HAZ（热影响区）的过热区，形状有如刀削切口，称为刀状腐蚀。

应力腐蚀：在拉应力和特定腐蚀介质共同作用下而发生的一种破坏形式。

3）焊接接头的脆化。奥氏体不锈钢焊接接头的脆化主要有低温脆化和 σ 相脆化两种形式。

低温脆化：在低温使用时，焊缝金属的塑性和韧性是关键的性能。为满足低温韧性的要求，焊缝组织通常希望获得单一的奥氏体组织，以避免 δ 铁素体的存在。

σ 相脆化：σ 相是一种脆硬的金属间化合物富集于柱状晶晶界的情形，与金属的合金化程度相关。在焊接 Cr、Mo 等合金元素含量较高的奥氏体不锈钢时，易出现 σ 相脆化。

（2）双相不锈钢的焊接特点　双相不锈钢具有良好的焊接性，选用合适的焊接材料不会产生热裂纹和冷裂纹。焊接接头的力学性能基本上能够满足焊接结构的使用性能要求，且焊接接头具有良好的耐应力腐蚀能力，耐点蚀和缝蚀的能力也均优于奥氏体不锈钢，抗晶间腐蚀能力和奥氏体不锈钢相当。但焊接接头近缝区受到焊接热循环的影响，其过热区的铁素体晶粒不可避免地会粗大，从而降低该区域的耐蚀性。

（3）铁素体不锈钢的焊接特点　目前铁素体不锈钢可分为普通铁素体不锈钢和超级铁素体不锈钢。铁素体不锈钢焊接时的主要问题有：焊接接头的塑性和韧性下降，热影响区脆化，焊接接头的晶间腐蚀严重。

（4）马氏体不锈钢的焊接特点　马氏体不锈钢可分为 Cr13 型、低碳马氏体不锈钢和超级马氏体不锈钢。常见的马氏体不锈钢均有淬硬倾向，含碳量越高，淬硬倾向越大。因此，焊接马氏体不锈钢时，常见的问题是热影响区的脆化和冷裂纹。

三、铸铁的补焊

1. 灰铸铁的焊接

（1）灰铸铁的焊接特点　灰铸铁在化学成分上的特点是含碳量高及硫、磷杂质含量高，这就增大了焊接接头对冷却速度变化的敏感性及对冷、热裂纹的敏感性；在力学性能上的特点是强度低，基本无塑性。这两方面的特点，结合焊接过程具有冷却速度快及因焊件受热不均匀而形成焊接应力较大的特殊性，决定了铸铁的焊接性不良。其主要问题有两方面：一方面是焊接接头易出现白口及淬硬组织；另一方面是焊接接头易出现裂纹。

1）焊接接头的白口及淬硬组织。灰铸铁焊接时，由于熔池体积小，存在时间短，加之铸铁内部的热传导作用，使得焊缝及近缝区的冷却速度远远大于铸件在砂型中的冷却速度。因此，在焊接接头的焊缝及半熔化区将会产生大量的渗碳体，形成白口组织。焊接接头中产生白口组织的区域主要是焊缝区、半熔化区和奥氏体区。灰铸铁接头的白口化问题主要是指焊缝及半熔化区容易产生白口组织。其原因是由于采用一般的电弧焊方法焊接时，接头过冷倾向大，影响了铸铁的石墨化过程。

2）焊接裂纹。灰铸铁焊接时，裂纹是易出现的一种缺陷。铸铁焊接时出现的裂纹可分为冷裂纹与热裂纹两类。

① 冷裂纹。灰铸铁焊接时，冷裂纹一般出现在焊缝区和热影响区。当焊缝为铸铁时，焊缝中较易出现冷裂纹。当采用异质焊接材料焊接，使焊缝成为奥氏体、铁素体或铜基焊缝时，由于焊缝金属具有较好的塑性，配合采用合理的冷焊工艺，焊缝金属不易出现冷裂纹。铸铁型焊缝发生裂纹的温度，经测定一般在400℃以下。裂纹发生时常伴随着可听见的脆性断裂的声音。焊缝较长或补焊刚度较大的铸铁缺陷时，常发生这种裂纹。

② 热裂纹。当焊缝为铸铁时，焊缝对热裂纹不敏感。但当采用低碳钢焊条与镍基铸铁焊条冷焊时，则焊缝较易出现属于热裂纹的结晶裂纹。

灰铸铁焊接时，焊接接头中裂纹倾向是比较大的，这主要与铸铁本身的性能、焊接应力、接头组织及其化学成分有关。为防止铸铁焊接时产生裂纹，在生产中主要采取减小焊接应力、改变焊缝合金系统以及限制母材中的杂质熔入焊缝等措施。

（2）灰铸铁的焊接工艺　由灰铸铁的焊接特点可知，灰铸铁在焊接中主要是容易产生白口组织和出现裂纹，因此应从防止上述缺陷入手，从多方面考虑来选择焊接方法和制定合理的焊接工艺。

1）同质（铸铁型）焊缝的熔焊。

① 电弧热焊及半热焊。将焊件整体或有缺陷的局部位置预热到600~700℃，然后进行补焊，焊后进行缓冷的铸铁补焊工艺，称为热焊。预热温度在300~400℃时称为半热焊。这样焊接的好处是可以减小焊缝接头的应力，从而有效地防止冷裂纹的产生。由于热焊预热温度高及焊后进行缓冷，焊接接头石墨化充分，也能防止白口组织及淬硬组织的产生。

② 气焊。氧乙炔焰温度比电弧温度低很多，而且热量不集中，很适合薄壁铸件的补焊。对刚度大的薄壁件缺陷补焊时，为了降低焊接应力，防止裂纹出现，宜采用焊件整体预热的气焊热焊法，预热温度为600~700℃，焊后应采取缓冷措施。

③ 电弧冷焊。由于不用在焊前对补焊的焊件进行预热，因此电弧冷焊有很多优点：焊工劳动条件好，成本低，过程短，效率高。对于预热很困难的大型铸件或不能预热的已加工

面等情况更适合采用冷焊。

2）异质（非铸铁型）焊缝的电弧冷焊。异质焊缝又称为非铸铁型焊缝，采取电弧冷焊的方法进行焊接，由于冷却速度大，故使得其白口及裂纹问题比较突出。异质焊缝电弧冷焊主要是通过调整焊缝的化学成分，来改善接头的组织和性能。异质焊缝按其焊缝金属的性质分为钢基、铜基、镍基三种。

① 钢基焊缝电弧冷焊是在非铸铁焊材中加入强氧化性物质、铁粉、钒铁等，将来自母材中的碳、硅等元素烧损，以增加焊缝塑性，避免产生白口组织和淬硬组织的方法。

② 镍基焊缝电弧冷焊是利用增加镍的含量，以减小焊缝白口层的宽度，提高焊缝接头的机械加工性能，提高焊缝塑性的方法。由于镍的价格昂贵，在焊接中不宜大量使用。

③ 铜基焊缝电弧冷焊是利用铜作为焊芯，外加药皮、钢带等，主要进行非加工面的补焊的方法。

2. 灰铸铁的补焊实例

某厂一台汽轮机的蒸汽分配室，因常年在高温蒸汽下工作而出现了裂纹，该零件材质为灰铸铁，为修复该零件，采用了电弧冷焊，用J506和Z308焊条联合补焊，效果很好。具体焊接工艺如下：

（1）焊前准备　将焊件固定，把裂纹处用砂轮打磨出V形坡口，用火焰沿坡口及坡口两侧加热，待其冷却后，清理坡口表面及坡口两侧。

（2）焊接　用J206焊条沿坡口面及两侧平面20mm处熔敷一层过渡层，再用ϕ3.2mm的Z308焊条采用分段退焊进行底层焊接，最后用ϕ4.0mm的Z308焊条采用跳焊施焊，每段焊道长度应控制在25mm以内。每焊完一段，立即进行锤击，以释放焊接应力。

（3）焊接的操作要点

1）在缺陷中心处引弧，采用短弧焊，连续施焊，直至超出焊件表面4~6mm。

2）采用热态锤击法减小焊缝收缩应力。

3）补焊过程中，若发现气孔、夹渣等缺陷，应及时处理。若发现裂纹，也应在焊后立即处理，不应留待焊缝冷却后再补焊。

4）焊后立即保温，或用火焰进行局部加热，以达到缓冷、消除应力的目的。

课后练习

一、名词解释

焊后缓冷、焊后热处理、低合金钢、热焊、冷焊、左焊法、回火脆化、固溶处理。

二、填空题

1. 生成焊接冷裂纹的三个要素中与材料有关的是（　　）。
2. （　　）是防止焊接裂纹产生的有效措施。
3. 铁素体不锈钢焊接时主要的问题是（　　）、（　　）、（　　）。
4. 灰铸铁焊接接头中的主要缺陷是（　　）、（　　）。
5. 防止焊缝出现白口组织的具体措施是（　　）和（　　）。

三、简答题

1. 什么是碳当量？碳当量起什么作用？
2. 低碳钢焊接时的焊接工艺要点是什么？
3. 铸铁焊接时的焊接工艺要点是什么？

第四节 焊接新技术

一、电子束焊

电子束焊是利用电子枪产生的电子束流在强电场作用下以极高的速度撞击焊件表面，具有极大动能的电子将其大部分能量转化为热能，使焊件熔化而形成焊缝。

1. 电子束焊的特点

电子束焊与其他焊接方法相比，具有以下优点：

1）加热的能量密度高。经过聚焦，电子束的能量密度可达 $10^6\sim10^8W/cm^2$，是一般电弧焊的 100~1000 倍。

2）焊缝熔深与熔宽比值大。电子束焊的深宽比可达 20，是一般电弧焊的 10 倍。

3）焊缝金属纯度高。电子束焊是在真空度很高的真空室中进行的，因此焊接过程中金属不存在污染和氧化问题，特别适用于焊接化学性质活泼、纯度高和易被大气污染的金属。

4）焊接参数调节范围广，适应性强。电子束焊的各个焊接参数，不像电弧那样受焊缝成型和焊接过程稳定性的制约而相互牵连，它们不仅能各自单独进行调节，并且调节范围很宽。

电子束焊同时存在以下缺点：设备复杂、昂贵；焊前对接头加工、装配要求严格；焊件尺寸受真空室大小的限制；电子束易受磁场干扰而影响焊接质量；焊接时产生的 X 射线须严加防护。

2. 电子束焊的应用

电子束焊可以在一般电弧焊难以进行的场合施焊。例如：由于焊接变形量小，能焊接已经精加工后的组装件或形状复杂的精密零部件；可以单道焊接厚度超过 100mm 的碳钢或厚度达到 475mm 的铝板；可以焊接热处理强化和冷作硬化的材料而不影响接头的力学性能；可以焊接靠近热敏元件的焊件；可以焊接内部保持真空度的密封件；可以焊接难熔金属、活泼金属、异种金属及复合材料等。

二、激光焊

激光焊是利用具有高能量密度的激光为热源，将金属熔化形成接头的焊接方法。激光的方向性强、单色性好，经聚焦后能量密度可达 $10^5W/cm^2$ 以上，与电子束的能量密度接近，具有很强的熔透能力。

1. 激光焊的特点

与一般焊接方法相比，激光焊具有以下特点：

1）聚焦后的激光具有很高的能量密度，因此激光焊的深宽比大。

2）激光的加热范围小（<1mm），因此焊接速度快，焊接变形小。

3）可以焊接一般焊接方法难以焊接的材料，如高熔点金属等，甚至可用于非金属材料的焊接，如陶瓷、有机玻璃等。

4）激光能反射、透射，在空间传播很远距离而衰减很小，所以可进行远距离或一些难以接近部位的焊接。

5）一台激光器可供多个工作台进行不同的工作，既可用于焊接，又可用于切割和热处理，实现一机多用。

与电子束焊相比，激光焊最大的特点是不需要真空室，焊接过程不产生 X 射线。它的不足之处在于：焊接厚度比电子束焊要小，难以焊接高反射率的金属，设备投资较大。

2. 激光焊的应用

目前激光焊主要在仪器仪表业（如仪表游丝、热电偶的焊接）、食品包装业（如可锻铸铁食品罐的焊接）和机械制造业（如组合齿轮、电机定子及转子铁心的焊接）中应用。

三、扩散焊

1. 扩散焊的原理

扩散焊是将紧密接触的焊件置于真空或保护气氛中，并在一定温度和压力下保持一段时间，使接触界面之间的原子相互扩散而实现可靠连接的一种固相焊接方法。

扩散焊特别适合异种材料焊接，以及耐热合金和陶瓷、金属间化合物、复合材料等新材料的结合，尤其是对熔焊方法难以焊接的材料，扩散焊具有明显的优势，日益引起人们的重视。目前扩散焊已被广泛应用于航空航天、仪表及电子工业等领域，并逐步扩展到机械、化工及汽车制造等领域。

扩散焊时，把两个或两个以上的焊件紧压在一起，置于真空或保护气氛中，加热至母材熔点以下某个温度，然后对其施加压力，使其表面的氧化膜破碎，表面微观凸起处发生塑性变形和高温蠕变而达到紧密接触，激活界面原子之间的扩散，在若干微小区域出现界面间的结合。再经过一定时间的保温，这些区域进一步通过原子相互扩散不断扩大。当整个连接界面均形成金属键结合时，则完成了扩散焊过程。

实际的待焊表面总是存在微观凹凸不平、气体吸附层、氧化膜等，而且待焊件表面的晶体位向不同，不同材料晶体结构不同，这些因素都会阻碍接触点处原子之间形成金属键，影响扩散焊过程的稳定进行。所以，扩散焊时必须采取适当的工艺措施来解决这些问题。温度、压力、时间、保护气氛、真空条件等为实现金属间原子相互扩散与金属键结合创造了条件。

扩散焊焊缝的形成过程如图 3-55 所示。为了便于分析和研究，通常把其分为物理接触、元素相互扩散和反应、接合层成长三个阶段。

扩散焊前，通常对材料表面进行机械加工、研磨、抛光和清洗，但无论焊前如何加工处理，加工后的材料表面在微观上仍然是粗糙的，且表面常常有氧化膜覆盖。将这样的固体表面相互接触，在室温且不施加压力的情况下，接合面只限于少数凸出点接触，如图 3-55a 所示。

扩散焊的第一阶段是物理接触阶段，即在高温下通过对焊件施加压力，使材料表面微观凸出点接触部位发生塑性变形，并在变形中挤碎表面氧化膜，于是导致该接触点的面积增加和被挤平，晶面接触处便形成金属键结合，其余未接触部分形成微孔残留在界面上，如图 3-55b 所示。

扩散焊的第二阶段是元素相互扩散和反应阶段。高温下微观不平的表面受到外加压力的

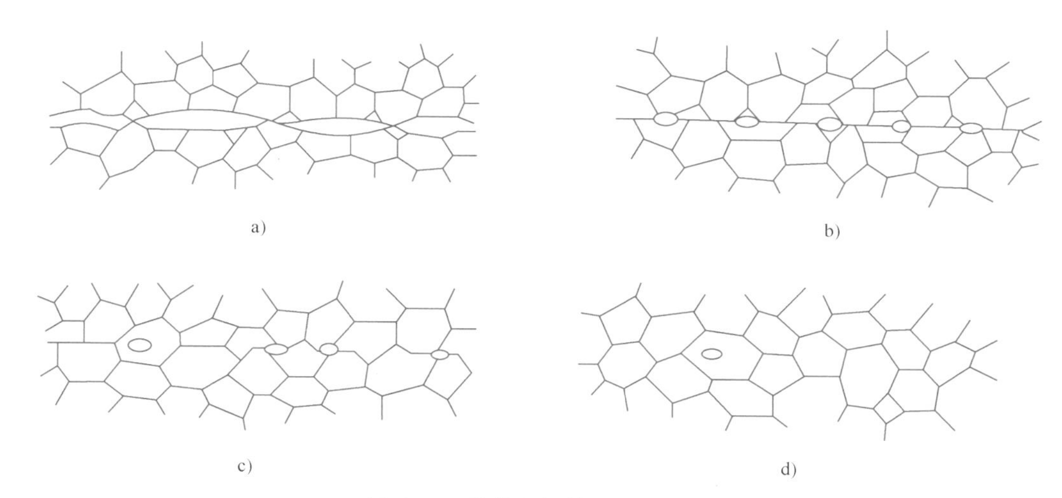

图 3-55 扩散焊焊缝的形成过程

a）凹凸不平表面的初始接触 b）物理接触阶段 c）元素相互扩散和反应阶段 d）接合层成长阶段

作用，紧密接触的界面上发生原子持续扩散，界面上的许多微孔消失。与此同时，界面处的晶界发生迁移而离开原始界面，但仍有许多小微孔遗留在晶粒内，如图 3-55c 所示。

扩散焊的第三阶段是接合层的成长阶段。原子扩散向纵深方向发展，界面与微孔最后消失形成新的晶界，达到冶金结合，最后接合区成分趋于均匀，形成可靠的焊接接头，如图 3-55d 所示。

在焊接过程中，表面氧化膜除了受到塑性变形的破坏作用外，还受到溶解和球化聚集作用而被去除或减薄。氧化物的溶解是通过间隙原子向金属母材中扩散而发生的，而氧化物的球化聚集是借助氧化物薄膜过大的表面能造成的扩散而实现的。两者均需在一定的温度和时间条件下完成。

扩散焊过程的三个阶段并没有明确的界限，而是相互交叉进行的，甚至有局部重叠，很难准确确定其开始与终止时间。焊接区域经蠕变、扩散、再结晶等过程而最终形成固态冶金结合，可以形成固溶体及共晶体，有时也可能生成金属间化合物，从而形成可靠的扩散焊接头。

2. 扩散焊的特点

与其他焊接方法相比，扩散焊具有以下优点：

1）扩散焊时因基体不过热、不熔化，可以在不降低焊件性能的情况下焊接几乎所有的金属或非金属材料。

2）扩散焊接头质量好，其显微组织和性能与母材接近或相同，在焊缝中不存在熔焊缺陷，也不存在过热组织和热影响区。

3）焊件精度高、变形小。

4）可以焊接大断面的接头。

5）可以焊接结构复杂、接头不易接近以及厚薄相差较大的工件。

6）能对组装件中多个接头同时实施焊接。

与其他焊接方法相比，扩散焊的缺点如下：

1）焊件表面的制备和装配质量的要求较高，特别对接合表面要求严格。

2）焊接热循环时间长，生产率低。每次焊接快则几分钟，慢则几十小时。对某些金属会引起晶粒长大。

3）设备一次性投资较大，且焊件的尺寸受到设备的限制，无法进行连续式批量生产。

3. 扩散焊的应用范围

扩散焊适宜于焊接特殊材料或特殊结构，这样的材料和结构在航天、电子和核工业中应用很广泛。航天、核能等工程中的很多零部件在极恶劣的环境下工作，如高温、辐射等，其结构型式也比较特殊，如采用空心轻型蜂窝结构等，且它们之间的连接多是异种材料的组合。因此，扩散焊成为制造这些零部件的优先选择。

钛合金具有耐蚀、比强度高的特点，因而在飞机、导弹、卫星等飞行器的结构中被大量采用。图 3-56 所示为钛合金典型结构的超塑性扩散焊。铝及其合金具有很好的传热与散热性能，利用扩散焊可制成铝热交换器、太阳能热水器、电冰箱蒸发器等。

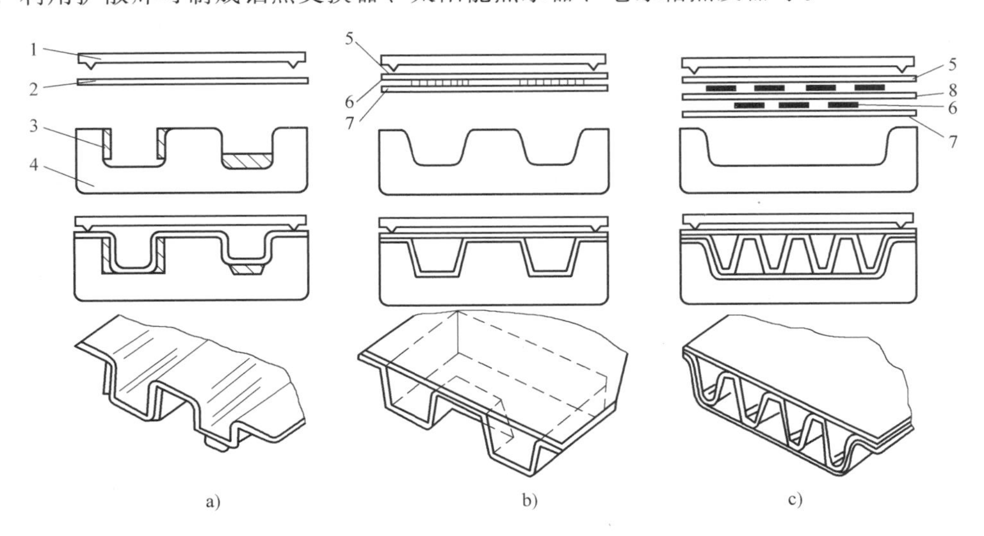

图 3-56 钛合金典型结构的超塑性扩散焊

a）超塑性成型件 b）超塑性成型的两层结构件 c）超塑性成型的三层结构件
1—上模密封压板 2—超塑性成型板坯 3—加强板 4—下成型模具
5—外层超塑性成型板坯 6—不连接涂层区 7—内层板坯 8—中间层板坯

用扩散焊可将陶瓷、石墨、石英、玻璃等非金属与金属材料焊接在一起，例如，将钠离子导电体玻璃与铝箔或铝丝焊接成电子元件等。

四、摩擦焊

1. 摩擦焊的原理

在压力作用下，待焊界面通过相对运动进行摩擦，机械能转变为热能。对于给定的材料，在足够的摩擦压力和足够的相对运动速度条件下，被焊材料的温度不断上升。随着摩擦过程的进行，工件产生一定的塑性变形量，在适当时刻停止工件间的相对运动，同时施加较大的顶锻力并维持一定的时间，即可实现材料间的固相连接。

两工件接合面之间在压力下高速相对摩擦便产生两个很重要的效果：一是破坏了接合面上的氧化膜或其他污染层，使干净金属暴露出来；二是发热使接合面很快形成热塑性层。在随后的摩擦转矩和轴向压力作用下，这些破碎的氧化物和部分塑性层被挤出接合面外而形成毛刺，剩余的塑性变形金属就构成焊缝金属，最后的顶锻使焊缝金属获得进一步的锻造，形成了质量良好的焊接接头。

从焊接过程可以看出，摩擦焊接头是在被焊金属熔点以下形成的，所以摩擦焊属于固相焊接。不管采用何种摩擦焊方法，其共同的特点是工件高速相对运动，加压摩擦，加热至红热状态后工件旋转停止的瞬间，加压顶锻。整个焊接过程在几秒至几十秒之内完成。因此，具有相当高的焊接效率。摩擦焊过程中无须加任何填充金属，也不需要焊剂和保护气体，因此摩擦焊是一种低耗材的焊接方法。

2. 摩擦焊的分类

摩擦焊的具体形式有很多，分类的方法也多样。根据工件相对摩擦运动的轨迹，可将摩擦焊分为旋转式和轨道式。旋转式摩擦焊的基本特点是至少有一个工件在焊接过程中绕着垂直于接合面的对称轴旋转。这类摩擦焊主要用于具有圆形截面的工件的焊接，是目前应用最广、形式最多的摩擦焊类型。轨道式摩擦焊是使一工件接合面上的每一点都相对于另一工件的接合面做同样大小轨迹的运动。轨道式摩擦焊主要用于焊接非圆形截面的工件。除此之外，摩擦焊还可以从焊接时的界面温度、所采取的工艺措施等方面进行分类。

3. 摩擦焊的特点

（1）优点

1）焊接效率高。摩擦焊焊接周期相当短，每个接头的焊接时间仅十几秒。

2）接头质量高。摩擦焊过程是在工件高速旋转且接合面相互紧密接触的条件下完成的，周围空气不可能侵入接合区，不会造生焊接区的氧化和氮化。

3）工件的尺寸精度高。摩擦焊焊接的工件尺寸可加以严格的控制，长度偏差不大于0.1mm，偏心度可保证不大于0.2mm。

4）异种材料的焊接性好。采用摩擦焊可以焊接其他焊接方法无法焊接的异种材料接头，如铝-钢、铝-铜和钛-铜等接头。

5）节能省材。电阻对焊消耗的电能是摩擦焊的5~8倍。摩擦焊过程中不加任何填充金属，与电弧焊比，可节省大量的焊接材料。

6）易于实现机械化和自动化焊接。摩擦焊是一种利用机械能的焊接方法，焊接过程的自动控制较简单，操作容易。

（2）缺点

1）摩擦焊接头毛刺难以清除。实心工件摩擦焊时会形成外毛刺。某些对内径尺寸要求严格的工件，则必须采用特殊的加工工艺。

2）摩擦焊接头无损检测可靠性差，无法做射线探伤，采用超声波探伤很难辨别缺陷波。

3）对非圆形截面工件焊接较困难，设备复杂；对盘状薄工件和薄壁管件，由于不易夹持固定，施焊也很困难。

4）一次性设备投资较大。

4. 搅拌摩擦焊

搅拌摩擦焊与传统的摩擦焊相比有很多独特的优点，尤其在制造成本、性能及环保方面显示出巨大的优越性。它的出现使铝合金等非铁金属的连接技术产生了革命性的进步，目前已在航空航天、船舶、高速列车等领域得到成功的应用，且正在不断扩大其应用范围。

与常规摩擦焊一样，搅拌摩擦焊也是利用摩擦热作为焊接热源。不同之处在于，搅拌摩擦焊主要由搅拌头完成，搅拌头由锥形指棒、夹持器和圆柱体组成。其焊接过程是由锥形指棒伸入工件的接缝处，通过搅拌头的高速旋转，使其与焊件材料摩擦，从而使连接部位的材料温度升高软化，同时对材料进行搅拌摩擦来完成的。焊接过程如图 3-57 所示。在焊接过程中，焊件要刚性固定在背垫上，搅拌头边高速旋转，边沿焊件的接缝与焊件相对移动。锥形指棒伸进材料内部进行摩擦和搅拌，搅拌头的肩部与焊件表面摩擦生热，用于防止塑性状态材料的溢出，同时可以起到清除表面氧化膜的作用。

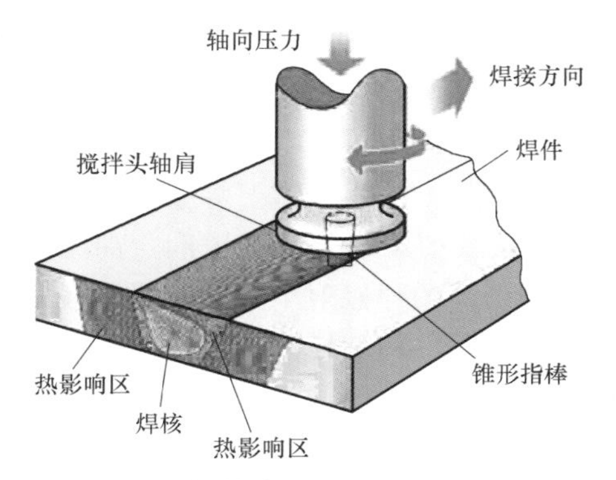

图 3-57 搅拌摩擦焊焊接过程示意图

搅拌摩擦焊的主要优点如下：

1）可获得高度一致的焊接质量，无需高的操作技能和训练。

2）焊接接口部位只需去油处理，无需打磨或洗刷。

3）不需要焊丝和保护气氛，且节省能源，单面焊 12.5mm 深度所需动力仅为 3kW。

4）焊接表面平整，不变形，无焊缝凸起和焊滴，无需后续处理。

5）无电弧、磁冲击、闪光、辐射、烟雾和异味，不影响其他电气设备使用，绿色环保。

6）焊接温度低于合金的熔点，焊缝无孔洞、裂纹和元素烧损。

目前，搅拌摩擦焊可焊接对接、搭接、T 形接头，但由于受搅拌头锥形指棒材料所限，仅适用于铝、镁、铜、钛及其合金等材料的连接。

课后练习

1. 什么是焊接？熔焊、压焊、钎焊各有什么特点？
2. 焊条电弧焊的基本焊接回路由哪些部分组成？
3. 埋弧焊有什么优点？说一说原因。
4. 熔化极惰性气体保护焊的焊接设备主要由哪些部分组成？
5. 焊接铝合金时，应采用何种电源的 TIG 焊，为什么？
6. 焊缝形状和尺寸不符合要求有什么危害？
7. 不锈钢焊接接头会产生哪些腐蚀现象？
8. 铸铁的补焊常用的焊条有哪些？它们的应用范围如何？
9. 简述扩散焊的焊接过程。
10. 搅拌摩擦焊的优点有哪些？

第四单元 UNIT 4

粉末冶金成型

知识目标：

1. 了解粉末冶金成型的基础知识。
2. 掌握粉末冶金的工艺过程。
3. 了解粉末冶金制造机械结构零件的应用。
4. 了解粉末冶金技术发展趋势。

能力目标：

1. 能够通过调整工艺方法，改善粉末冶金制品的质量。
2. 能够解决压制成型零件的结构问题。
3. 能够根据零件材料及应用选择合适的成型方法。

素养目标：

1. 具有探究学习、终身学习的能力。
2. 具有整合知识和综合运用知识分析问题和解决问题的能力。
3. 具有良好的职业道德和吃苦耐劳的精神。
4. 具有严谨的工作态度和安全意识。
5. 通过对粉末冶金成型技术的学习感受科技进步和制造业的迅猛发展，增强民族自信。
6. 介绍粉末冶金成型发展趋势，培养学生勇于探索的精神。

粉末冶金成型是研究制造各种金属粉末和以粉末为原料通过成型、烧结和必要的后续处理，制取金属材料和制品的工艺。用这种工艺制造的材料和制品，或者具有优异的组织结构和性能，或者表现出显著的技术经济效益。由于粉末冶金的生产工艺与陶瓷的生产工艺在形式上类似，这种工艺方法又称为金属陶瓷法。

现代粉末冶金成型工艺的发展已经远远超出传统的范畴，且日趋多样化。例如，在成型方法方面出现了同时实现粉末压制和烧结的热压及热等静压制、粉末轧制、粉末锻造等；在后处理方法方面出现了多孔烧结制品的浸渍、熔渗、精整或少量切削加工、热处理等。粉末冶金成型工艺的研究已成为当今世界各工业发达国家都十分重视的课题。

第一节 粉末冶金成型基础

1. 粉末的化学成分及性能

尺寸小于1mm的离散颗粒的集合体通常称为粉末，其计量单位一般为微米（μm）或纳米（nm）。

（1）粉末的化学成分 常用的金属粉末有铁、铜、铝等及其合金的粉末，要求其杂质和气体的质量分数不超过2%，否则会影响制品的质量。

（2）粉末的物理性能

1）粒度及粒度分布：粉料中能分开并独立存在的最小实体为单颗粒，实际的粉末往往是团聚了的颗粒，即二次颗粒；实际的粉末颗粒体中不同尺寸所占的百分比称为粒度分布。

2）颗粒形状：粉末颗粒的外观几何形状。常见的有球状、针状、板状和片状等，可以通过显微镜的观察确定。

3）比表面积：单位质量粉末的总表面积。比表面积的大小影响着粉末的表面能、表面吸附及凝聚等表面特性。

（3）粉末的工艺性能

1）填充特性：没有外界条件下，粉末自由堆积时的松紧程度。粉末的填充特性常以松装密度或堆积密度表示，与颗粒的大小、形状及表面性质有关。

2）流动性：粉末的流动能力，常用50g粉末从标准漏斗流出所需的时间表示。流动性受颗粒黏附作用的影响。

3）压缩性：表示粉末在压制过程中被压紧的能力，用规定的单位压力下所达到的压坯密度表示，在标准模具中，在规定的润滑条件下测定。影响粉末压缩性的因素有颗粒的塑性或显微硬度，塑性金属粉末比硬脆材料的压缩性好。颗粒的形状和结构也影响粉末的压缩性。

4）成型性：粉末压制后，压坯保持既定形状的能力，用粉末能够成型的最小单位压制压力表示或用压坯的强度来衡量。成型性受颗粒形状和结构的影响。

2. 粉末冶金成型的特点

粉末冶金成型具有以下特点：

1）可以制出组元彼此不熔合，且密度、熔点悬殊的金属所组成的伪合金（如钨铜的电触点材料），也可生产出不能构成合金的金属与非金属的复合材料（如铁、氧化铝、石棉粉末制成的摩擦材料）。

2）能制出难熔合金（如钨-钼合金）或难熔金属及其碳化物的粉末制品（如硬质合金等），金属或非金属氧化物、氮化物、硼化物的粉末制品（如金属陶瓷）。它们用一般的熔炼与铸造方法很难生产。又能生产净形和近似净形加工的优质机械零件，如多孔含油轴承、精密齿轮、摆线泵内外转子、活塞环等。

3）由于烧结时主要组元没有熔化，且通常在还原性气氛或真空中进行，没有氧化烧损，也不带入杂质，因而能准确控制成分及性能等。

4）可直接制出质量均匀的多孔性制品，如含油轴承、过滤元件。

5）材料的利用率很高，接近100%。能直接制出尺寸准确、表面粗糙度值低的零件，一般可省去或大大减少切削加工工时，因而制造成本显著降低，其与机械加工的经济效益对比见表4-1。

表4-1 用粉末冶金法生产零件与机械加工的经济效益对比

零件名称	1t零件的金属消耗量/t		相对劳动量		1000个零件的相对成本	
	机械加工	粉末冶金	机械加工	粉末冶金	机械加工	粉末冶金
油泵齿轮	1.80～1.90	1.05～1.10	1.0	0.30	1.0	0.50
钛制紧固螺母	1.85～1.95	1.10～1.12	1.0	0.50	1.0	0.50
黄铜制轴承保持架	1.75～1.85	1.13～1.15	1.0	0.40	1.0	0.35
飞机导线用铝合金固定夹	1.85～1.95	1.05～1.09	1.0	0.35	1.0	0.40

这种方法也有如下一些限制：

1）由于粉末冶金制品内部总有空隙，因此普通粉末冶金制品的强度比同样成分的锻件或铸件低20%～30%。

2）成型过程中粉末的流动性远不如液态金属，因此对产品形状有一定限制。

3）压制成型所需的压强高，因而制品的重量受限制，一般小于10kg。

4）压模成本高，只适用于成批或大量生产的零件。

3. 粉末冶金成型的应用

（1）机械零件类　可以采用粉末冶金方法制造的机械零件很多，如铁基或铜基的含油轴承；铁基粉末冶金的齿轮、凸轮、滚轮、链轮、枪机、模具；铜基或铁基加上石墨、二硫化钼、氧化硅、石棉粉末制成的摩擦离合器、制动片等。

（2）工具类　如碳化钨与金属钴粉末制成的硬质合金刀具、模具、量具，用氧化铝、氮化硼、氮化硅等与合金粉末制成的金属陶瓷刀具，以及用人造金刚石与合金粉末制成的金刚石工具等。

（3）其他方面　这种方法还广泛用于制造一些具有特殊性能的元件，如铁镍钴永磁体，接触器或继电器上的铜钨、银钨触点，以及一些耐高温的火箭、宇航与核工业零件。

课后练习

1. 粉末冶金成型的特点有哪些？
2. 粉末冶金成型的应用有哪些？

第二节　粉末冶金工艺

粉末冶金制品的工艺过程包括粉末的制备、预处理、成型、烧结与后处理等工序。

1. 粉末的制备

机械行业所用的粉末一般由专门生产粉末的工厂按规格要求供应。粉末越细，同样质量粉末的表面积就越大，表面能也越大，烧结之后制品的密度与力学性能也越高，但成本也越高。制备方法决定着粉末的颗粒大小、形状、松装密度、化学成分、压制性、烧结性等。

金属粉末的制备方法分为两大类：机械法和物理化学法。机械法是用机械力将原材料粉碎而化学成分基本不发生变化的工艺过程，包括球磨法、研磨法和雾化法等。物理化学法是借助物理或化学作用，改变物料的化学成分或聚集状态而获取粉末的方法，包括还原法、电解法和热离解法等。

（1）球磨法　最常用的是用钢球或硬质合金球对金属块或颗粒原料进行球磨，适宜于制备一些脆性的金属粉末，或者经过脆性化处理的金属粉末（如经过氢化处理变脆的钛粉）。

（2）雾化法　利用高压气体或高压液体对经由坩埚嘴流出的金属或合金熔液进行喷射，通过机械力和激冷作用使金属或合金熔液雾化，形成直径小于150μm的细小液滴，冷凝而成为粉末。

（3）还原法　用还原剂还原金属氧化物及盐类来制取金属粉末是一种广泛采用的制粉方法，其方法简单、生产费用低，如铁粉、钨粉等就是主要由氧化铁粉、氧化钨粉通过还原法生产的。

（4）电解法　采用金属盐的水溶液电解析出或熔盐电解析出金属颗粒或海绵状金属块，再用机械法进行粉碎。

2. 粉末的预处理

粉末的预处理包括粉末的退火、筛分、混合、制粒等。

（1）退火　粉末的预先退火可以使氧化物还原，降低碳和其他杂质的含量，提高粉末的纯度，同时，还能消除粉末的加工硬化、稳定粉末的晶体结构。退火温度根据金属粉末的种类而不同，通常为金属熔点的0.5~0.6倍。通常，电解铜粉的退火温度约为300℃，电解铁粉或电解镍粉的退火温度约为700℃，不能超过900℃。退火一般用还原性气氛，有时也用真空或惰性气氛。

（2）筛分　筛分的目的在于把颗粒大小不均的原始粉末进行分级，使粉末能够按照粒度分成大小范围更窄的若干等级，以适应成型工艺要求。常用标准筛网进行筛分。

（3）混合　混合是将两种或两种以上不同成分的粉末均匀化的过程。混合基本上有两种方法：机械法和化学法。广泛应用的是机械法，将粉末或混合料机械地掺和均匀而不发生化学反应。机械法混料又可分为干混和湿混，铁基等制品生产中广泛采用干混，制备硬质合金混合料则常使用湿混。湿混时常用的液体介质为酒精、汽油、丙酮、水等。化学法混料是将金属或化合物粉末与添加金属的盐溶液均匀混合；或者是各组元全部以某种盐的溶液形式混合，然后经沉淀、干燥和还原等处理而得到均匀分布的混合物。

（4）制粒　制粒是将小颗粒的粉末制成大颗粒或团粒的工序，常用来改善粉末的流动性。常用的制粒设备有振动筛、滚筒制粒机、圆盘制粒机等。

3. 粉末的成型

成型是将粉末转变成具有所需形状的凝聚体的过程。通过成型，松散的粉末被紧实成具有一定形状、尺寸和强度的坯件。常用的成型方法有钢模压制、等静压制、轧制、挤压成型、松装烧结成型、爆炸成型等。

（1）钢模压制　它是指在常温下，用机械式压力机或液压机，以一定的比压将钢模内的松装粉末成型为压坯的方法。这种成型方法应用最多且最广泛。

室温压制时一般需要 $1t/cm^2$ 以上的压制压力，但当压制压力过大时，将会影响加压工具，并且有时坯体会发生层状裂纹、伤痕和缺陷等。压制压力的最大限度为 $12\sim15t/cm^2$。超过极限强度后，粉末颗粒会发生粉碎性破坏。

常用的模压方法有单向压制、双向压制、浮动压制等。

1）单向压制：即固定阴模中的粉末在一个运动模冲和一个固定模冲之间进行压制的方法，如图 4-1a 所示。单向压制模具简单，操作方便，生产率高，但压制时受摩擦力的影响，制品密度不均匀，适宜压制高度或厚度较小的制品。

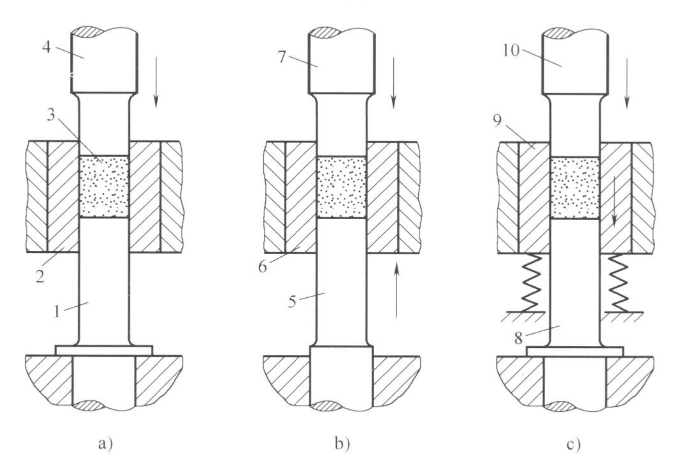

图 4-1 常用的模压方法

a）单向压制 b）双向压制 c）浮动压制

1、8—固定模冲 2、6—固定阴模 3—粉末 4、5、7、10—运动模冲 9—浮动阴模

2）双向压制：阴模中粉末在相向运动的模冲之间进行压制的方法，如图 4-1b 所示。双向压制比较适用于高度或厚度较大的制品。双向压制压坯的密度较单向压制均匀，但双向同时加压时，压坯厚度的中间部分密度较低。

3）浮动压制：浮动阴模中的粉末在一个运动模冲和一个固定模冲之间进行压制，如图 4-1c 所示。阴模由弹簧支承，处于浮动状态，开始加压时，由于粉末与阴模壁间摩擦力小于弹簧支承力，只有上模冲向下移动，随着压力增大，当二者间的摩擦力大于弹簧支承力时，阴模与上模冲一起下行，与下模冲间产生相对移动，使单向压制转变为压坯的双向受压，而且压坯双向不同时受压，这样压坯的密度更均匀。

（2）等静压制 压力直接作用在粉末体或弹性模套上，使粉末体在同一时间内各个方向上均衡受压而获得密度分布均匀和强度较高的压坯的过程称为等静压制。按其特性分为冷等静压制和热等静压制两大类。

1）冷等静压制。即在室温下的等静压制，以液体为压力传递媒介。将粉末体装入弹性模具内，置于钢体密封容器内，用高压泵将液体压入容器，利用液体均匀传递压力的特性，使弹性模具内的粉末体均匀受压，如图 4-2 所示。因此，冷等静压制压坯密度高，密度分布较均匀，力学性能较好，尺寸大且形状复杂。冷等静压制已用于棒材、管材和大型制品的生产。

2）热等静压制。把粉末压坯或装入特制容器内的粉末体置入热等静压机高压容器中，施以高温和高压，使这些粉末体被压制和烧结成致密的零件或材料的过程称为热等静压制。在高温下的等静压制，可以激活扩散和蠕变现象的发生，促进粉末的原子扩散和再结晶及以极缓慢的速率进行塑性变形，以气体为压力传递媒介。粉末体在等静压高压容器内同一时间经受高温和高压的联合作用，强化了压制与烧结过程，制品的压制压力和烧结温度均低于冷等静压制，制品的致密度和强度高，且均匀一致，晶粒细小，力学性能好，消除了材料内部颗粒间的缺陷和孔隙，形状和尺寸不受限制。但热等静压机价格高，投资大。热等静压制已用于粉末高速钢、难熔金属、高温合金和金属陶瓷等制品的生产。

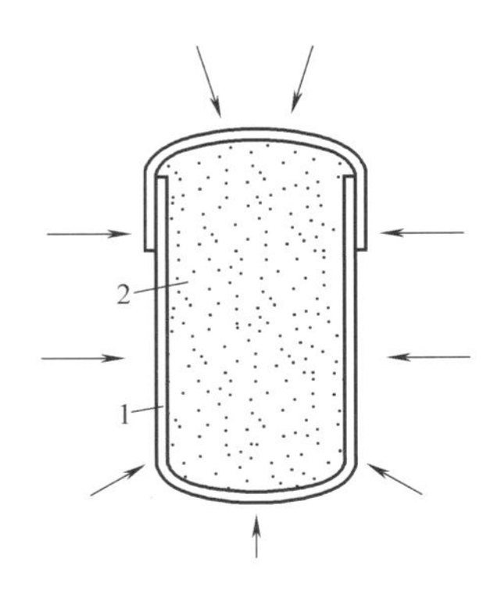

图 4-2 冷等静压制原理
1—弹性模具 2—粉末

（3）粉末轧制 将粉末通过漏斗喂入一对旋转轧辊之间使其压实成连续带坯的方法称为粉末轧制。将金属粉末通过一个特制的漏斗喂入转动的轧辊缝中，可轧出具有一定厚度、长度连续、强度适宜的板带坯料。这些坯体经预烧结、烧结，再经过轧制加工及热处理等工序，就可制成具有一定孔隙度、致密的粉末冶金板带材。粉末轧制制品的密度比较高，制品的长度原则上不受限制，轧制制品的厚度和宽度会受到轧辊的限制。粉末轧制的成材率为80%~90%，熔铸轧制的成材率仅为60%或更低。粉末轧制适用于生产多孔材料、摩擦材料、复合材料和硬质合金等的板材及带材。

（4）挤压成型 将置于挤压筒内的粉末、压坯或烧结体通过规定的模孔压出的方法称为挤压成型。按照挤压条件不同，分为冷挤压和热挤压。冷挤压是把金属粉末与一定量的有机黏结剂混合在较低温度下（40~200℃）挤压成坯块；热挤压是指金属粉末压坯或粉末装入包套内加热到较高温度下压挤。热挤压法能够制取形状复杂、性能优良的制品和材料。挤压成型设备简单，生产率高，可获得长度方向密度均匀的制品。挤压成型能挤压出壁很薄、直径很小的微型小管，如厚度仅 0.01mm、直径 1mm 的粉末冶金制品，也可挤压形状复杂、物理与力学性能优良的致密粉末材料，如烧结铝合金及高温合金。挤压制品的横向密度均匀，生产连续性高，因此，多用于截面较简单的条料、棒料和螺旋形条料、棒料（如麻花钻等）。

（5）松装烧结成型 松装烧结成型是指粉末未经压制而直接进行烧结，如将粉末装入模具中振实，再连同模具一起入炉烧结成型（用于多孔材料的生产），或将粉末均匀松装于芯板上，再连同芯板一起入炉烧结成型，再经复压或轧制达到所需密度（如用于制动摩擦片及双金属材料的生产）。

（6）爆炸成型 爆炸成型是借助于爆炸波的高能量使粉末固结的成型方法。爆炸成型的特点是爆炸时产生的压力很高，施于粉末体上的压力速度极快。如炸药爆炸后，在几微秒时间内产生的冲击压力可达 10^6Pa（相当于 10 个大气压），比压力机上压制粉末的单位压力要高几百倍甚至几千倍。爆炸成型压制压坯的相对密度极高，强度极佳。若用炸药爆炸压制电解铁粉，则压坯的密度接近纯铁体的理论密度值。爆炸成型可加工普通压制和烧结工艺难以成型的材料，如难熔金属、高合金材料等，还可压制普通压力无法压制的大型压坯。

4. 烧结

粉末或压坯的烧结是在烧结炉内进行的。烧结是将型坯按一定的规范加热到规定温度并保温一段时间，使型坯获得一定的物理与力学性能（机械强度）的工序。烧结过程中，制品质量受到多种因素的影响，必须合理控制。

（1）连续烧结和间歇烧结　按进料的方式不同，烧结可分为连续烧结和间歇烧结两类。

1）连续烧结：烧结炉具有脱蜡、预烧、烧结、制冷各功能区段，烧结时烧结材料连续或平稳、分段地完成各阶段的烧结。连续烧结生产率高，适用于大批量生产。常用的进料方式有推杆式、辊道式和网带传送式等。

2）间歇烧结：即在炉内分批烧结零件的方式。置于炉内的一批零件是静止不动的，通过控制炉温来进行所需的预热、加热及冷却循环。间歇烧结生产率较低，适用于单件、小批量生产。常用的烧结炉有钟罩式炉、箱式炉等。

（2）固相烧结和液相烧结　按烧结时是否出现液相，可将烧结分为固相烧结和液相烧结两类。

1）固相烧结：粉末或压坯在无液相形成状态下的烧结，烧结温度较低，但烧结速度较慢，制品强度较低。

2）液相烧结：至少具有两种组分的粉末或压坯在形成一种液相的状态下的烧结，烧结速度较快，制品强度较高，用于具有特殊性能的制品，如硬质合金、金属陶瓷等。

（3）影响粉末制品烧结质量的因素　粉末制品的烧结质量取决于烧结温度、烧结时间和烧结气氛等因素。

1）烧结温度和时间。烧结温度一般为基体熔点的2/3~3/4，即 $T=(2/3\sim3/4)\ T_{熔}$。烧结温度过高，会使产品性能下降，甚至出现烧结缺陷。烧结温度过低，又会产生欠烧而使产品的性能下降。铁基制品的烧结温度一般为1000~2000℃，硬质合金一般为1350~1550℃。保温时间太短，不利于原子扩散和迁移，不利于成分、组分均匀化。保温时间过长，易造成晶粒粗大、生产率低、成本升高等。

2）烧结气氛。烧结时通常采用还原性气氛，以防压坯烧损并可使表面氧化物还原。如铁基、铜基制品常采用炉煤气或分解氨，硬质合金、不锈钢采用纯氢。对于碱性金属或难熔金属（如钨、钛、铬、钼）、含TiC的硬质合金及不锈钢等还可采用真空烧结。真空烧结可避免气氛中有害成分（H_2O、O_2、H_2）的不利影响，还可降低烧结温度（一般可降低100~150℃）。

5. 后处理

后处理指压坯烧结后的进一步处理，是否需要后处理应根据产品的具体要求决定。常用的后处理方法有复压、浸渍、热处理、表面处理和切削加工等。

（1）复压　复压即为了提高物理或力学性能对烧结体施加压力的处理，包括精整和整形等。精整是为了达到所需尺寸而进行复压，通过精整模对烧结体施压以提高精度。整形是为了达到特定的表面形貌而进行复压，通过整形模对制品施压以校正变形且降低表面粗糙度。复压适用于要求较高且塑性较好的制品，如铁基、铜基制品。

（2）浸渍　浸渍即用非金属物质（如油、石蜡或树脂）填充烧结体孔隙的方法。常用的浸渍方法有浸油、浸塑料、浸熔融金属等。浸油即浸入润滑油，以改善自润滑性能和防锈，常用于铁基、铜基含油轴承。浸塑料常采用聚四氟乙烯分散液，经热固化后，实现无油润滑，常用于金属料减摩零件。浸熔融金属可提高强度及耐磨性，常采用铁基材料浸铜或铅。

（3）热处理　热处理是将烧结体加热到一定温度，再通过控制冷却方法等处理，以改善制品性能的方法。常用的热处理方法有淬火、化学热处理等，工艺一般同致密材料。对于不受冲击而要求耐磨的铁基制品可采用整体淬火，由于孔隙的存在能减小内应力，一般可以不回火。对于要求外硬内韧的铁基制品可采用表面淬火或渗碳淬火。

（4）表面处理　常用的表面处理方法有蒸汽处理、电镀、浸锌等。蒸汽是工件在500～560℃的热蒸汽中加热并保持一定时间，使其表面及孔隙形成一层致密的氧化膜的表面处理工艺，用于要求防锈、耐磨或防高渗透的铁基制品。电镀是应用电化学原理在制品表面沉积出牢固覆层，用于要求防锈、耐磨及美观的制品。

此外，还可通过锻压、焊接、切削加工、特种加工等方法进一步改变烧结体的形状或提高精度，以满足零件的最终要求。

课后练习

1. 金属粉末有哪些工艺性能？如何提高这些工艺性能？
2. 金属粉末的制备方法有哪些？这些方法各有什么特点？
3. 模压成型时，压坯各部分的密度为何不同？
4. 简述热等静压制与热压制的不同点及应用。
5. 影响粉末制品烧结质量的因素有哪些？

第三节　粉末冶金制造的机械结构零件

用粉末冶金方法制造的具有一定尺寸精度并能承受拉伸、压缩、扭曲等载荷或在摩擦磨损条件下工作的机械结构零件，又称烧结结构零件，这类制品在粉末冶金工业中产量最大、应用面最广。烧结结构零件的主要优点在于省料、省工，生产成本低，适合于大批量生产，节能效果显著。在现今汽车工业中广泛采用烧结结构零件，烧结结构零件总产量的60%～70%用于汽车工业，如发动机、变速器、转向器、起动马达、刮水器、减振器、车门锁中都有烧结结构零件。

1. 轴承材料及减摩材料

（1）多孔含油轴承材料　它是利用粉末压制材料制作的多孔性浸渗润滑油的减摩材料，用作轴承、衬套等。常用的有铁-石墨含油轴承材料和青铜-石墨含油轴承材料。

含油轴承工作时，由于摩擦发热，使润滑油膨胀从合金孔隙中压到工作表面，起到润滑作用。运转停止后，轴承冷却，表面上润滑油由于毛细管现象的作用，大部分被吸回孔隙，少部分仍留在摩擦表面，使轴承再运转时避免发生干摩擦。这样就可保证轴承能在相当长的时间内，不需要加油而能有效地工作。

含油轴承材料的孔隙度通常是18%～25%。孔隙度高则含油多，润滑性好，但强度较低，故适宜在低负荷、中速条件下工作；孔隙度低则含油少，强度较高，适宜在中、高负荷，低速条件下工作，有时还需补加润滑油。目前，这类材料广泛用在汽车、拖拉机、纺织机械和电动机等轴承上。

（2）金属-塑料减摩材料　它是一种具有良好综合性能的无油润滑减摩材料，由粉末压制多孔制品和聚四氟乙烯、二硫化钼或二硫化钨等固体润滑剂复合制成。这种材料的特点是工作时不需要润滑油，有较宽的工作温度范围（-200～280℃），能适应高空、高温、低温、振动、冲击等工作条件，还能在真空、水或其他液体中工作，因此在电器、仪器仪表轴承等方面广泛使用。

使用这两类轴承可大大简化机器、仪器仪表等的结构或机构，减小其体积。

2. 多孔性材料及摩擦材料

（1）多孔性材料　粉末压制多孔性材料制品有过滤器、热交换器、触媒以及一些灭火装置等。过滤器是最典型的多孔性材料制品，主要用来过滤燃料油、净化空气，以及化学工业上过滤液体与气体等，所使用的主要粉料有青铜、镍、不锈钢等，通常在性能上既要求有效孔隙度高，又要求具有一定的力学性能与耐蚀性和热强性。多孔性材料可采用纤维压制法进行制造，首先制成金属纤维，再压制、烧结，因此其强度与耐热性都较好。

多孔性材料的生产过程与多孔含油轴承材料相类似，由于对其性能的要求较高，因此在生产技术上有一定的难度，特别是难以控制孔隙度，故一般要求采用球形的雾化粉。

（2）摩擦材料　摩擦材料用来制作制动片、离合器片等，用于制动与传递转矩。因此，对材料性能的要求是摩擦系数要大，耐磨性、耐热性与热传导性要好。利用烧结材料结构上的多孔性特点，用其生产摩擦材料制品特别有利于在高温条件下工作。粉末摩擦材料主要分为铜基与铁基两大类。铁基摩擦材料相比铜基摩擦材料有稍高的硬度、强度、摩擦系数，允许承受的工作比压和表面瞬时温度也较高，而铜基摩擦材料相比铁基摩擦材料有较好的导热性、耐蚀性和小的磨损。为了增加粉末冶金摩擦材料的强度，通常将其粘结在钢背上而成为双金属结构。铜基摩擦材料大多用于离合器，尤其在湿式离合器中更显示其独特的优点。铁基摩擦材料多用于制动器。这两种材料已广泛用于飞机、坦克、汽车、船舶、拖拉机、工程机械和机床等的离合器或制动器。

3. 硬质合金

硬质合金是将一些难熔的金属碳化物（如碳化钨、碳化钛等）和金属黏结剂（如钴、镍等）粉末混合压制成型，并经烧结而成的一类粉末压制制品。由于高硬度的金属碳化物作为基体，软而韧的金属黏结剂起粘结作用，硬质合金既有高的硬度和耐磨性，又有一定的强度和韧度。

硬质合金硬度高达86～93HRA，热硬性可达900～1000℃，它的硬度高，耐磨性好，用作金属切削刀具，切削速度可比高速钢高4～7倍，刀具寿命可提高5～80倍。硬质合金的缺点是脆性大和价格高，又不能切削加工。因而硬质合金通常制成规格的刀片，镶焊在刀体上，而不是整体刀具都用硬质合金制造。硬质合金种类很多，目前常用的有普通硬质合金和钢结硬质合金。

（1）普通硬质合金　普通硬质合金按成分和性能不同可分为钨钴类硬质合金、钨钛钴类硬质合金和万能硬质合金（通用硬质合金）三种。

1）钨钴类硬质合金，由碳化钨（WC）和金属钴（Co）粉末烧结而成。牌号用字母“YG”+数字表示，其中字母“YG”分别表示汉字“硬”和“钴”的汉语拼音字首，后面数字表示钴的含量。钴的含量越高，韧性越好，硬度和耐磨性略有下降。例如，YG3表示钴的质量分数为3%的钨钴类硬质合金。有些钨钴类硬质合金牌号后面加字母“C”表示粗颗粒合金，字母“X”表示细颗粒合金。这类硬质合金一般用来切削铸铁和青铜等脆性材料。

2）钨钛钴类硬质合金，由碳化钨、碳化钛（TiC）和金属钴粉末烧结而成。牌号用字母“YT”+数字表示，其中“YT”为“硬”和“钛”的汉语拼音字首，数字表示碳化钛的含量。数字越大，其硬度越高，强度和韧性越低。例如，YT14表示碳化钛的质量分数为14%的钨钛钴类硬质合金。这类硬质合金常用来切削各种钢材等韧性材料。

3）万能硬质合金，在钨钛钴类硬质合金中加入碳化钽（TaC）或碳化铌（NbC）制成。牌号用字母“YW”+数字表示，其中“YW”为“硬”和“万”的汉语拼音字首，数字表示顺序号。例如，YW2表示2号万能硬质合金。这类硬质合金热硬性高，常用来切削耐热钢、高锰钢、高速工具钢及其他材料。

（2）钢结硬质合金　它是以一种或几种碳化物（如TiC和WC）为硬化相，以非合金钢或合金钢（如高速工具钢或铬钼钢）粉末为粘结剂，经配料、混合、压制而成的粉末冶金材料。这类硬质合金的强度和韧性高，并可以进行冷加工、热加工和热处理，是一种加工方便、价格低、性能介于高速工具钢和普通硬质合金之间的良好刀具材料。它可制造各种形状复杂的刀具（如麻花钻头、铣刀等）、模具和耐磨零件。

4. 高速工具钢

高速工具钢是一种用量较大的工具钢。高速工具钢的含碳量和合金元素含量较高，属于莱氏体钢，在铸态的显微组织中出现大量骨骼状碳化物，其分布极不均匀且粗大。即使经过热轧或锻造后，碳化物的偏析及不均匀度仍然较严重，这给高速工具钢的使用性能与技术性能带来不良影响，如热变形塑性差，热处理变形较大，淬火开裂的敏感性强，磨削性能差，切削刃抗弯强度低及易于剥落崩裂等，故影响刀具的品质和使用寿命。

目前国内外所生产的粉末高速工具钢牌号主要有两种：W6Mo5Cr4V2和W18Cr4V。通过粉末压制过程生产的粉末高速工具钢坯料可进行锻造，以改变外形尺寸并适当地提高密度。其热处理技术参数与成分相同的普通高速工具钢基本上相同，只是粉末压制高速工具钢组织中的碳化物分布比较均匀和细致，在加热过程中容易固溶于奥氏体，故淬火加热温度可稍低些。

5. 耐热材料及其他材料

（1）难熔金属耐热材料　难熔金属是指熔点超过2000℃的金属，如钨（熔点为3380℃）、钼（熔点为2600℃）、钽（熔点为2980℃）、铌（熔点为2468℃）等。难熔金属常用还原法或从其他冶金方法得到金属粉末，并与合金通过粉末冶金制成耐热材料。耐热材料广泛应用于导弹和宇宙飞行器的结构件，以及燃烧室构件、加热元件、热电偶丝等。

（2）耐热合金材料　以钴镍铁等为基的耐热合金材料由于机加工比较困难，金属消耗量大，也常采用粉末冶金制造。粉末冶金得到的耐热合金材料的组织细致均匀，在高温下蠕变强度与抗拉强度比铸造材料要高得多。通过粉末冶金还能获得在特殊条件或核能工业中所使用的材料，如弥散强化材料（有金属陶瓷材料、弥散合金材料等）、原子能工程材料等。

课后练习

什么是烧结结构零件？烧结结构零件的优点有哪些？

第四节　粉末冶金技术发展趋势

近些年来，粉末冶金技术有了很大进展，一系列新技术、新工艺相继问世并获得应用，粉末冶金制品的质量不断提高，应用范围也不断扩大。

1. 制粉方法

目前应用最广泛的制粉方法是还原法、雾化法、电解法和球磨法。近年来在传统制粉技术的基础上进一步开发和应用了许多制粉新技术，如机械合金化、超微粉制造技术等，使高纯、超细粉末的制取成为可能。

（1）机械合金化　机械合金化即用高能研磨机或球磨机实现固态合金化的过程。将各合金组分放入高能球磨机中，抽真空后充氩气，使物料经与磨球长时间激烈碰撞，反复粉碎与冷焊，可获得微晶、纳米晶或非晶态的合金化粉末，合金成分可任意选择。此方法可用于复合材料、高温合金及非晶合金等粉末的制取。

（2）超微粉制造技术　采用化学气相沉积法、汞齐法、蒸发法、超声粉碎法等，可制得1~100nm的超微粉末，用于高密度磁带、薄膜传感材料等的制造。超声气体雾化法是通过复合导管，将超声脉冲传给金属流，并用氩气流喷雾使其快速冷凝成微晶粉末，可用于铝合金及高温合金等粉末的制取。

（3）激光生产纳米银粉与镍粉　采用普通搅拌器、激光与便宜的反应材料，可快速、便宜、干净地生产1~100nm的银粉与镍粉。例如，将硝酸银溶液与一种还原剂导入搅拌器中，用激光短时照射混合物，同时进行搅拌，当激光脉冲射到液体时，形成极小的“热点”，硝酸银与还原剂发生反应，生成极小的银颗粒。用这种方法生产的银粉可用于制造焊料、牙科填料、电路板、高速摄影胶片等。

2. 成型和烧结技术

传统的成型和烧结技术正在不断得到改进，以进一步提高产品质量和生产率。新的成型和烧结技术不断出现并应用于生产。近年来，粉末注射成型技术和热等静压技术等发展迅速，其在精密制品方面的优越性受到人们的高度重视。

（1）注射成型　金属注射成型是一种从塑料注射成型行业中引申出来的新型粉末冶金近净成型技术，其工艺过程为：首先选择符合要求的金属粉末和黏结剂，然后在一定温度下采用适当的方法将粉末和黏结剂混合成均匀的注射成型喂料，经制粒后在注射机上注射成型，获得的成型坯经过脱脂处理后烧结致密化成为最终制品。金属注射成型技术在制备具有复杂几何形状、均匀组织结构和高性能的高精度近净成型产品方面具有独特的优势。注射成型是粉末冶金与注射的复合，兼具二者的优点，可成型薄壁、中空等复杂形状，制品密度和精度高，已用于粉末高速工具钢、不锈钢、硬质合金等制品的生产。

（2）动磁压制　它是将粉末装于一个导电的容器（护套）内，置于高强磁场线圈的中心腔中。电容器放电在数微秒内对线圈通入高脉冲电流，线圈腔中形成磁场，护套内产生感应电流。感应电流与施加磁场相互作用，产生由外向内压缩护套的磁力，因而粉末得到二维压制。整个压制过程不足1ms。

动磁压制具有以下优点：

1）由于不使用模具，因而可达到更高的压制压力，维修费用与生产成本低。

2）由于在任何温度与气氛中均可施压，并适用于所有材料，因而工作条件更加灵活。

3）由于这一工艺不使用润滑剂与黏结剂，因而有利于环保。

动磁压制适用于制造柱形对称的近终形件、薄壁管、纵横比高的零件和内部形状复杂的零件。

（3）流动温压技术　流动温压技术是德国 Fraunhofer 研究所研发出来的粉末冶金新技术。该工艺是在粉末压制、温压成型工艺的基础上，结合金属粉末注射成型工艺的优点而提出来的一种新型粉末冶金零部件近净成型技术。该技术突出的优点在于通过加入适量的微细粉末和加大润滑剂的含量而大大提高了混合粉末的流动性、填充能力和成型性，从而可以在80～130℃下制造带有与压制方向垂直的凹槽、孔和螺纹孔等形状复杂的零件，而不需要对零件进行二次机加工。

流动温压技术几乎适用于所有的粉末体系，但最适合成型如低合金钢、Ti 以及 WC-Co 等硬质合金粉末。

（4）电场活化烧结　它是利用外加脉冲强电流形成的电场来清洁粉末颗粒的表面氧化物和吸附的气体，提高粉末表面的扩散能力，再在较低压力下利用强电流短时加热粉体进行烧结致密。与传统烧结技术相比，电场活化烧结技术具有升温速度快（可达 1000℃/min）、保温时间短（3～5min）、烧结温度低，烧结制品密度高、质量好且生产率高等优势。经电场活化烧结后，制品的显微结构可以细化，同时可以提高钢的淬透性。

（5）直接激光烧结　直接激光烧结通过激光能量使粉末粘结起来而形成三维固体，可用于工程塑料、热塑性合成橡胶、金属、陶瓷等材料的零部件的制备。其应用有熔模铸造模、注射成型金属模具、模铸模具以及沙铸模具及模芯。其主要特点是从粉末到产品的一步成型，无需传统的压制、烧结等过程，因而大大缩短了生产周期，降低了成本，同时在计算机辅助控制下能够制备形状极其复杂的高精度零部件。

3. 后处理技术

电火花加工、电子束加工、激光加工等特种加工方法以及离子氮化、离子注入、气相沉积、热喷涂等表面工程技术已用于粉末冶金制品的后处理，进一步提高了生产率和制品质量。

课后练习

1. 近些年出现的成型和烧结新技术有哪些？

2. 简述粉末冶金制品常用的后处理方法及特点。

3. 以下制品拟采用粉末冶金制造，选择成型方法和烧结方法：

（1）铁基制动带

（2）烧结钢麻花钻

（3）铜基含油轴承

（4）高速工具钢

第五单元 UNIT 5

非金属材料成型

知识目标：
1. 了解高分子材料的成型工艺。
2. 了解陶瓷材料的成型工艺。
3. 了解复合材料的成型工艺。

能力目标：
1. 能够掌握塑料和橡胶的组成、分类、特点及成型方法。
2. 能够掌握陶瓷材料的组成、分类、特点及成型方法。
3. 能够掌握复合材料的组成、分类、特点及成型方法。

素养目标：
1. 具有探究学习、终身学习的能力。
2. 具有整合知识和综合运用知识分析问题和解决问题的能力。
3. 具有良好的职业道德和吃苦耐劳的精神。
4. 具有严谨的工作态度和安全意识。
5. 通过对非金属材料成型知识的学习，开阔学生的视野，激发其创新意识。
6. 了解在党的领导下我国非金属材料成型取得的巨大成就，弘扬劳动光荣、技能宝贵、创造伟大的时代精神。

第一节 高分子材料的成型工艺

一、塑料成型工艺

1. 塑料的组成

塑料是以树脂为基础，再加入各种添加剂所组成的。其中，树脂为主要成分，它对塑料的性能起决定性作用，添加剂是次要成分，其作用是改善塑料的性能。

（1）树脂　树脂是塑料的主要成分，它联系着或胶黏着塑料中的其他一切组成部分，并使其有成型性能。树脂的种类、性质以及它在塑料中占有的比例，对塑料的性能起着决定性的作用，因此绝大多数塑料是以所用树脂的名称命名。

(2) 添加剂　添加剂是为了改善塑料的某些性能而加入的物质，根据所加入的目的及作用不同分为以下几类：

1) 填料：为弥补树脂某些性能的不足，改善某些性能，扩大塑料应用范围，降低塑料的成本而加入的一些物质。填料在塑料中占有较大比重，其用量可达20%~50%。如塑料中加入铝粉可提高光反射能力和防老化等。

2) 增塑剂：用来提高树脂的可塑性与柔软性的物质。它主要使用熔点低的低分子化合物，能使大分子链间距增加，降低分子间作用力，增大大分子链的柔顺性。

3) 固化剂：能使热固性树脂受热时产生交联作用，由受热可塑的线型结构变成体型结构的热稳定塑料的物质，如环氧树脂中加入乙二胺等。

4) 稳定剂：为提高树脂在受热和光作用时的稳定性，防止过早老化，延长使用寿命而加入的物质，如硬脂酸盐等。

5) 润滑剂：为防止塑料在成型过程中粘连在模具或其他设备上而加入的物质，同时使塑料制品表面光亮美观，如硬脂酸等。

6) 着色剂：为使塑料制品具有美观的颜色及满足使用要求而加入的物质。

除以上几种外，还有发泡剂、防老化剂、抗静电剂、阻燃剂等。添加剂在使用中，要根据塑料的品种，有选择性地加入相应的种类，以满足不同需要。

2. 塑料的分类

1) 按热性能分为热塑性塑料和热固性塑料。热塑性塑料加热后能软化或熔化，冷却后硬化定型，这个过程可反复进行，如聚乙烯、聚丙烯等。热固性塑料经加工成型后不能用加热的方法使它软化，形状一经固定后不再改变，若加热则分解，如环氧树脂等。

2) 按使用性能分为工程塑料、通用塑料和特种塑料。工程塑料指可以用作工程材料或结构材料的一类塑料。它们的力学性能较高，耐热性、耐蚀性较好，有良好的尺寸稳定性，如尼龙、聚甲醛等。通用塑料通常指产量大、成本低、通用性强的塑料，如聚氯乙烯、聚乙烯等。特种塑料一般具有某些特殊性能，如耐高温、耐腐蚀等，这类塑料产量少，价格较贵，只用于特殊场合。随着塑料应用范围不断扩大，工程塑料和通用塑料之间已经很难划分。

3. 塑料的性能

塑料相对于金属来说，具有质量小、比强度高、化学稳定性好、电绝缘性好、耐磨性好、减摩和自润滑性好等优点。另外，透光性、绝热性等也是一般金属所不及的。但对塑料本身而言，各种塑料之间存在着性能上的差异。

(1) 力学性能

1) 强度。通常热塑性塑料强度一般在50~100MPa，热固性塑料强度一般在30~60MPa，强度较低。弹性模量一般只有金属材料的1/10，但塑料的比强度较高，承受冲击载荷的能力同金属一样。

2) 耐摩擦、磨损性能。虽然塑料的强度低，但其耐摩擦、磨损性能优良，摩擦系数小，有些塑料有自润滑性能，耐磨性好，可用于制作在干摩擦条件下使用的零件。

3) 蠕变。蠕变指材料受到一固定载荷时，除开始的瞬时变形外，随时间的增加变形逐渐增大的过程。由于塑料的蠕变温度低，因此塑料在室温下就会出现蠕变。

（2）热性能

1）耐热性。耐热性用来确定塑料的最高允许使用温度范围。衡量耐热性的指标通常有马丁耐热温度和热变形温度两种。热塑性塑料的马丁耐热温度多数在100℃以下，热固性塑料的马丁耐热温度均高于热塑性塑料，如有机硅塑料高达300℃。

2）导热性。塑料的导热性很差，热导率一般只有0.84~2.51W/(m·K)。

3）热膨胀系数。塑料的热膨胀系数是比较大的，为金属的3~10倍。

（3）化学性能　塑料一般都有较好的化学稳定性，对酸、碱等化学药品具有良好的耐蚀性。

4. 常用工程塑料

（1）热塑性塑料

1）聚乙烯（PE）。聚乙烯是白色蜡状半透明材料。聚乙烯的聚合方法分为低压、中压、高压三种。低压法得到的是高密度聚乙烯（HDPE），有较高密度、分子量和结晶度。因此其强度较高，耐磨性、耐蚀性、绝缘性、耐寒性良好，使用温度可达100℃。它可用来制作塑料硬管、板材、绳索以及承受载荷不高的零件，如齿轮、轴承等。高压法得到的是低密度聚乙烯（LDPE），较柔韧，强度低，使用温度为在80℃以下，一般用来制造塑料薄膜、软管、塑料瓶。聚乙烯可用于包装食品、药品，以及包覆电缆和金属表面。

2）聚氯乙烯（PVC）。聚氯乙烯分为硬质、软质两种。不加增塑剂的是硬质聚氯乙烯，加增塑剂的是软质聚氯乙烯。硬质聚氯乙烯主要用于制造化工、纺织等工业的废气排污排毒塔、输送管及接头，电器绝缘插接件等。软质聚氯乙烯主要用于制作农业薄膜、工业用包装材料、耐酸碱软管及电线、电缆绝缘层等。

3）聚丙烯（PP）。聚丙烯呈白色蜡状，外观似聚乙烯，但更透明，相对密度为0.90~0.91，是塑料中最轻的。聚丙烯具有优良的电绝缘性和耐蚀性，在常温下能耐酸碱。在无外力作用时，加热到150℃也不变形，在常用塑料中它是唯一能经受高温消毒（130℃）的品种。力学性能如拉伸强度、屈服强度、压缩强度、硬度及弹性模量等均优于低压聚乙烯，并有突出的刚性和优良的电绝缘性。其主要缺点是黏合性、染色性、印刷性较差，低温易脆化，易受热、光作用，易变质，易燃，收缩大。由于具有优良的综合力学性能，聚丙烯常用来制造各种机械零件，又因无毒，也可用作药品、食品的包装材料。

4）聚苯乙烯（PS）。聚苯乙烯是目前世界上应用最广泛的塑料之一，产量仅次于PE、PVC。它有良好的加工性能，其薄膜具有优良的电绝缘性，它的发泡材料相对密度小，有良好的隔热、隔声、防振性能，广泛用于仪器的包装。其缺点是脆性大，耐热性差，因此有相当数量的聚苯乙烯与丁二烯、丙烯腈、异丁烯、氯乙烯等共聚使用。共聚后的聚合物具有较高冲击强度、耐热性和耐蚀性。

5）聚碳酸酯（PC）。聚碳酸酯是新型热塑性工程材料，它的品种很多，工程上常用的是芳香族聚碳酸酯，具有优良的综合力学性能，近年来发展很快，产量仅次于尼龙。聚碳酸酯的化学稳定性很好，能抵抗日光、雨水和气温变化的影响，它的透明度高，成型收缩率小，制品尺寸精度高，广泛用于机械、仪表、电信、交通、航空、医疗器械等方面。

6）聚四氟乙烯（PTFE）。聚四氟乙烯是以线型晶态高聚物聚四氟乙烯为基聚合而成的塑料。其特点如下：结晶度为55%~75%，熔点为327℃。它具有优异的耐化学腐蚀性，不受任何化学试剂的侵蚀，即使在高温下，在强酸、强碱、强氧化剂中也不受腐蚀，故有“塑料王”之称；具有突出的耐热性和耐寒性，在-195~250℃范围内长期使用其力学性能几乎不发生变化；摩擦系数小，只有0.04，并有自润滑性；吸水性小，在极潮湿的条件下仍能保持良好的绝缘性；但其强度、硬度低，尤其是压缩强度不高；加工成型性差，加热后黏度大，只能用冷压烧结方法成型；在温度高于390℃时会分解出有剧毒的气体，因此加工成型时必须严格控制温度。

7）ABS塑料。ABS塑料是由丙烯腈、丁二烯、苯乙烯三种组元以苯乙烯为主体共聚而成，三种组元可以任意变化比例，制成各种品级的树脂。ABS塑料兼有三种组元的共同性能，因而成为坚韧、质硬、刚性的材料。总之，ABS塑料具有耐热性好、表面硬度高、尺寸稳定、良好的耐化学性及电性能、易于成型和机械加工等特点。此外，其表面还可以电镀。ABS塑料原料易得、性能良好、成本低廉，在机械、电气、汽车等工业领域得到广泛应用。

另外，聚甲基丙烯酸甲酯（PMMA）也是一种较为常用的热塑性塑料，俗称有机玻璃。其特点如下：透光率达92%以上，超过普通玻璃，是目前最好的透明材料；相对密度小（1.18），仅为玻璃的一半；还有很好的力学性能，拉伸强度为60~70MPa，冲击强度为1.6~2.7J/cm^2，比普通玻璃高7~8倍（当厚度均为3~6mm时）；耐紫外线并防大气老化；易于加工成型；但硬度不如普通玻璃高，耐磨性较差，易溶于有机溶剂，耐热性差，一般使用温度不能超过80℃，导热性差，热膨胀系数大。它主要用来制造各种窗、罩、光学镜片及防弹玻璃等。

（2）热固性塑料

1）酚醛塑料（PF）。俗称电木，它是以交联型非晶态热固性高聚物酚醛树脂为基，加入适当添加剂经固化处理而形成的交联型热固性塑料。它具有较高的强度、硬度和耐磨性，广泛用于机械、电子、航空、船舶、仪表等工业领域中，其缺点是质地较脆、耐光性差、色彩单调（只能制成棕黑色）。

2）环氧塑料（EP）。环氧塑料是以环氧树脂为基加入各种添加剂经固化处理形成的热固性塑料。它具有比强度高，耐热性、耐蚀性、绝缘性及加工成型性好等优点；其缺点是价格昂贵；主要用于制作模具、精密量具、电气及电子元件等重要零件。

3）氨基塑料（UF、MF）。氨基塑料是由含有氨基的化合物（主要是尿素，其次是三聚氰胺）与甲醛经缩聚反应制成氨基树脂，然后与填料、润滑剂、颜料等混合，经处理得到的热固性塑料。氨基塑料颜色鲜艳，半透明如玉，俗称电玉。它具有优良的绝缘性和突出的耐电弧性，硬度高，耐磨性好，并且耐水、耐热、难燃、耐油脂和溶剂，着色性好。主要用于压制绝缘零件、防爆电器配件及在航空、建筑、车辆、船舶等领域作为装饰材料。

5. 塑料的成型方法

塑料的成型方法因树脂的性质和制品的形式不同而不同，主要有热塑性塑料的注射成型、挤塑成型、吹塑成型，热固性塑料的压制成型、浇注成型、传递模塑成型、旋转成型、涂敷成型等。

（1）注射成型　注射成型是根据金属压铸成型原理发展起来的，是目前高分子材料成型的一种常用方法，既可用于热塑性塑料的成型，又可用于热固性塑料的成型。如图5-1所示，注射成型时，首先将松散的粉状或粒状物料从料斗送入高温的料筒内加热熔融塑化，使之成为黏流态熔体，然后在柱塞或螺杆的高压推动下以很大的流速通过喷嘴注射进入温度较低的闭合模具中。

熔体在压力作用下充满型腔并被压实，经过一段保压时间后柱塞或螺杆回程，此时，熔体可能从型腔向浇注系统倒流。制品冷却定形后，开启模具使制品从模腔中脱出。可见，塑料的注射成型过程是塑料被加热熔融塑化、注射、充模、压实、保压、倒流、冷却定形的过程。

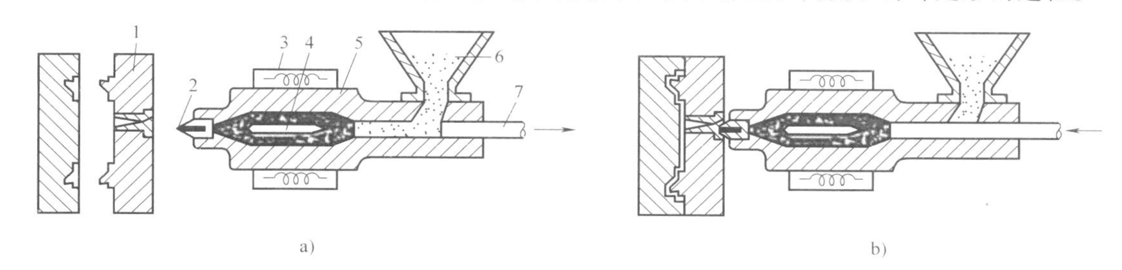

图 5-1 注射成型原理

a）注射前 b）注射中

1—模具 2—喷嘴 3—加热装置 4—分流梳 5—料筒 6—料斗 7—注射柱塞

采用注射成型方法能一次成型生产外形复杂、尺寸精确的塑料制品；生产性能好，成型周期短，一般制品只需 20~60s 即可成型；可实现自动化或半自动化作业，具有较高的生产率和技术经济指标等优点；可制造形状复杂和带金属嵌件的塑料制品，如日用塑料制品、电器外壳、塑料泵体等。因而注射成型已成为现代非金属材料成型技术中具有广泛发展前途的一种加工方法。

（2）挤塑成型　挤塑成型也称挤出成型，是加工热塑性塑料最早使用的方法之一，也是目前应用最普遍最重要的一种方法。如图 5-2 所示，该工艺是将热塑性高聚物和各种助剂混合均匀后，在挤出机的料筒内经旋转的螺杆进行输送、压缩、剪切、塑化、熔融并通过机头定量定压挤出制成制品的过程。

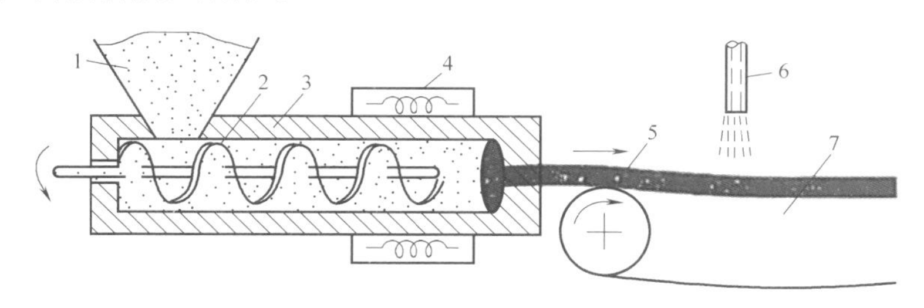

图 5-2 挤塑成型原理

1—料斗 2—螺杆 3—料筒 4—加热器 5—成型塑料 6—冷却装置 7—传送装置

挤塑成型具有设备成本低，制造容易，劳动条件好，生产率高，操作简单，工艺过程容控制，便于实现连续自动化生产，产品质量均匀、致密，可以一机多用，进行综合性生产的优点。其加工的塑料制品主要是连续的制品，如薄膜、管、板、片、棒、单丝、扁带、网、复合材料、中空容器、电线被覆及异型材等。目前，国内外挤塑成型工艺发展的总趋势是多规格、大型化、高速化和自动化。

（3）吹塑成型　吹塑成型是利用热塑性塑料可塑性良好的特点来成型的一种工艺方法。它是目前生产塑料制品的主要方法之一，主要用于生产热塑性塑料薄膜及中空制品，包括挤出吹塑和中空吹塑两种工艺方法。

1）挤出吹塑是利用挤出法将塑料挤成管坯。挤出吹塑的优点是生产率高，设备成本低，模具和机械的选择范围广；缺点是废品率较高，废料的回收利用率低，制品的厚度控制、原料的分散性受限制，成型后必须进行修边操作。

2）中空吹塑是将从挤出机挤出的、尚处于软化状态的管状热塑性塑料坯料放入成型模内，然后通入压缩空气，利用空气的压力使坯料沿模腔变形，从而吹制成颈口短小的中空制品。图5-3所示为塑料瓶吹塑成型示意图。用于中空吹塑成型的热塑性塑料品种很多，最常用的原料有聚乙烯、聚氯乙烯、聚丙烯、聚苯乙烯、热塑性聚酯、聚酰胺等。中空吹塑目前已广泛用来生产各种薄壳形中空制品、化工和日用包装容器，以及儿童玩具等。

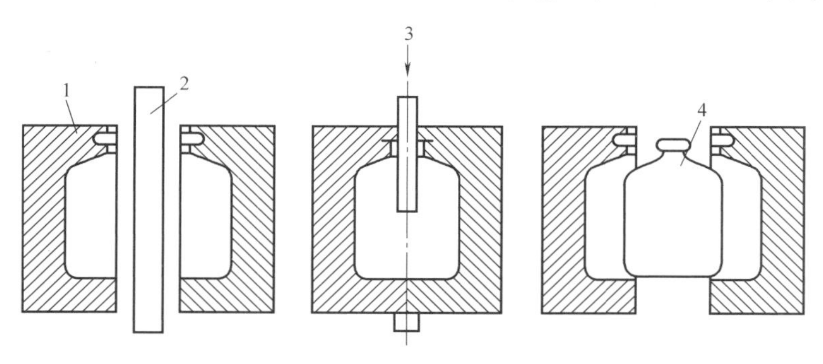

图5-3　塑料瓶吹塑成型示意图

1—模具　2—型坯　3—压缩空气　4—制品

（4）压制成型　热固性塑料大多采用压制成型。压制成型有模压法和层压法两种。层压法是用片状骨架填料在树脂溶液中浸渍，然后在层压机上加热、加压固化成型的方法。模压法是将粉状塑料放在金属模内加热软化并加压，使塑料在一定温度、压力和时间内发生化学反应，并固化成型后脱模、取出制品的成型方法。模压法主要用于热固性塑料，如酚醛、环氧、有机硅等热固性树脂的成型，在热塑性塑料方面仅用于PVC唱片生产和超高分子量聚乙烯（UHMWPE）制品的预压成型。压制成型生产的塑料板、棒、管再经机械加工就可以得到各种较为复杂的零件。

（5）浇注成型　浇注成型是将处于流动状态的高分子材料或能生成高分子成型物的液态单体材料注入特定的模具中，在一定的条件下使之反应固化，从而得到与模具模腔相一致的制品的工艺方法。浇注成型既可用于塑料制品的生产，也可用于橡胶制品的生产。它适用于流动性好、收缩小的热塑性塑料或热固性塑料，尤其宜制作体积大、质量大、形状复杂的塑料件。其设备工艺也较简单，成本较低，而且可以制造镶嵌有金属构件的制品，但生产率不如其他成型方法。

（6）传递模塑成型　为了弥补压制成型生产的缺陷，发展了传递模塑成型。将热固性树脂原料加热熔化后，加压使熔体通过浇口进入模腔内固化成型。传递模塑成型的模具可以是多个，故生产率高，其结构与注射成型的结构基本相同。

二、橡胶成型工艺

橡胶是一种具有弹性的高分子化合物。分子量一般都在几十万以上，有的甚至达到100

万。它与塑料的区别是在很宽的温度范围内（-50~150℃）处于高弹态，具有显著的高弹性。

1. 橡胶的性能特点及用途

（1）橡胶的性能特点　高弹性是橡胶最突出的特点。在外力作用下，橡胶能拉长到原始长度的1000%，还具有很高的积储能量的能力和优良的韧性、伸缩性、隔声性、阻尼性、电绝缘性和耐磨性等。

（2）橡胶的用途　橡胶用途很广，在机械制造业中可用作密封件，如旋转轴耐油密封皮碗、管道接头、密封圈等，可用于减振件，如各种减振胶垫、胶圈、汽车底盘橡胶弹簧等，也可用于滚动传动件，如传动带、轮胎，还可用于承受载荷的弹性件，如橡胶轴承、缓冲器、制动器等。在电气领域用作各种导线、电缆的绝缘材料和电子元件的整体包封材料等。

2. 橡胶的组成

纯橡胶的性能随温度的变化有较大的差别，高温时发黏，低温时变脆，易被溶剂溶解，因此，必须添加其他组分且经过特殊处理后制成橡胶材料方可使用。橡胶由生胶和橡胶配合剂组成。

（1）生胶　它是橡胶制品的主要组分，对其他配合剂来说起着黏结剂的作用。使用不同的生胶，可以制成不同性能的橡胶制品。生胶可以是天然的，也可以是合成的。

（2）橡胶配合剂　它的种类很多，可分为硫化剂、硫化促进剂、增塑剂、防老剂、补强剂、填充剂、发泡剂及着色剂等。加入配合剂是为了提高橡胶制品的使用性能或改善加工工艺性能。下面介绍以下几种配合剂：

1）硫化剂。使橡胶分子产生交联成为三维网状结构，这种交联过程称为硫化。硫化剂主要品种有硫碳化合物、有机含硫化合物、过氧化物等。

2）硫化促进剂。促进生胶与硫化剂的反应，缩短硫化时间、减少硫化剂的用量，主要有氧化锌、氧化镁等。硫化促进剂往往要在活性状态下才能有效发挥作用。

3）增塑剂。橡胶作为弹性体，为便于加工必须使其具有一定的塑性，才能和各种配合剂混合。增塑剂的加入，增加了橡胶的塑性，改善了黏附力，降低了橡胶的硬度，提高耐寒性。常用增塑剂有硬脂酸、凡士林及一些油类等。

4）防老剂。延缓橡胶老化，从而延长其使用寿命，主要有石蜡、蜂蜡等。

5）补强剂。能使硫化橡胶的拉伸强度、硬度、耐磨性、弹性等性能有所改善，主要有炭黑、陶土等。

6）填充剂。增加橡胶的强度，增加容积、降低成本。在制造橡胶时，加入的填充剂能提高橡胶力学性能的称为活性填料，能提高其他某些性能以及减少橡胶用量的称为非活性填料。常用的活性填料有炭黑、白陶土、氧化锌等，非活性填料有滑石粉、硫酸钡等。

7）发泡剂。使制品呈多孔和空心状态，主要有碳酸氢钠等。

8）着色剂。使橡胶制品具有各种颜色，且兼有耐光、防老化、补强与增容等作用，主要有锌白、钡白、炭黑、铁红、铬黄和铬绿等。

3. 常用橡胶

橡胶品种很多，按原料来源可分为天然橡胶和通用合成橡胶；按应用范围又可分为通用橡胶和特种橡胶。

（1）天然橡胶　天然橡胶是橡树上流出的胶乳，经过凝固、干燥、加压等工序制成生胶，橡胶含量在90%以上，是以异戊二烯为主要成分的不饱和状态的天然高分子化合物。

天然橡胶有较好的弹性（弹性模量为3~6MPa），较好的力学性能（硫化后拉伸强度为17~29MPa），有良好的耐碱性，但不耐浓强酸，还具有良好的绝缘性。其缺点是耐油性差、耐热性差、抗臭氧老化性差。天然橡胶广泛用于制作轮胎等橡胶制品。

（2）通用合成橡胶　通用合成橡胶的种类很多，常用的有以下几种：

1）丁苯橡胶。它是由丁二烯和苯乙烯聚合而成的，是产量最大、应用最广的合成橡胶，其主要品种有丁苯-10、丁苯-30、丁苯-50等。丁苯橡胶的耐磨性、耐油性、耐热性及抗臭氧老化性优于天然橡胶，并可以任意比例与天然橡胶混用，价格低廉。其缺点是生胶强度低，黏结性差，成型困难，弹性不如天然橡胶，主要用于制作轮胎、胶带、胶管等。

2）顺丁橡胶。它是由丁二烯聚合而成的，产量仅次于丁苯橡胶居第二位。它的突出特点是弹性高，耐磨性、耐热性、耐寒性均优于天然橡胶。其缺点是强度低、加工性差、抗断裂性差，主要用于制作轮胎、胶带、减振部件、绝缘零件等。

3）氯丁橡胶。它是由氯丁二烯聚合而成，其力学性能与天然橡胶相近，具有高弹性、高绝缘性、高强度，并耐油、耐溶剂、耐氧化、耐酸、耐热、耐燃烧、抗老化等，有万能橡胶之称。其缺点是耐寒性差、密度大、生胶稳定性差，主要用于制作输送带、风管、电缆包皮、输油管等。

（3）特种合成橡胶

1）丁腈橡胶。它是由丁二烯和丙烯腈共聚而成，是特种橡胶中产量较大的品种。其优点是耐油、耐热、耐燃烧、耐磨、耐火、耐碱、耐有机溶剂、抗老化性好。其缺点是耐寒性差，脆化温度为-10~-20℃，耐酸性和绝缘性差。丁腈橡胶的品种很多，主要有丁-18、丁腈-26、丁腈-40等。数字表示丙烯腈的质量分数，数字越大，橡胶中丙烯腈的质量分数就越高，其强度、硬度、耐磨性、耐油性等也随之升高，但耐寒性、弹性、透气性下降。丙烯腈质量分数一般在15%~50%为宜。丁腈橡胶主要用于制作耐油制品，如油桶、油槽、输油管等。

2）硅橡胶。它是由二基硅氧烷与其他有机硅单体共聚而成的。硅橡胶具有高的耐热性和耐寒性，在-100~350℃范围内可以保持良好的弹性，抗老化性、绝缘性好。其缺点是强度低，耐磨性、耐酸碱性差，价格昂贵，主要用于飞机和宇航中的密封件、薄膜和耐高温的电线、电缆等。

3）氟橡胶。它是以碳原子为主链，含有氟原子的聚合物。其优点是化学稳定性高，耐蚀性居各类橡胶之首，耐热性好，最高使用温度为300℃。其缺点是价格昂贵，耐寒性差，加工性不好，主要用于国防和高新技术中的密封件和化工设备等。

4. 橡胶制品的成型

制备橡胶材料时，生胶需经过塑炼，然后加入配合剂进行混炼，加工成型，然后再进行硫化处理。天然橡胶和多数合成橡胶塑性太低，与橡胶配合剂不易混合均匀，也难以加工成型，所以生胶需要塑炼，即生胶在机械作用或化学作用下，适当降低高聚物的分子量，增加可塑性。塑炼设备主要有密闭式炼胶机（密炼机）或开放式炼胶机（开炼机）。用机械方法将塑炼胶和各种配合剂完全均匀分散的过程称为混炼。下面介绍橡胶制品的成型工艺。

（1）压延成型　压延成型是将加热塑化的热塑性塑料通过一组两个以上相向旋转的辊筒间隙，而使其成为规定尺寸的连续片材的成型工艺。压延是生产高分子材料薄膜和片材的成型工艺，既可用于塑料，也可用于橡胶，用于加工橡胶时主要是生产片材（胶片）。

压延过程是利用一对或数对相对旋转的加热辊筒，使物料在辊筒间隙被压延而连续形成一定厚度和宽度的薄型材料。所用设备为压延机。加工时需先用双辊混炼机或其他混炼装置供料，把加热、塑化的物料加入压延机中，待压延机各辊筒也加热到所需温度，物料顺次通过辊筒间隙，被逐渐压薄；最后一对辊的辊间距决定制品厚度。压延成型过程如图 5-4 所示。

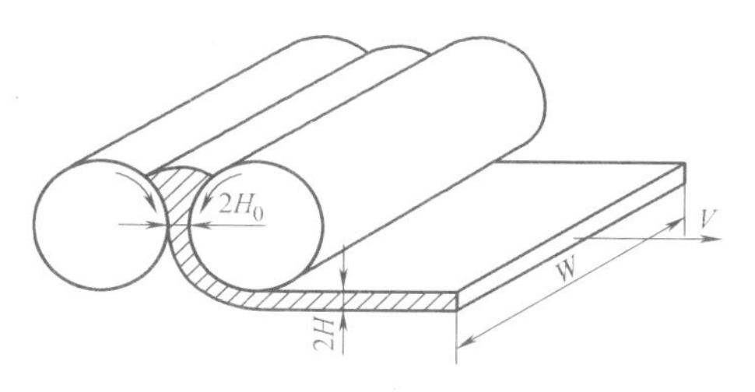

图 5-4 压延成型过程

压延机的主体是一组加热的辊筒，按辊筒数目可分为两辊、三辊或更多。

在压延成型过程中，必须协调辊温和转速，控制每对辊的转速比，保持一定的辊筒间隙存料量，调节辊间距，以保证产品外观及有关性能。离开压延机后片料通过引离辊，如需压花则应趁热通过压花辊，最后经冷却并卷曲成卷。

压延成型的生产特点是加工能力大，生产速度快，产品质量好，生产连续，产品厚薄均匀、表面平整，自动化程度高。压延成型的主要缺点是设备庞大，投资较高，维修复杂，制品宽度受压延机辊筒的限制等，因而在生产连续片材方面不如压出成型的技术发展快。

（2）压出成型　橡胶的压出与塑料的挤出，在所用设备及加工原理方面基本相似。

压出是橡胶加工中的一项基础工艺。其基本过程是在压出机中对胶料加热与塑化，通过螺杆的旋转，使胶料在螺杆和料筒壁之间受到强大的挤压力，不断地向前移送，并借助口型压出各种断面的半成品，以达到初步造型的目的。在橡胶工业中压出的制品很多，如轮胎胎面、内胎、胶管内外层胶、电线、电缆护套以及各种异形断面的制品等。

影响橡胶压出成型的主要因素有：胶料的组成和性质、压出温度、压出速度和压出物的冷却过程。

（3）模压成型　模压成型是将混合均匀的粉末置于模具中，在压力机上制成一定形状的坯体。模压成型时，加压方式、加压速度和保压时间对坯体的密度有较大影响。加压速度不能过快，保压时间不能过短，否则坯体的质量不均匀，内部气体较多。对于小型、较薄的坯料可适当增加加压速度，缩短保压时间提高效率。而对于大型、较厚的坯料，开始加压速度要慢，起到预压作用，中间速度加快，最后放慢并保压一定时间。模压成型坯体密度较大，尺寸精度、机械强度高，收缩小，并且操作简单，生产率高，是工程橡胶成型中最常用的工艺。但模压成型不适于坯体生产，因坯体性能不均匀，而且模具磨损大，成本高，而适合于成型高度为 0.3~60mm、直径为 5~500mm 的简单坯体，并且要注意坯体的高度与直径的比值，比值越小，坯体的质量越均匀。

课后练习

1. 简述常用工程塑料的种类、性能和应用。
2. 塑料的组成有哪些？各组成物有哪些作用？
3. 塑料的成型工艺主要有哪些？外形复杂的塑料（如玩具）一般采用何种工艺成型？
4. 橡胶的组成有哪些？各组成物有哪些作用？
5. 橡胶的成型工艺主要有哪些？

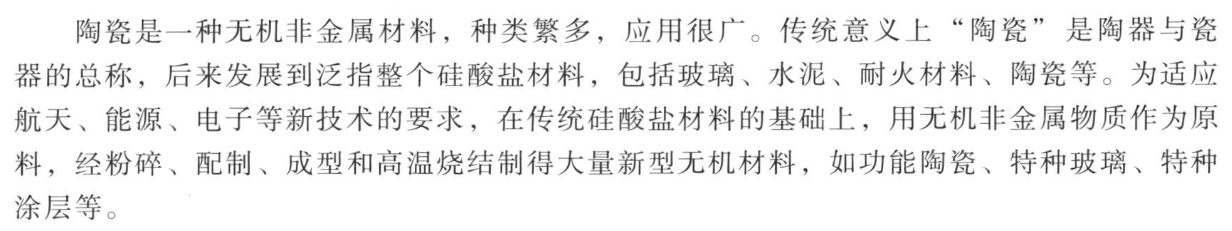

第二节 陶瓷材料的成型工艺

陶瓷是一种无机非金属材料，种类繁多，应用很广。传统意义上“陶瓷”是陶器与瓷器的总称，后来发展到泛指整个硅酸盐材料，包括玻璃、水泥、耐火材料、陶瓷等。为适应航天、能源、电子等新技术的要求，在传统硅酸盐材料的基础上，用无机非金属物质作为原料，经粉碎、配制、成型和高温烧结制得大量新型无机材料，如功能陶瓷、特种玻璃、特种涂层等。

1. 陶瓷材料的分类

陶瓷材料种类很多，按使用的原材料可分为普通陶瓷和特种陶瓷，按特性和用途等可分为工程陶瓷和功能陶瓷两大类，见表 5-1。

表 5-1 陶瓷材料的分类

分类	特性	典型材料及状态	主要用途
工程陶瓷	高强度(常温、高温)	Si_3N_4,SiC(致密烧结体)	发动机耐热部件:叶片、转子、活塞、内衬、喷嘴、阀门
	韧性	Al_2O_3,B_4C,金刚石(金属结合),TiN,TiC,WC(致密烧结体)	切削工具
	硬度	Al_2O_3,B_4C,金刚石(粉状)	研磨材料
功能陶瓷	绝缘性	Al_2O_3(高纯致密烧结体,薄片状) BeO(高纯致密烧结体)	集成电路衬底,散热性绝缘衬底
	介电性	$BaTiO_3$(致密烧结体)	大容量电容器
	压电性	$Pb(Zr_xTi_{1-x})O_3$(经极化致密烧结体)	振荡元件、滤波器
		ZnO(定向薄膜)	表面波延退元件
	热电性	$Pb(Zr_xTi_{1-x})O_3$(经极化致密烧结体)	红外检测元件
	铁电性	PLZT(致密透明烧结体)	图像记忆元件
	离子导电性	β-Al_2O_3(致密烧结体)	钠硫电池
		稳定 Zr_2(致密烧结体)	氧量敏感元件
	半导体	$LaCrO_3$,SiC	电阻发热体
		$BaTiO_3$(控制显微结构)	正温度系数热敏电阻
		SnO_2(多孔质烧结体)	气体敏感元件
		ZnO(烧结体)	变阻器
	软磁性	$Zn_{1-x}Mn_xFe_2O_4$(经极化致密烧结体)	记忆运算元件、磁心、磁带
	硬磁性	$SrO \cdot 6Fe_2O_3$(致密烧结体)	磁铁

2. 陶瓷材料的组成

陶瓷的晶体结构比金属复杂得多，它们以离子键和共价键为主要结合键结合在一起。在显微镜下观察，可看到陶瓷材料的显微组织通常由三种不同的相组成，即晶体相、玻璃相和气相。

（1）晶体相　晶体相是陶瓷材料中最主要的相，它的结构、数量、形态和分布决定陶瓷的主要性能和应用。例如，刚玉陶瓷的主晶相是 α-Al_2O_3，由于其结构紧密，因而具有强度高、耐高温、耐腐蚀的特点。

（2）玻璃相　玻璃相是非晶态结构的低熔点固态相。对于不同陶瓷，玻璃相的质量分数不同，有时多达 20%～60%。玻璃相的作用是粘结分散的晶体相，填充晶体相之间的空隙，降低烧结温度，抑制晶粒长大，但玻璃相对陶瓷的强度、介电性、耐热性、耐火性和化学稳定性不利。

（3）气相　气相（气孔）在陶瓷材料中占有重要地位，大部分气孔在陶瓷生产工艺过程中不可避免地残存下来，有时为了满足特殊需要，还要有目的地控制气孔的生成。特种陶瓷中的气孔一般占体积的 0～10%。除多孔陶瓷外，气孔是应力集中的地方，它使陶瓷的强度降低，常常是造成断裂的根源。

3. 陶瓷材料的性能

（1）陶瓷材料的力学性能

1）弹性模量。陶瓷材料的弹性模量比金属材料大得多，在各类材料中最高。例如，钢的弹性模量为（2.0～2.2）$\times10^5$MPa，而氧化铝的弹性模量可达 3.8$\times10^5$MPa，并且陶瓷材料在受压状态下的弹性模量 $E_{压}$ 一般大于拉伸状态下的弹性模量 $E_{拉}$，而金属在受压和受拉状态下的弹性模量相等。

2）强度。陶瓷材料的理论强度是实际强度的 20～100 倍。这主要是因为陶瓷的结构复杂，相的不均匀性和气孔使强度降低。

陶瓷材料显微组织复杂，不均匀，表面裂纹、杂质和缺陷多。陶瓷材料的抗拉强度低，而抗压强度非常高。

3）硬度。陶瓷材料的突出特点是高硬度，其硬度数值常用莫氏硬度即刻划硬度来表示。莫氏硬度共分为十级，用于表示材料硬度的相对高低，其数值越大，硬度越高。陶瓷的莫氏硬度一般在 7～9.5 之间。

4）塑性与韧性。陶瓷材料的最大弱点是塑性与韧性很差。一般陶瓷在室温下塑性为零，这是因为陶瓷晶体的滑移系很少，位错运动所需的力很大，另外，与陶瓷材料结构中的结合键强度也有关。

（2）陶瓷材料的物理、化学性能

1）熔点。陶瓷材料的熔点很高，一般在 2000℃以上，而且有很好的高温强度，同时具有高温抗蠕变能力。因此，陶瓷是很有前途的高温材料。

2）导热性。陶瓷的导热性比金属差，其原因是没有自由电子的传热作用和气孔对传热不利。所以，陶瓷多为较好的绝热材料。

3）热稳定性。陶瓷的热稳定性比金属低得多，这是陶瓷的另一个主要缺点。热稳定性一般用急冷到水中不破裂所能承受的最高温度来表示。日用陶瓷的热稳定性为 220℃，而且多数陶瓷不耐急冷急热，经不起热冲击。

4）化学稳定性。陶瓷具有非常稳定的结构，很难与介质中的氧发生反应，即使1000℃的高温也不会氧化。一般情况下，陶瓷对酸、碱、盐等腐蚀介质具有较强的耐蚀性，也能抵抗熔融的非铁金属（如铜、铝）的侵蚀，是很好的坩埚材料。

5）导电性。陶瓷的导电性变化范围很广。由于缺乏自由电子的导电机制，大多数陶瓷是良好的绝缘体，但不少陶瓷既是离子导体，又有一定的导电性。所以，陶瓷也是重要的半导体材料。

4. 常用陶瓷材料

（1）普通陶瓷　普通陶瓷是指黏土类陶瓷。它是以粘土、石英、长石为原料配制烧结而成。这类陶瓷质地坚硬而脆性大，具有很好的绝缘性、耐蚀性、加工成型性，成分和结构复杂，因而强度较低，耐高温性能不及其他陶瓷，一般只能承受1200℃的高温。

（2）特种陶瓷

1）氧化铝陶瓷。主要成分为Al_2O_3的陶瓷，也称为高铝陶瓷。当Al_2O_3的质量分数在90%~99.5%时称为刚玉瓷。按Al_2O_3含量可分为75瓷、85瓷、96瓷、99瓷等。

氧化铝陶瓷的硬度高，耐高温性能好，在氧化性气氛中可在1200℃使用，而且耐蚀性好，强度比普通陶瓷高3~6倍，红硬性可达1200℃，耐磨性好，因而可用于制造工具、模具、量具、轴承和腐蚀条件下工作的轴承。它可制作熔炼铁、钴、镍等的坩埚、高温热电偶套管、化工用泵、阀门等。氧化铝陶瓷具有很好的绝缘性，可制作内燃机火花塞等；缺点是脆性大，抗热振性差。

2）氧化锆陶瓷。氧化锆陶瓷的特点是呈弱酸性和惰性，热导率很小，耐热性高，有良好的耐蚀性。氧化锆陶瓷可用于制造高温耐火坩埚、发热元件、炉衬、反应堆的绝热材料、金属表面的防护涂层等，还可以制造与金属部件连接、要求耐热绝热的机器零件，如柴油机的活塞顶、气缸套和气缸盖等。

3）氮化硅陶瓷。氮化硅陶瓷可用反应烧结法和热压烧结法生产。两种成型工艺所得产品在性能上相差很大，应用范围也有所不同。热压氮化硅的组织致密，密度可达3.2g/cm^3，气孔率为2%以下，因而强度高，可达720MPa。但由于受模具限制，热压氮化硅陶瓷只能制作形状简单且精度要求不高的零件，主要用于制造刀具，可切削淬火钢、冷硬铸铁、钢结硬质合金、镍基合金等，也可制造转子发动机的叶片、高温轴承等。

反应烧结氮化硅的密度只有2.4~2.6g/cm^3，因而强度低于热压氮化硅。反应烧结的氮化硅陶瓷常用来制造尺寸精度高、形状复杂的耐磨、耐蚀、耐高温、电气绝缘的零件，如在腐蚀介质下工作的机械密封环、高温轴承、热电偶套等，输送铝液的管道和阀门，燃气轮机叶片及农药喷雾器的零件等。

4）碳化硅陶瓷。碳化硅陶瓷最大的特点是高温强度高，仅次于氧化铍。它的硬度高，热稳定性、耐磨性、导热性也很好，还具有良好的耐蚀性和抗高温蠕变能力。因此碳化硅陶瓷是一种优良的高温结构材料，常用于制造火箭尾部喷管的喷嘴，浇注金属液用的喉嘴以及炉管、热电偶保护套管、高温热交换器、高温轴承、核燃料的包封材料和各种泵的密封圈等。

5）氮化硼陶瓷。氮化硼有六方晶系和立方晶系两种晶型。六方氮化硼的晶体结构、性能均与石墨相似，因而有“白石墨”之称，它具有良好的耐热性、热稳定性、导热性、高温介电强度，是理想的散热材料和高温绝缘材料。另外，氮化硼陶瓷的化学稳定性、自润滑性也很好，常用于制造高温热电偶的保护套管、熔炼半导体的坩埚、冶金用高温容器、半导体散热绝缘零件、高温轴承、玻璃成型模具等。

立方氮化硼的结构牢固，有极高的硬度。其硬度和金刚石接近，能耐2000℃的高温，是优良的耐磨材料，为金刚石的代用品。目前它只用于磨料和金属切削刀具。

6）氧化铀、氧化钍陶瓷。氧化铀、氧化钍陶瓷具有很高的熔点和密度，并且有放射性。这两种氧化物陶瓷主要用于制造熔化难熔金属铑、铂的坩埚及核动力反应堆的放热元件等。

5. 陶瓷材料的成型方法

陶瓷材料的成型方法很多，按坯料的性能可分为三类：可塑法、注浆法和压制法。

（1）可塑法　可塑法又称为塑性料团成型法。在坯料中加入一定量的水分或细化剂，使之成为具有良好塑性的料团，通过手工或机械成型。日用陶瓷和陶瓷艺术品都是通过手工塑形的方法成型的，注射成型属于机械的可塑法成型。

注射成型是将粉料与有机黏结剂混合后，加热混炼，制成粒状粉料，用注射成型机在130~300℃下注射入金属模具中，冷却后黏结剂固化，取出坯体，经脱脂后就可按常规工艺烧结。这种工艺成型简单，成本低，压坯密度均匀，适用于复杂零件的自动化大规模生产。

（2）注浆法　注浆法又称为料浆成型法，分为一般注浆成型和热压注浆成型。这种成型方法是将陶瓷颗粒悬浮于液体中，然后注入多孔质模具，由模具的气孔把料浆中的液体吸出，而在模具内留下坯体，如图5-5所示。

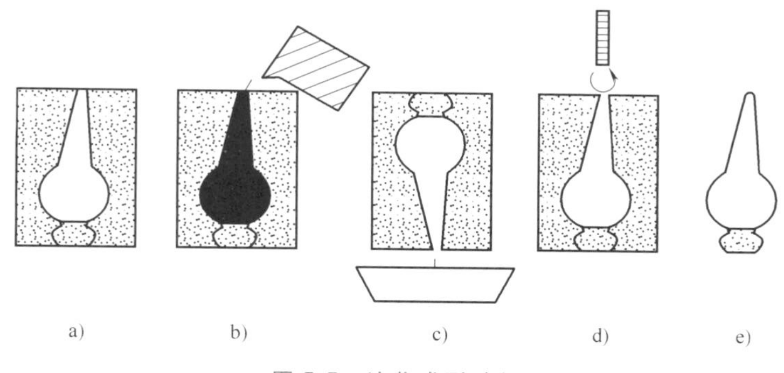

图5-5　注浆成型过程

a）石膏模　b）注浆　c）倒余浆　d）修口　e）注件

料浆成型的工艺过程包括料浆制备、模具制备和料浆浇注三个阶段。料浆制备是关键工序，其要求具有良好的流动性、足够小的黏度、良好的悬浮性、足够的稳定性等。最常用的模具为石膏模，近年来也有用多孔塑料模的。料浆浇注入模具并吸干其中液体后，拆开模具取出注件，去除多余料，在室温下自然干燥或在可调温装置中干燥。该成型方法可制造形状复杂、大型薄壁的制品。

热压注浆成型是利用蜡类材料热熔冷固的特点，把粉料与熔化的蜡料黏结剂迅速搅和成具有流动性的料浆，在热压铸机中用压缩空气把热熔料浆注入金属模，冷却凝固后成型。热压注浆成型的成型操作简单，模具损失小，可成型复杂制品，但坯体密度较低，生产周期长。

另外，金属铸造生产的离心铸造、真空铸造、压力铸造等工艺方法也被引用于注浆成型，并形成了离心注浆、真空注浆、压力注浆等方法。离心注浆适用于制造大型环状制品，而且坯体壁厚均匀；真空注浆可有效去除料浆中的气体；压力注浆可提高坯体的致密度，减少坯体中的残留水分，缩短成型时间，减少制品缺陷，是一种较先进的成型工艺。

（3）压制法　压制法又称为粉料成型法。它是将含有一定水分和添加剂的粉料在金属模中用较高的压力压制成型，与粉末冶金成型方法完全一样。常见的压制法有干压成型、等静压成型等。

1）干压成型。它是将粉料装入钢模内，通过模冲对粉末施加压力，压制成具有一定形状和尺寸的压坯的成型方法。卸模后将坯体从阴模中脱出。由于压制过程中粉末颗粒之间、粉末与模冲、模壁之间存在摩擦，使压力损失而造成压坯密度分布不均，故常采用双向压制并在粉料中加入少量有机黏结剂（如油酸），有时加入少量黏结剂（如聚乙烯醇）以增强粉料的黏结力。该方法一般适用于形状简单、尺寸较小的制品。

2）等静压成型。它又称为静水压成型，是利用液体介质不可压缩性和均匀传递压力性的一种成型方法。等静压成型可分为湿式等静压成型和干式等静压成型两种。湿式等静压成型是将预压好的坯料包封在弹性的橡胶模或塑料模内，然后置于高压容器中施以高压液体（如水、甘油或制动油等，压力通常在100MPa以上）来成型坯体。因为是处在高压液体中、各个方向上受压而成型坯体，所以称为湿式等静压。它主要适用于成型多品种形状较复杂、产量小和大型制品。

等静压成型有很多优点，例如对模具无严格要求，压力容易调整，坯体均匀致密，烧结收缩小，不易变形开裂等。此工艺的缺点是设备比较复杂，操作烦琐，生产率低，目前仍只限于生产具有较高要求的电子元件及其他高性能材料。

课后练习

1. 分析陶瓷材料的相组成及性能特点。
2. 常用工业陶瓷的种类有哪些？它们各有哪些性能及用途？
3. 陶瓷材料主要有哪些成型方法？

第三节　复合材料的成型工艺

随着航空航天、电子、通信以及机械和化工工业的发展，对材料性能要求越来越高，除要求材料具有高的比强度、比模量、耐高温性、抗疲劳性等以外，还对耐磨性、尺寸稳定性、减振性、无磁性、绝缘性等提出特殊要求，这对单一材料来说是不易实现的。若采用复合技术，把一些具有不同性能的材料复合起来，取长补短，就可满足这些特殊性能要求，于是出现了现代复合材料。复合材料是由两种或两种以上性质不同的材料组合起来的一种多相固体材料。它不仅保留了组成材料各自的优点，而且具有单一材料所没有的优异性能。

1. 复合材料的分类

复合材料的种类很多，分类不统一，但主要根据基体材料、增强材料的形态和复合材料性能进行分类。

（1）按基体材料分类　可分为金属基复合材料，如铝基、铜基、镍基复合材料等；非金属基复合材料，如塑料（树脂）基、橡胶基、陶瓷基复合材料等。

（2）按增强材料的形态分类　可分为纤维增强复合材料、颗粒增强复合材料、叠层增强复合材料等。这三类增强材料中，以纤维增强复合材料发展最快、应用最广。

（3）按复合材料性能分类　可分为结构复合材料和功能复合材料。结构复合材料是指用于结构零件的复合材料；功能复合材料是指具有某种特殊物理或化学特性的复合材料，根据其功能不同可分为导电、磁性、换能、阻尼、摩擦等复合材料。

2. 复合材料的性能特点

不同种类的复合材料具有不同的性能特点。非均质多相复合材料一般具有如下特点：

（1）高的比强度和比模量　比强度是抗拉强度与密度之比。比强度越大，零件自重越小。比模量是弹性模量与密度之比。比模量越大，零件的刚度越大。复合材料一般都具有较高的比强度和比模量。例如，碳纤维和环氧树脂组成的复合材料，其比强度是钢的 7 倍，比模量比钢的大 3 倍，这对高速运转的零件、要求减轻自重的运输工具和工程构件意义重大。

（2）良好的抗疲劳性能　纤维复合材料特别是纤维树脂复合材料对缺口、应力集中敏感性小，且纤维与基体界面能够阻止疲劳裂纹扩展并改变裂纹扩展方向。因此纤维复合材料有较高的疲劳极限。如金属材料的疲劳极限为抗拉强度的 40%～50%，而碳纤维复合材料的疲劳极限可达其抗拉强度的 70%～80%。

（3）优良的高温性能　用能在高温下保持高强度的纤维作为增强纤维时，可显著提高复合材料的高温性能。如铝合金在 300℃时强度由 500MPa 降到 30～50MPa，弹性模量几乎为零，当用碳纤维或硼纤维增强后，在此温度下强度和弹性模量基本上与室温相同。

（4）减振性能好　因为结构的自振频率与材料比模量的平方根成正比，而复合材料的比模量高，因此可以较大程度地避免构件在工作状态下产生共振。又因为纤维与基体界面有吸收振动能量的作用，即使产生振动也会很快地衰减下来，所以纤维增强复合材料有良好的减振性。

（5）断裂安全性好　纤维复合材料中有大量独立的纤维，平均每平方厘米面积上有几千到几万根纤维，当纤维断裂时，载荷就会重新分配到其他未断裂的纤维上。因为构件极少在短期内突然断裂，所以断裂安全性好。

复合材料的缺点是具有各向异性，横向的抗拉强度和层间抗剪强度比纵向的低得多，伸长率低，冲击韧性较差，易老化，成本较高。

3. 常用复合材料

（1）纤维增强复合材料

1）增强纤维材料。

① 玻璃纤维。玻璃纤维是将熔化的玻璃以极快的冷却速度拉成细丝而制得的。按玻璃纤维中碱含量的不同，可分为无碱玻璃纤维（碱的质量分数小于 2%）、中碱玻璃纤维（碱的质量分数为 2%～12%）、高碱玻璃纤维（碱的质量分数大于 12%）。随含碱量的增加，玻璃纤维的强度、绝缘性、耐蚀性降低，因此高强度玻璃纤维增强复合材料多用无碱玻璃纤维。

玻璃纤维的价格便宜、制作方便，被广泛应用。其优点是：强度高，抗拉强度可达

1000~3000MPa；弹性模量高［$(3\sim5)\times10^5$MPa］；密度小，仅为 2.5~2.7g/cm³，与铝相近，是钢的 1/3；比强度和比模量较高；化学稳定性好；不吸水，不燃烧；尺寸稳定；隔热，吸声，绝缘。缺点是：脆性大，耐热性低，250℃以上开始软化。

② 碳纤维和石墨纤维。碳纤维是将人造纤维（黏胶纤维、聚丙烯腈纤维等）在 200~300℃的空气中加热并施加一定张力进行预氧化处理，然后在氮气的保护下，在 1000~1500℃的高温下进行碳化处理而制得，其碳的质量分数可达 85%~95%。由于它具有高强度，称为高强度碳纤维，也称Ⅱ型碳纤维。若将碳纤维在 2500~3000℃的高温下进行石墨化处理，石墨晶体的层面有规则地沿纤维方向排列，具有高的弹性模量，这种碳纤维称为石墨纤维，也称Ⅰ型碳纤维。碳纤维的优点是：密度小（1.33~2.0g/cm³），弹性模量高［$(2.8\sim4)\times10^5$MPa］；高温和低温性能好，在 1500℃以上惰性气体中强度不变，在-180℃下脆性增加，导电性好。缺点是：脆性大、易氧化，与基体结合力差。

③ 硼纤维。用化学沉积法将非晶态硼涂敷到钨丝或碳丝上而制得。它的优点是：具有高熔点（2300℃）、高强度（2450~2750MPa）、高弹性模量［$(3.8\sim4.9)\times10^5$MPa］，在无氧化条件 1000℃时其弹性模量不变，还具有良好的抗氧化性和耐蚀性。缺点是：工艺复杂，成本高，且纤维直径较粗，所以它在复合材料中的应用不如玻璃纤维和碳纤维广泛。

④ 碳化硅纤维。它是用碳纤维作为底丝，通过气相沉积法而制得。它具有高熔点、高强度（平均抗拉强度达 3090MPa）、高弹性模量（1.96×10^5MPa），其突出优点是具有优良的高温强度，在 1100℃时其强度仍高达 2100MPa，主要用于增强金属陶瓷。

2）纤维增强复合材料。

① 玻璃纤维-树脂基复合材料，也称玻璃钢。由于成本低，工艺简单，它是应用最广泛的复合材料。通常按树脂的性质可分为热塑性玻璃钢和热固性玻璃钢两类。

热塑性玻璃钢是由 20%~40%的玻璃纤维和 60%~80%的基体材料（如尼龙、ABS 等）组成，具有高强度和高冲击韧性、良好的低温性能及低热膨胀系数。

热固性玻璃钢是由 60%~70%的玻璃纤维（或玻璃布）和 30%~40%的基体材料（如环氧树脂、聚酯树脂等）组成。其主要优点是密度小、强度高，比强度超过一般高强度钢、铝合金和钛合金，耐磨性、绝缘性和绝热性好，吸水性低，防磁、微波穿透性好，易于加工成型。缺点是弹性模量低，只有结构钢的 1/5~1/10，刚性差，耐热性比热塑性玻璃钢好，但不够高，只能在 300℃以下工作。

② 碳纤维-树脂复合材料，也称碳纤维增强树脂基复合材料。这类复合材料常由碳纤维与聚酯树脂、酚醛树脂、环氧树脂、聚四氟乙烯树脂等组成。其性能优于玻璃钢，优点是密度小，强度高，弹性模量高，比强度和比模量高，并具有优良的抗疲劳性能、耐冲击性能，良好的自润滑性、减摩性、耐磨性、耐蚀性和耐热性。缺点是碳纤维与基体的结合力低，各向异性严重。它主要用于航空、航天、机械制造、汽车工业及化学工业中。

③ 硼纤维-树脂基复合材料。该类复合材料主要由硼纤维和环氧树脂、聚酰亚胺树脂等组成，具有高的比强度和比模量，良好的耐热性。如硼纤维-环氧树脂复合材料的弹性模量分别为铝合金、钛合金的三倍和两倍，比模量则为铝合金、钛合金的四倍。缺点是各向异性严重、加工困难，成本太高。它主要用于航空、航天工业。

3）纤维-金属（或合金）基复合材料。

纤维-金属基复合材料是由高强度、高模量的脆性纤维和具有较好韧性的低屈服强度的

金属或合金组成。常用的纤维有硼纤维、石墨纤维、碳化硅纤维。常用的基体有铝及其合金、钛及其合金、铜及其合金、镍合金、银和铅等。

① 硼纤维-铝（或合金）基复合材料。该复合材料是纤维-金属基复合材料中研究较成功、应用极广的一种复合材料，由硼纤维和纯铝、变形铝合金、铸造铝合金组成。其性能优于硼纤维-环氧树脂复合材料，也优于铝合金和钛合金。它具有高的拉伸模量和横向模量，高抗压强度、高抗剪强度和抗疲劳强度，主要用于制造飞机或航天器蒙皮、大型壁板等。

② 石墨纤维-铝（或合金）基复合材料。该复合材料由石墨纤维与纯铝、变形铝合金、铸造铝合金组成。它具有高的比强度和高温强度，在500℃时其比强度为铁合金的1.5倍，主要用于航空、航天工业。

③ 硼纤维-钛合金基复合材料。这类复合材料由硼纤维、改性硼纤维、碳化硅纤维与钛合金组成。它具有低密度、高强度、高弹性模量、高耐热性、低膨胀系数，是理想的航空、航天用结构材料。如碳化硅纤维、改性硼纤维和Ti-6A1-4V钛合金组成的复合材料，其密度为$3.6g/cm^3$，比钛还轻，抗拉强度为1.21×10^3MPa，弹性模量为2.34×10^5MPa，热膨胀系数为$(1.39\sim1.75)\times10^{-6}$/℃。目前，硼纤维-钛合金基复合材料还处于研究和试用阶段。

4）纤维-陶瓷基复合材料。

纤维-陶瓷基复合材料是由碳纤维或石墨纤维与陶瓷组成的复合材料。碳（或石墨）纤维能大幅度地提高冲击韧性和防热、防振性，降低陶瓷的脆性，而陶瓷又能保持碳（或石墨）纤维在高温下不被氧化，因而具有很高的高温强度和弹性模量。如碳纤维-氮化硅复合材料可在1400℃下长期使用，还可用于制造飞机发动机叶片；又如碳纤维-石英陶瓷复合材料，冲击韧性比烧结石英陶瓷大40倍，抗弯强度大5~12倍，比强度、比模量成倍提高，能承受1200~1500℃气流的冲击，是一种很有前途的新型复合材料。

（2）叠层复合材料 叠层复合材料是由两层或两层以上不同材料结合而成。其目的是发挥各组成材料的最佳性能，以得到更为有用的材料。用叠层增强法可使复合材料的强度、刚度、耐磨性、耐蚀性、绝热性、隔声性、减轻自重等性能分别得到改善。常见叠层复合材料如下：

1）双层金属复合材料。该材料是将两种不同性能的金属，用胶合或熔合铸造、热压、焊接、喷涂等方法复合在一起以满足某种性能要求的材料。最简单的双层金属复合材料是将两块具有不同热膨胀系数的金属板胶合起来，利用它热胀冷缩的翘曲变形，来测量和控制温度。此外，典型的双层金属复合材料还有不锈钢-普通碳素钢复合钢板、合金钢-普通钢复合钢板等。

2）塑料-金属多层复合材料。该类复合材料的典型代表是SF型三层复合材料。它是以钢为基体，烧结铜网或铜球为中间层，塑料为表面层的自润滑材料。其力学性能取决于基体，而摩擦、磨损性能取决于塑料表层。中间层系多孔性青铜，其作用是使三层之间有较强的结合力，且一旦塑料磨损露出青铜也不致磨伤轴。

（3）颗粒增强型复合材料

1）颗粒增强复合材料。这类复合材料的典型代表是金属陶瓷和砂轮。它具有高硬度、高强度、耐磨损、耐腐蚀和热膨胀系数小等优点，常被用来制造工具，如金属陶瓷作为刀具刃部材料，砂轮作为磨削材料。

2）弥散强化复合材料。这类复合材料是由尺寸较小的金属氧化物粒子与金属组成的。

由于弥散相金属氧化物熔点高、硬度大而且稳定，该材料的高温力学性能很好，具有较高的抗蠕变性能和高温屈服强度等。

4. 复合材料的成型方法

复合材料的成型方法较多，本节重点介绍纤维增强树脂基复合材料的成型方法。

(1) 手糊成型法　手糊成型法是树脂基复合材料生产中最早使用和最简单的一种工艺方法。尽管随着复合材料工业的迅速发展，新的成型方法不断涌现，但在世界各国的树脂基复合材料成型工艺中，该方法仍占相当的比例。手糊成型法又称接触成型法，先在经清理并涂有脱模剂的模具上均匀刷上一层树脂，再将纤维增强织物按要求裁剪成一定形状和尺寸，直接铺贴到模具上，并使其平整。多次重复以上步骤，层层铺贴，制成坯件，然后固化成型。

手糊成型可生产波形瓦、浴盆、储罐、风机叶片、汽车壳体、飞机机翼、火箭外壳等。手糊成型的最大特点是以手工操作为主，适用于多品种、小批量生产，且不受尺寸和形状的限制，但劳动条件差，产品精度较低，承载能力低。现在世界各国的树脂基复合材料成型工艺中手糊成型仍占相当大的比例。

(2) 喷射成型法　喷射成型是将经过特殊处理而雾化的树脂与短切纤维混合并通过喷射机的喷枪喷射到模具上，至一定厚度时，用压辊排泡压实，再继续喷射，直至完成坯件制作固化成型的方法，如图 5-6 所示。该方法主要用于不需要加压、室温固化的不饱和聚酯树脂材料。喷射成型生产率高，劳动强度低，节省原材料，制品形状和尺寸受限制小，产品整体性好，但场地污染大，制品承载能力低，适于制造船体、浴盆、汽车车身等大型部件。

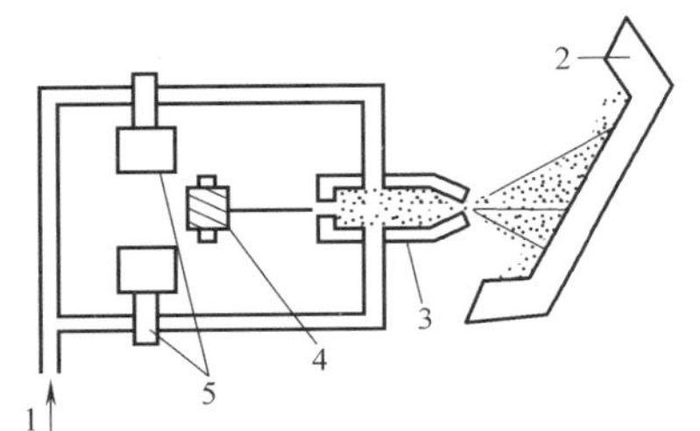

图 5-6　喷射成型
1—气源　2—模具　3—喷枪
4—纤维　5—树脂罐与泵

(3) 缠绕成型　缠绕成型是制造具有回转体形状的复合材料制品的基本成型方法。它是将浸渍树脂的纤维，按照要求的方向有规律、均匀地布满芯模表面，然后送入固化炉固化，脱去芯模即可得到所需制品，如图 5-7 所示。该方法的基本设备是缠绕机、固化炉和芯模。

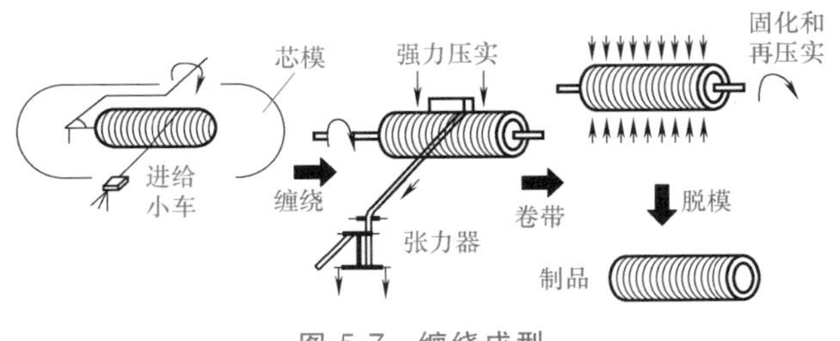

图 5-7　缠绕成型

缠绕成型可按设计要求确定缠绕方向、层数和数量，获得等强度结构，机械化、自动化程度高，产品质量好。该方法目前主要用于缠绕圆柱体、球体及某些回转体制品，但对于非回转体制品，缠绕规律及缠绕设备比较复杂，目前正处于研究阶段。

(4) 其他成型方法　树脂基复合材料的成型方法还有模压成型法、注射成型法、拉挤成型法等。模压成型法与注射成型法的工艺过程与塑料成型基本相同。拉挤成型法是将浸渍过树脂胶液的连续纤维束或带状织物，在牵引装置的作用下，通过具有一定截面形状的成型模具定型，在模腔内固化成型，脱模后加热固化，而制成特定截面形状的复合材料型材。

金属基复合材料和陶瓷基复合材料的成型方法分别与金属材料和陶瓷材料的成型方法类似。金属基复合材料成型过程常常也是复合过程，复合工艺主要有固相法（如扩散结合、粉末冶金）和液相法（如压铸、精铸、真空吸铸等）。陶瓷基复合材料的成型方法分为两类，一类是针对短纤维、晶须、晶片和颗粒等增强体，基本采用传统的陶瓷成型工艺，即热压烧结和化学气相渗透法，另一类是针对连续纤维增强体，如料浆浸渍后热压烧结法和化学气相渗透法。

课后练习

1. 复合材料有哪些性能特点？
2. 常用的复合材料有哪几类？比较分析其性能和用途。
3. 树脂基复合材料主要有哪些成型方法？
4. 在复合材料成型时，手糊成型为什么被广泛采用？它适合于哪些制品的成型？
5. 请举例说明常见的非金属材料是用何种成型工艺制造出来的。

第六单元

UNIT 6

金属切削加工

知识目标：

1. 了解工件表面的成型方法。
2. 了解切削运动的分类。
3. 掌握切削用量的含义。
4. 了解车削加工的主要特点。
5. 掌握车床的类型。
6. 掌握刀具几何角度。
7. 了解常用的铣床类型。
8. 了解钻床的加工特点和常用刀具。
9. 了解镗床的加工范围。
10. 了解刨削和插削的加工特点。
11. 掌握磨床的特性。
12. 了解数控加工的特点。

能力目标：

1. 能够根据工件选择合适的加工方法。
2. 能够合理选用刀具。
3. 能够查阅相关手册确定零件的切削用量。
4. 能够根据零件编制加工工艺流程。
5. 能够合理选择机床。

素养目标：

1. 能够理解各加工方法在工业生产中的应用。
2. 具有严谨的工作态度和成本意识。
3. 掌握 6S 管理方法。
4. 具备搜索、阅读、鉴别资料和文献，获取信息的能力。
5. 了解在党的领导下我国装备制造业取得的巨大成就，弘扬实干精神。
6. 强化爱国主义教育，发扬党的光荣传统和优良作风，增强责任感和使命感。

第一节　机械加工基本知识

一、工作表面成型方法

加工金属时，虽然各种类型机床的具体用途和加工方法各不相同，但工作原理基本相同，即所有机床都必须通过刀具和工件之间的相对运动，切除工件上多余的金属，形成具有一定形状、尺寸和表面质量的工件表面，从而获得所需的机械零件。因此通过机床加工机械零件的过程，其实质就是形成零件上各个工作表面的过程。

1. 工件的表面形状

机械零件的形状多种多样，但构成其内、外轮廓表面的都是几种基本形状的表面：平面、圆柱面、圆锥面以及各种成型面。这些基本形状的表面都属于线性表面，既可经济地在机床上进行加工，又较易获得所需精度。

2. 工件表面的成型方法

机器零件上每一个表面都可看作是一条线（母线）沿着另一条线（导线）运动的轨迹。母线和导线统称为形成表面的生线（生成线、成型线）。在切削加工过程中，这两根生线是通过刀具的切削刃与毛坯的相对运动而展现的，并把零件的表面切削成型。

图 6-1 所示是轴的外圆柱面成型。外圆柱面是由直线 1（母线）沿圆 2（导线）运动而形成的。外圆柱面就是成型表面，直线 1 和圆 2 就是它的两根生线。

普通螺纹表面是由“∧”形线 1（母线）沿螺旋线 2（导线）运动而形成的。螺纹表面就是成型表面，它的两根生线就是“∧”形线 1 和空间螺旋线 2，如图 6-2 所示。

直齿圆柱齿轮齿面的成型如图 6-3 所示。渐开线齿廓的直齿圆柱齿轮齿面是由渐开线 1 沿直线 2 运动而形成的。渐开线 1 和直线 2 就是成型表面（齿轮齿面）的两根生线——母线和导线。

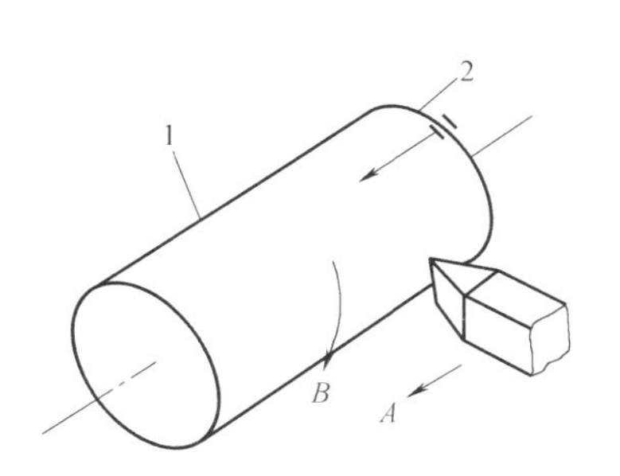

图 6-1　轴的外圆柱面的成型

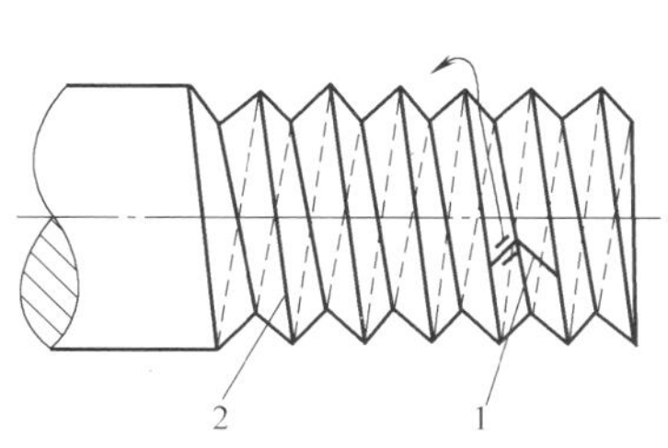

图 6-2　普通螺纹表面的成型

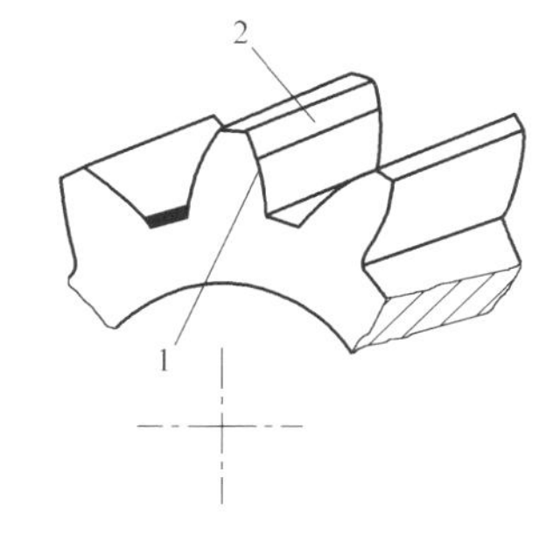

图 6-3　直齿圆柱齿轮齿面的成型

在上述举例中不难发现，有些表面其母线和导线可以互换，如圆柱面和直齿圆柱齿轮的渐开线齿廓表面等，称为可逆表面。而有些表面其母线和导线不可互换，如圆锥面、螺纹面等，称为不可逆表面。一般可逆表面可采用的加工方法要多于不可逆表面。

3. 生线的形成方法

在机床上加工零件时，零件所需形状的表面是通过刀具和工件的相对运动，用刀具的切削刃切削出来的，其实质就是借助一定形状的切削刃以及切削刃与被加工表面之间按一定规律的相对运动，形成所需的母线和导线。由于加工方法和使用的刀具结构及其切削刃形状的不同，机床上形成生线的方法与所需运动也不同，概括起来有以下四种：

（1）轨迹法　轨迹法（图 6-4a）是利用刀具做一定规律的轨迹运动 3 来对工件进行加工的方法。切削刃与被加工表面为点接触（实际是在很短一段长度上的弧线接触），因此切削刃可看作是一个点 1。为了获得所需生线 2，切削刃必须沿着生线做轨迹运动。因此，采用轨迹法形成生线需要一个独立的成型运动。

（2）成型法　采用各种成型刀具加工时，切削刃是一条与所需形成的生线完全吻合的切削线 1，它的形状与尺寸和生线 2 一致（图 6-4b）。用成型法形成生线，不需要专门的成型运动。

（3）相切法　由于加工方法的需要，切削刃是旋转刀具（铣刀或砂轮）上的切削点 1。刀具做旋转运动，刀具中心按一定规律做轨迹运动 3，切削点的运动轨迹与工件相切（图 6-4c），形成生线 2。因此，采用相切法形成生线，需要两个独立的成型运动（其中包括刀具的旋转运动）。

（4）展成法　展成法是利用工件和刀具做展成切削运动来对工件进行加工的方法（图 6-4d）。切削刃是一条与需要形成的生线共轭的切削线 1，它与生线 2 不相吻合。在形成生线的过程中，展成运动 3 使切削刃与生线相切并逐点接触而形成与它共轭的生线。

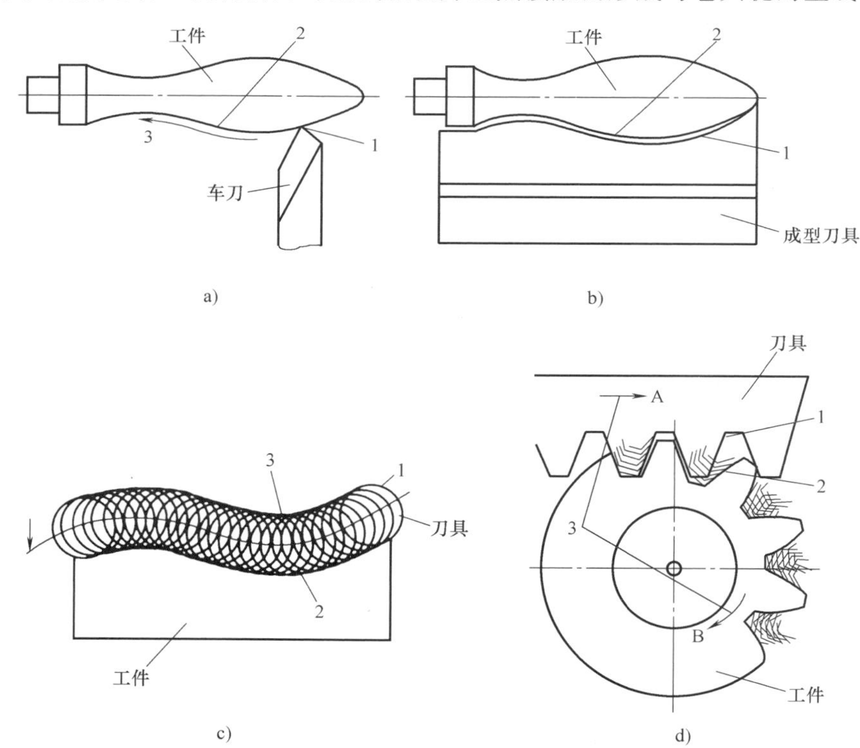

图 6-4　生线的形成方法

a）轨迹法　b）成型法　c）相切法　d）展成法

用展成法形成生线时，刀具和工件之间的相对运动通常由两个运动（旋转+旋转或旋转+移动）组合而成，这两个运动之间必须保持严格的运动关系，彼此不能独立，它们共同组成一个复合的运动，这个运动称为展成运动。如图 6-4d 所示，工件旋转运动 B 和刀具直线移动 A 是形成渐开线的展成运动，它们必须保持严格的运动关系：B 转过一个齿时，A 移动一个齿距，相当于齿轮在齿条上滚动时其自身转动和移动的运动关系。

二、切削运动和切削用量

在切削加工过程中，刀具和工件之间必须完成一定的相对运动，这种相对运动称为切削运动。按各运动在切削加工中的作用不同，切削运动可分为主运动和进给运动。

1. 主运动

主运动是从工件上切下切屑所需要的最基本的运动，也是切削运动中速度最高、消耗功率最多的运动。如图 6-5 所示，车削时工件的旋转运动，铣削和钻削时刀具的旋转运动，刨削时刨刀的直线往复运动，磨削时磨轮的旋转运动等，都是该加工方法的主运动。在各类切削加工中，主运动只有一个。

2. 进给运动

进给运动是维持切削过程，使待切除的金属层不断投入切削，从而完成整个表面加工所需要的刀具与工件之间的相对运动。其特点是消耗的功率比主运动小。进给运动可以是连续的运动，也可以是间歇运动，可以有一个或多个。车削时车刀沿工件轴向的移动，刨削时工件的间歇移动，钻削时钻头的轴向移动，铣削时工件随工作台的移动，内、外圆磨削时工件的旋转运动和移动等，都是这些加工方法的进给运动。

当主运动和进给运动同时进行时，由主运动和进给运动合成的运动称为合成切削运动。刀具切削刃上选定点相对于工件的瞬时运动方向称为合成运动方向，其速度称为合成切削速度。合成切削速度 v_e 为同一选定点的主运动速度 v_c 与进给速度 v_f 的矢量和。

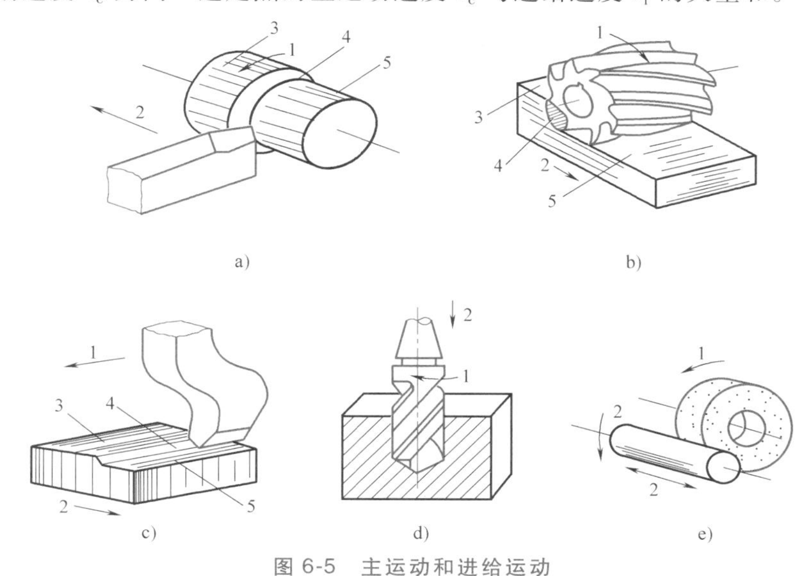

图 6-5　主运动和进给运动

a）车削　b）铣削　c）刨削　d）钻孔　e）磨削

1—主运动　2—进给运动　3—未加工表面　4—过渡表面　5—已加工表面

三、切削用量

在切削加工中，刀具切过工件一个单程所切除的工件材料层称为切削层。在加工外圆时，工件旋转一周，刀具从位置Ⅰ移到位置Ⅱ，切下的工件Ⅰ与Ⅱ之间的材料层即为切削层。图 6-6 中 *ABCD* 称为切削层公称横截面积。

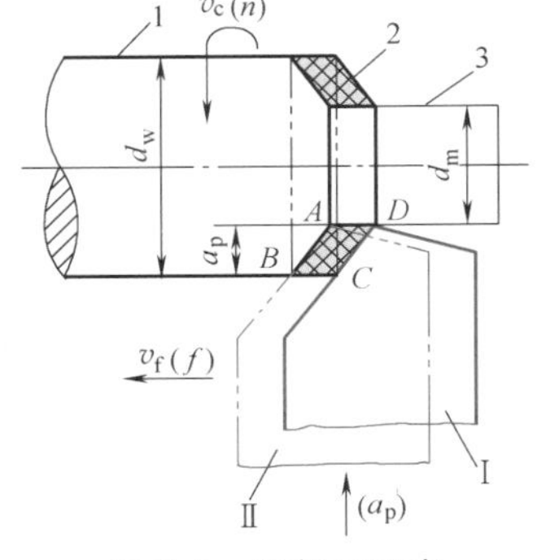

图 6-6 切削层要素

1. 切削过程中工件的表面

如图 6-6 所示，工件在切削加工过程中形成了三个不断变化着的表面：

（1）已加工表面　工件上被刀具切削后形成的新表面。

（2）待加工表面　工件上等待被切除的表面。

（3）过渡表面　刀具切削刃正在切削的表面，也称加工表面，它是待加工表面与已加工表面的连接表面。

2. 切削用量

切削用量包括切削速度、进给量和背吃刀量，通常称为切削用量三要素。

（1）切削速度　刀具切削刃上选定点相对于工件主运动的瞬时线速度称为切削速度，用 v_c 表示，单位为 m/s 或 m/min。当主运动是旋转运动时，切削速度计算公式为

$$v_c = \frac{\pi dn}{1000}$$

式中　d——工件加工表面或刀具选定点的旋转直径（mm）；

n——主运动的转速（r/s 或 r/min）。

（2）进给量　刀具在进给方向上相对于工件的位移量称为进给量，通常用刀具或工件主运动每转或每行程的位移量来度量，用 f 表示，单位为 mm/r。

单位时间内刀具在进给运动方向上相对工件的位移量，称为进给速度，用 v_f 表示，单位为 mm/s 或 m/min。

当主运动为旋转运动时，进给量 f 与 v_f 进给速度之间的关系为

$$v_f = fn$$

（3）背吃刀量　工件已加工表面和待加工表面之间的垂直距离，称为背吃刀量，也称切削深度，用 a_p 表示，单位为 mm。

外圆车削时

$$a_p = \frac{(d_w - d_m)}{2}$$

式中　d_w——待加工表面直径（mm）；

d_m——已加工表面直径（mm）。

课后练习

1. 工件表面的成型方法有哪些？
2. 如何区分机床的主运动和进给运动？
3. 切削过程中的工件表面有哪些？
4. 切削用量有哪些？它们的单位是什么？

第二节 车削加工

一、车削加工特点

车削是指工件做回转主运动，车刀做进给运动的切削加工方法。车削加工主要用于加工回转体，如图 6-7 所示，能加工外圆、内孔、螺纹、成型面等。因此，车削加工是金属切削

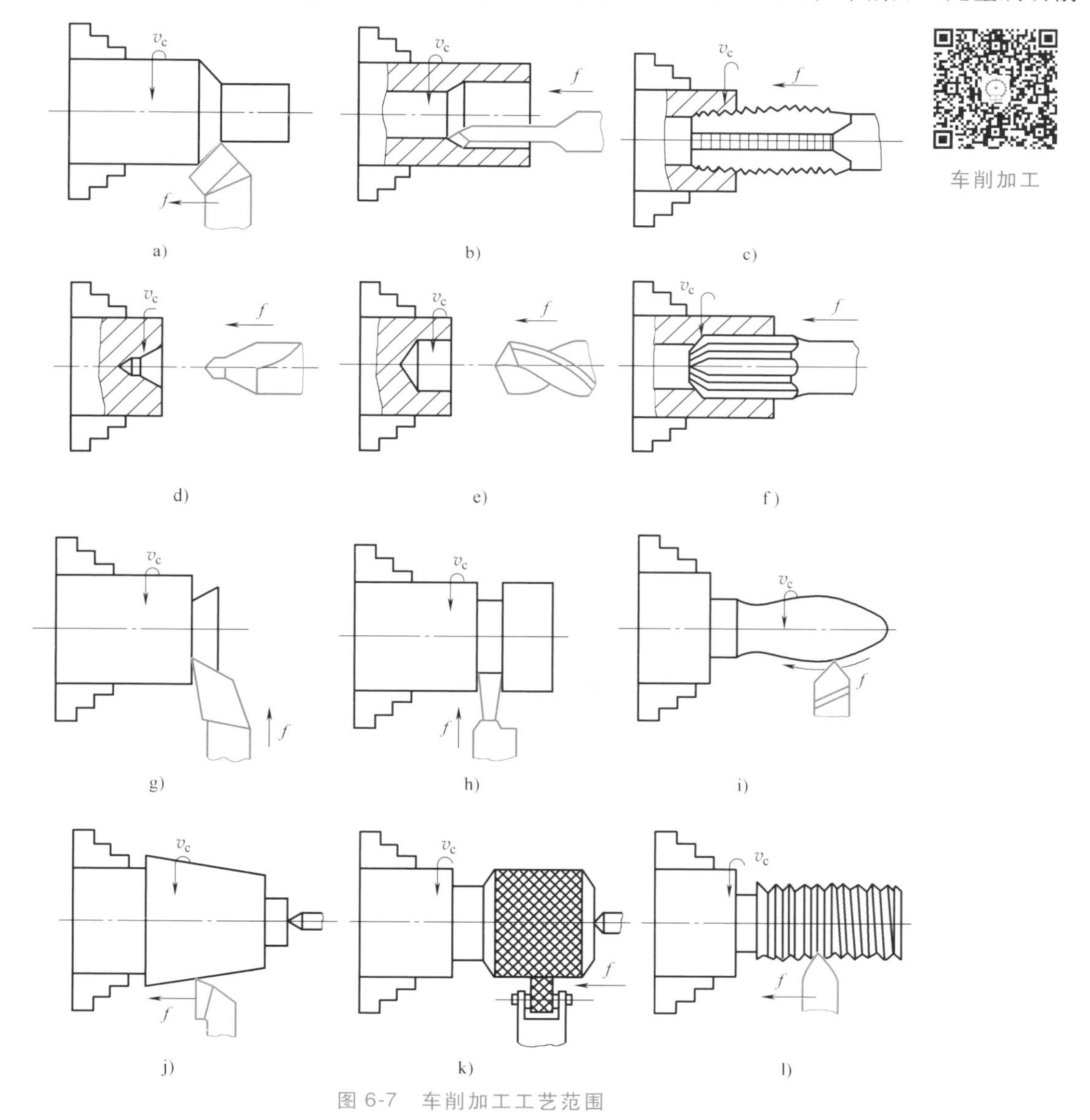

图 6-7 车削加工工艺范围

a）车外圆 b）车孔 c）攻螺纹 d）钻中心孔 e）钻孔 f）铰孔
g）车端面 h）车槽 i）车成型面 j）车锥面 k）滚花 l）车螺纹

加工中最基本、最常用的加工方法，其他的加工方法都可以看作是车削加工的变形。

车削加工由于加工过程连续，切削力变化不大，切削过程平稳，所以车削加工的加工精度较高。而且车削加工经一次装夹就能加工出外圆面、内圆面、锥面、台阶面以及端面等，因此，依靠车床自身的精度就能保证各加工面之间的位置精度。车削加工时，在一般情况下，车刀与工件始终接触，基本上没有冲击现象，可以采用很高的切削参数进行切削，所以生产率较高。而且，车削加工适应多种材料、多种表面、较大的尺寸范围和精度等级范围，因此加工范围广泛。此外，车削加工还有刀具简单、生产成本较低的特点。

二、车床简介

车床的种类很多，按用途和结构的不同，主要分为卧式车床、立式车床、转塔车床以及自动车床、半自动车床和多轴车床等。此外，还有专用车床、数控车床等。

1. CA6140 型卧式车床

如图 6-8 所示，卧式车床主要组成部件有主轴箱 1、刀架部件 2、尾座 3、床身 4、溜板箱 8、进给箱 10 等。

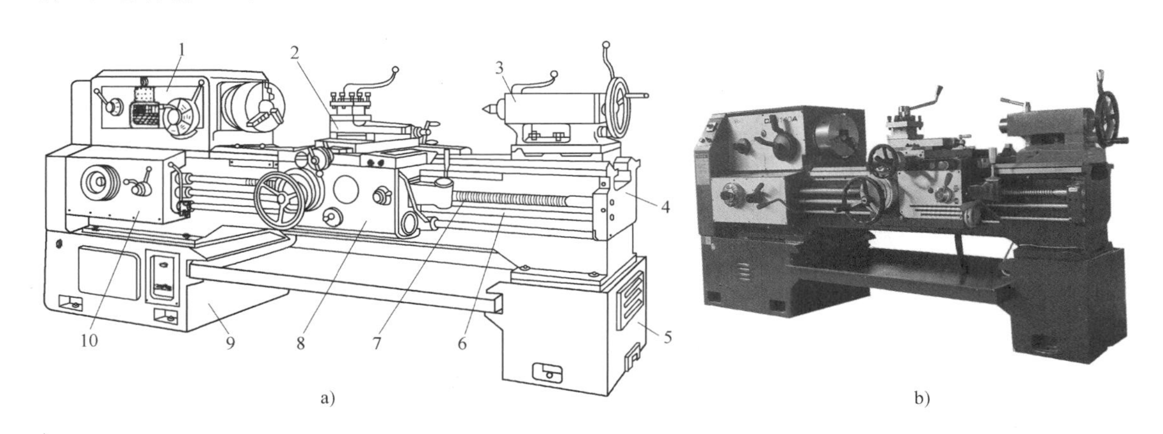

图 6-8 卧式车床

1—主轴箱 2—刀架部件 3—尾座 4—床身 5—右床座
6—光杠 7—丝杠 8—溜板箱 9—左床座 10—进给箱

2. 立式车床

立式车床可用来加工大型盘类零件。它的主轴处于竖直位置，安装工件用的花盘（或卡盘）处于水平位置。即使安装大型零件，运转仍很平稳。立柱上装有横梁，可上下移动；立柱及横梁上都装有刀架，可做上下左右移动。

立式车床主要用于加工直径大、长度短的大型、重型工件和不易在卧式车床上装夹的工件。如果工件回转直径满足卧式机床的情况下，太重的工件在卧式车床上不易装夹，且由于本身自重，还会对加工精度有影响，采用立式车床可以解决上述问题。

立式车床一般可分为单柱式（图 6-9a）和双柱式（图 6-9b）。小型立式车床一般做成单柱式，大型立式车床做成双柱式。

立式车床主轴轴线为垂直布局，工作台台面处于水平面内，因此工件的夹装与找正比较方便。这种布局减轻了主轴及轴承的载荷，因此立式车床能够较长期地保持工作精度。

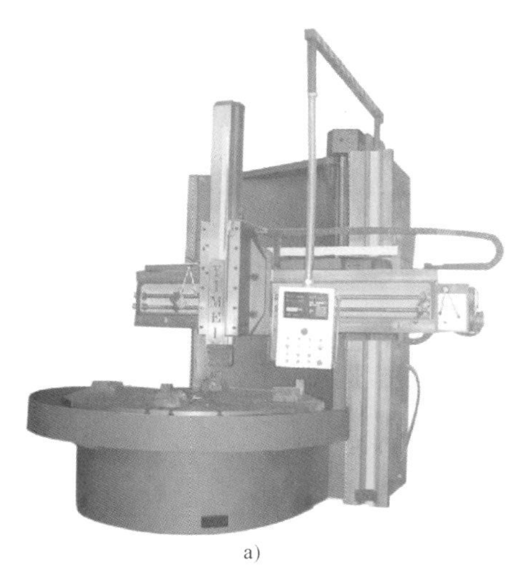

a)

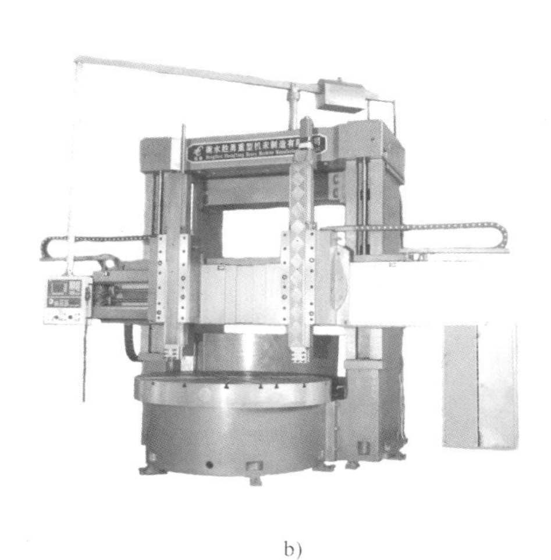

b)

图 6-9　立式车床

3. 自动车床

自动车床（图 6-10）一般用于仪表、电子零件、钟表等行业成批小零件的加工，它的送料及进给运动都使用凸轮来进行控制，加工速度快，加工精度较高。

图 6-10　自动车床

三、装夹方式

车削时，必须将工件安装在车床的夹具上，经过定位、夹紧，使它在整个加工过程中始终保持正确的位置。工件安装是否正确可靠，直接影响生产率和加工质量。

1. 自定心卡盘装夹

自定心卡盘如图 6-11 所示，它的三个卡爪是同步运动的，能自动定心。

2. 两顶尖装夹

对于较长的或必须经过多次装夹加工的轴类零件，或工序较多，车削后还要铣削和磨削的轴类零件，要采用两顶尖装夹，如图 6-12 所示，以保证每次装夹时的装夹精度。

3. 一夹一顶装夹

由于两顶尖装夹刚性较差，在车削一般轴类工件，尤其是较重的工件时，常采用一夹一顶装夹，如图 6-13 所示。为了防止工件的轴向位移，须在卡盘内装一限位支承，或利用工件的轴肩来限位。由于一夹一顶装夹工件的安装刚性好，轴向定位准确，且比较安全，能承受较大的轴向切削力，因此应用很广泛。

4. 单动卡盘装夹

单动卡盘（图 6-14）有四个各自独立运动的卡爪，它们不像自定心卡盘的卡爪那样同时做径向移动。四个卡爪的背面都有半圆弧形螺纹与丝杠啮合，在每个丝杠的顶端都有方孔，用来插卡盘钥匙的方榫，转动卡盘钥匙，便可通过丝杠带动卡爪单独移动，以适应所夹持工件尺寸的需要。通过四个卡爪的相应配合，可将工件装夹在卡盘中，与自定心卡盘一样，卡盘背面有定位台阶（止口）或螺纹与车床主轴上的连接盘连接成一体。它的优点是夹紧力较大，装夹精度较高，不受卡爪磨损的影响。因此，适用于装夹形状不规则或大型的工件。

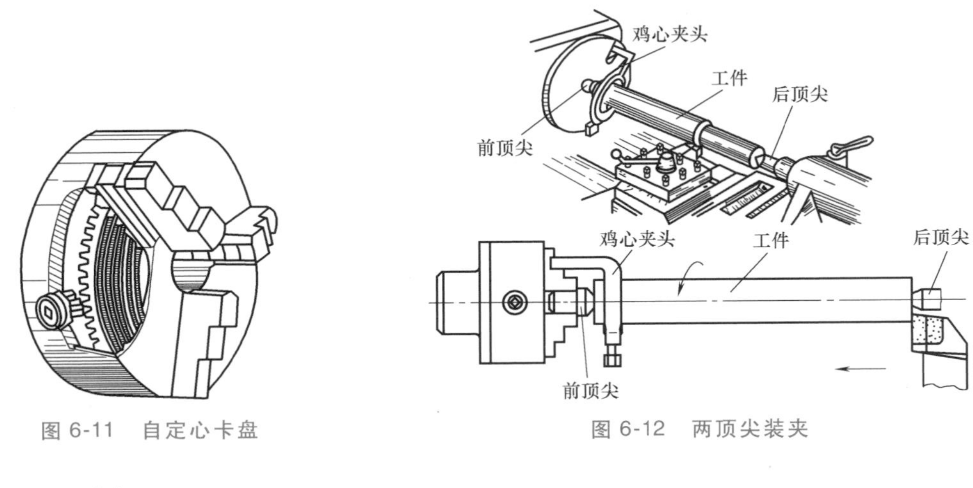

图 6-11　自定心卡盘

图 6-12　两顶尖装夹

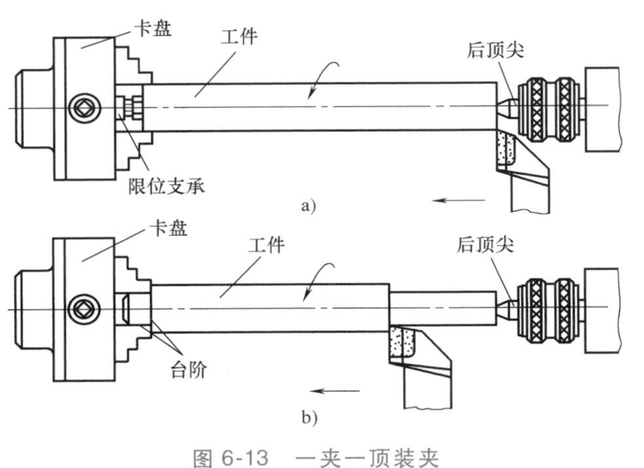

图 6-13　一夹一顶装夹

a）利用限位支撑定位　b）利用零件轴肩定位

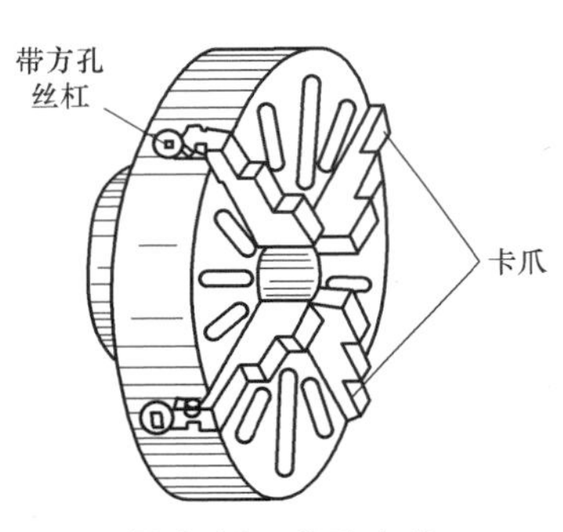

图 6-14　单动卡盘

四、常用刀具

车削加工通常都是在车床上进行的，主要用于加工回转表面及其端面。在加工中一般工件做旋转运动，刀具做纵向和横向进给运动。

车刀的种类很多，一般可按用途和结构分类。

1. 按用途分类

车刀按其用途可分为外圆车刀、内孔车刀、端面车刀、切断车刀、螺纹车刀等，如图 6-15 所示。

外圆车刀又分直头外圆车刀和弯头外圆车刀，还常以主偏角的数值来命名，如 $\kappa_r = 90°$ 时称为 90°外圆车刀，$\kappa_r = 45°$时称为 45°外圆车刀。

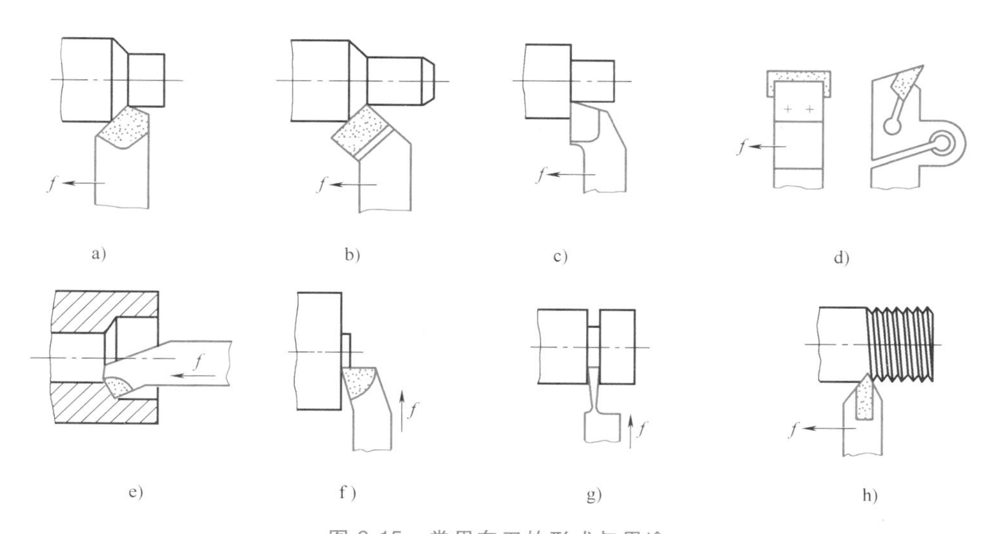

图 6-15 常用车刀的形式与用途

a）直头外圆车刀 b）弯头外圆车刀 c）90°外圆车刀 d）宽刃精车外圆车刀

e）内孔车刀 f）端面车刀 g）切断车刀 h）螺纹车刀

2. 按结构分类

车刀按结构可分为整体车刀、焊接车刀、机夹车刀、可转位车刀和成型车刀等。

（1）整体车刀 用整块高速工具钢做成长条形状，俗称白钢刀。刃口可磨得较锋利，主要用于小型车床或加工有色金属，如图 6-16 所示。

（2）焊接车刀 它是将一定形状的刀片和刀柄用纯铜或其他焊料通过镶焊连接成一体的车刀，如图 6-17 所示，一般刀片选用硬质合金，刀柄用 45 钢。

焊接车刀结构简单，制造方便，可根据需要刃磨，但其切削性能取决于工人的刃磨水平，并且焊接时会降低硬质合金硬度，易产生热应力，严重时会导致硬质合金产生裂纹，影响刀具寿命。此外，焊接车刀刀杆不能重复使用，刀片用完后，刀杆也随之报废。

（3）机夹车刀 如图 6-18 所示，机夹车刀是指用机械方法定位，夹紧刀片，通过刀片的体外刃磨与安装倾斜后，综合形成所需几何角度的车刀。机夹车刀可用于加工外圆、端面、内孔，以及车槽、车螺纹等。

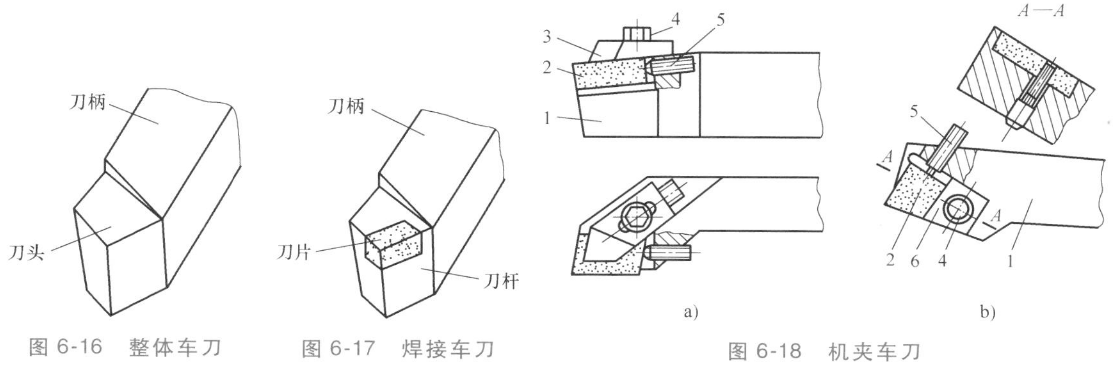

图 6-16 整体车刀

图 6-17 焊接车刀

图 6-18 机夹车刀

a）上压式机夹车刀 b）侧压式机夹车刀

1—刀杆 2—刀片 3—压板 4—螺钉 5—调整螺钉 6—楔块

机夹车刀的优点在于避免了焊接引起的缺陷，刀杆能多次使用，刀具几何参数的设计选用灵活。如采用集中刃磨对提高刀具质量、方便管理、降低刀具费用等方面都有利。

机夹车刀设计时必须从结构上保证刀片夹固可靠，刀片重磨后应可调整尺寸，有时还应考虑断屑的要求。常用的刀片夹紧方式有上压式和侧压式两种。

（4）可转位车刀　可转位车刀是将可转位刀片用机械夹固的方法装夹在特制刀杆上的一种车刀，如图 6-19 所示。它由刀片、刀垫、刀柄、刀杆及螺钉等元件组成。刀片上压制出断屑槽，周边经过精磨，刃口磨钝后可方便地转位换刃，不需要重磨就可使新的切削刃投入使用，只有当全部切削刃都用钝后才需更换新刀片。

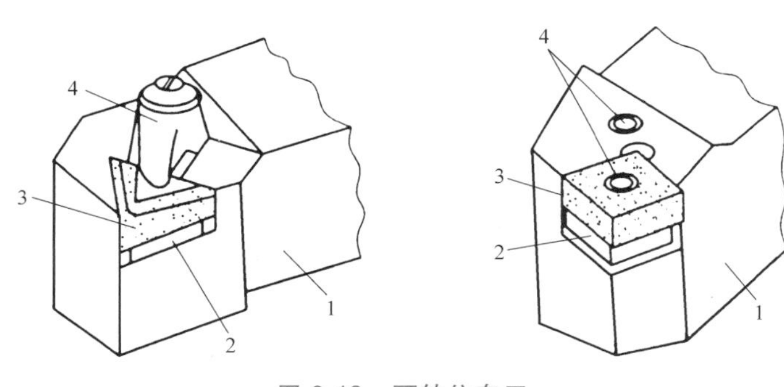

图 6-19　可转位车刀

1—刀杆　2—刀垫　3—刀片　4—夹固零件

可转位车刀的主要优点是：不用焊接，避免了焊接、刃磨引起的热应力，提高了刀具寿命及抗破坏能力；可使用涂层刀片，有合理槽形与几何参数，断屑效果好，能选用较高切削用量，提高生产率；刀片转位、更换方便，缩短了辅助时间；刀具已标准化，能实现一刀多用，减少刀具储备量，简化刀具管理等工作。

可转位车刀刀片形状很多，常用的有三角形、偏 8°三角形、凸三角形、五角形和圆形等。

（5）成型车刀　成型车刀又称样板刀，是在普通车床、自动车床上加工内外成型表面的专用刀具，如图 6-20 所示。用它能一次切出成型表面，故操作简便、生产率高。用成型

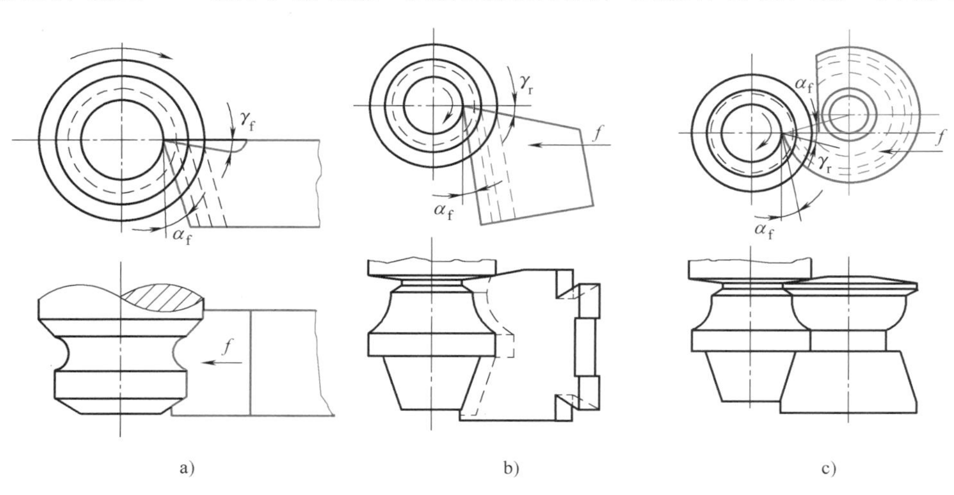

图 6-20　成型车刀的种类

a）平体成型车刀　b）棱体成型车刀　c）圆体成型车刀

车刀加工零件可达到公差等级IT8~IT10，表面粗糙度 *Ra* 值为5~10μm。成型车刀制造较为复杂，当切削刃的工作长度过长时，易产生振动，故主要用于批量加工小尺寸的零件。

3. 按材料分类

车刀常用材料主要有高速钢、硬质合金、陶瓷和超硬刀具材料四类。而在一般机械加工中使用最多的是高速钢与硬质合金两类。

（1）高速钢　高速钢的全称为高速合金工具钢。它是在合金工具钢中加入较多的W、Mo、Cr、V等合金元素的高合金工具钢。其合金元素与碳化合形成高硬度的碳化物，使高速钢具有高硬度、高耐磨性、高热硬性，热处理变形小，能锻造，易磨出较锋利的刃口等优点。高速钢是综合性能较好、应用范围最广的一种刀具材料。热处理后硬度达63~66HRC，抗弯强度约3.3GPa，耐热性为600~660℃。高速钢的使用占刀具材料总量的60%~70%，特别用于制造结构复杂的成型刀具、孔加工刀具，例如各类铣刀、拉刀、螺纹刀具、切齿刀具等。

高速钢按切削性能可分为普通高速钢和高性能高速钢，按制造工艺方法可分为熔炼高速钢和粉末冶金高速钢。常用高速钢的牌号及其物理力学性能见表6-1。

表6-1　常用高速钢的牌号及其物理力学性能

类别	牌号	常温硬度HRC	抗弯强度/GPa	冲击韧度/(MJ/m²)	高温硬度HRC	
					500℃	600℃
普通高速钢	W18Cr4V	63~66	3~3.4	0.18~0.32	56	48.5
	W6Mo5Cr4V2	63~66	3.5~4	0.29~0.39	55~56	47~48
	W9Mo3Cr4V	65~66.5	4~4.5	0.34~0.39	—	—
高性能高速钢	95W18Cr4V	66~68	3~3.4	0.17~0.22	57	51
	W6Mo5Cr4V3	65~67	3.2	0.25	—	51.7
	W6Mo5Cr4V3Co8	66~68	3.0	0.3	—	54
	W2Mo9Cr4VCo8	67~69	2.7~3.8	0.23~0.3	60	55
	W6Mo5Cr4V2Al	67~69	2.9~3.9	0.23~0.3	60	55
	W10 Mo4Cr4V3Co10	67~69	3.1~3.5	0.2~0.28	59.5	54

1）普通高速钢。普通高速钢按钨、钼含量不同，可分为钨系高速钢和钨钼系高速钢两类。普通高速钢应用最为之泛，约占高速钢总量的75%。

钨系高速钢中早期常见的牌号有W18Cr4V，它具有较好的综合性能，刃磨工艺性好，淬火时过热倾向小，热处理控制较容易。缺点是碳化物分布不均匀，不宜做大截面的刀具，热塑性较差。又因钨价高，现在这个牌号应用较少，在一些发达国家已经被淘汰。

钨钼系高速钢中现在较常见的牌号是W6Mo5Cr4V2，在国内外普遍应用。因一份Mo可代替两份W，这就能减少钢中的合金元素，降低钢中碳化物的数量及分布的不均匀性，有利于提高热塑性、抗弯强度与韧度。其高温热塑性及韧性优于W18Cr4V，故可用于制造热轧刀具，如螺旋槽麻花钻等。主要缺点是脱碳敏感性大，淬火温度范围窄，较难掌握热处理工艺等。钨钼系高速钢W9Mo3Cr4V，是根据我国资源自行研制的牌号，其硬度、抗弯强度与韧性均比W6Mo5Cr4V2好，高温热塑性好，而且淬火过热、脱碳敏感性小，有良好的切削性能，成本也更低。

2）高性能高速钢。高性能高速钢是在普通高速钢的基础上调整其基本化学成分和添加钴或铝等合金元素的新钢种，其常温硬度可达 67～70HRC，耐磨性与耐热性有显著的提高，能用于不锈钢、耐热钢和高强度钢的加工。常用高性能高速钢主要有高钒高速钢、钴高速钢和铝高速钢。

3）粉末冶金高速钢。通过高压惰性气体或高压水雾化高速钢液而得到细小的高速钢粉末，然后压制或热压成型，再经烧结而成的高速钢。与熔炼高速钢相比，粉末冶金高速钢硬度与韧性较高，材质均匀，热处理变形小，刃磨性能好，质量稳定可靠，刀具寿命较长。它能够切削各种难加工材料，适合于制造各种精密刀具和形状复杂的刀具，如精密螺纹车刀、拉刀、切齿刀具等。

（2）硬质合金　硬质合金是用硬度和熔点很高的碳化物（WC、TiC 等）和金属黏结剂（Co、Ni、Mo 等）在高温条件下烧结而成的粉末冶金制品。硬质合金的物理力学性能取决于合金的成分、粉末颗粒的粗细及合金的烧结工艺。含高硬度、高熔点的碳化物越多，合金的硬度与高温硬度越高。含金属黏结剂越多，强度也就越高。因此硬质合金的硬度、耐磨性、耐热性均高于高速钢，常温硬度高达 89～94HRA，耐热性达 800～1000℃。切削钢时，切削速度可达 220m/min 左右。在合金中加入熔点更高的 TaC、NbC，可使耐热性提高到 1000～1100℃，切削钢时切削速度可进一步提高到 300m/min。硬质合金现已成为主要的刀具材料之一，大多数车刀都采用硬质合金，其他刀具采用硬质合金的也日益增多，如面铣刀、立铣刀、镗刀、钻头、铰刀等均已采用硬质合金制造。

切削用硬质合金按被加工材料可分为六类，分别用字母 P、M、K、N、S、H 表示。硬切削材料的分类和用途见表 6-2。

表 6-2　硬切削材料的分类和用途

用途大组			用途小组			
字母符号	识别颜色	被加工材料	硬切削材料			
P	蓝色	钢： 除不锈钢外所有带奥氏体结构的钢和铸钢	P01 P10 P20 P30 P40 P50	P05 P15 P25 P35 P45	↑a	↓b
M	黄色	不锈钢： 奥氏体不锈钢或铁素体不锈钢，不锈钢铸钢	M01 M10 M20 M30 M40	M05 M15 M25 M35	↑a	↓b
K	红色	铸铁： 灰铸铁，球状石墨铸铁，可锻铸铁	K01 K10 K20 K30 K40	K05 K15 K25 K35	↑a	↓b

（续）

用途大组			用途小组			
字母符号	识别颜色	被加工材料	硬切削材料			
N	绿色	非铁金属： 铝，其他有色金属，非金属材料	N01 N10 N20 N30	N05 N15 N25	↑a	↓b
S	褐色	超级合金和钛： 基于铁的耐热特种合金如镍、钴、钛及钛合金	S01 S10 S20 S30	S05 S15 S25	↑a	↓b
H	灰色	硬材料： 硬化钢，硬化铸铁材料，冷硬铸铁	H01 H10 H20 H30	H05 H15 H25	↑a	↓b

注：1. a 表示增加速度，增加切削材料的耐磨性。
2. b 表示增加进给量，增加切削材料的韧性。

课后练习

1. 车削可以加工哪些类型的零件？
2. 车床的主要类型有哪些？
3. 车床中一夹一顶适合装夹什么类型的零件？
4. 车床常用的刀具类型有哪些？

第三节 金属切削过程

一、刀具几何角度

1. 刀具的构成

金属加工中车刀是最基本的切削刀具，其他类型的刀具都可以看作是车刀的变形，所以这里以车刀为例来学习刀具相关知识。刀具主要由刀头与刀柄构成，如图 6-21 所示。

刀头即刀具的切削部分，主要由刀面和切削刃两部分组成，可总结为“三面两刃一尖”。

（1）三面

前刀面 A_γ：切屑流过的刀面。

主后刀面 A_α：与加工表面相对的刀面。

副后刀面 A_α'：与工件已加工表面相对的刀面。

（2）两刃

主切削刃 S：前刀面与主后刀面相交的棱边，承担主要的切削工作。

副切削刃 S'：前刀面与副后刀面相交的棱边，承担少量的切削工作。

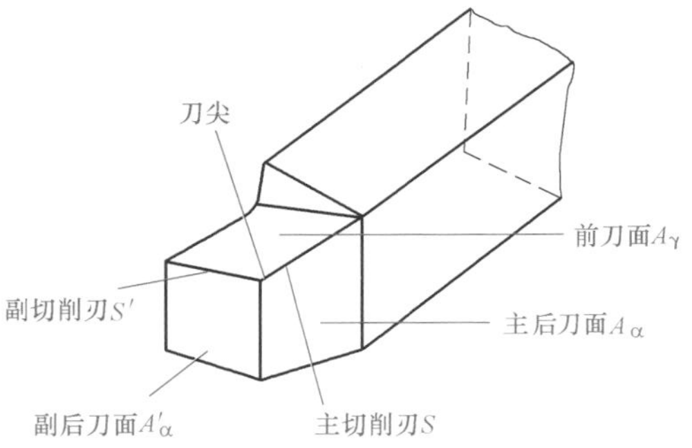

图 6-21　车刀切削部分的结构

（3）一尖

刀尖：主切削刃与副切削刃的交点或两者连接处的一小段切削刃。

2. 刀具静止参考系的主要参考平面

刀具静止参考系的主要参考平面如图 6-22 所示。

1）基面 P_r：通过切削刃选定点，垂直于假定主运动方向的平面。普通车刀的基面平行于刀具的底面。

2）切削平面 P_s：通过切削刃选定点，与主切削刃相切，并垂直于基面的平面。它也是切削刃与切削速度方向构成的平面。

3）正交平面 P_o：通过切削刃选定点，同时垂直于基面和切削平面的平面。

4）法平面 P_n：通过切削刃选定点，并垂直于切削刃的平面。

5）假定工作平面 P_f：通过切削刃选定点，平行于假定进给运动方向，并垂直于基面的平面。

6）背平面 P_p：通过切削刃选定点，同时垂直于假定工作平面与基面的平面。

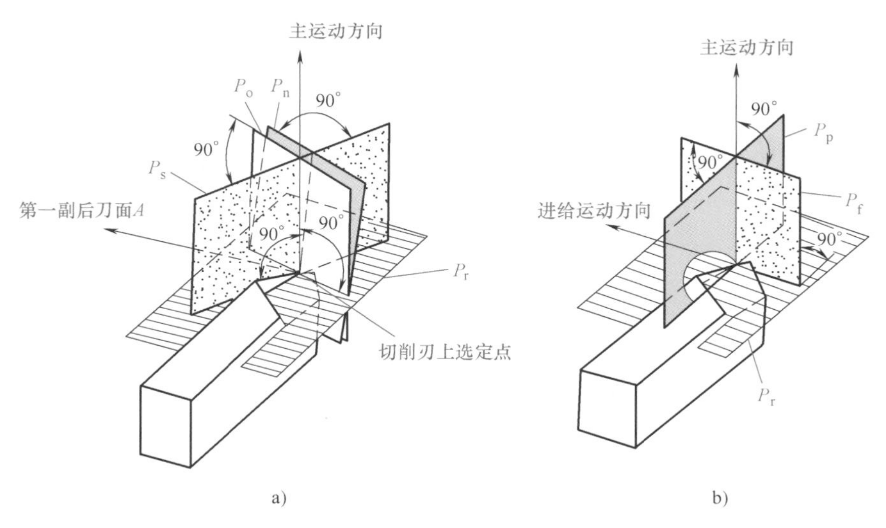

图 6-22　刀具静止参考系的主要参考平面

a）正交平面、法平面、切削平面、基面　b）工作平面、背平面

3. 刀具角度

刀具角度主要有四种类型，即前角、后角、偏角和倾角。

在静止参考系中，刀具角度分别标注在构成参考系的三个切削平面上，如图 6-23 所示。

在基面 P_r 上刀具标注角度如下：

主偏角 κ_r：主切削刃 S 与假定进给运动方向间的夹角。

副偏角 κ_r'：副切削刃 S' 与假定进给运动反方向间的夹角。

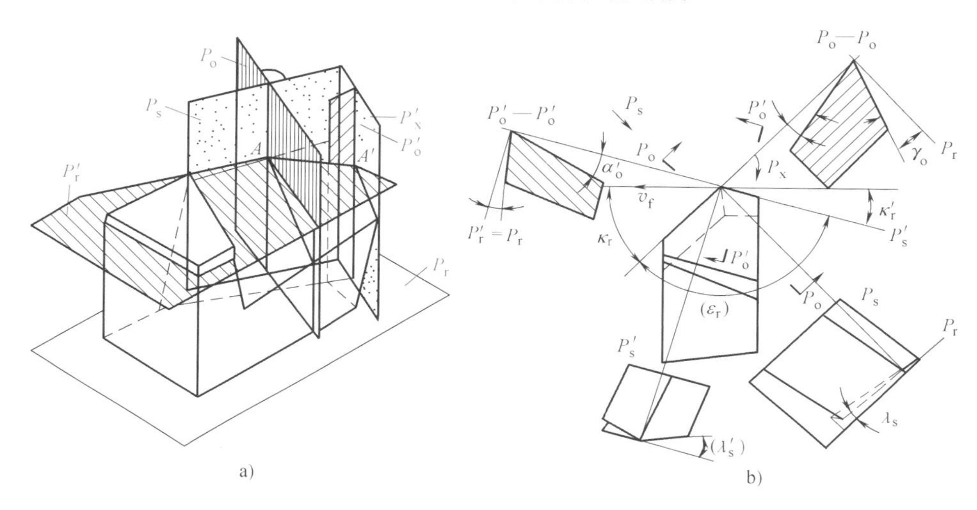

图 6-23 静止参考系刀具标注角度

在切削平面 P_s 上刀具标注角度如下：

刃倾角 λ_s：主切削刃 S 与过刀尖所作基面 P_r 间的夹角。刃倾角 λ_s 有正负之分，当刀尖处于切削刃最高点时为正，反之为负。

在正交平面 P_o 上刀具标注角度如下：

前角 γ_o：前刀面 A_r 与基面 P_r 间的夹角。前角 γ_o 有正负之分，当前刀面 A_r 与切削平面 P_s 间的夹角小于 90°时，取正号；大于 90°时，则取负号。

后角 α_o：后刀面 A_α 与切削平面 P_s 间的夹角。

二、金属切削的过程

1. 切屑的形成过程

切屑是被切材料受到刀具前刀面的推挤，沿着某一斜面剪切滑移形成的，如图 6-24 所示。

图中未变形的切削层 $AGHD$ 可看成是由许多个平行四边形组成的，如 $ABCD$、$BEFC$、$EGHF$ 等。当这些平行四边形扁块受到前刀面的推挤时，便沿着 BC 方向向斜上方滑移，形成另一些扁块，即 $ABCD \rightarrow AB'C'D$、$BEFC \rightarrow B'E'F'C'$、$EGHF \rightarrow E'G'H'F'$

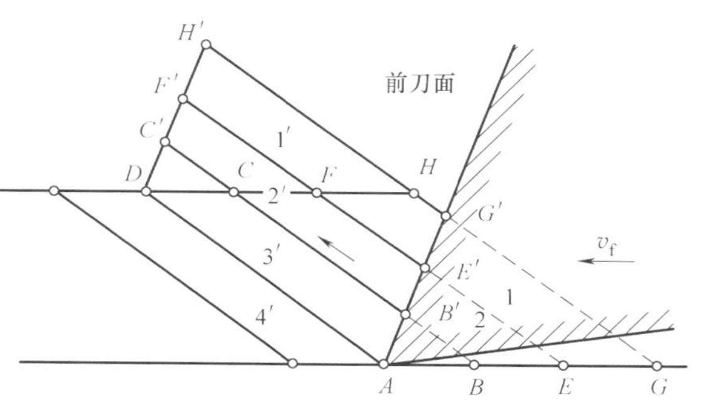

图 6-24 切削过程示意图

等。由此可以看出，切削层不是由刀具切削刃削下来的或劈开来的，而是靠前刀面的推挤，滑移而成的。

2. 切削过程变形区的划分

切削过程的实际情况要比前述的情况复杂得多。这是因为切削层金属受到刀具前刀面的推挤产生剪切滑移变形后，还要继续沿着前刀面流出变成切屑。在这个过程中，切削层金属要产生一系列变形，通常将其划分为三个变形区，如图 6-25 所示。

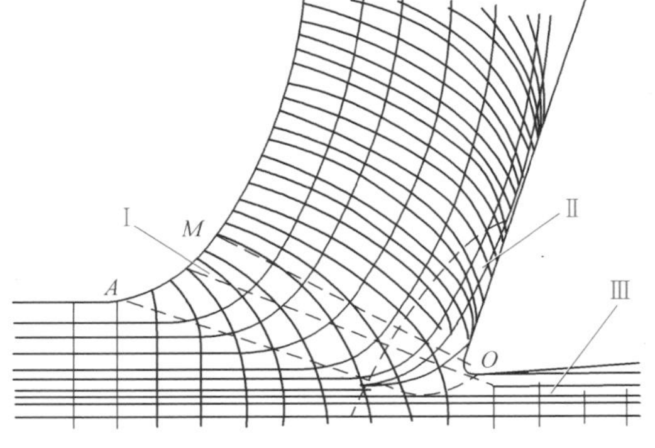

图 6-25　剪切滑移线与三个变形区示意图

图中Ⅰ（AOM）为第一变形区。在第一变形区内，当刀具和工件开始接触时，材料内部产生应力和弹性变形，随着切削刃和前刀面对工件材料的挤压作用加强，工件材料内部的应力和变形逐渐增大，当切应力达到材料的屈服强度时，材料将沿着与进给方向成 45°的剪切面滑移，即产生塑性变形，切应力随着滑移量增加而增加，当切应力超过材料的强度极限时，切削层金属便与材料基体分离，从而形成切屑沿前刀面流出。由此可以看出，第一变形区变形的主要特征是沿滑移面的剪切变形。

试验证明，在一般切削速度下，第一变形区的宽度仅为 0.02~0.2mm，切削速度越高，其宽度越小，故可看成一个平面，称为剪切面。

图中Ⅱ为第二变形区。切屑底层（与前刀面接触层）在沿前刀面流动过程中受到前刀面的进一步挤压与摩擦，使靠近前刀面处的金属纤维化，即产生了第二次变形，变形方向基本上与前刀面平行。

图中Ⅲ为第三变形区。此变形区位于后刀面与已加工表面之间，切削刃钝圆部分及后刀面对已加工表面进行挤压，使已加工表面产生变形，造成纤维化和加工硬化。

3. 切屑类型及控制

由于工件材料性质和切削条件不同，切削层变形程度也不同，因而产生的切屑形态也多种多样，如图 6-26 所示。归纳起来主要有以下四种类型：

（1）带状切屑　切屑延续成较长的带状，这是一种最常见的切屑形状。一般情况下，当加工塑性材料，切削厚度较小，切削速度较高，刀具前角较大时，往往会得到此类型。此类型切屑底层表面光滑，上层表面毛茸，切削过程较平稳，已加工表面粗糙度值较小。

（2）节状切屑　切屑底层表面有裂纹，上层表面呈锯齿形。大多在加工塑性材料，切削速度较低，切削厚度较大，刀具前角较小时，容易得到此类型。

（3）粒状切屑　当切削塑性材料，剪切面上剪切应力超过工件材料破裂强度时，挤裂切屑便被切离成粒状切屑。切削时采用较小的前角或负前角、切削速度较低、进给量较大，易产生此类型。

以上三种切屑均是切削塑性材料时得到的，只要改变切削条件，三种切屑形态是可以相互转化的。

（4）崩碎切屑　在加工铸铁等脆性材料时，由于材料抗拉强度较低，刀具切入后，切削层金属只经受较小的塑性变形就被挤裂，或在拉应力状态下脆断，形成不规则的碎块状切

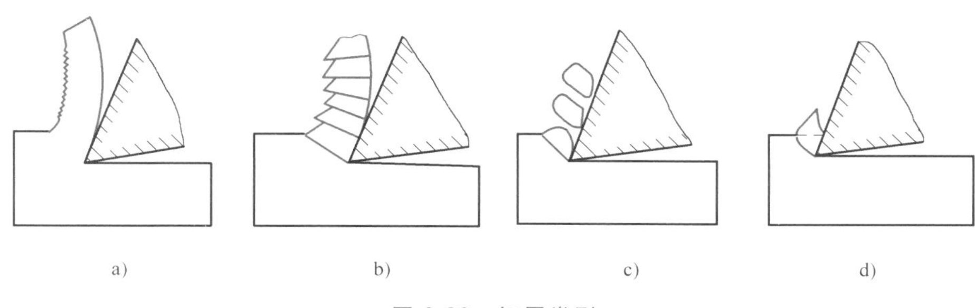

图 6-26 切屑类型

a）带状切屑 b）节状切屑 c）粒状切屑 d）崩碎切屑

削。工件材料越脆、切削厚度越大、刀具前角越小，越容易产生这种切屑。

实践表明，形成带状切屑时产生的切削力较小、较稳定，加工表面的表面粗糙度值较小；形成节状、粒状切屑时的切削力变化较大，加工表面的表面粗糙度增大；在崩碎切屑时产生的切削力虽然较小，但具有较大的冲击振动，切屑在加工表面上不规则崩落，加工后表面较粗糙。

4. 积屑瘤现象

在切削塑性材料时，如果前刀面上的摩擦系数较大，切削速度不高又能形成带状切屑的情况下，常常会在切削刃上黏附一个硬度很高的鼻型或楔型硬块，称为积屑瘤。积屑瘤包围着刃口，将前刀面与切屑隔开，其硬度是工件材料的 2~3 倍，可以代替切削刃进行切削，起到增大刀具前角和保护切削刃的作用。

积屑瘤是切屑底层金属在高温、高压作用下在刀具前表面上粘结并不断层积的结果。当积屑瘤层积到足够大时，受摩擦力的作用会产生脱落，因此，积屑瘤的产生与大小是周期性变化的。积屑瘤的周期性变化对工件的尺寸精度和表面质量影响较大，所以在精加工时应避免积屑瘤的产生。

通过切削试验和生产实践表明，在中温情况下切削中碳钢，温度在 300~380℃时，积屑瘤的高度最大，温度在 500~600℃时积屑瘤消失。

5. 影响切削变形的因素

影响切削变形的因素很多，但归纳起来主要有以下四个方面：

（1）工件材料　工件材料的强度和硬度越高，则摩擦系数越小，变形越小。因为材料的强度和硬度增大时，前刀面上的法向应力增大，摩擦系数减小，使剪切角增大，变形减小。

（2）刀具前角　刀具前角越大，切削刃越锋利，前刀面对切削层的挤压作用越小，则切削变形越小。

（3）切削速度　在切削塑性材料时，切削速度对切削变形的影响比较复杂，如图 6-27 所示。在有积屑瘤的切削范围内（$v_c \leqslant 400\text{m/min}$），切削速度通过积屑瘤来影响切削变形。在积屑瘤增长阶段，切削速度增大，积屑瘤高度增大，实际前角增大，从而使切削变形减少；在积屑瘤消退阶段，切削速度增大，积屑瘤高度减小，实际前角减小，切削变形随之增大。积屑瘤最大时切削变形达最小值，积屑瘤消失时切削变形达最大值。

在没有积屑瘤的切削范围内，切削速度越大，则切削变形越小。这有两方面原因：一方面是由于切削速度越高，切削温度越高，摩擦系数降低，使剪切角增大，切削变形减小；另一方面，切削速度增高时，金属流动速度大于塑性变形速度，使切削层金属尚未充分变形，就已从刀具前刀面流出成为切屑，从而使第一变形区后移，剪切角增大，切削变形进一步减小。

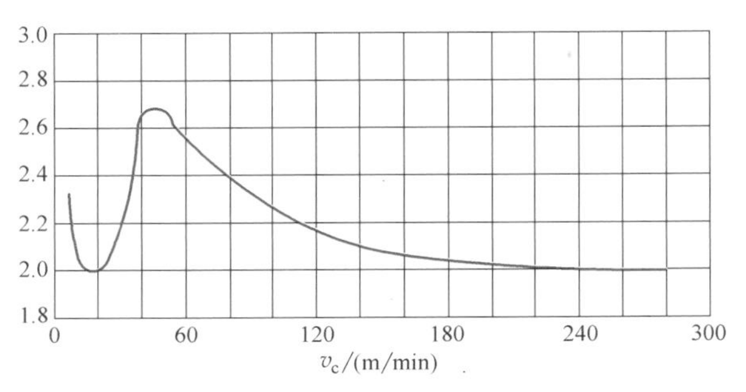

图 6-27　切削速度对切削变形的影响

（4）进给量　进给量对切削变形的影响是通过摩擦系数影响的。进给量的增加，使作用在前刀面上的法向应力增大，摩擦系数减小，从而使摩擦角减小，剪切角增大，因此切削变形减小。

三、切削过程基本规律

1. 切削力与切削功率

切削力是被加工材料抵抗刀具切入所产生的阻力。它是影响工艺系统强度、刚度和加工工件质量的重要因素，是设计机床、刀具和夹具，计算切削动力消耗的主要依据。

（1）切削力的来源、合力与分力　刀具在切削工件时，由于切屑与工件内部产生弹性、塑性变形抗力，切屑与工件对刀具产生摩擦阻力，形成了作用在刀具上的合力 F，如图 6-28 所示。切削时合力 F 作用在接近切削刃空间某方向，由于大小与方向都不易确定，为便于测量、计算和反映实际作用的需要，常将合力 F 分解为三个分力。

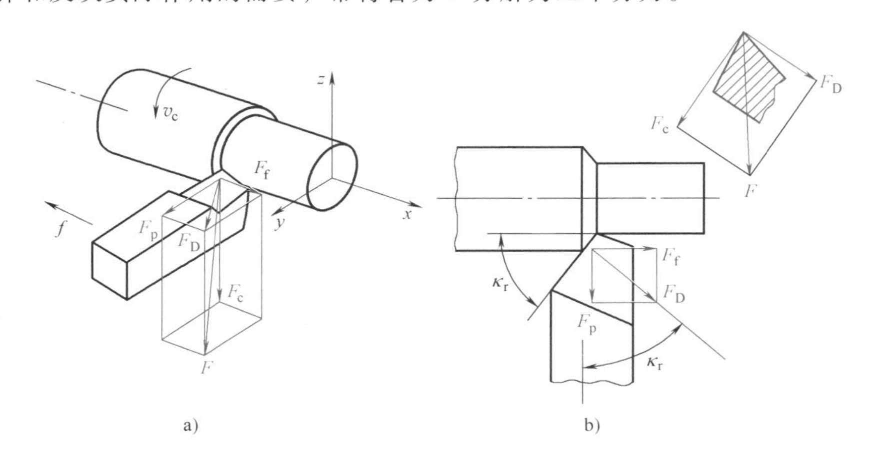

图 6-28　切削时切削合力及其分力

切削力 F_c——在主运动方向上的分力。

背向力 F_p——在垂直于工作平面上的分力。

进给力 F_f——在进给运动方向上的分力。

背向力 F_p 与进给力 F_f 也是推力 F_D 的合力，推力 F_D 作用在切削层平面上且垂直于主切削刃。

合力 F、推力 F_D 与各分力之间的关系为

$$F=\sqrt{F_D^2+F_c^2}=\sqrt{F_c^2+F_p^2+F_f^2}$$

$$F_p=F_D\cos\kappa_r,\quad F_f=F_D\sin\kappa_r$$

（2）切削功率　在切削过程中消耗的功率称为切削功率 P_c，单位为 kW，它是 F_c、F_p、F_f 在切削过程中单位时间内所消耗的功率的总和。一般来说，F_f 相对 F_c 所消耗的功率很小，可以略去不计，于是

$$P_c=F_cv_c$$

式中　v_c——主运动的切削速度。

计算切削功率 P_c 是为了核算加工成本和计算能量消耗，并在设计机床时根据它来选择机床电动机功率。机床电动机的功率 P_E 可按下式计算：

$$P_E=P_c/\eta_c$$

式中　η_c——机床传动效率，一般取 $\eta_c=0.75\sim0.85$。

（3）影响切削力的主要因素　凡影响切削过程中变形和摩擦的因素均影响切削力，其中主要包括工件材料、切削用量和刀具几何参数三个方面。

1）工件材料。工件材料是通过材料的剪切强度、塑性变形程度与刀具间的摩擦条件影响切削力的。一般来说，材料的强度和硬度越高，切削力越大。这是因为强度、硬度高的材料，切削时产生的抗力大，虽然它们的变形系数 ξ 相对较小，但总体来看，切削力还是随材料强度、硬度的增大而增大。在强度、硬度相近的材料中，塑性、韧性大的，或加工硬化严重的，切削力大。加工铸铁等脆性材料时，切削层的塑性变形很小，加工硬化小，形成崩碎切屑，与前刀面的接触面积小，摩擦力小，故切削力就比加工钢小。

2）切削用量。切削用量三要素对切削力均有一定的影响，但影响程度不同，其中背吃刀量 a_p 和进给量 f 影响较明显。若 f 不变，当 a_p 增加一倍时，切削厚度 h_D 不变，切削宽度 b_D 增加一倍，刀具上的负荷也增加一倍，即切削力增加约一倍；若 a_p 不变，当 f 增加一倍时，切削宽度 b_D 保持不变，切削厚度 h_D 增加约一倍，在刀具刀尖圆弧的作用下，切削力只增加 68%~86%。可见在同样切削面积下，采用大的 f 较采用大的 a_p 省力和节能。切削速度 v 对切削力的影响不大，当 $v>500\text{m/min}$，切削塑性材料时，v 增大，切削温度增高，使材料强度、硬度降低，剪切角增大，变形系数减小，使得切削力减小。

3）刀具几何参数。在刀具几何参数中刀具的前角 γ_o 和主偏角 κ_r 对切削力的影响较明显。当加工钢时，γ_o 增大，切削变形明显减小，切削力减小较多。κ_r 适当增大，使切削厚度 h_D 增加，单位面积上的切削力减小。在切削力不变的情况下，主偏角大小将影响背向力和进给力的分配比例，当 κ_r 增大，背向力 F_P 减小，进给力 F_f 增加；当 $\kappa_r=90°$时，背向力 $F_P=0$，对防止车细长轴类零件时的弯曲变形和振动十分有利。

2. 切削热与切削温度

切削热是切削过程中产生的另一个物理现象，它对刀具寿命、工件的加工精度和表面质量影响较大。

（1）切削热的产生和传散　在切削加工中，切削变形与摩擦所消耗的能量几乎全部转换为热能，即切削热。切削热通过切屑、刀具、工件和周围介质（空气或切削液）向外传散，同时使切削区域的温度升高。切削区域的平均温度称为切削温度。

影响热传散的主要因素是工件和刀具材料的热导率、加工方式和周围介质的状况。热量

传散的比例与切削速度有关，切削速度增加时，由摩擦生成的热量增多，但切屑带走的热量也增加，在刀具中热量减少，在工件中热量更少。所以高速切削时，切屑中温度很高，在刀具和工件中温度较低，这有利于切削加工顺利进行。

（2）影响切削温度的主要因素　切削温度的高低主要取决于切削加工过程中产生热量的多少和向外传散的快慢。影响热量产生和传散的主要因素有工件材料、切削用量、刀具几何参数和切削液等。

1）工件材料。工件材料主要是通过硬度、强度和热导率影响切削温度的。

加工低碳钢，材料的强度和硬度低，热导率大，故产生的切削温度低；加工高碳钢，材料的强度和硬度高，热导率小，故产生的切削温度高。例如，加工合金钢产生的切削温度比加工 45 钢高 30%；不锈钢的热导率约为 45 钢的 1/3，故切削时产生的切削温度比 45 钢高 40%；加工脆性金属材料产生的变形和摩擦均较小，故切削时产生的切削温度比 45 钢低 25%。

2）切削用量。当 v_c、f 和 a_p 增加时，由于切削变形和摩擦所消耗的功率增大，故切削温度升高。其中切削速度 v_c 影响最大，v_c 增加一倍，切削温度约增加 30%；进给量 f 的影响次之，f 增加一倍，切削温度约增加 18%；背吃刀量 a_p 影响最小，a_p 增加一倍，切削温度约增加 7%。上述影响规律的原因是：v_c 增加使摩擦生热增多；f 增加，因切削变形增加较少，故热量增加不多，此外，使刀-屑接触面积增大，改善了散热条件；a_p 增加使切削宽度增加，显著增大了热量的传散面积。

切削用量对切削温度的影响规律在切削加工中具有重要的实际意义。例如，分别增加 v_c、f 和 a_p 均能使切削效率按比例提高，但为了减少刀具磨损、保持高的刀具寿命，减小对工件加工精度的影响，可先设法增大背吃刀量 a_p，其次增大进给量 f，但是，在刀具材料与机床性能允许的条件下，尽量提高切削速度 v_c，以进行高效率、高质量切削。

3）刀具几何参数。在刀具几何参数中，影响切削温度最明显的因素是前角 γ_o 和主偏角 κ_r，其次是刀尖圆弧半径 r_ε。

前角 γ_o 增大，切削变形和摩擦产生的热量均较少，故切削温度下降。但前角 γ_o 过大，散热变差，使切削温度升高。因此在一定条件下，均有一个产生最低切削温度的最佳前角 γ_o 值。

主偏角 κ_r 减小，使切削变形和摩擦增加，切削热增加，但 κ_r 减小后，因刀头体积增大，切削宽度增大，故散热条件改善。由于散热起主要作用，故切削温度下降。

增大刀尖圆弧半径 r_ε，选用负的刃倾角 λ_s 和磨制负倒棱均能增大散热面积，降低切削温度。

4）切削液。使用切削液对降低切削温度有明显效果。切削液有两个作用：一方面可以减小切屑与前刀面、工件与后刀面的摩擦，另一方面可以吸收切削热。两者均使切削温度降低。但切削液对切削温度的影响，与其导热性能、比热容、流量、浇注方式以及本身的温度有关。

3. 刀具磨损与刀具寿命

金属切削刀具在切削过程中，在高温、高压条件下工作，与工件加工表面及切屑产生强烈的摩擦，结果使刀具材料逐渐被磨损。当刀具磨损到一定程度时，切削力迅速增大，切削温度急剧上升，并产生振动，致使工件的加工精度降低，须及时对刀具进行修磨或更换新刀。这将直接影响加工质量、生产率和加工成本。为了控制和减少刀具磨损，必须分析刀具磨损的本质和原因，研究刀具磨损的过程。

（1）刀具磨损方式　刀具磨损是指在刀具与工件或切屑的接触面上，刀具材料的微粒被切屑或工件带走的现象，这种磨损现象称为正常磨损。若由于刀具材料选择不合理，刀具结构、制造工艺不合理，刀具几何参数不合理、切削用量选择不当，刃磨和操作不当等原因，致使刀具崩刃、碎裂而损坏，称为非正常磨损，也称破坏。刀具正常磨损表现为以下三种形态：

1）前刀面磨损。在高温、高压条件下，切屑流出时与前刀面产生摩擦，在前刀面形成月牙洼形的磨损现象，如图 6-29a 所示。月牙洼处是切削温度最高的地方。当接近刃口时，会使刃口突然崩掉。磨损量通常用月牙洼的宽度 KB 和深度 KT 衡量。

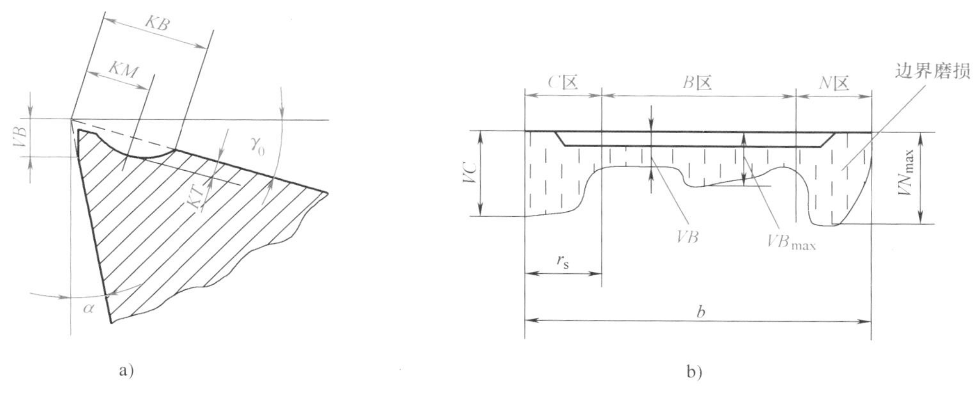

图 6-29　刀具的磨损形式

2）后刀面磨损。由于后刀面与加工表面间存在着强烈摩擦，在后刀面邻近刃口处很快形成后角等于零的小棱面，如图 6-29b 所示。后刀面磨损往往不均匀，可将磨损划分为三个区域：

刀尖磨损 C 区，在靠近刀尖部分，由于其强度低，散热条件较差，磨损较严重，磨损量用 VC 表示；中间磨损 B 区，在切削刃的中间位置，存在着均匀磨损量 VB，局部出现最大磨损量 VB_{max}；边界磨损 N 区，在切削刃与待加工表面相交处，因高温氧化，表面硬化层作用造成最大磨损量 VN_{max}。

刀面磨损形式可随切削条件变化而发生转化，但在大多数情况下，刀具的后刀面都发生磨损，而且测量也比较方便，因此常以 VB 值表示刀面磨损程度。

（2）刀具磨损的原因　刀具磨损与工件材料、刀具材料和切削条件等因素密切相关，刀具磨损的主要原因如下：

1）磨料磨损。由于在工件材料中含有硬质点（如碳化物、氮化物和氧化物），在铸、锻工件表面存在着硬夹杂物，在切屑和工件表面黏附着硬的积屑瘤残片，这些硬质点的作用使刀具表面刻划出沟痕，致使刀具表面磨损。磨料磨损又称机械磨损。

2）粘结磨损。切削塑性材料时，在很大压力和强烈摩擦作用下，切屑、工件与前、后刀面间的吸附膜被挤破，形成新的表面紧密接触，因而发生粘结现象。刀具表面局部强度较低的微粒被切屑和工件带走，这样形成的磨损称为粘结磨损。粘结磨损一般在中等偏低的切削速度下较严重。粘结磨损又称冷焊磨损。

3）扩散磨损。扩散磨损产生于切削温度很高时，工件与刀具材料中合金元素相互扩散，改变了原来刀具材料中化学成分的比值，使其性能下降，加快了刀具的磨损。因此，切削加工中选用的刀具材料，应具有高的化学稳定性。扩散磨损往往与粘结磨损同时产生。硬质合金刀具前刀面上的月牙洼最深处的温度最高，则此处的扩散速度也快，磨损也严重。月牙洼处又容易粘结，因此，月牙洼磨损是由扩散磨损与粘结磨损共同造成的。

4）氧化磨损。在一定的切削温度下，刀具材料与周围介质起化学作用，在刀具表面形成一层硬度较低的化合物而被切屑带走。刀具材料还极易被周围介质腐蚀，造成刀具的氧化磨损。

（3）刀具的磨损过程及磨钝标准

1）刀具的磨损过程。刀具的磨损是随切削时间的延长而逐渐增加的。刀具的磨损过程可分成三个阶段，如图 6-30 所示。

① 初期磨损阶段（*OA* 段）。初期磨损阶段磨损曲线斜率较大，刀具磨损较快。将新刃磨刀具表面存在的凸凹不平及残留砂轮痕迹很快磨去。初期磨损量的大小，与刀具刃磨质量相关，一般经研磨过的刀具，初期磨损量较小。

② 正常磨损阶段（*AB* 段）。经初期磨损后，刀面上的粗糙表面已被磨平，压强减小，磨损比较均匀缓慢。后刀面上的磨损量将随切削时间的延长而近似地成正比例增加。此阶段是刀具的有效工作阶段。

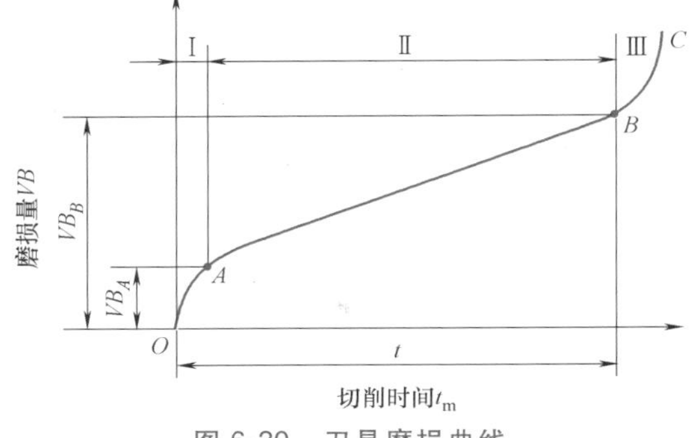

图 6-30　刀具磨损曲线

③ 急剧磨损阶段（*BC* 段）。当刀具磨损达到一定限度后，已加工表面的表面粗糙度变大，摩擦加剧，切削力、切削温度猛增，磨损速度增加很快，往往产生振动、噪声等，致使刀具失去切削能力，这样的刀具刃磨也很困难。为了合理使用刀具，保证加工质量，刀具应避免达到急剧磨损阶段，在这个阶段到来之前，就应更换新刀或新刃。

2）刀具的磨钝标准。刀具磨损到一定限度就不能继续使用，否则将降低工件的尺寸精度和加工表面质量，增加刀具材料的消耗和加工成本。刀具的磨损限度称为刀具的磨钝标准。国际标准 ISO 统一规定以 1/2 背吃刀量处的后刀面上测定的磨损带宽度 *VB* 值作为刀具的磨钝标准。

根据加工条件的不同，磨钝标准应有变化。粗加工应取大值，工件刚性较好或加工大件时应取大值，反之应取小值。自动化生产中的精加工刀具，常以沿工件径向的刀具磨损量作为刀具的磨钝标准，称为刀具径向磨损量 *NB* 值。目前，在实际生产中，常根据切削时突然发生的现象，如振动产生、已加工表面质量变差、切屑颜色改变、切削噪声明显增加等来决定是否更换刀具。

（4）刀具寿命

1）刀具寿命是指一把新刀从开始切削到磨损量达到磨钝标准为止总的切削时间，或者是刀具两次刃磨之间总的切削时间，用 *T* 表示，单位为 min。刀具总寿命应等于刀具寿命乘以重磨次数。

常用刀具寿命见表 6-3。

表 6-3 常用刀具寿命

刀具材料	硬质合金	高速钢	
	普通车刀	普通车刀	成型车刀
刀具寿命 T/min	60	60	120

在工件材料、刀具材料和刀具几何参数选定后，刀具寿命由切削用量三要素来决定。刀具寿命 T 与切削用量三要素之间的关系可由下面经验公式来确定：

$$T=\frac{C_T}{v_c^{\frac{1}{m}} f^{\frac{1}{n}} a_p^{\frac{1}{p}}}$$

式中 C_T——系数，其数值与工件材料、刀具材料、切削条件等有关；

m、n、p——指数，分别表示切削用量三要素 v_c、f、a_p 对刀具寿命 T 的影响程度。

参数 C_T，m，n，p 均可由有关切削加工手册查得。例如，当用硬质合金车刀切削碳素钢（$R_m=0.736\text{GPa}$）时，切削用量三要素（v_c、f、a_p）与刀具寿命 T 之间的关系为

$$T=\frac{7.77\times10^{11}}{v_c^5 f^{2.25} a_p^{0.75}}$$

由上例可以看出：当其他条件不变，切削速度提高一倍时，刀具寿命 T 将降低到原来的 3%左右；若进给量提高一倍，其他条件不变时，刀具寿命 T 则降低到原来的 21%左右；若背吃刀量提高一倍，其他条件不变时，刀具寿命 T 仅降低到原来的 78%左右。因此，在切削用量三要素中，切削速度 v_c 对刀具寿命的影响最大，进给量 f 次之，背吃刀量 a_p 影响最小。因此，在实际使用中，为延长刀具寿命而又不影响生产率，应尽量选取较大的背吃刀量。

2）刀具合理寿命的选择。能保持生产率最高或成本最低的刀具寿命，称为合理寿命。因为切削用量与刀具寿命密切相关，所以在确定切削用量时，应选择合理的刀具寿命。但在实践中，一般是先确定一个合理的刀具寿命 T 值，然后以它为依据选择切削用量，并计算切削效率和核算生产成本。确定刀具合理寿命有两种方法，即最高生产率寿命和最低生产成本寿命。

① 最高生产率寿命 T_p。它是根据切削一个零件所花时间最少或在单位时间内加工出的零件数最多来确定的。切削用量三要素 v_c、f 和 a_p 是影响刀具寿命的主要因素，也是影响生产率高低的决定性因素。提高切削用量，可缩短切削时间 t_m，从而提高生产率，但容易使刀具磨损，缩短刀具寿命，增加换刀、磨刀和装刀等辅助时间，反而会降低生产率。最高生产率寿命 T_p 可用下面经验公式确定：

$$T_p=\frac{1-m}{m}t_{ct}$$

式中 t_{ct}——换一次刀所需的时间（min）；

m——切削速度对刀具寿命的影响系数。

② 最低生产成本寿命 T_c。它是根据加工零件的一道工序以成本最低来确定的。一般来说，刀具寿命越长，刀具刃磨及换刀等费用越少，但因延长刀具寿命需减小切削用量，降低切削效率，使经济效益变差，同时，机动时间过长所需机床折旧费、消耗能量费用也增多。因此，在

确定刀具寿命时应考虑生产成本的影响。最低生产成本寿命 T_c 可按下面经验公式确定：

$$T_c=\frac{1-m}{m}\left(t_{ct}+\frac{C_t}{M}\right)$$

式中　M——该工序单位时间内所分担的全厂开支；

　　C_t——磨刀费用（包括刀具成本和折旧费）。

由于最低生产成本寿命 T_c 高于最高生产率寿命 T_p，故生产中常采用最低生产成本寿命 T_c，只有当生产紧急时才采用最高生产率寿命 T_p。在通用机床上，硬质合金车刀最低生产成本寿命为 60~90min；钻头最低生产成本寿命为 80~120min；硬质合金面铣刀最低生产成本寿命为 90~180min；齿轮刀具最低生产成本寿命为 200~300min 等。

课后练习

1. 刀具角度有哪些？
2. 简述金属切削的过程。
3. 各个刀具角度对切削过程有何影响？

第四节　铣削加工

一、铣削加工特点

铣削是被广泛应用的一种切削加工方法，是在铣床上利用铣刀的旋转（主运动）和工件的移动（进给运动）来加工工件的。铣削加工可以在卧式铣床、立式铣床、龙门铣床、工具铣床以及各种专用铣床上进行，对于单件小批量生产的中小型零件，以卧式铣床和立式铣床最为常用。在切削加工中，铣床的工作量仅次于车床。如图 6-31 所示，铣床可以加工多种型面。此外，还可以进行孔加工和分度工作。铣削后平面的尺寸公差等级可达 IT8~IT9，表面粗糙度 Ra 值可达 1.6~3.2μm。

二、铣床简介

铣床的类型很多，根据铣床的控制方式可以将其分为通用铣床和数控铣床两大类；根据布局和用途又可分为卧式铣床和立式铣床等。常见的主要类型有卧式升降台铣床、立式升降台铣床、龙门铣床、工具铣床，此外还有仿形铣床、仪表铣床和各种专门化铣床（如键槽铣床、曲轴铣床）。

1. 卧式升降台铣床

卧式升降台铣床（图 6-32）的主要特征是铣床主轴轴线与工作台台面平行。因主轴呈横卧位置，所以称为卧式铣床。铣削时，铣刀安装在与主轴相连接的刀轴上，随主轴做旋转运动，被切工件装夹在工作台面上，对铣刀做相对进给运动从而完成切削工作。卧式铣床加工范围很广，可以加工沟槽、平面、特殊型面等。

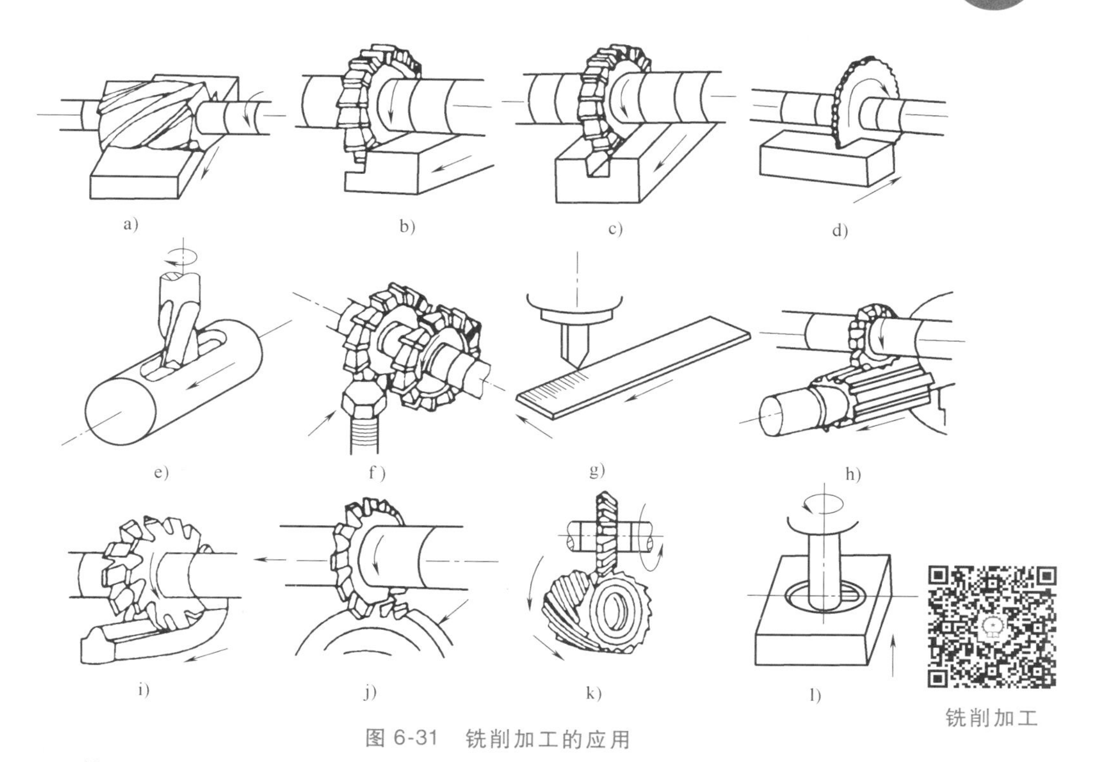

图 6-31 铣削加工的应用

a）铣平面 b）铣阶梯 c）铣沟槽 d）切断 e）铣键槽 f）铣六方 g）刻线 h）铣花键槽 i）铣导轨 j）铣外直齿齿轮 k）铣斜齿轮 l）铣内轮廓

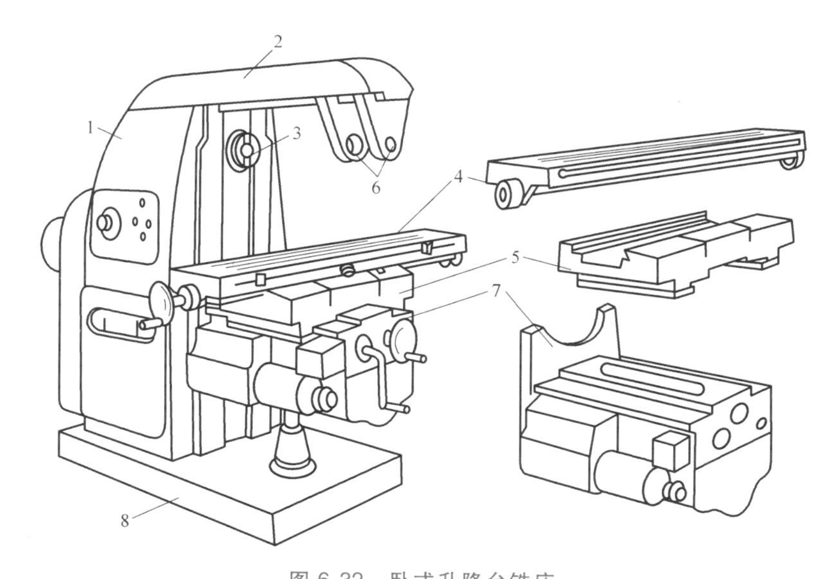

图 6-32 卧式升降台铣床

1—床身 2—悬梁 3—主轴 4—工作台 5—床鞍 6—刀杆支架 7—升降台 8—底座

2. 万能升降台铣床

万能升降台铣床（图 6-33）的结构与一般卧式铣床基本相同，只是其纵向工作台与横向工作台之间有一回转盘，并具有回转刻度线。使用时可以按照需要在±45°范围内扳转角度，以

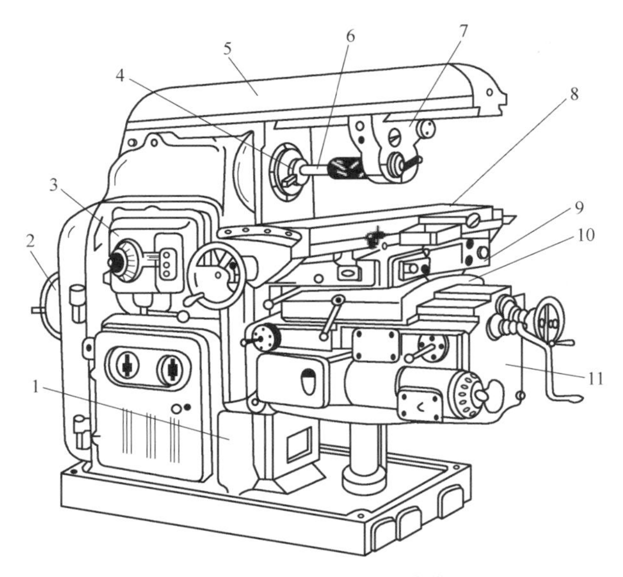

图 6-33　万能升降台铣床

1—床身　2—电动机　3—主轴变速机构　4—主轴　5—悬梁　6—刀杆
7—吊架　8—纵向工作台　9—转台　10—横向工作台　11—升降台

适应用圆盘铣刀加工螺旋槽等工件。

3. 立式升降台铣床

图 6-34 所示为立式升降台铣床，其主要特征是铣床主轴轴线与工作台台面垂直。因主轴呈竖立位置，所以称为立式升降台铣床。铣削时，铣刀安装在与主轴相连接的刀轴上，绕主轴做旋转运动，被切削工件装夹在工作台上，对铣刀做相对进给运动完成铣削过程。立式升降台铣床加工范围很广，通常在立式铣床上可以应用面铣刀、立铣刀、特形铣刀等，铣削各种沟槽、表面。另外，利用机床附件，如回转工作台、分度头，还可以加工圆弧、曲线外形、齿轮、螺旋槽、离合器等较复杂的零件。当生产批量较大时，在立式铣床上采用硬质合金刀具进行高速铣削，可以大大提高生产率。

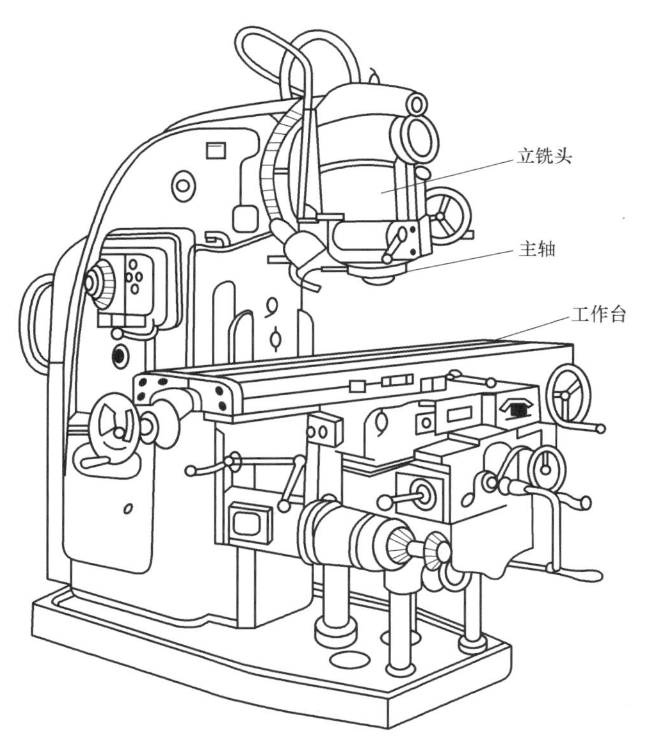

图 6-34　立式升降台铣床

立式铣床与卧式铣床相比，在操作方面还具有观察清楚、检查调整方便等特点。立式铣床按立铣头的不同结构，又可分为两种：①立铣头与机床床身成为一体，这种立式铣床刚性好，但加工范围比较小；②立铣头与机床床身之间有一回转盘，盘上有刻度线，主轴随立铣头可扳转一定角度以适应铣削各种角度面、椭圆孔等工件，由于该种铣床立铣头可回转，所以目前在生产中应用广泛。

4. 龙门铣床

龙门铣床是无升降台铣床的一种类型，属于大型铣床。铣头安装在龙门导轨上，可做横向和升降运动；工作台安装在固定床身上，仅做纵向移动。龙门铣床根据铣头的数量分别有单轴、双轴、四轴等多种形式。图 6-35 所示是一台四轴龙门铣床，铣削时，若同时安装四把铣刀，可铣削工件的多个表面，工作效率高，适宜加工大型箱体类工件表面，如机床床身表面等。

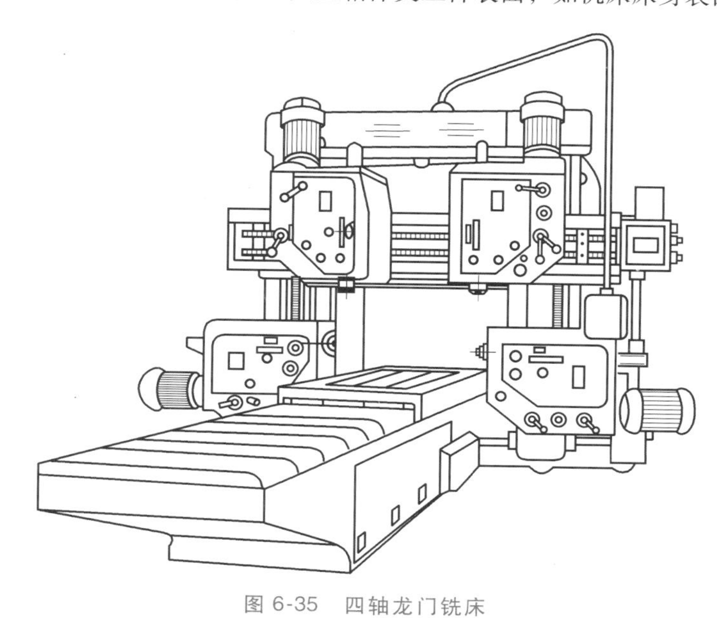

图 6-35 四轴龙门铣床

课后练习

1. 铣削加工适合加工什么类型的零件？
2. 铣床的主要类型有哪些？

第五节 钻削加工

一、钻削加工特点

用钻头、铰刀或锪刀在工件上加工孔的方法称为钻孔、铰孔、锪孔，它可以在台式钻床、立式钻床、摇臂钻床上进行，也可以在车床、铣床、镗床或专用机床上进行。

常见钻削加工类型如图 6-36 所示。

1. 钻孔

钻孔是用钻头在实体材料上加工孔的一种加工方法，是最常见的孔加工方法之一。钻孔属于粗加工，按深径比（孔深 L 与孔径 D 之比）可分为浅孔钻和深孔钻。

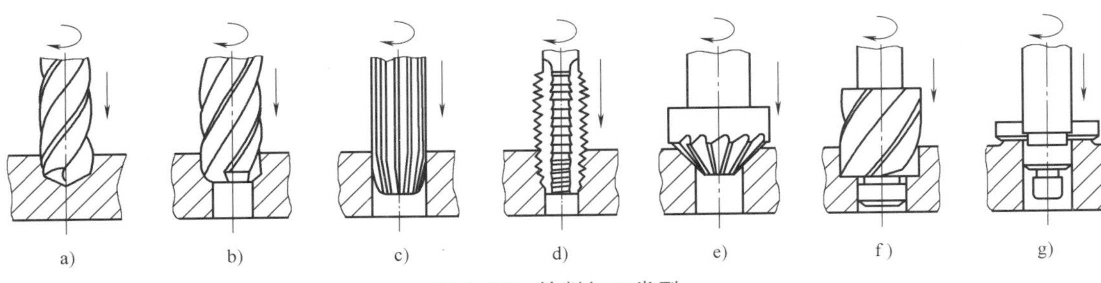

图 6-36 钻削加工类型

a）钻孔 b）扩孔 c）铰孔 d）攻螺纹 e）锪孔倒角 f）锪沉头孔 g）锪端面

钻削加工

1）浅孔钻用于加工深径比 $L/D<5$ 的孔。加工浅孔使用的刀具通常为麻花钻，加工精度等级一般为 IT10～IT12，表面粗糙度 Ra 值为 2.5～3.2μm。

2）深孔钻用于加工深径比 $L/D \geqslant 5$ 的孔。其中 $L/D=5 \sim 20$ 的孔称为普通深孔，加工普通深孔可用深孔刀具或接长麻花钻在车床或钻床上完成；$L/D=20 \sim 100$ 的孔称为特殊深孔，加工特殊深孔需用深孔刀具在深孔加工机床上进行。钻孔加工有两种方式，一种是钻头旋转，例如在钻床、镗床上钻孔；另一种是工件旋转，例如在车床上钻孔。

2. 扩孔

扩孔是用扩孔刀具扩大工件孔径的一种加工方法。扩孔钻与钻头类似，结构形式有：整体锥柄扩孔钻，扩孔 $\phi 10 \sim \phi 32$mm；镶齿套式扩孔钻，扩孔 $\phi 25 \sim \phi 80$mm；此外还有硬质合金可转位扩孔钻。扩孔属于半精加工。加工精度等级一般为 IT9～IT10，表面粗糙度 Ra 值为 3.2～6.3μm。

3. 铰孔

铰孔是用铰刀在未淬硬工件孔壁上切除微量金属层，以提高工件尺寸精度和降低表面粗糙度值的加工方法。铰孔可加工圆柱孔和圆锥孔，可以机铰，也可以手铰。铰孔属于精加工，可分为粗铰和精铰。粗铰的尺寸精度等级为 IT7～IT8，表面粗糙度 Ra 值为 0.8～1.6m；精铰的尺寸精度等级为 IT6～IT7，表面粗糙度 Ra 值为 0.4～0.8μm。

4. 锪孔

锪孔是用锪钻加工各种沉头螺栓孔、锥孔、凸台面、孔口倒角等的加工方法。锪孔一般在钻床上完成。

二、钻床简介

1. 台式钻床

台式钻床简称台钻，它实质上是一种加工小孔的立式钻床。台式钻床如图 6-37 所示。台钻的钻孔直径一般在 15mm 以下，最小可达十分之几毫米。因此，台钻主轴的转速很高，最高可达每分钟几万转。台钻结构简单，使用灵活方便，适用于加工小型零件上的孔。但其自动化程度较低，通常用手动进给。

2. 立式钻床

立式钻床是钻床中应用较广的一种，其特点为主轴轴线竖直布置，而且其位置是固定的。加工时，为使刀具旋转中心线与被加工孔的中心线重合，必须移动工件（相当于调整坐标位置），因此立式钻床只适用于加工中小型工件上的孔。立式钻床如图 6-38 所示。

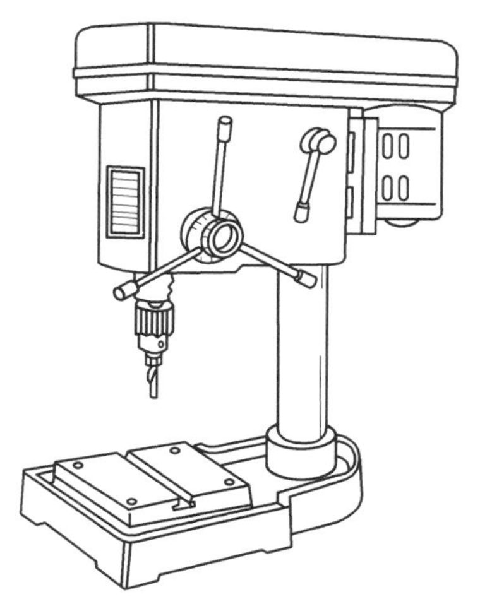
图 6-37　台式钻床

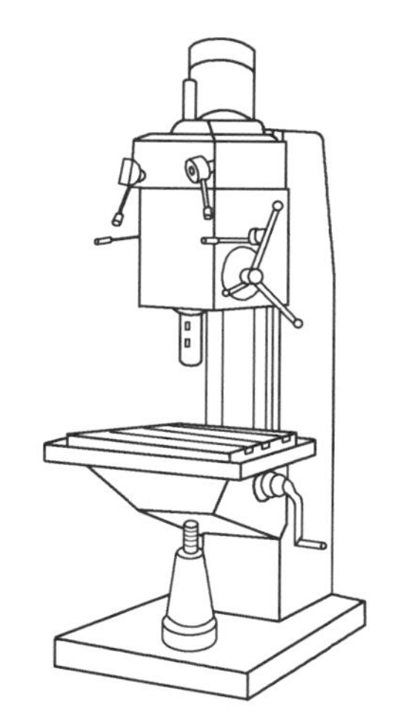
图 6-38　立式钻床

3. 摇臂钻床

由于大而重的工件移动费力，找正困难，加工时希望工件固定，主轴能任意调整坐标位置，因而产生了摇臂钻床，如图 6-39 所示。工件和夹具可以安装在底座 1 或工作台 8 上。立柱为双层结构，内立柱 2 固定在底座 1 上，外立柱 3 由滚动轴承支承，可绕内立柱转动。摇臂 5 可沿外立柱 3 升降。主轴箱 6 可沿摇臂的导轨水平移动。这样就可在加工时使工件不动而方便地调整主轴 7 的位置。

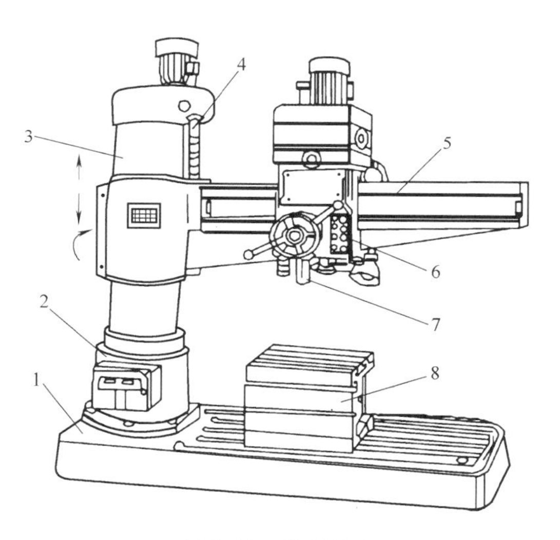

图 6-39　摇臂钻床
1—底座　2—内立柱　3—外立柱　4—摇臂升降丝杠　5—摇臂　6—主轴箱　7—主轴　8—工作台

三、常用刀具

1. 麻花钻

麻花钻是使用最广泛的一种孔加工刀具，不仅可以在一般材料上钻孔，经过修磨还可在一些难加工材料上钻孔，如图 6-40 所示。麻花钻呈细长状，属于粗加工刀具，可达到的尺寸公差等级为 IT11～IT13，表面粗糙度 Ra 值为 12.5～25μm。麻花钻的工作部分包括切削部分和导向部分。两个对称的、较深的螺旋槽用来形成切削刃和前角，并起着排屑和输送切削液的作用。沿螺旋槽边缘的两条棱边用于减小钻头与孔壁的摩擦面积。切削部分有两个主切削刃、两个副切削刃和一个横刃。横刃处有很大的负前角，主切削刃上各点前角、后角是变化的，钻心处前角接近 0°，甚至为负值，对切削加工十分不利。

麻花钻的主要几何参数如下：

(1) 后角 α_o　这是在平行于进给运动方向上的假定工作平面（以钻头为轴心，过切削刃上选定点的圆柱面）中测量的后刀面与切削平面间的夹角（外缘处的圆周后角），不能为负后角。

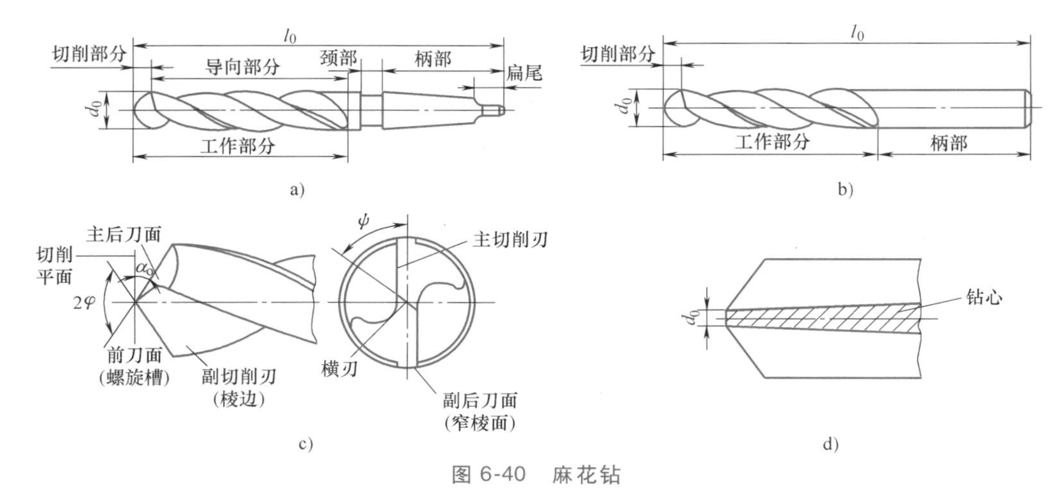

图 6-40　麻花钻

a）锥柄麻花钻　b）直柄麻花钻　c）麻花钻切削部分　d）钻孔形状

（2）顶角 2φ　两条主切削刃在与之平行的中心截面上投影的夹角，如图 6-41c 所示。标准麻花钻的顶角 2φ 为 $118°±2°$，顶角的一半为 $59°±1°$。

（3）横刃斜角 ψ　主切削刃与横刃在钻头端面上投影的夹角，如图 6-41c 所示。标准麻花钻的横刃斜角 $\psi=55°±2°$。

（4）两主切削刃　长度相差≤0.1mm，两条主切削刃平直、无锯齿，刃口不能退火。

2. 中心钻

中心钻是用来加工轴类零件中心孔的刀具，其结构主要有三种形式：带护锥中心钻（图 6-41a），无护锥中心钻（图 6-41b）和弧形中心钻（图 6-41c）。

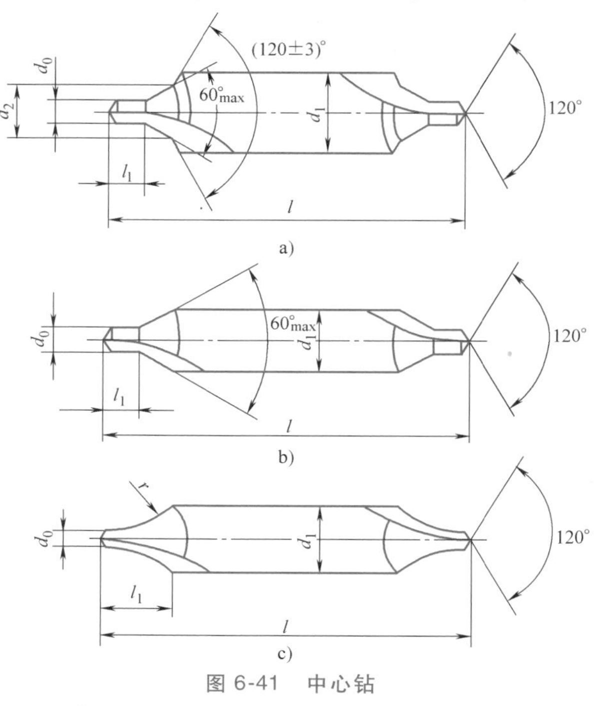

图 6-41　中心钻

a）带护锥中心钻　b）无护锥中心钻　c）弧形中心钻

3. 深孔钻

通常把孔深与孔径之比大于或等于5的孔称为深孔，加工所用的钻头称为深孔钻。

由于孔深与孔径之比大，钻头细长，强度和刚度均较差，工作不稳定，易引起孔中心线的偏斜和振动。为了保证孔中心线的直线性，必须很好地解决导向问题。由于孔深度大，容屑及排屑空间小，切屑流经的路程长，切屑不易排除，必须设法解决断屑和排屑问题。深孔钻头是在封闭状态下工作的，切削热不易散出，必须设法采取措施确保切削液的顺利进入，充分发挥冷却和润滑作用。深孔钻有很多种，常用的有外排屑深孔钻、内排屑深孔钻、喷吸钻及套料钻等。

4. 扩孔钻

扩孔钻专门用于扩大已有孔，如图6-42所示，它比麻花钻的齿数多（$z>3$），容屑槽较浅，无横刃，强度和刚度均较高，导向性和切削性较好，加工质量和生产率比麻花钻高。扩孔的尺寸公差等级为IT9~IT10，表面粗糙度 *Ra* 值为3.2~6.3μm，属于半精加工。常用的扩孔钻有高速钢整体扩孔钻、高速钢镶齿套式扩孔钻及硬质合金可转位式扩孔钻。

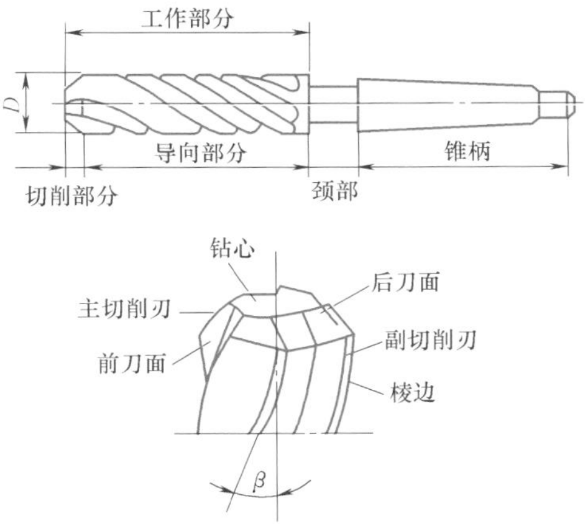

图6-42 扩孔钻

5. 锪钻

锪钻用于加工各种埋头螺钉沉孔、锥孔和凸台面等。常见的锪钻有三种：圆柱形沉头锪钻（图6-43a）、锥形沉头锪钻（图6-43b）及端面凸台锪钻（图6-43c）。

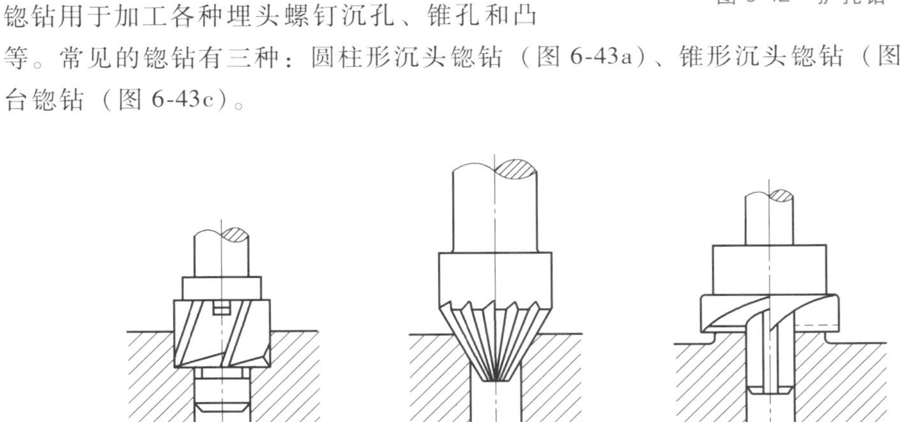

图6-43 锪钻

a）圆柱形沉头锪钻 b）锥形沉头锪钻 c）端面凸台锪钻

6. 铰刀

铰刀常用来对已有孔进行最终精加工，也可对要求精确的孔进行预加工。其加工精度等级可达IT6~IT8，表面粗糙度 *Ra* 值达0.2~1.6μm。

铰刀可分为手动铰刀和机动铰刀。手动铰刀如图6-44a所示，用于手工铰孔，柄部为直柄；机动铰刀如图6-44b所示，多为锥柄，装在钻床或车床上进行铰孔。

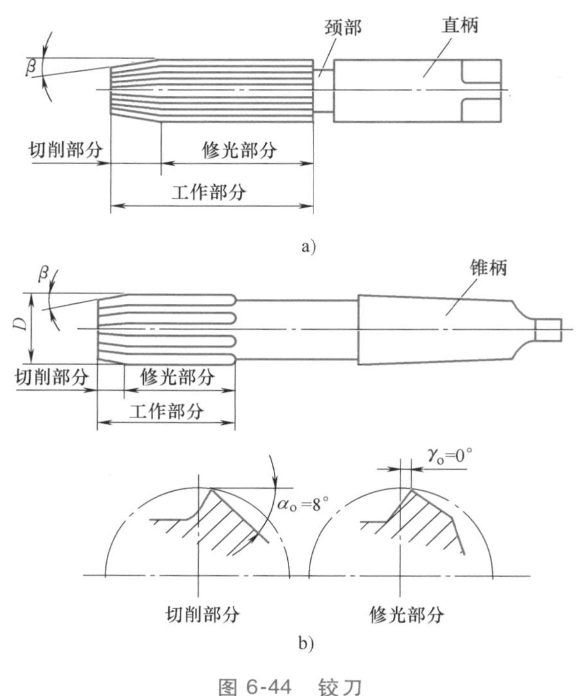

图 6-44 铰刀

a）手动铰刀 b）机动铰刀

课后练习

1. 钻削加工的内容有什么？
2. 分析摇臂钻床的加工有何特点？
3. 钻床可以使用哪些刀具？

第六节 镗削加工

一、镗削加工特点

镗削一般在镗床或镗铣床上进行，也可以在车床上进行镗孔加工。在镗床上镗削时镗刀做旋转主运动，工件或镗刀做进给运动。镗削加工一般用于加工大型零件的孔或孔系，加工灵活性大，适用性强，加工精度等级可以达到 IT6～IT7，表面质量可以达到 $Ra6.3\mu m$。

二、镗床简介

1. 卧式铣镗床

卧式铣镗床的工艺范围十分广泛，因而得到普遍应用，如图 6-45 所示。卧式铣镗床除镗孔外，还可车端面，铣平面，车外圆，车内、外螺纹，钻、扩、铰孔等。零件可在一次装夹中完成大量的加工工序，而且其加工精度比钻床和一般的车床、铣床高，因此特别适合加工大型、复杂的箱体类零件上精度要求较高的孔系及端面。由于该类机床的万能性较大，所以又称为万能铣镗床。

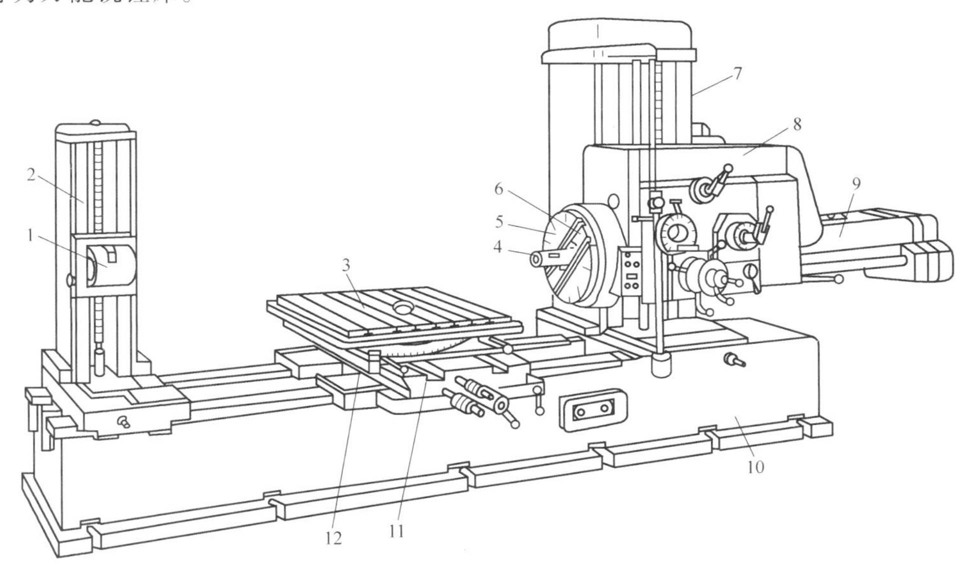

图 6-45 卧式铣镗床

1—后支架 2—后立柱 3—工作台 4—镗轴 5—平旋盘 6—花盘刀具溜板 7—前立柱 8—主轴箱 9—尾座套筒 10—床身 11—下滑座 12—上滑座

2. 坐标镗床

坐标镗床是一种高精度机床，如图 6-46 所示，其特征是具有测量坐标位置的精密测量

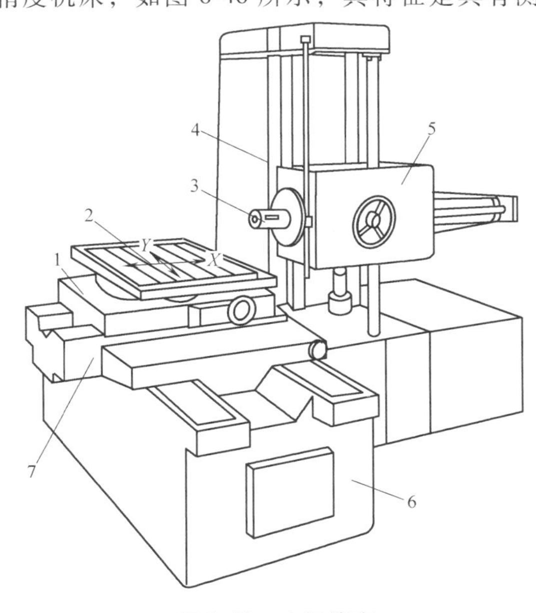

图 6-46 坐标镗床

1—上滑座 2—回转工作台 3—主轴 4—立柱 5—主轴箱 6—床身 7—下滑座

装置。为了保证高精度，这种机床的主要零部件的制造和装配精度都很高，并具有较好的刚度和抗振性。它主要用来镗削精密孔（IT5 级或更高）和位置精度要求很高的孔系（定位精度可达 0.002~0.01mm）。

课后练习

1. 镗削有何加工特点？
2. 常用镗床有哪些？

第七节　刨削与插削加工

一、刨削与插削加工特点

刨床是以刨刀相对工件的往复直线运动与工作台（或刀架）的间歇进给运动完成切削加工的。由于刨床在加工时是断续切削的，每个往返行程刨刀受较大的冲击作用，且换向时需要克服较大的惯性力，限制了刨削速度。此外，返回行程刨刀不参与切削，效率较低，在大批量生产中常被铣床和拉床代替。

刨床主要用于加工平面、斜面、沟槽和成型表面，利用仿形装置还可加工一些空间曲面等，如图 6-47 所示。刨床及刨刀的制造、安装和调整比较简单，故适用于单件小批量生产

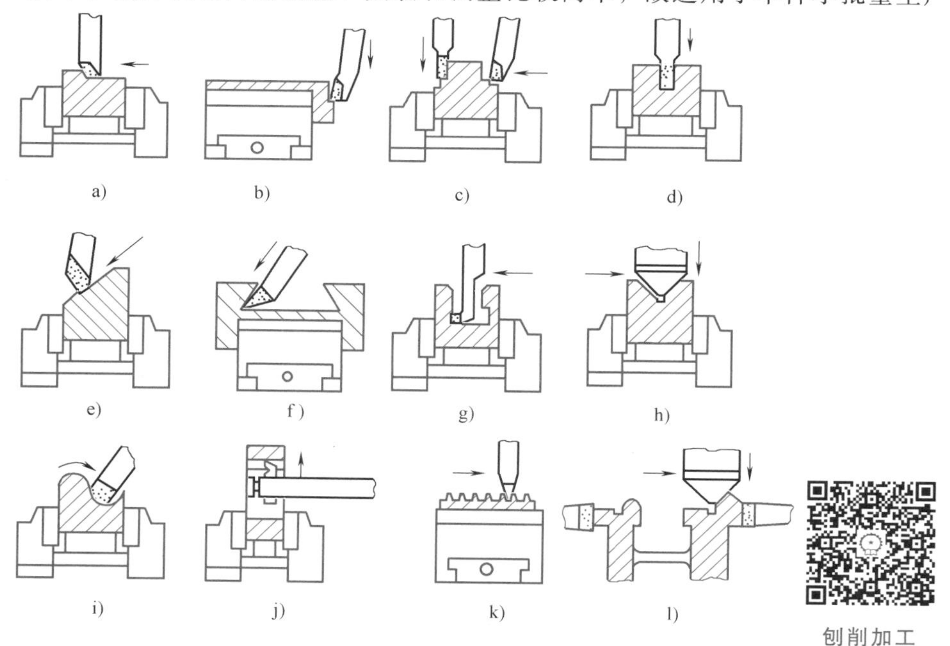

图 6-47　刨床加工的应用

a）刨平面　b）刨垂直面　c）刨台阶面　d）刨直角沟槽　e）刨斜面　f）刨燕尾槽　g）刨梯形槽　h）刨 V 形槽　i）刨曲面　j）刨孔内键槽　k）刨齿条　l）刨复合表面

及维修工作，尤其对较长工件的加工更为适宜。

插床实质上是立式刨床，插削时插刀随滑枕上的刀架做直线往复运动，圆工作台做纵向、横向及旋转运动，并可进行分度。插床主要用于单件和小批量生产中加工内孔键槽、内外多边形和其他型面。

二、刨床与插床简介

1. 牛头刨床

牛头刨床主要用于加工小型零件，如图 6-48 所示。主运动为滑枕 3 带动刀架 2 在水平方向所做的直线往复运动。滑枕 3 装在床身 4 顶部的水平导轨中，由床身 4 内部的曲柄摇杆机构传动实现主运动。刀架 2 可沿刀架座的导轨上下移动，以调整刨削深度，也可在加工垂直平面和斜面时做进给运动。调整刀架 2，可使刀架 2 左右旋转 60°，以便加工斜面或斜槽。加工时，工作台 1 带动工件沿横梁 8 做间歇的横向进给运动。横梁可沿床身上的垂直导轨上下移动，以调整工件与刨刀的相对位置。

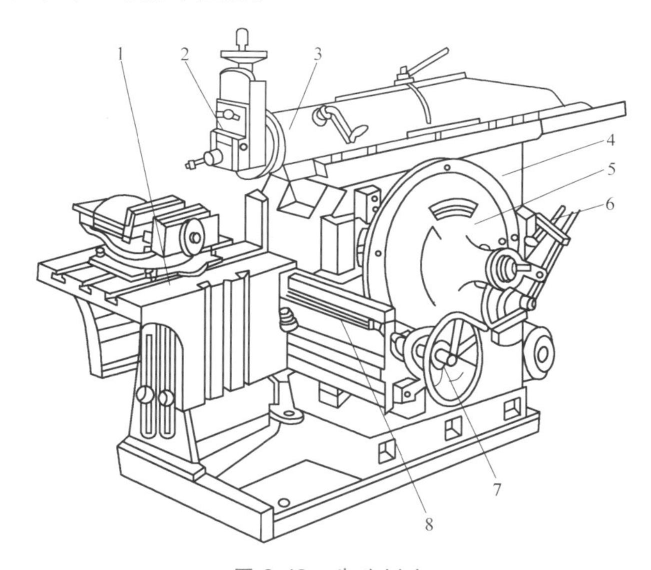

图 6-48 牛头刨床

1—工作台 2—刀架 3—滑枕 4—床身 5—摇臂机构 6—变速机构 7—进给机构 8—横梁

2. 龙门刨床

龙门刨床如图 6-49 所示，主要用于加工大型或重型零件上的各种平面、沟槽和各种导轨面，也可在工作台上一次装夹数个中小型零件进行加工。

3. 插床

插床如图 6-50 所示，主要用于加工工件的内部表面，如内孔中的键槽、平面、多边形孔等，有时也用于加工成型内外表面。插床与刨床一样，生产率低，对工人技术要求高。

在插床上加工孔内表面时，刀具要穿入工件的孔进行插削，因此工件的加工部分必须先有一个孔，如果工件原来没有孔，就需要先加工一个足够大的孔，才能进行插削加工。

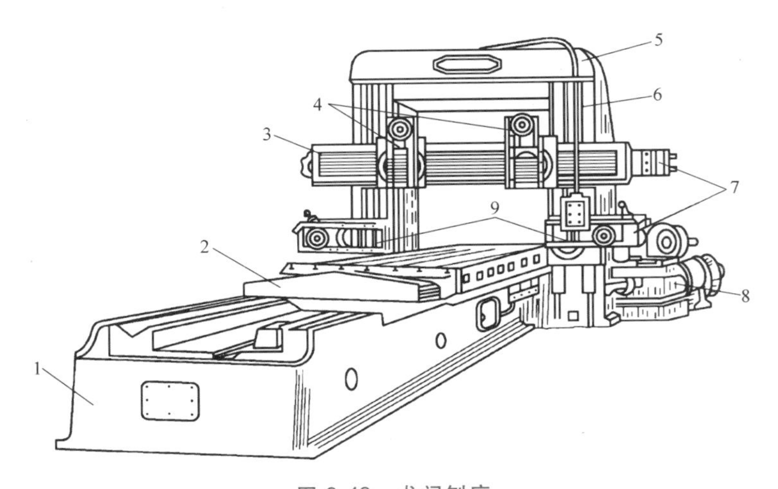

图 6-49　龙门刨床

1—床身　2—工作台　3—横梁　4—刀架　5—顶梁　6—立柱
7—进给箱　8—减速箱　9—侧刀架

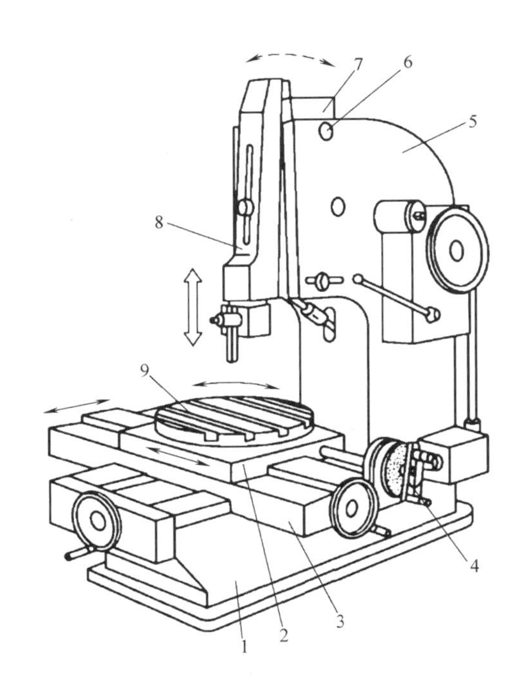

图 6-50　插床

1—床身　2—溜板　3—床鞍　4—分度装置　5—立柱　6—销轴
7—滑枕导轨座　8—滑枕　9—圆形工作台

课后练习

1. 刨削加工适合加工什么类型的零件？
2. 插削加工适合加工什么类型的零件？

第八节 磨削加工

一、磨削加工特点

磨削加工是指用磨具以较高的线速度对工件表面进行加工的方法。

磨削是一种应用十分广泛的精加工方法，加工类型如图6-51所示。它是用砂轮在通用磨床（包括外圆磨床、内圆磨床、平面磨床以及无心磨床等）上进行的磨削加工。磨削可以获得较高的加工精度和较低的表面粗糙度值，精度等级可达IT5~IT6，表面粗糙度 Ra 值可达0.2~0.4μm。磨削可以加工硬度较高的金属和非金属，弥补切削加工的不足。

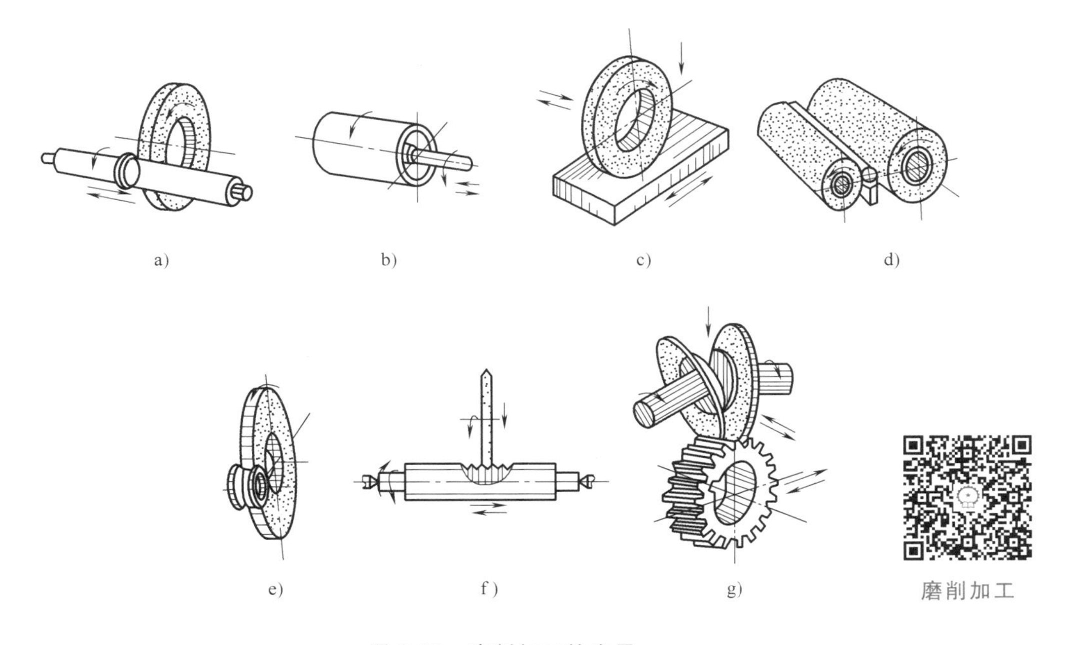

图6-51 磨削加工的应用

a）磨外圆 b）磨内孔 c）磨平面 d）无心磨外圆 e）磨成型面 f）磨螺纹 g）磨齿轮

磨削的主运动是砂轮的旋转运动，砂轮的切线速度即为磨削速度 v_c，单位为m/s。

磨削的进给运动一般有三种。以外圆磨削为例（图6-52）：

（1）工件旋转进给运动 进给速度为工件切线速度 v_w（单位m/min）。

（2）工件相对砂轮的轴向进给运动 进给量用工件每转相对砂轮的轴向移动量 f_a（单位为mm/r）表示，进给速度 v_a 为 nf_a，其中 n 为工件的转速（r/min）。

（3）砂轮径向进给运动 即砂轮切入工件的运动，进给量用工作台每单行程或双行程砂轮切入工件的深度（磨削深度）f_r［mm（单行程）或mm（双行程）］表示。

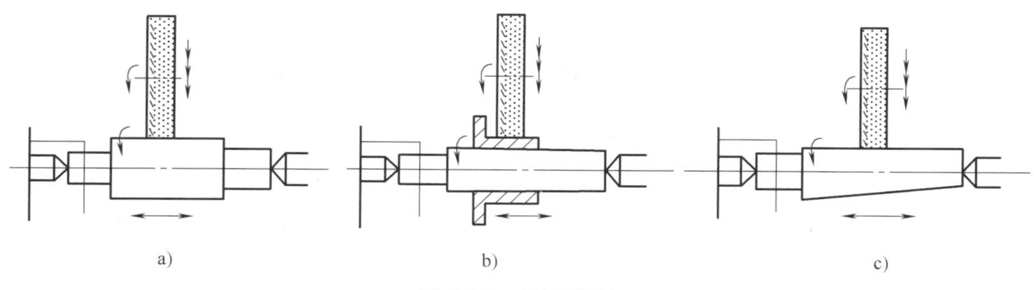

图 6-52 外圆磨削

a）磨轴零件外圆 b）磨盘套零件外圆 c）磨轴零件锥面

二、磨床简介

用磨料或磨具（砂轮、砂带、油石或研磨料等）作为工具对工件表面进行切削加工的机床，统称为磨床。磨床的种类很多，主要有外圆磨床、万能磨床、内圆磨床、平面磨床、无心磨床、工具磨床和各种专门化磨床（如螺纹磨床、曲轴磨床、凸轮磨床、齿轮磨床、导轨磨床）等。此外，还有以柔性砂带为磨削工具的砂带磨床，以及以油石和研磨料为磨削工具的精磨磨床等。

1. 外圆磨床

外圆磨床主要用于磨削内、外圆柱和圆锥表面，也能磨削阶梯轴的轴肩和端面，可获得工件 IT6～IT7 精度等级，表面粗糙度 Ra 值为 0.08～1.25μm。外圆磨床的主要类型有万能外圆磨床、普通外圆磨床、无心外圆磨床、宽砂带外圆磨床和端面外圆磨床等。

（1）万能外圆磨床 图 6-53 所示为万能外圆磨床，用于磨削 IT6～IT7 精度等级的内、外旋转表面。其主要结构有床身、工作头架、工作台、砂轮架、内圆磨具、尾座等部件。万能外圆磨床比普通外圆磨床多一个内圆磨具，且砂轮架和工件头架都能逆时针方向旋转一定角度。主运动是砂轮的高速旋转运动，进给运动有工作台带动工件的纵向进给运动、工件旋

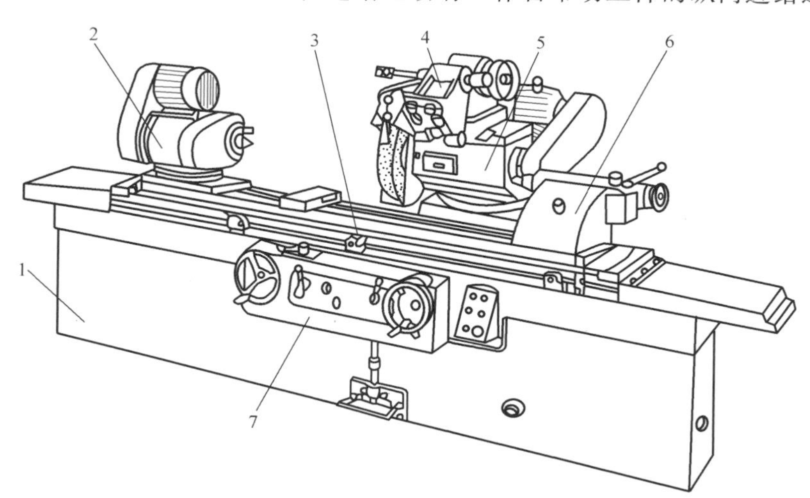

图 6-53 万能外圆磨床

1—床身 2—工作头架 3—工作台 4—内圆磨具 5—砂轮架 6—尾座 7—液压控制箱

转的周向进给运动以及砂轮架在工作台两端间歇切入的横向进给运动。

（2）普通外圆磨床　它的结构与万能外圆磨床基本相同，主要区别是：其头架和砂轮架不能绕轴线在水平面内调整角度位置；头架主轴直接固定在箱体上不能转动，工件只能用顶尖支承进行磨削；不配置内圆磨具。因此，普通外圆磨床的工艺范围比万能外圆磨床窄，但由于减少了主要部件的结构层次，头架主轴固定不动，故机床及头架主轴部件的刚度高，工件的旋转精度好。这种磨床只能用于磨削外圆柱面、锥度不大的外圆锥面以及台阶和端面。

（3）无心磨床　通常指无心外圆磨床，其工作原理如图 6-54 所示。磨削时，工件不用顶尖定心和支承，而将工件放在磨削砂轮 1 与导轮 3 之间，并用托板 4 支承定位进行磨削。导轮是用树脂或橡胶为粘结剂制成的刚玉砂轮，不起磨削作用，它与工件之间的摩擦系数较大，靠摩擦力带动工件旋转，实现圆周进给运动。导轮的线速度在 10~50m/min 范围内，砂轮的转速很高，一般约为 50m/s，从而在砂轮和工件间形成很大的相对速度，即磨削速度。用无心磨床加工时，工件精度较高。由于无须打中心孔，且装夹省时省力，可连续磨削，所以生产率很高。若配以自动装卸料机构，可实现自动化生产。无心磨床适用于在大批量生产中磨削细长轴以及不带中心孔的轴类、套类、销类零件等。

2. 内圆磨床

内圆磨床主要用于磨削圆柱孔和圆锥孔表面，其类型主要有普通内圆磨床、无心内圆磨床和行星内圆磨床等。其中普通内圆磨床比较常用。内圆磨床的自动化程度不高，磨削尺寸通常是靠人工测量来加以控制，适用于单件、小批量生产。

图 6-55 所示为普通内圆磨床。头架 3 装在工作台 2 上，可随同工作台沿床身 1 的导轨做纵向往复运动，还可以在水平面内调整角度位置以磨削圆锥孔。工件装在头架上，由头架主轴带动做圆周进给运动。砂轮架 4 上装有磨削内孔的砂轮主轴，它带动内圆砂轮做旋转运动，砂轮架可由手动或液压传动沿滑座 5 的导轨做周期性的横向进给。

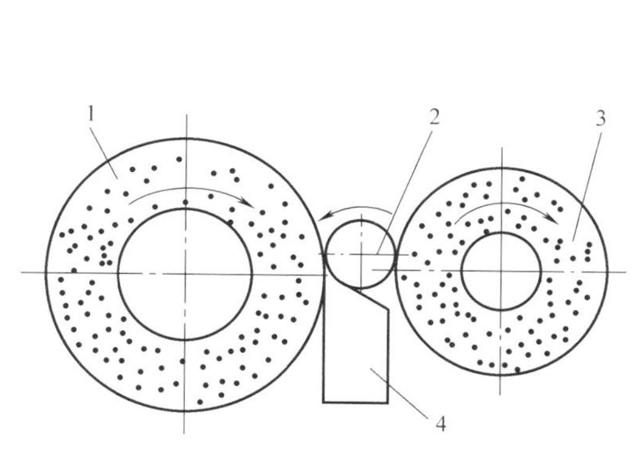

图 6-54　无心磨床的工作原理

1—磨削砂轮　2—工件　3—导轮　4—托板

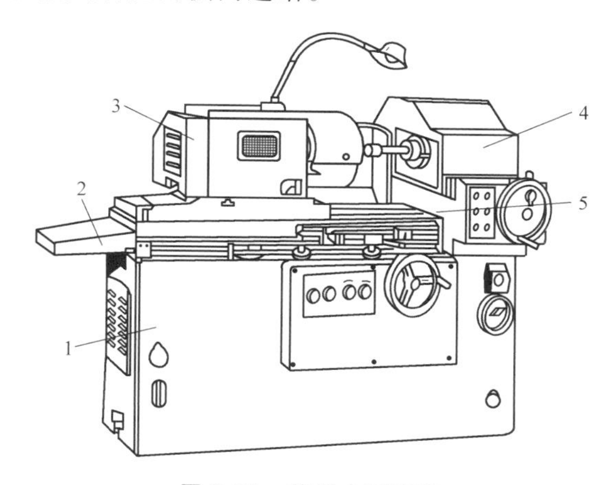

图 6-55　普通内圆磨床

1—床身　2—工作台　3—头架　4—砂轮架　5—滑座

3. 平面磨床

平面磨床用于磨削各种零件的平面。根据砂轮的工作面不同，平面磨床可分为用砂轮周边和端面进行磨削两类。用砂轮周边磨削（图 6-56a、b）的平面磨床，砂轮主轴常处于水平位置（卧式），而用砂轮端面磨削（图 6-56c、d）的平面磨床，砂轮主轴常为立式。根据工作台的形状不同，平面磨床又可分为矩形工作台和圆形工作台两类。所以，根据磨削方法和机床布局不同，平面磨床主要有下列四种类型：卧轴矩台平面磨床、卧轴圆台平面磨床、立轴矩台平面磨床和立轴圆台平面磨床。其中，卧轴矩台平面磨床和立轴圆台平面磨床最为常见。

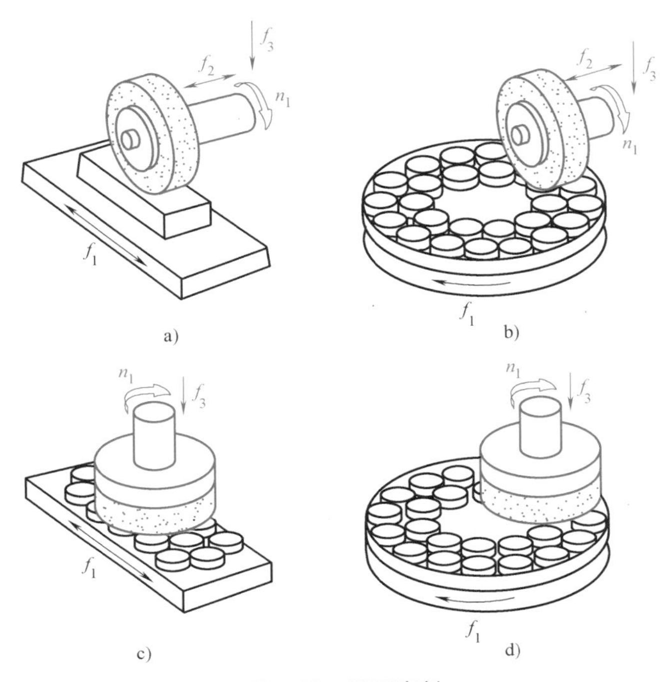

图 6-56　平面磨削

用砂轮端面磨削的平面磨床与用砂轮周边磨削的平面磨床相比，由于端面磨削的砂轮直径往往比较大，能一次磨出工件的全宽，磨削面积较大，所以生产率较高，但端面磨削时砂轮和工件表面是呈弧形线或面接触，接触面积大，冷却困难，且切屑不易排除，所以加工精度较低，表面粗糙度值较大。而用砂轮周边磨削，由于砂轮和工件接触面较小，发热量少，冷却和排屑条件较好，可获得较高的加工精度和较小的表面粗糙度值。另外，采用卧轴矩台的布局形式时，工艺范围较广，除了用砂轮周边磨削水平面外，还可用砂轮的端面磨削沟槽和台阶等的垂直侧平面。

圆台平面磨床与矩台平面磨床相比，圆台平面磨床生产率稍高些，这是由于圆台平面磨床是连续进给，而矩台平面磨床有换向时间损失。但是圆台平面磨床只适用于磨削小零件和大直径的环形零件端面，不能磨削窄长零件，而矩台平面磨床可方便地磨削各类零件，包括直径小于矩台宽度的环形零件。

图 6-57 所示为最常见的两种卧轴矩台平面磨床。图 6-57a 所示为砂轮架移动式，工作台只做纵向往复运动，而由砂轮架沿床鞍上的燕尾导轨移动来实现周期的横向进给运动。床鞍和砂轮架一起可沿立柱导轨移动，做周期性垂直进给运动。图 6-57b 所示为十字导轨式，工作台装在床鞍上，它除了做纵向往复运动外，还随床鞍一起沿床身导轨做周期性横向进给运动，而砂轮架只做垂直周期进给运动。这类平面磨床工作台的纵向往复运动和横向周期进给

运动，一般都采用液压传动，砂轮架的垂直进给运动通常是手动的。为了减轻工人的劳动强度和节省辅助时间，有些机床具有快速升降机构，用以实现砂轮架的快速机动调位运动。砂轮主轴采用内联电动机直接传动。

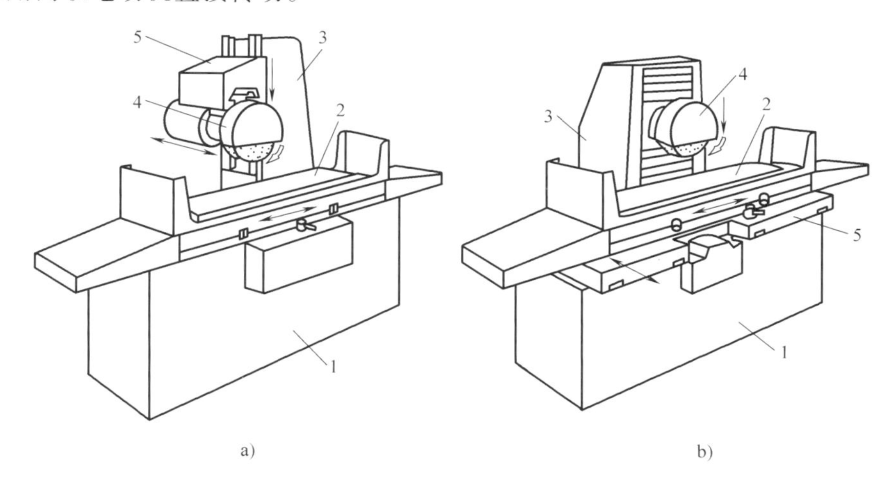

图 6-57 卧轴矩台平面磨床

1—床身 2—工作台 3—头架 4—砂轮架 5—床鞍

图 6-58 所示是立轴圆台平面磨床。圆形工作台装在床鞍上，它除了做旋转运动实现圆周进给外，还可以随同床鞍一起，沿床身导轨纵向快速退离或趋近砂轮，以便装卸工件。

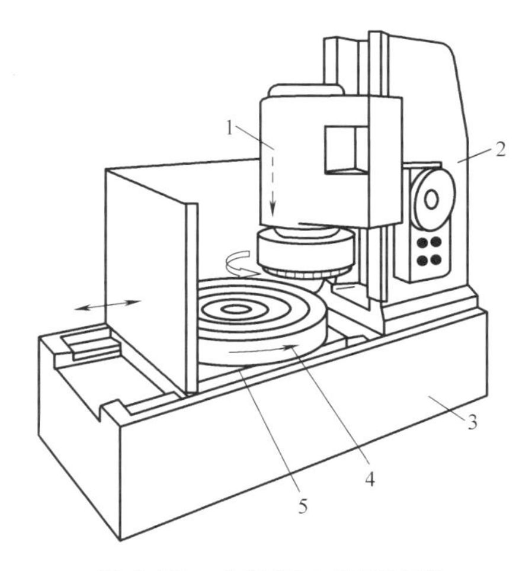

图 6-58 立轴圆台平面磨床

1—砂轮架 2—头架 3—床身 4—圆形工作台 5—床鞍

课后练习

1. 磨削有何加工特点？
2. 磨床的种类有哪些？

第九节 数控加工技术

一、数控加工特点

数控加工是利用数控机床进行的加工。数控机床是计算机通过数字化信息实现对机床自动控制的机电一体化产品。数控机床能提高产品的质量、提高生产率、降低生产成本，还能大大改善工人的劳动条件，是普遍采用的加工方法。数控加工具有以下特点：

1. 适应性广

适应性即柔性，指数控机床随加工对象不同而变化加工程序的适应能力。数控机床的加工对象改变时，只需重新编制相应的加工程序，输入计算机就可以自动地加工出新的工件，为解决多品种、中小批量零件的自动化加工提供了极好的生产方式。广泛的适应性是数控机床最突出的优点。

2. 加工精度高、质量稳定

数控机床是按数字指令自动工作的，这就消除了操作者的人为误差。目前，数控装置的脉冲当量普遍达到了0.001mm，进给传动链的反向间隙与丝杠导程误差等均可由数控装置进行补偿，所以可获得较高的加工精度，尤其提高了同一批零件生产的一致性，使产品质量稳定。

3. 生产率高

数控机床能有效地减少零件的加工切削时间和辅助时间。数控机床可以自动换刀、自动变换切削用量、快速进退、自动装夹工件等；能在一台数控机床上进行多个表面、不同工艺方法的连续加工；可自动控制工件的加工尺寸和精度，而不必经常停机检验。

4. 减轻劳动强度、改善劳动条件

应用数控机床时，操作者只需编制程序、调整机床及装卸工件等，而后由数控系统来自动控制机床，免除了繁重的手工操作。数控机床一般是封闭式加工，清洁、安全。

5. 实现复杂零件的加工

数控机床可以完成普通机床难以加工或根本不能加工的复杂曲面零件的加工，可以实现几乎是任意轨迹的运动和加工任何形状的空间曲面，因此特别适用于各种复杂型面的零件加工。

6. 便于现代化的生产管理

数控机床采用数字信息与标准代码处理、传递信息，与信息化技术相结合构成智能制造的基础。

二、数控机床简介

由于数控技术的普遍应用，数控机床的种类较多。常用的数控机床是以数控车床、数控铣床、加工中心为主。

1. 数控车床

数控车床（图 6-59）主要用于对各种回转表面进行车削加工。在数控车床上可以进行内外圆柱面、圆锥面、成型回转面、螺纹面、高精度的曲面以及端面螺纹的加工。数控车床上所使用的刀具有车刀、钻头、绞刀、镗刀以及螺纹刀具等孔加工刀具。数控车床加工零件的尺寸精度可达 IT5～IT6，表面粗糙度 *Ra* 值可达 1.6μm 以下。

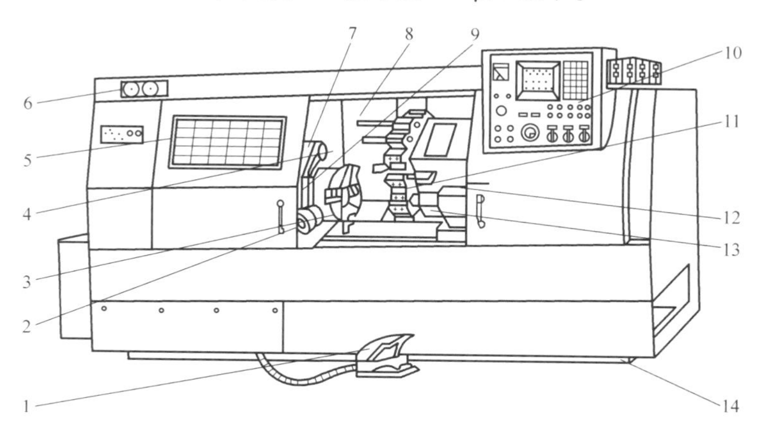

图 6-59　数控车床

1—脚踏开关　2—对刀仪　3—主轴卡盘　4—主轴箱　5—机床防护门　6—压力表　7—对刀仪防护罩　8—导轨防护罩　9—对刀仪转臂　10—操作面板　11—回转刀架　12—尾座　13—滑板　14—床身

2. 数控铣床

立式数控铣床的应用范围在数控铣床中最为广泛。立式数控铣床（图 6-60）主要用于

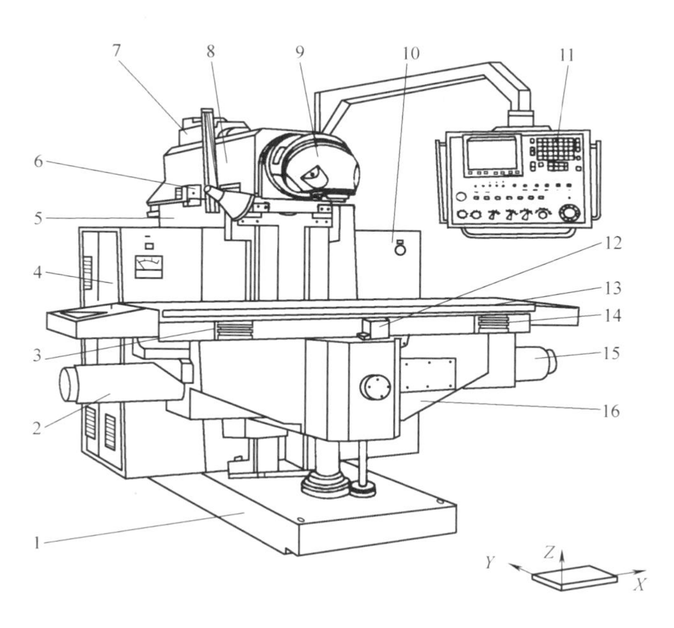

图 6-60　立式数控铣床

1—底座　2—伺服电动机　3、14—行程限位挡铁　4—强电柜　5—床身　6—横向限位开关　7—后壳体　8—滑枕　9—万能铣头　10—数控柜　11—操作面板　12—纵向限位开关　13—工作台　15—伺服电动机　16—升降滑座

水平面内的型面加工，增加数控分度头后，可在圆柱表面加工曲线沟槽。小型立式数控铣床与普通立式升降台铣床的工作原理相差不大，机床的工作台可以自由移动，但是升降台和主轴固定不动。中型立式数控铣床的工作台通常可以纵向和横向移动，主轴可沿竖直方向的溜板上下移动。大型立式数控铣床在设计过程中通常要考虑扩大行程、缩小占地面积以及刚性等技术上的因素，所以往往采用龙门架移动式，主轴可在龙门架的横向和竖直方向的溜板上移动，龙门架沿床身纵向移动。

3. 加工中心

具有自动换刀装置的数控机床通常称为加工中心，如图 6-61 所示，其主要特征是带有一个容量较大的刀库（一般有 10~120 把刀具）和自动换刀机械手。工件在一次装夹后，数控系统能控制机床按不同要求自动选择和更换刀具，自动连续完成铣（车）、钻、镗、铰、锪、攻螺纹等多工种、多工序的加工。加工中心适用于箱体、支架、盖板、壳体、模具、凸轮、叶片等复杂零件的多品种小批量加工。随着数控技术发展，采用多坐标联动的多轴加工中心已经普遍应用于重要的零件生产。多轴加工中心能同时控制 4 个以上坐标轴的联动，将数控铣、数控镗、数控钻等功能组合在一起，工件在一次装夹后，可以对加工面进行铣、镗、钻等多工序加工，有效地避免了由于多次装夹造成的定位误差，能缩短生产周期，提高加工精度。

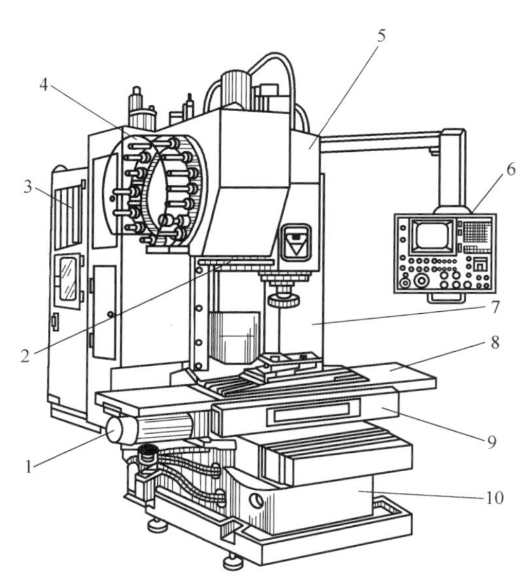

图 6-61　加工中心

1—直流伺服电动机　2—自动换刀机械手　3—数控柜　4—盘式刀库　5—主轴箱　6—操作面板　7—驱动电源柜　8—工作台　9—滑座　10—床身

课后练习

1. 数控加工的特点有哪些？
2. 常用数控机床有哪些类型？

第七单元

UNIT 7

零件钳加工

知识目标：

1. 了解钳加工特点。
2. 掌握零件划线方法。
3. 掌握锯条的安装方法。
4. 了解锉削的方法。
5. 了解攻螺纹的方法。

能力目标：

1. 能够熟练使用划线工具。
2. 能够掌握零件錾削方法。
3. 能够掌握零件锯削方法。
4. 能够熟练使用锉刀锉削工件。
5. 能够加工螺纹。

素养目标：

1. 能够了解钳工手工加工在工业生产中的重要作用。
2. 具有严谨的工作态度和成本意识。
3. 掌握 6S 管理方法。
4. 具备搜索、阅读、鉴别资料和文献，获取信息的能力。
5. 树立工匠精神，精益求精的态度。
6. 树立成为新时代高技能人才的远大目标，实现人生价值。

钳工是由工人手持工具对夹紧在钳工工作台虎钳上的工件进行加工的方法，是起源最早、技术性最强的工种之一，是机械制造中不可缺少的一个重要工种，其基本操作有划线、錾削、锯削、锉削、钻孔、扩孔、锪孔与铰孔、攻螺纹与套扣、刮削、研磨、矫正与弯曲、铆接、装配等。钳工的应用范围主要有：机械加工前的准备工作，如清理毛坯、在工件上划线等；在单件、小批量生产中，制造一般的零件；加工精密零件，如样板、模具的精加工，刮削或研磨机器和量具的配合表面等；装配、调整和修理机器。

钳工工具简单，操作灵活，可以完成机械加工不方便或难以完成的工作，是其他工种无法取代的。

第一节 划线

一、划线工具

1. 划线概述

划线是机械制造过程中的重要工序，广泛用于单件或小批量生产。

在毛坯或工件上，用划线工具划出待加工部位的轮廓线或作为基准的点、线的过程，称为划线。

划线一般可分为平面划线和立体划线两种。只需要在工件一个表面上划线后，即能明确表示加工界线，这种划线称为平面划线。需要在工件几个互成不同角度（一般是互相垂直）的表面上划线，才能明确表示加工界线的划线过程，称为立体划线。

对划线的基本要求是线条清晰均匀，定形、定位尺寸准确。由于划线过程中所划出的线条有一定的宽度，一般划线精度要求在 0.25～0.5mm 范围内。但应注意：工件的加工精度（尺寸、形状）不能由划线确定，而应在加工过程中通过测量来保证。

划线的主要作用有：

1）确定工件的加工余量，使加工时有明确的尺寸界线。

2）为便于在机床上装夹形状复杂的工件，可按划线找正定位。

3）能及时发现和处理不合格的毛坯。

4）当毛坯误差不大时，可通过划线借料的方法进行补救，提高毛坯的合格率。

2. 划线工具

（1）划线平板　划线平板（又称划线平台）是由铸铁毛坯经刮削或精刨制成，如图 7-1 所示。其作用是安放工件和划线工具，并在平板上完成划线过程。

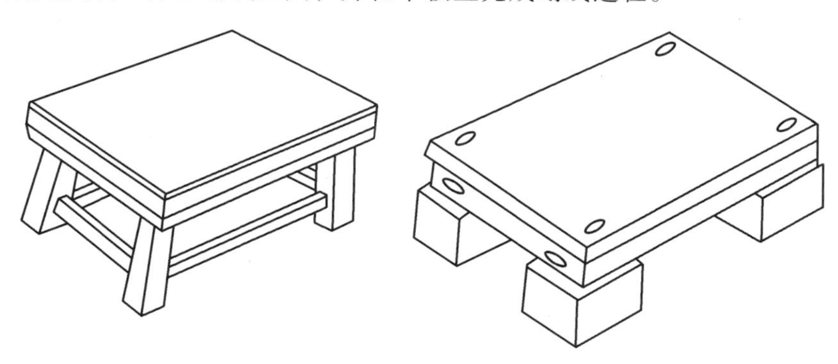

图 7-1　划线平板

（2）划针　划针是可以直接在毛坯或工件上进行划线的工具，如图 7-2 所示。在已加工表面上划线时，常使用直径为 3～6mm 的弹簧钢丝或高速工具钢制成的划针，将划针尖端磨成 15°～20°，并经淬火，以提高其硬度和耐磨性。在铸件、锻件等毛坯表面上划线时，常用尖部焊有硬质合金的划针。

（3）划规　划规如图 7-3 所示，是用来划圆和圆弧、等分线段、等分角度以及量取尺寸的工具。划规（除长划规外）两脚要磨成长短一样，两脚合拢时脚尖才能靠紧。用划规划圆弧时，应在作为旋转中心的一脚上施以较大的压力，以防旋转中心滑移。

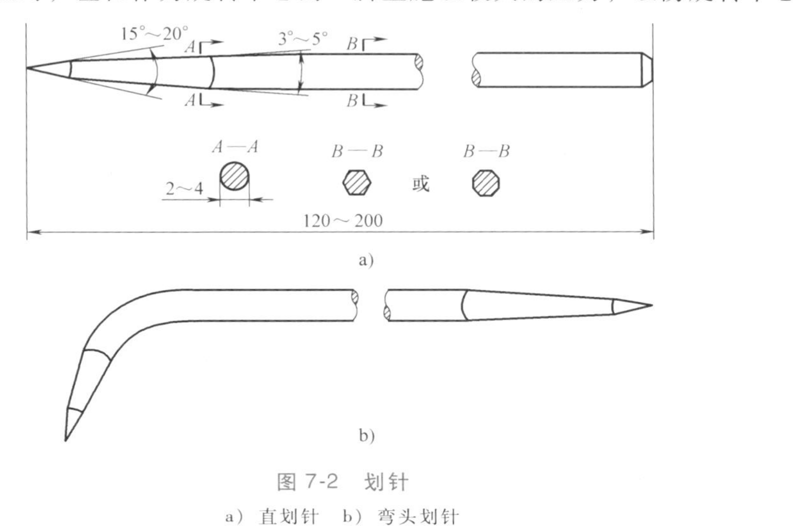

图 7-2　划针

a）直划针　b）弯头划针

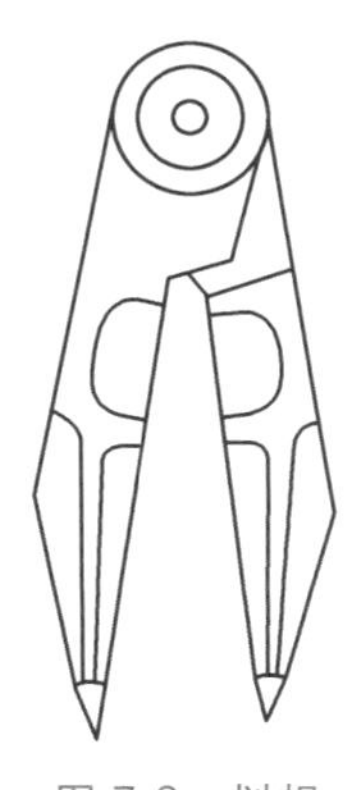

图 7-3　划规

（4）划线盘　划线盘是直接划线或找正工件位置的工具，如图 7-4 所示。一般情况下，划针的直头端用来划线，弯头端用来找正工件的位置。

（5）钢直尺　钢直尺是一种简单的测量工具和划线的导向工具，如图 7-5 所示。

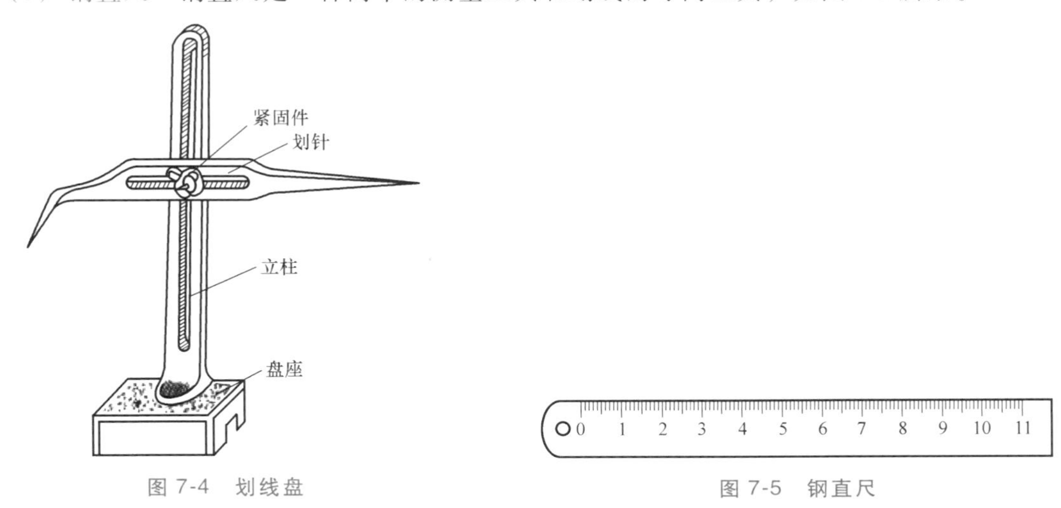

图 7-4　划线盘

图 7-5　钢直尺

（6）游标高度卡尺　游标高度卡尺如图 7-6 所示，是比较精密的量具及划线工具。它可以用来测量高度，又可以用划线量爪直接划线。

（7）直角尺　直角尺如图 7-7a 所示，在钳工操作中，它被广泛应用，不仅可以作为划平行线、竖直线的导向工具（图 7-7b），还可以用来找正工件在划线平板上的竖直位置，并可检验两平面的垂直度或单一平面的平面度（图 7-7c）。

（8）游标万能角度尺　游标万能角度尺（图 7-8）除用来测量角度、锥度之外，还可以作为划线工具划角度线。

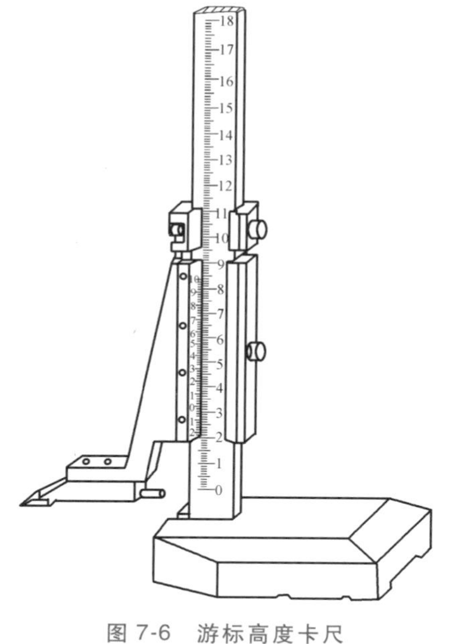

图 7-6　游标高度卡尺

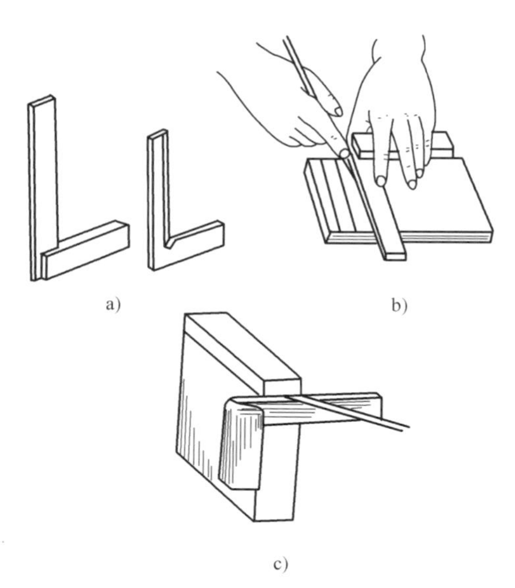

图 7-7　直角尺及其用法

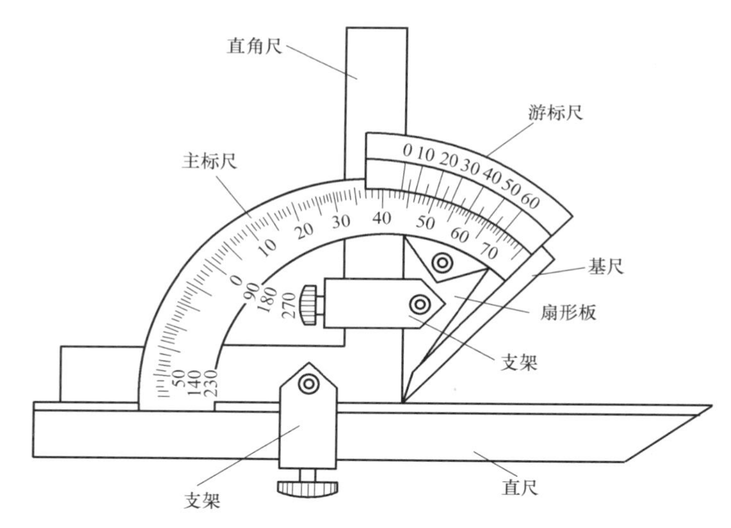

图 7-8　游标万能角度尺

（9）样冲　样冲如图 7-9 所示，用于在工件、毛坯所划的加工线上打样冲眼，作为加强加工界线的标记，还用于在圆弧的圆心或钻孔的定位中心打样冲眼（也称中心样冲眼），作为划规脚尖的立脚点。

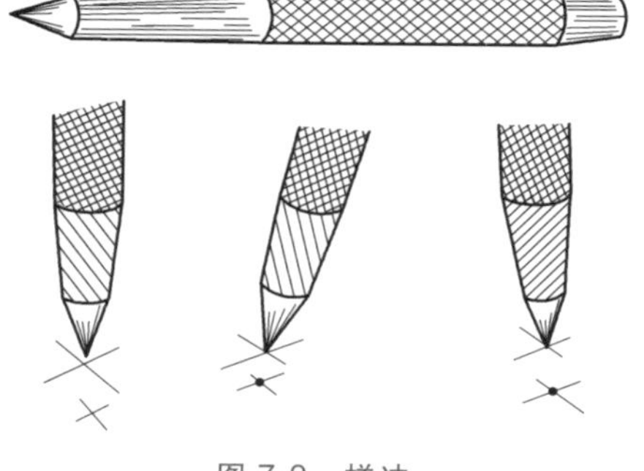

图 7-9　样冲

（10）支承、夹持工件的工具　划线时用于支承、夹持工件的工具有垫铁、V 形铁、角铁、方箱和千斤顶等，如图 7-10 所示。

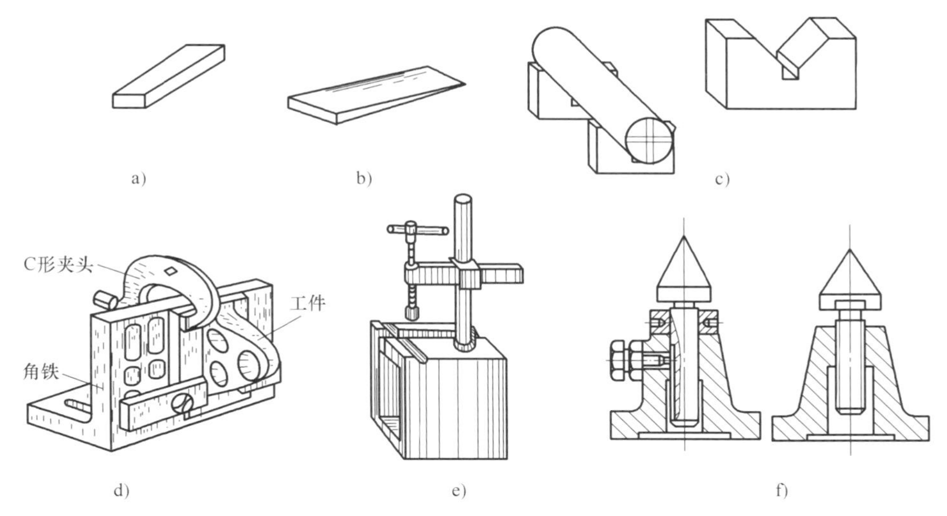

图 7-10　支承、夹持工件的工具

a)、b) 垫铁　c) V 形铁　d) 角铁　e) 方箱　f) 千斤顶

二、划线方法

1. 基准的选择

在划线时，选择工件上的某个点、线或面作为依据，用它来确定工件的各部分尺寸、几何形状及工件上各要素的相对位置，这个依据称为划线基准。设计图样上所采用的基准，称为设计基准。

划线应从划线基准开始。选择划线基准的基本原则是：尽可能使划线基准和设计基准重合。这样能直接量取划线尺寸，简化尺寸换算过程。平面划线一般选择两个划线基准，立体划线一般要选择三个划线基准。

划线基准一般应参照以下三种类型进行选择：

（1）以两个互相垂直的平面（或直线）为基准　一般应用在零件的外形比较规整，且有两个重要的外表面相互垂直的情况，如图 7-11 所示。

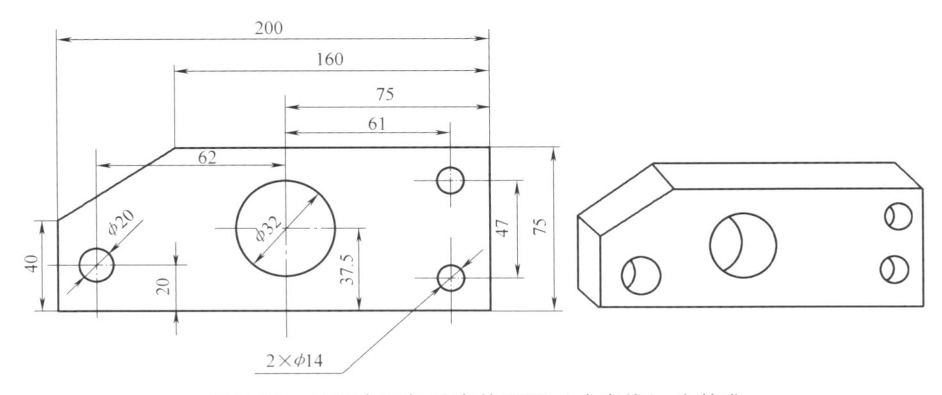

图 7-11　以两个互相垂直的平面（或直线）为基准

（2）以两条中心线为基准　一般应用在零件上两个方向的尺寸与其中心线具有对称性，

并且其他尺寸也从中心线起标注的场合，如图 7-12 所示。

（3）以互相垂直的一个平面和一条中心线为基准　应用在零件一个方向上有重要的表面，且在另一个方向上具有回转中心或对称中心的情况，如图 7-13 所示。

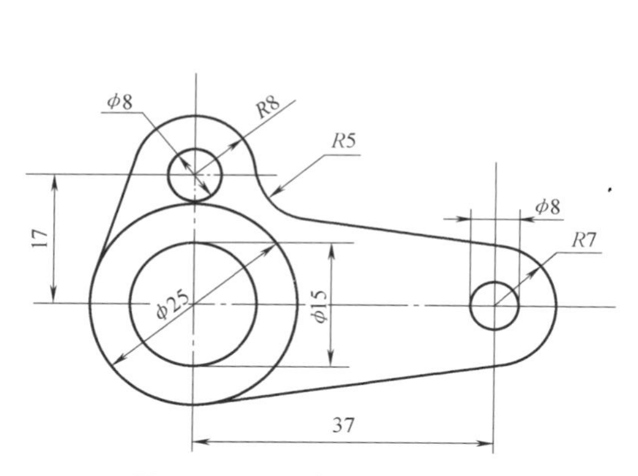

图 7-12　以两条中心线为基准

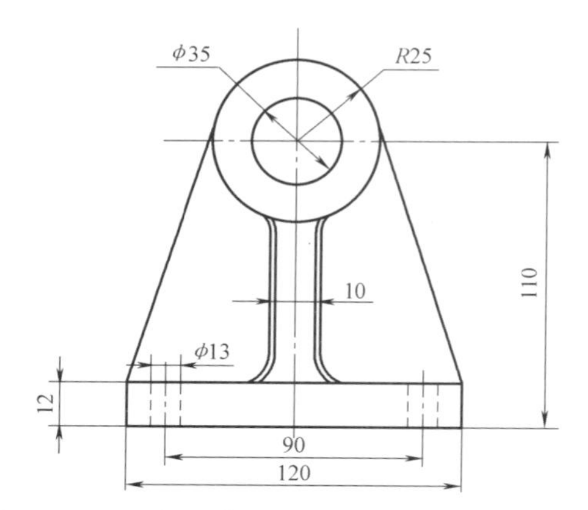

图 7-13　以互相垂直一个平面和一条中心线为基准

划线时，在工件各个方向上都需要选择一个划线基准。

2. 找正与借料

（1）找正　找正就是利用划线工具，通过调节支承工具，使工件的表面都处于合适的位置。找正时应注意的事项如下：

1）当工件上有不加工表面时，应按不加工表面找正后再划线，这样可使加工表面与不加工表面之间的尺寸均匀。但应注意，当工件上有两个以上不加工表面时，应选择重要或较大的不加工表面作为找正依据，并兼顾其他不加工表面，这样不仅可以使划线后的加工表面与不加工表面之间的尺寸比较均匀，而且可以使误差集中到次要或不明显的部位。

2）当工件上没有不加工表面时，可通过对各待加工的表面自身位置进行找正后再划线。这样可以使各待加工表面的加工余量均匀分布，避免加工余量相差悬殊、有的过多、有的过少。

（2）借料　当毛坯的尺寸、形状或位置误差和缺陷难以用找正划线的方法进行补救时，就需要利用借料的方法来解决。借料是通过试划和调整，使各待加工表面的余量互相借用，合理分配，从而保证各待加工表面都有足够的加工余量，使误差和缺陷在加工后便可排除。

借料时，首先应确定毛坯的误差程度，从而决定借料的方向和大小，然后从基准开始逐一划线。若发现某一待加工表面的余量不足时，应再次借料，重新划线，直至各待加工表面都有允许的最小加工余量为止。

3. 划线过程

划线前，首先要看懂图样和工艺要求，明确划线任务，确定划线基准，检验毛坯和工件是否合格，然后对划线部位进行清理、涂色，最后选择划线工具进行划线。

（1）划线前的准备

1）将待划线毛坯先进行清理，清理铸件毛坯的残余型砂、毛刺，除去浇口、冒口，除去毛坯表面的氧化皮、锈蚀、油污等。

2）分析图样，确定划线基准及支承位置，检查毛坯的误差及缺陷，确定找正和借料划线方案。

3）划线部位涂色，涂色时要薄而均匀，常用的涂料有石灰水和蓝油。石灰水用于铸件毛坯表面的涂色。蓝油是由质量分数为2%～4%的龙胆紫、3%～5%的虫胶和91%～95%的酒精配制而成的，主要用于已加工表面的涂色。

（2）划线过程　工件支承在考虑稳定性的前提下，应结合划线位置进行不断找正调整，结合借料方案进行划线。先划基准线和位置线，再划加工线，即先划水平线，再划竖直线、斜线，最后划圆、圆弧和曲线。立体工件按上述方法进行翻转放置依次划线，逐步划出各方向的加工线。

（3）检查、打样冲眼

1）对照图样和工艺要求，对工件按划线顺序从基准线开始逐项检查，对错划或多划的线条应及时改正，保证划线的准确。

2）检查无误后在加工界线上打样冲眼，样冲眼必须打正，毛坯面上的要适当深些，已加工面或薄板件上的要浅些、稀些，精加工表面和软材料上可不打样冲眼。

课后练习

1. 划线的作用是什么？
2. 常用的划线工具有哪些？
3. 划线基准如何选择？

第二节　錾削

錾削是用锤子敲击錾子对工件进行切削加工的操作方法。其操作工艺较为简单，切削效率和切削质量不高，主要用于不便于机械加工的场合，如去除毛刺、凸缘，分割材料，錾切油槽（特别是曲面油槽）等。

一、錾削工具

1. 錾子类型

錾削用的工具主要是錾子和锤子。

（1）扁錾　如图7-14a所示，扁錾的切削部分扁平，切削刃较长，刃口略带圆弧形。扁錾主要用来錾削平面、去除毛刺、凸缘和分割材料等。

（2）尖錾　如图7-14b所示，尖錾的切削刃比较短，从切削刃到柄部逐渐变狭小，以防止在錾沟槽时錾子的两侧面被卡住。尖錾主要用来錾削沟槽及分割曲线形板料等。

（3）油槽錾　如图7-14c所示，油槽錾的切削刃很短，并呈圆弧形，切削部分做成弯曲形状。油槽錾主要用来錾削平面或曲面上的油槽等。

2. 錾子角度

（1）楔角（β）　前刀面与后刀面间的夹角称为楔角。楔角由刃磨形成，其大小主要影响切削部分的强度和錾削阻力。楔角大的切削部分的强度高，但錾削阻力也大。因此，在满足强度要求的前提下，应尽量选择较小的楔角。

（2）后角（α） 后刀面与切削平面间的夹角称为后角。后角的大小取决于錾子被掌握的位置。后角的主要作用是减小后刀面与切削平面之间的摩擦。后角太大，錾削深度大，切削困难；后角太小，易使錾子从工件表面滑过。錾削时后角一般取5°~8°适宜。

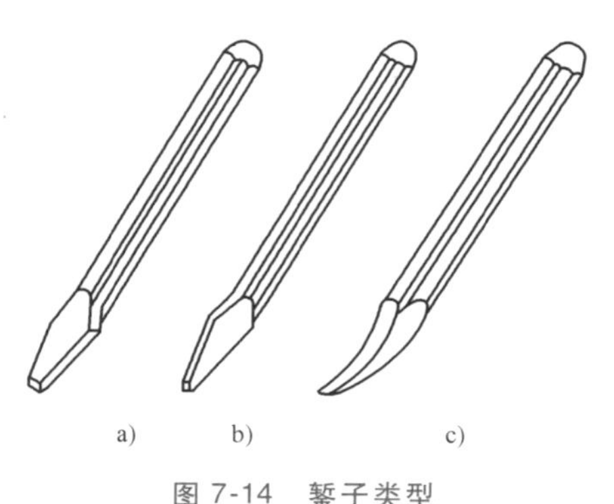

图 7-14 錾子类型
a）扁錾 b）尖錾 c）油槽錾

（3）前角（γ） 前刀面与基面间的夹角称为前角。前角对切削力、切屑的变形影响较大，前角大，錾削省力，切屑变形小。

前角、后角与楔角三者之间的关系为：$\gamma+\beta+\alpha=90°$。当后角确定之后，前角的大小也就确定了。

3. 錾子的刃磨与热处理

（1）刃磨方法 如图 7-15 所示，右手大拇指和食指呈钳状捏牢錾子鳃部；左手大拇指在上，其余四指在下握紧柄部。刃磨时，必须使切削刃高于砂轮水平中心线，在砂轮全宽方向来回平稳地移动，并要控制錾子的方向和位置，保证其楔角正确。但需注意，刃磨时，施加的压力要均匀，且不宜过大，两楔面要交替刃磨，并要经常浸水冷却以防因过热而退火。

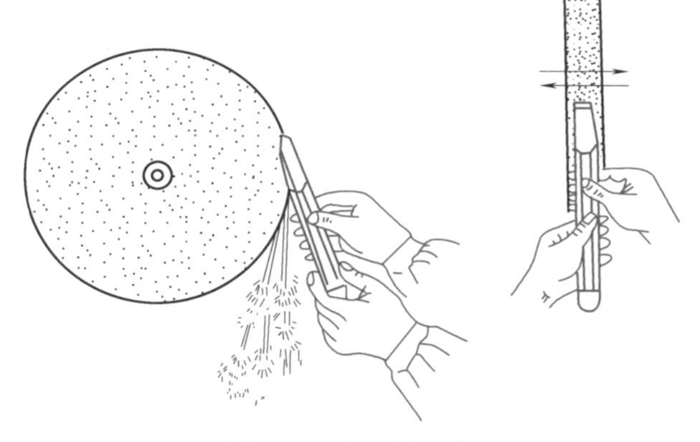
图 7-15 錾子的刃磨

（2）热处理方法 将錾子切削部分约 20mm 一段长度的加热至 750~780℃（呈暗樱红色），取出后迅速浸入冷水中冷却，浸入水中的深度为 5~6mm，并在水面缓慢移动，如图 7-16 所示。移动的目的是加速冷却，提高淬火硬度，使淬硬部分与不淬硬部分不会有明显的界线，避免錾子在交界处发生断裂。

錾子的回火是利用自身的余热进行的。当淬火的錾子露出水面的部分呈黑色时，应立即将錾子从水中取出并擦去表面氧化层和污物，然后仔细观察錾子刃部颜色的变化情况。当扁錾的刃口部分呈紫红色与暗蓝色之间（紫色）或尖錾的刃口部分呈黄褐色与红色之间（褐红色）时，应再一次将錾子全部浸入水中冷却。至此，錾子的淬火、回火处理过程全部完成。

图 7-16 錾子的热处理

二、錾削方法

1. 錾削平面

錾削平面应该使用扁錾，每次錾削余量为 0.5～2mm。錾削时，后角应保持在 5°～8°。若后角过小，錾子易从錾削表面滑出；若后角过大，錾子易扎入工件深处。

起錾时，一般都应从工件的边缘尖角处着手，视为斜角起錾，如图 7-17a 所示。从尖角处起錾时，由于切削刃与工件的接触面小，故阻力小，只需轻敲，錾子即能切入材料。当需要从工件的中间部位起錾时，錾子的切削刃要顶紧起錾部位，錾子头部向下倾斜，使錾子与工件起錾端面基本垂直，再轻敲錾子，这样能够比较容易地完成起錾工作，这种起錾方法称为正面起錾，如图 7-17b 所示。

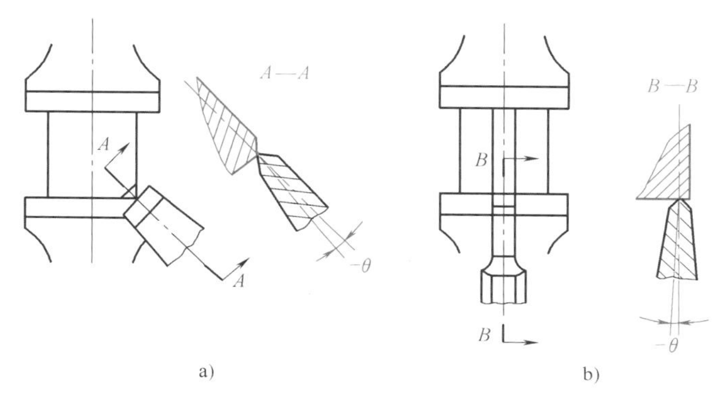

图 7-17 起錾方法

a）斜角起錾 b）正面起錾

当錾削快到尽头时，不能从一端一直錾到另一端，必须调头錾削余下的部分（$B \geqslant 5H$），如图 7-18a 所示，否则极易使工件的边缘崩裂，如图 7-18b 所示。

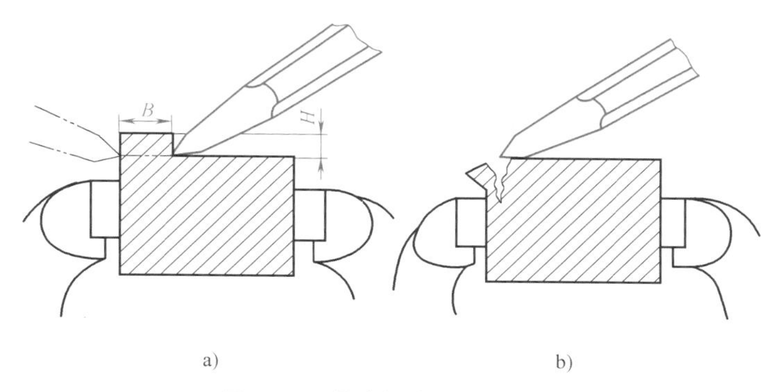

图 7-18 尽头调头往反向錾削

当錾削大平面时，先划出錾削量的尺寸线，用尖錾在平面上按情况间隔适当距离錾出若干个沟槽，然后用扁錾倾斜一定角度，把剩下的部分錾去。表面太粗糙时要再细錾进行修整，如图 7-19 所示。

2. 錾削油槽

錾削平面油槽时，如图 7-20 所示，首先应该根据油槽的位置划线，可以按照油槽宽度

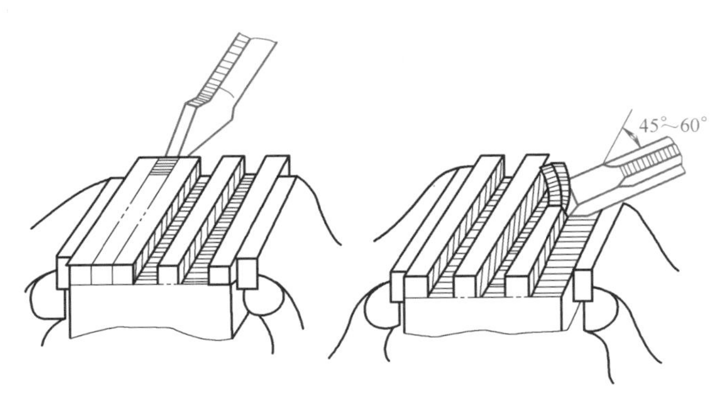

图 7-19　錾削大平面

划两条线，也可以只划一条中心线；其次，还要根据图样上油槽的断面形状，把油槽錾的切削部分刃磨成型。在平面上錾油槽时，起錾要慢慢地加深至尺寸要求，錾到尽头时錾刃要慢慢翘起，以保证槽底圆弧过渡。

在曲面上錾油槽时，如图 7-21 所示，錾子的倾斜情况应随曲面变动，以保证錾削时的后角不变。油槽錾削完毕后，还应该修去槽边缘上的毛刺。

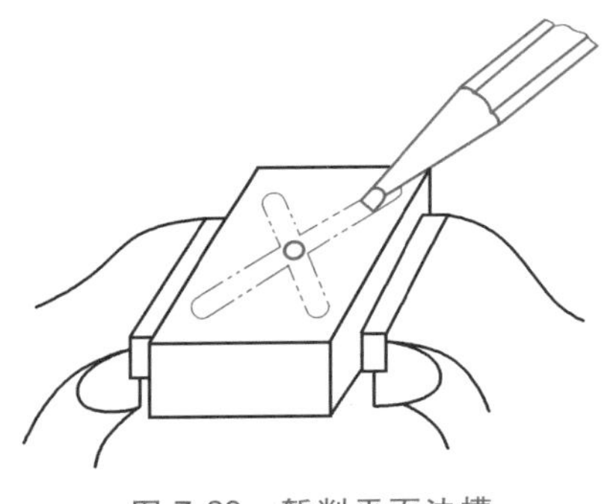

图 7-20　錾削平面油槽

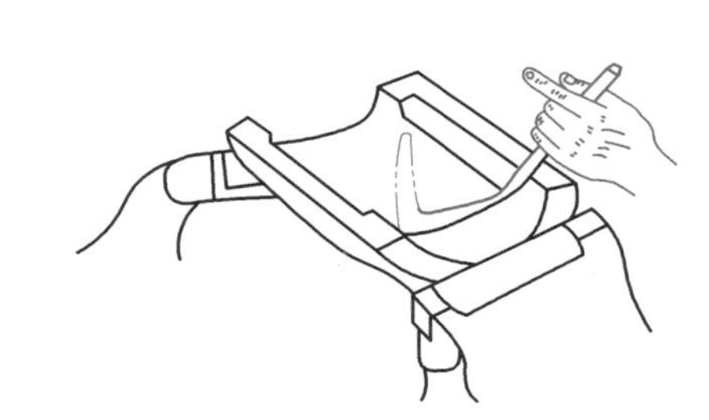

图 7-21　錾削曲面油槽

3. 錾削板料

对于錾削尺寸较小的板料，应该在台虎钳的装夹下进行錾削，如图 7-22 所示。用扁錾沿着钳口自右向左并斜对着板面约成 45°方向进行錾削。注意，錾削工件的断面要与钳口平齐，装夹要牢固可靠，以防在錾削时板料松动而使錾削线歪斜。

当錾削尺寸较大的板料时，应该在铁砧上进行，如图 7-23 所示。对于那些厚度较大且形状复杂的板料，应先划线，再钻出排孔，最后用扁錾或尖錾錾削。

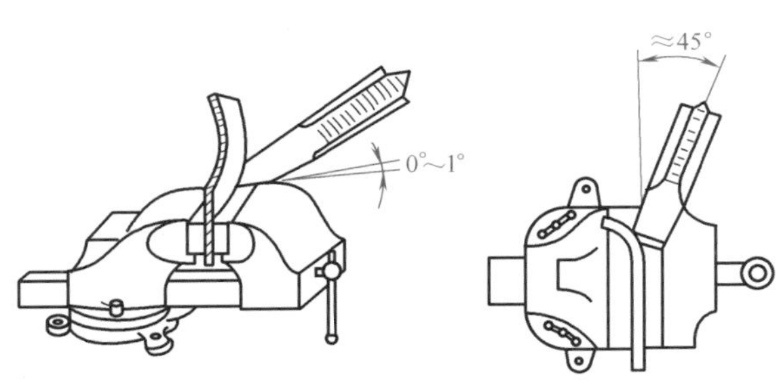

图 7-22　錾削尺寸较小的板料

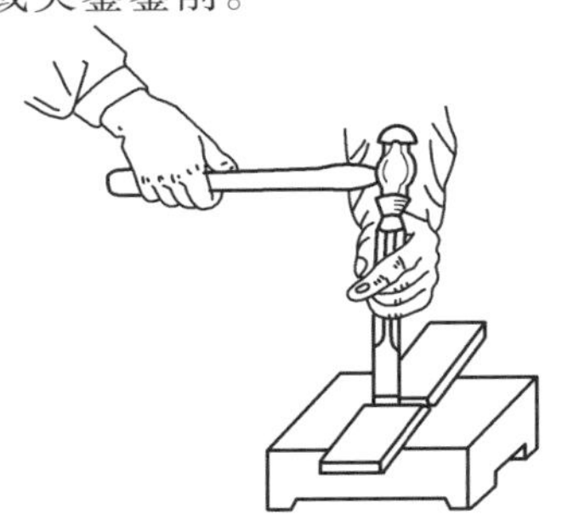

图 7-23　錾削尺寸较大的板料

课后练习

1. 錾削可以加工哪些型面？
2. 錾削平面时有哪些注意事项？

第三节 锯削

锯削是利用手锯对材料或工件进行切断、切槽或去除多余材料的加工方法，通常应用于较小材料或单件生产等场合。

一、锯削工具

1. 锯弓

锯弓是用来安装并张紧锯条的，便于进行双手手工操作，其结构如图 7-24 所示。

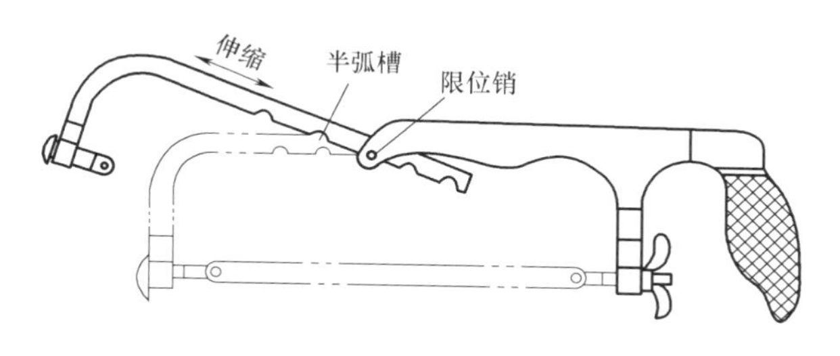

图 7-24 锯弓的结构

2. 锯条

锯条是直接用来锯削材料或工件的刀具。锯条一般由渗碳钢冷轧制成，需要经热处理淬硬后才能使用。锯条的长度以两端安装孔的中心距来表示，常用手锯的锯条长度为 300mm，如图 7-25 所示。

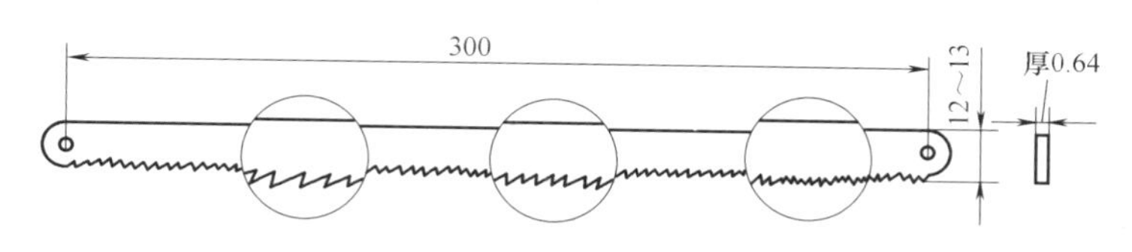

图 7-25 锯条

（1）锯齿的角度 锯条的切削部分由许多均匀分布的锯齿组成。每一个锯齿相当于一把錾子，都具有切削作用。锯齿的角度如图 7-26 所示。其中角 $\delta_o = 90°$，后角 $\alpha_o = 40°$，楔角 $\beta_o = 50°$。

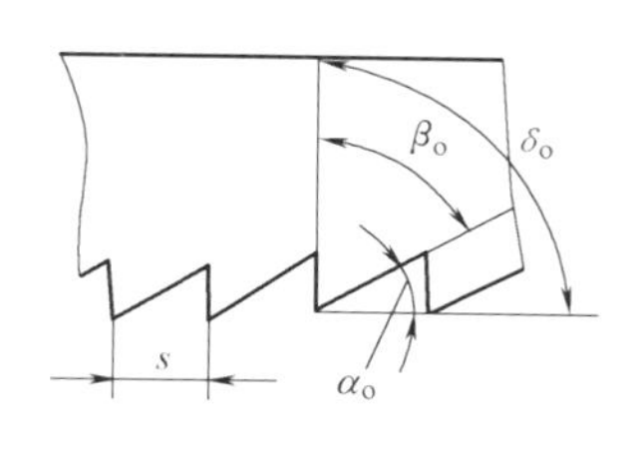

图 7-26 锯齿角度

（2）锯齿的粗细 锯齿的粗细是以锯条每 25mm 长度内的锯齿数来表示的。锯齿粗细的规格及其应用见表 7-1。一般情况下，粗齿锯条适合锯削软材料或横截面积较大的材料，细齿锯条适合锯削硬材料或横截面积较小的材料，这样能提高锯削效率，同时防止锯条损坏。

表 7-1　锯齿粗细的规格及应用

规格	每 25mm 长度内的齿数	应用
粗	14～18	锯削软钢、黄铜、铝、铸铁、阴极铜、人造胶纸材料
中	22～24	锯削中等硬度钢、厚壁钢管、铜管
细	24～32	锯削薄片金属、薄壁管子
细变中	32～20	一般工厂中用，易于起锯

（3）锯路　在制造锯条时，将全部锯齿按一定的规律左右错开，并排列成一定的形状，称为锯路，如图 7-27 所示。锯条有了锯路以后，能使锯削时的锯缝宽度大于锯条背的厚度，可以减小锯条与锯缝之间的摩擦阻力和防止发生夹锯现象。常见的锯路有交叉形（J 型）和波浪形（B 型）。粗齿锯条常制成交叉形，中齿和细齿锯条常制成波浪形。

二、锯削方法

1. 锯条的安装

利用锯条两端的安装孔，将锯条装夹在锯弓两端的支柱上，并使锯齿的齿尖朝向前方，如图 7-28 所示。锯条的松紧靠翼形螺母调节，应松紧适当。太紧时，使锯条受力过大，易发生折断现象；太松时，不仅锯削时锯条容易扭曲，造成锯缝歪斜，还可能折断锯条。

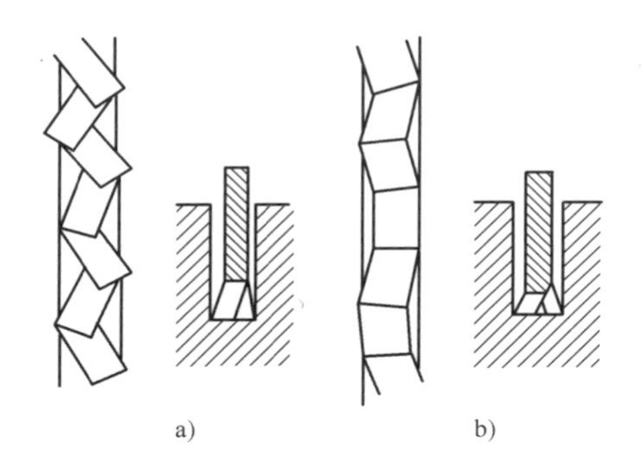

图 7-27　锯路

a）交叉形（J 型）　b）波浪形（B 型）

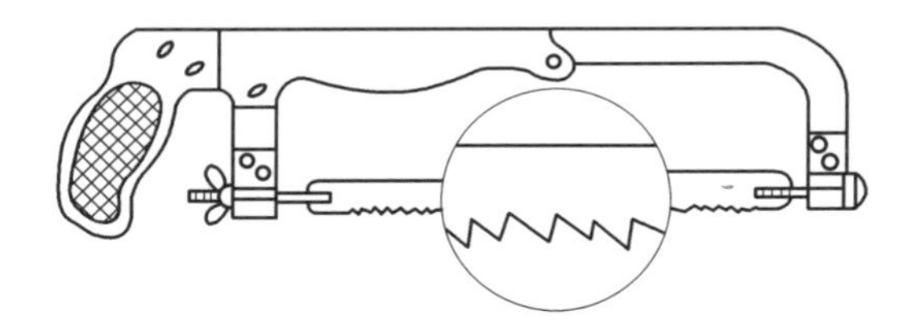

图 7-28　锯齿朝向

2. 锯削方式

右手紧握手锯手柄，大拇指压在食指上面，用左手控制手锯的运动方向，如图 7-29 所示。锯削时，手锯前进的运动方式有两种，一种是直线运动，另一种是小幅度的上下摆动式运动，即在前进时左手上提，右手下压，在回程时，左手上提，右手自然跟回。锯削速度一般应控制在 30 次/min 以内。推进时速度稍慢，压力大小应适当且保持匀速，回程

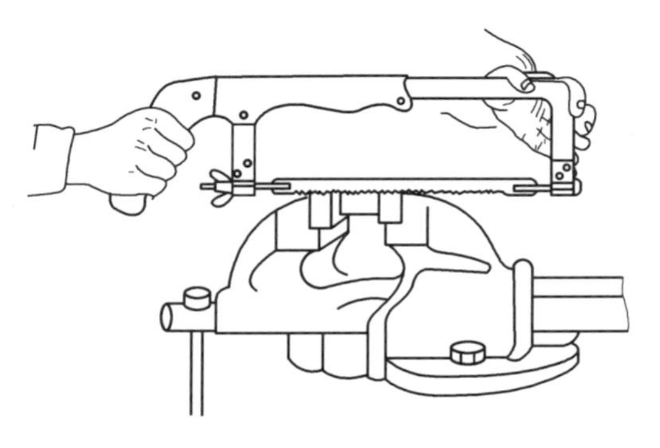

图 7-29　手锯的握法

时不施加压力，速度可稍快。

起锯是锯削工作的开始，起锯可分为近起锯和远起锯两种，如图 7-30 所示。一般情况下常采用远起锯，因为这种方法锯齿不易被卡住。无论用远起锯还是近起锯，起锯角 α 要小（α 约为 15°时比较适宜）。若起锯角太大，则切削阻力大，锯齿易被卡住造成崩齿；若起锯角太小，则锯齿不易切入材料，容易跑锯而划伤工件表面。为了起锯顺利，可用左手拇指对锯条进行导靠。

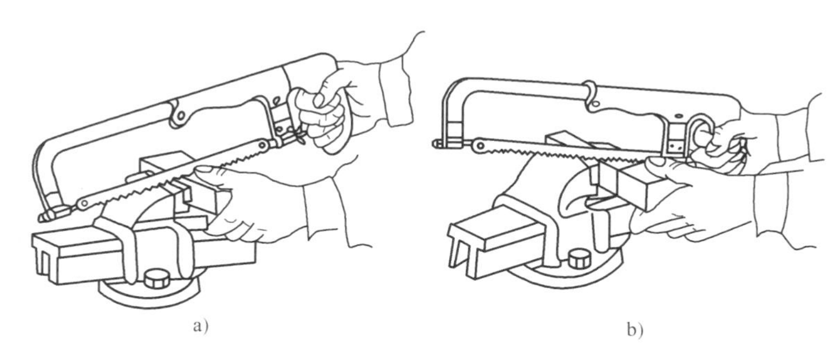

图 7-30 起锯方法

a）远起锯 b）近起锯

3. 典型材料锯削方法

（1）板料锯削 锯削板料时，一般应根据有关尺寸要求，用直尺或游标高度卡尺进行划线后装夹在台虎钳上。装夹时，应使锯削线保持竖直状态，可用直角尺进行校正，以防锯削时产生歪斜。对于深度较大的锯缝，可采用调头锯削或深缝锯削法进行锯削加工。薄材料锯削时抖动发颤难切入，可用两木板将材料夹在中间增加刚性，连同木板和薄材料一起锯就不会崩齿，如图 7-31 所示。

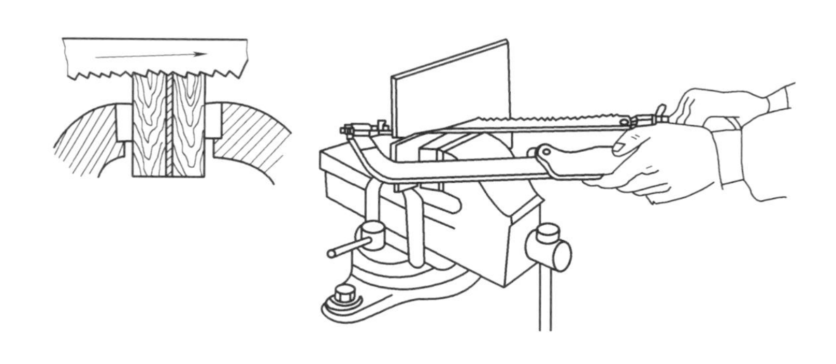

图 7-31 薄材料锯削

（2）棒料锯削 如果要求棒料的锯削断面比较平整，则应该从起锯开始一直连续地锯削至结束。若对锯出的断面要求不高，则可采用转位锯削法，即从几个不同的方向锯削，直至锯断。

（3）管子锯削 锯削薄壁管子时，要用 V 形木块夹持，以防夹扁或夹坏管子表面，或者采用填充法夹持，将管子内部填满硬木屑或铁砂并砸实，再进行锯削。在锯削管子时，不能从一个方向从始至终锯削，否则，锯齿易被管壁钩住而造成崩齿。应该采用转位锯削法，先从一个方向锯到管子内壁处，然后把管子转过一个角度后沿原锯缝再锯削至管子内壁处，往复几次直至锯断，如图 7-32 所示。

(4) 深缝锯削　当锯缝的深度超过锯弓的有效高度时，可采用锯条转位的方法，视情况可使锯条转 90° 或 180° 进行锯削，如图 7-33 所示。

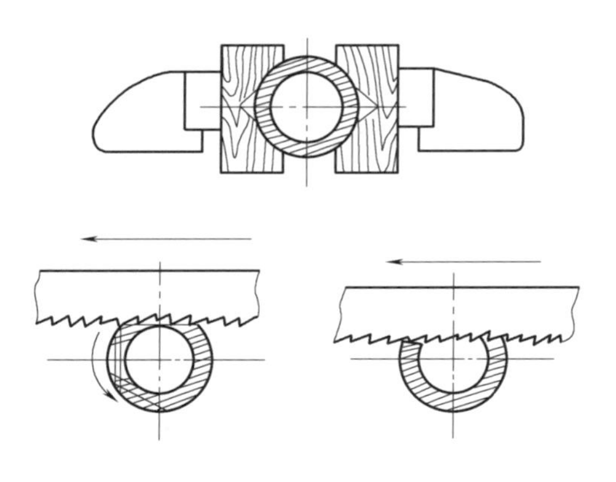
图 7-32　管子锯削

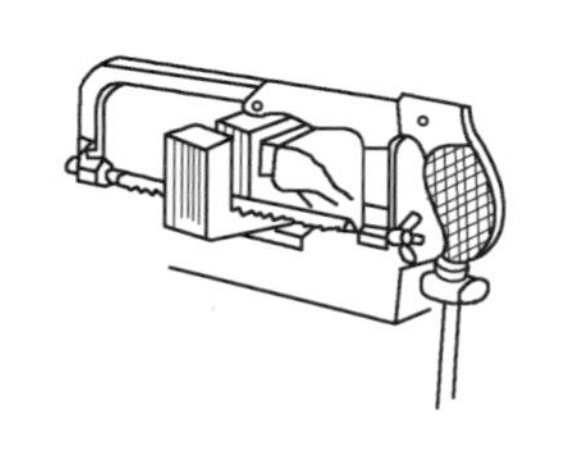
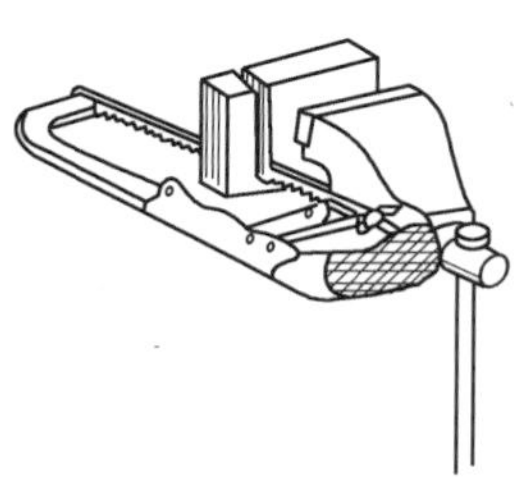
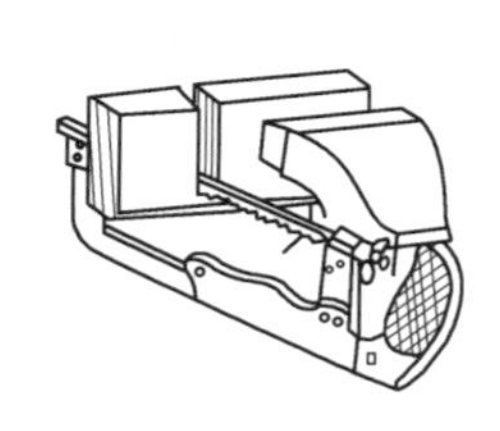
图 7-33　深缝锯削

课后练习

1. 如何安装锯条以及选择锯齿粗细？
2. 锯削时如何起锯？

第四节　锉削

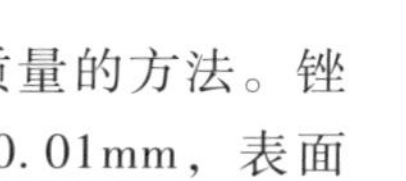

锉削是用锉刀对工件表面进行切削加工，从而改变其尺寸、形状和表面质量的方法。锉削加工应用范围广，在装配过程中可对零件进行锉削修正。锉削的精度可达 0.01mm，表面粗糙度值可达 $Ra0.8\mu m$。

一、锉削工具

锉刀是用 T12、T13，或 T12A 制成的，经热处理淬硬，硬度达 62HRC 以上。

1. 锉刀的构造

锉刀如图 7-34 所示，由锉身和锉柄两部分组成。锉刀面是锉削的主要工作面，使用前应装上木柄方可使用。

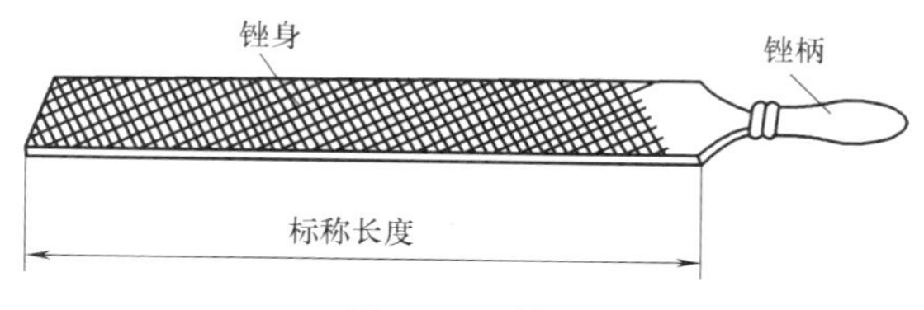

图 7-34　锉刀

2. 锉齿和锉纹

锉刀工作面上有无数个锉齿，锉削时每个锉齿都相当于一把錾子在对材料进行切削。锉齿按形成方式有铣制齿和剁制齿两种。两种不同的制齿方式形成锉刀的两种不同锉纹，即单齿纹和双齿纹，如图 7-35 所示。一般情况下，单齿纹多为铣制齿，单齿纹只在一个方向上有齿纹，锉削时全齿宽同时参加锉削，切削力大，因此，单齿纹锉刀常用来锉削较软的材料。双齿纹多为剁制齿，锉刀两个方向排列有齿纹，齿纹浅的称为底齿纹，齿纹深的称为面齿纹。底齿纹和面齿纹的方向和角度不相同，锉削时使每一个齿的锉痕相互交错而不重叠，从而使锉削表面粗糙度值变小。当采用双齿纹锉刀进行锉削加工时，锉屑通常是断碎的，且切削力小，再加上锉齿强度高等原因，所以双齿纹锉刀适用于硬材料的锉削。

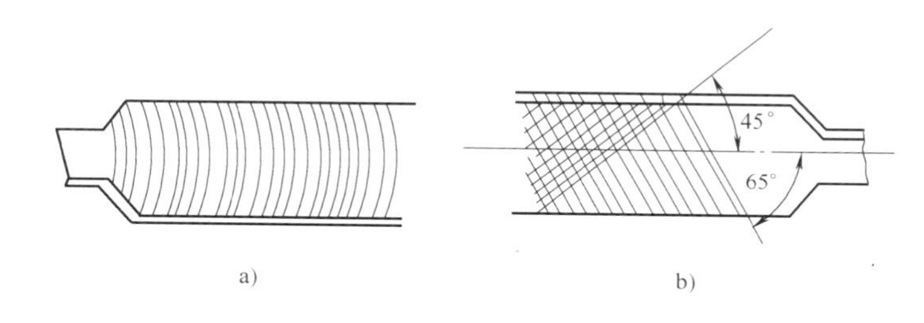

图 7-35　锉刀的锉纹

a）单齿纹　b）双齿纹

3. 锉刀的种类

锉刀按其用途不同可分为钳工锉、异形锉和整形锉三类。

（1）钳工锉　钳工锉按其横截面形状的不同又可分为扁锉、方锉、三角锉、半圆锉和圆锉等，如图 7-36 所示。

（2）异形锉　异形锉有刀形锉、三角锉、单面三角锉、椭圆锉、圆锉等。异形锉主要用于锉削工件上的特殊表面，如图 7-37 所示。

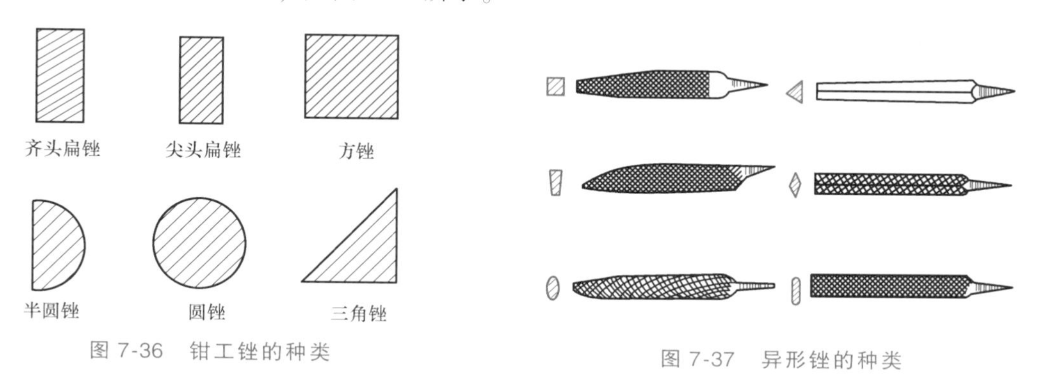

图 7-36　钳工锉的种类

图 7-37　异形锉的种类

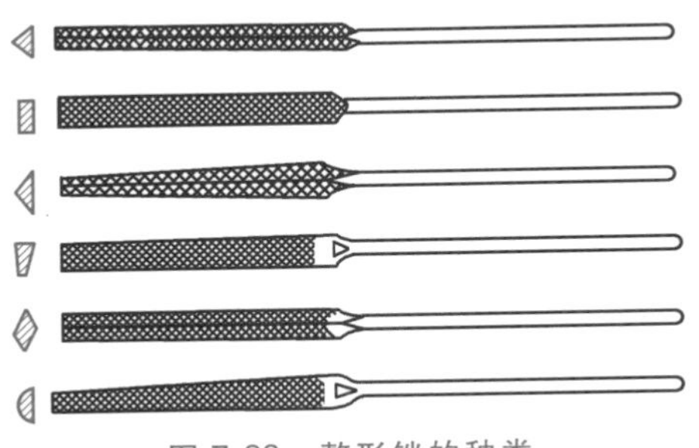
图 7-38 整形锉的种类

（3）整形锉 整形锉又称为什锦锉，主要用于修整工件细小部分的表面，有刀形锉、三角形锉、单面三角形锉、椭圆锉和菱形锉等，如图 7-38 所示。

4. 锉刀的选用

加工时正确选用锉刀是保证加工效率和加工精度的关键。选用锉刀时主要从锉刀的形状、锉齿的粗细规格和锉刀尺寸三个方面考虑。

（1）锉刀形状 不同的锉刀形状适合于不同的零件表面，如图 7-39 所示。

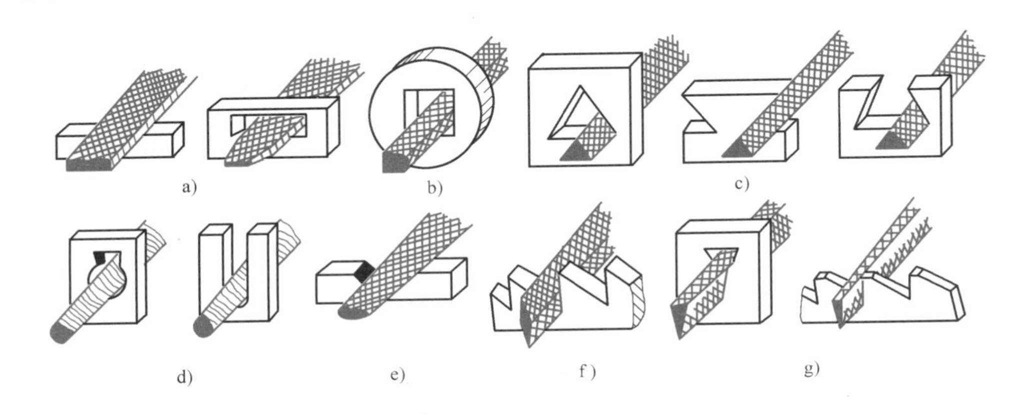
图 7-39 锉刀的选用

a）扁锉 b）方锉 c）三角锉 d）圆锉 e）半圆锉 f）菱形锉 g）刀形锉

（2）锉齿粗细规格 锉齿粗细规格以锉刀在轴向每 10mm 长度范围内主锉纹的条数表示。主锉纹指在锉刀上起主要切削作用的齿纹；而在另一个方向上起分屑断屑作用的齿纹，称为辅齿纹。锉齿粗细规格的选择主要取决于工件材料的软硬、加工余量的大小、加工精度和表面质量要求的高低。一般情况下，粗锉刀主要用于锉削软材料、加工余量较大、精度低和表面粗糙的工件；而细锉刀，一般用于硬度较大的铸铁、硬钢，以及加工余量小、精度要求高而且表面要求光滑的工件。锉齿粗细规格的选用见表 7-2。

表 7-2 锉齿粗细规格的选用

类别	适用场合		
	锉削余量/mm	尺寸精度/mm	表面粗糙度 Ra/μm
粗齿锉刀	0.5~1	0.2~0.5	50~12.5
中齿锉刀	0.2~0.5	0.05~0.2	6.3~3.2
细齿锉刀	0.1~0.3	0.02~0.05	6.3~1.6
双细齿锉刀	0.1~0.2	0.01~0.02	3.2~0.8
油光锉	<0.1	<0.01	0.8~0.4

（3）锉刀尺寸 方锉的规格以方形尺寸表示；圆锉的规格用直径表示；其他锉刀则以锉刀全长表示。钳工常用锉刀的规格有 100mm、125mm、150mm、200mm、250mm、300mm、350mm、400mm 等。锉刀尺寸的选用应根据工件加工面的大小而定，工件加工面的

尺寸大，则锉刀的尺寸也大；反之，应选用小规格的锉刀。特别对于内表面的锉削，其锉刀尺寸必须小于或等于加工面的尺寸，否则无法进行锉削加工。

二、锉削方法

1. 平面锉削

（1）顺向锉　顺向锉是最普通的锉削方法，如图 7-40 所示。锉刀运动的方向与工件夹持方向始终一致，面积不大的平面和最后锉光都采用这种方法。因为顺向锉可得到正直的锉痕，而且比较美观，所以精锉时通常都采用这种方法。

（2）交叉锉　交叉锉是用锉刀从两个相互交叉的方向对工件进行锉削，锉刀运动的方向与工件夹持的方向约成 35°，锉痕交叉，如图 7-41 所示。因为交叉锉时锉刀与工件之间的接触面积较大，锉刀容易掌握平稳，但是锉纹交叉不平整，所以交叉锉一般适用于对工件进行粗锉。

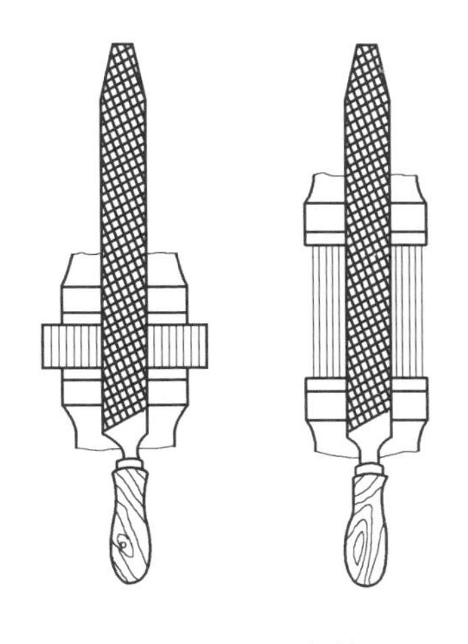

图 7-40　顺向锉

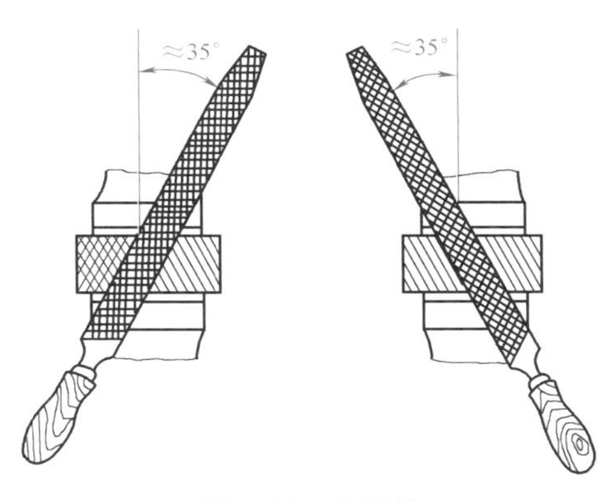

图 7-41　交叉锉

（3）推锉　推锉时，两手在工件两侧对称横握住锉刀，顺着工件长度方向来回推动锉削，如图 7-42 所示。推锉时容易把锉刀掌握平稳，可大大提高锉削面的平面度，降低表面粗糙度值。但是因为推锉法不能充分发挥手臂的力量，切削效率大大降低，故一般应用于锉削狭长平面、精加工和表面修光等场合。推锉过程中，应使两手的间距尽量缩小，以提高锉刀运动的稳定性，从而提高锉削质量。

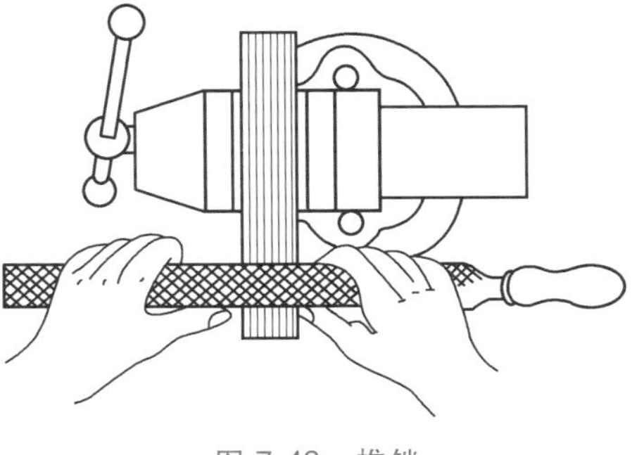

图 7-42　推锉

锉削平面的平面度误差，一般用钢直尺或刀口形直尺以透光法检验。检验时如图 7-43 所示，将刀口形直尺沿加工面的纵向、横向和对角线方向逐一进行检验，以透过光线的均匀程度和强弱来判断加工表面是否平直。

2. 外圆弧面锉削

锉削外圆弧面的方法有两种：顺弧锉和对弧锉。

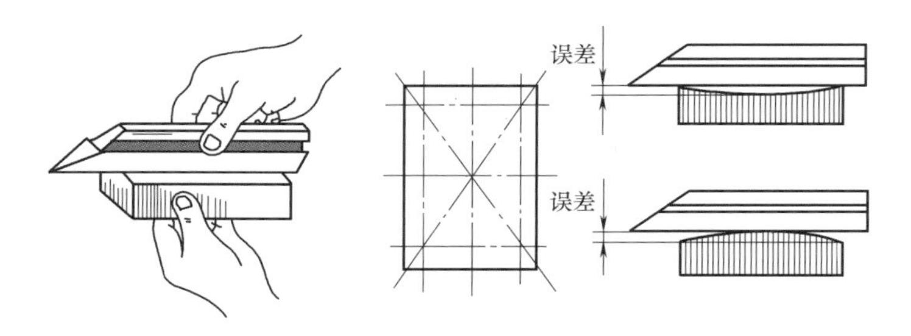

图 7-43 平面度检验方法

顺弧锉是用扁锉沿着圆弧进行锉削的方法，如图 7-44a 所示。锉刀做前进运动的同时绕工件的圆弧中心线做上下摆动，其动作要领是在右手下压的同时左手上提。因为这种锉削方法的工作效率较低，所以只适用于精锉外圆弧面。

对弧锉是用扁锉横向对着圆弧面进行锉削的方法，如图 7-44b 所示。锉刀做直线推进的同时绕圆弧面中心线做圆弧摆动，待圆弧面接近尺寸时再用顺弧锉的方法精锉成型，这种方法只适用于外圆弧面的粗加工。

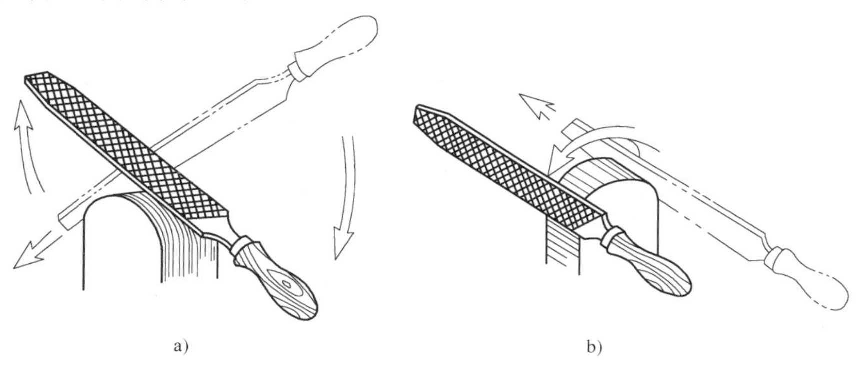

图 7-44 外圆弧面锉削

a）顺弧锉 b）对弧锉

3. 内圆弧面锉削

锉削内圆弧面时，必须选用半圆锉、圆锉或掏锉进行加工，且要求锉刀的圆弧半径必须小于或等于加工弧的半径，当加工弧的半径较大时，也可选用小方锉进行锉削加工。

锉削内圆弧面时，必须使锉刀同时完成三个方向的运动：锉刀的前进运动；锉刀沿圆弧方向的左右移动；锉刀沿自身中心线的转动。必须使这三个运动同时作用于工件表面，才能保证锉出的内弧面光滑、准确，如图 7-45 所示。

4. 外球面锉削

锉削球面一般选用板锉，锉削运动包括直向锉运动和横向锉运动。每种运动中，至少包括三个方向的运动：锉刀的前进运动；锉刀的上下或左右摆动；锉刀绕自身中心线的转动。同时要使这两种综合运动不断地交替进行，以获得所要求的球面，如图 7-46 所示。

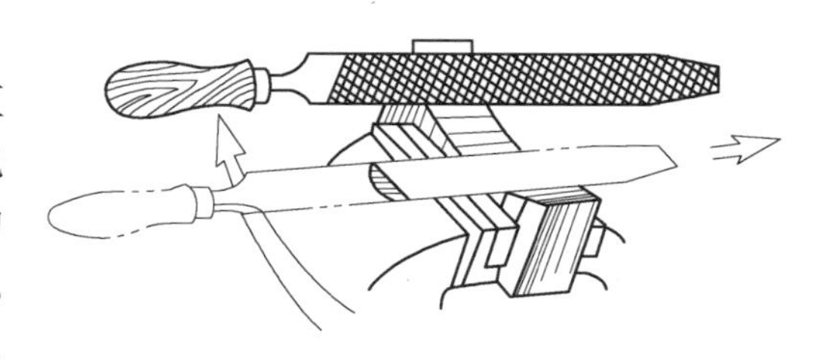

图 7-45 内圆弧面锉削

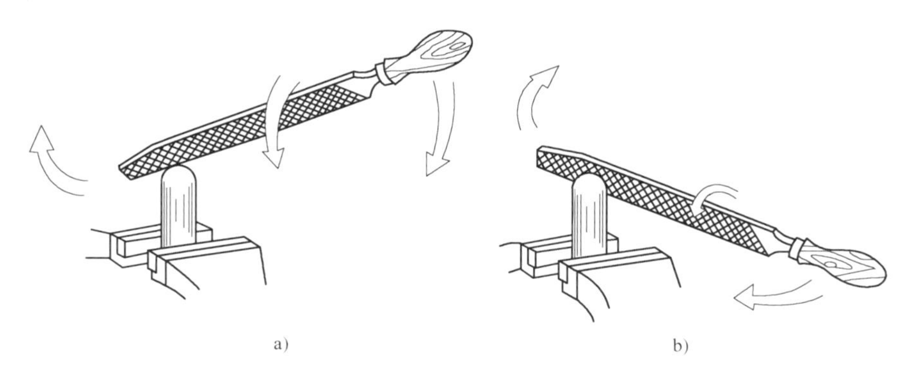

图 7-46 外球面锉削

a）顺向锉 b）周向摆动锉

课后练习

1. 锉刀种类有哪些？
2. 如何锉削平面？

第五节 螺纹加工

一、攻螺纹

用丝锥加工工件内螺纹的加工方法称为攻螺纹。

1. 攻螺纹用的工具

（1）丝锥 丝锥分机用丝锥和手用丝锥，如图 7-47 所示。

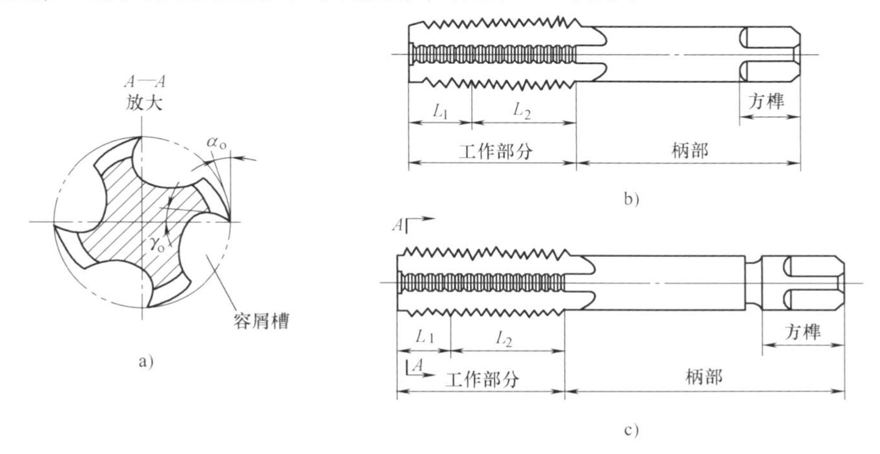

图 7-47 丝锥

a）齿部放大 b）手用丝锥 c）机用丝锥

丝锥由柄部和工作部分组成。柄部是攻螺纹时用于夹持的部分，起传递转矩的作用。工作部分由切削部分（L_1）和校准部分（L_2）组成，如图 7-47b、c 所示。切削部分的前角一般为 8°~10°，后角一般为 6°~8°，校准部分具有完整的牙型，用来修光和校准已切削出的螺纹，并引导丝锥沿轴向运动，校准部分的后角为 0°。攻螺纹时，为减小切削力和延长丝锥寿命，一般将整个切削工作量分配给几支丝锥来共同承担。通常 M6~M24 的丝锥每一套有两支；M6 以下及 M2 以上的丝锥每一套有三支；细牙螺纹丝锥不论大小均为两支一套。

（2）铰杠　铰杠是手工攻螺纹时用来夹持丝锥的工具，分为普通铰杠（图 7-48）和丁字形铰杠（图 7-49）。

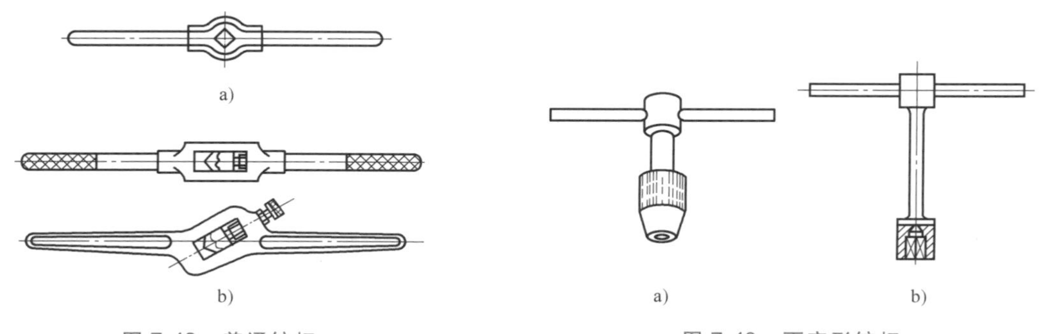

图 7-48　普通铰杠

a）固定铰杠　b）活铰杠

图 7-49　丁字形铰杠

a）丁字形活铰杠　b）丁字形固定铰杠

2. 攻螺纹前底孔直径与孔深的确定

（1）攻螺纹前底孔直径的确定　攻螺纹时，丝锥对金属层有较强的挤压作用，使攻出的螺纹小径小于底孔直径。因此，攻螺纹前的底孔直径应稍大于螺纹小径。

1）攻削钢件或塑性较大材料时，底孔直径的计算公式为

$$D_K = D - P$$

式中　D_K——螺纹底孔直径（mm）；

D——螺纹大径（mm）；

P——螺距（mm）。

2）攻削铸铁件或塑性较小材料时，底孔直径的计算公式为

$$D_K = D - (1.05 \sim 1.1)P$$

式中　D_K——螺纹底孔直径（mm）；

D——螺纹大径（mm）；

P——螺距（mm）。

常用米制普通螺纹螺距可从表 7-3 中查出。

表 7-3　常用米制普通螺纹规格

规格	螺距	小径		大径	
		max	min	max	min
M2.0	0.4	1.679	1.567	1.981	1.886
M2.5	0.45	2.138	2.013	2.48	2.38
M3.0	0.5	2.599	2.459	2.98	2.874

（续）

规格	螺距	小径		大径	
		max	min	max	min
M4.0	0.7	3.422	3.242	3.978	3.838
M5	0.8	4.334	4.134	4.976	4.826
M6	1	5.153	4.917	5.974	5.794
M7	1	6.153	5.917	6.974	6.794
M8	1.25	6.912	6.647	7.972	7.76
M9	1.25	7.912	7.647	8.972	8.76
M10	1.5	8.676	8.376	9.968	9.732
M11	1.5	9.676	9.376	10.968	10.732
M12	1.75	10.441	10.106	11.966	11.701
M14	2	12.21	11.835	13.962	13.682
M16	2	14.21	13.835	15.962	15.682
M18	2.5	15.744	15.294	17.958	17.623
M20	2.5	17.744	17.294	19.958	19.623

（2）攻螺纹前底孔深度的确定　攻不通孔螺纹时，由于丝锥切削部分有锥角，底端不能攻出完整的螺纹牙型，所以钻孔深度要大于螺纹的有效长度。底孔深度的计算式为

$$H=h+0.7D$$

式中　H——底孔深度（mm）；

h——螺纹有效长度（mm）；

D——螺纹大径（mm）。

3. 攻螺纹的方法

攻螺纹前，要对底孔孔口进行倒角，且倒角处的直径应略大于螺纹大径，通孔螺纹的两端都要倒角。这样能使丝锥起攻时容易切入材料，并能防止孔口处被挤压出凸边。

装夹工件时，应尽量使螺纹孔的中心线处于竖直或水平位置。这样能使攻螺纹时容易观察到丝锥轴线是否垂直于工件平面。

起攻时，尽量把丝锥放正，然后再对丝锥加压并转动铰杠，如图 7-50a 所示。当丝锥切入 1~2 圈后，应及时检验并校正丝锥的位置和方向，如图 7-50b 所示。检查时，对丝锥的正面和侧面都要进行检查，以确保丝锥位置和方向的正确性。一般在切入 3~4 圈后，丝锥的位置和方向就可以基本确定，不允许再有明显的偏斜，不再进行强行纠正。

当丝锥的切削部分全部切入工件后，只需转动铰杠，不能再对丝锥施加压力，否则，螺纹牙型可能被破坏。在攻螺纹的过程中，两手用力要均匀，并要经常倒转 1/4~1/2 圈，使切屑碎断，易于排出，避免因切屑堵塞而使丝锥被卡住。

攻不通孔螺纹时，要经常退出丝锥，及时排出孔内切屑，否则，会因切屑过多造成阻塞使丝锥折断或螺纹深度达不到要求。当工件不便倒转时，可用磁棒将切屑吸出，或用弯曲的小管将切屑吹出。

攻塑性材料的螺纹孔时，要加注切削液，以减小切削阻力，降低螺纹牙型的表面粗糙度

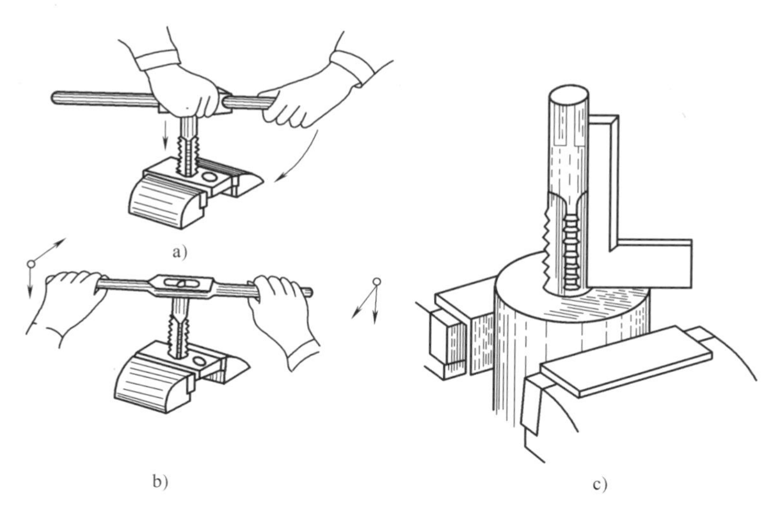

图 7-50 攻螺纹的方法

a）、b）起攻 c）检查垂直度

值，起到延长丝锥寿命的作用。

使用成套丝锥攻螺纹时，必须按头锥、二锥、三锥的顺序进行攻削，以达到标准尺寸要求。

二、套螺纹

1. 套螺纹用的工具

用板牙或螺纹切头加工工件螺纹的方法称为套螺纹。

套螺纹用的工具有板牙（图 7-51）和板牙架（图 7-52）。板牙有封闭式（图 7-51a）和开槽式（图 7-51b）两种结构。

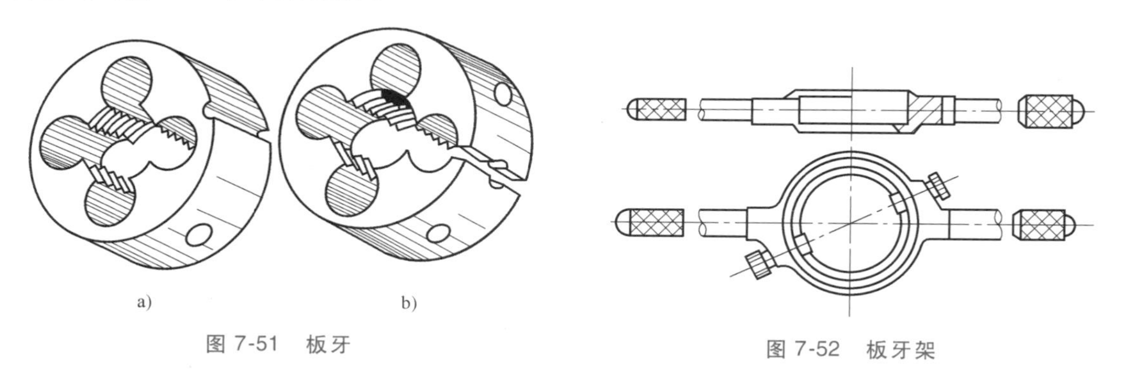

图 7-51 板牙

图 7-52 板牙架

套螺纹时，金属材料因受板牙的挤压而产生变形，螺纹牙尖将被挤高一些。所以，套螺纹前，圆杆的直径应稍小于螺纹大径。圆杆直径的计算公式为

$$d_g = d - 0.13P$$

式中 d_g——套螺纹前圆杆直径（mm）；

d——螺纹大径（mm）；

P——螺距（mm）。

2. 套螺纹的方法

为了使板牙容易切入工件，圆杆端要倒角，如图 7-53 所示，倒角的最小直径应比螺纹小径略小，以避免螺纹端部出现锋口或卷边。套螺纹时，切削力较大，圆杆类工件应用 V 形钳口或厚铜板作为衬垫，才能夹持牢固。起套时，要使板牙的端面与圆杆的轴线垂直，一只手按住铰杠中部，沿圆杆轴向施以压力，另一只手配合做顺时针方向切进，压力要大，但转动速度要慢，当板牙切入材料 2～3 圈后，要及时检查并校正板牙的位置，否则切出的螺纹牙型可能一面深一面浅，甚至造成烂牙。起套完成后，在套削过程中，不再施加压力，而是让板牙在旋转过程中自然引进，并要经常进行倒转断屑。在钢件上套螺纹时，必须加注切削液，以起到减小切削阻力和降低螺纹表面粗糙度值，延长板牙寿命的作用。

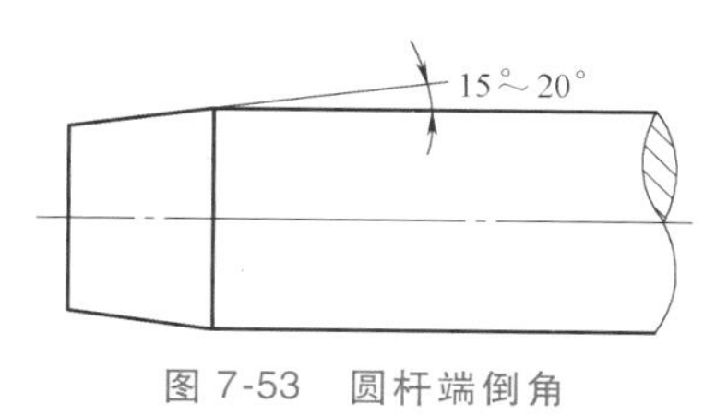

图 7-53　圆杆端倒角

课后练习

1. 在 45 钢上套、攻螺纹 M10 配合的粗牙螺纹，如何确定螺纹孔径和杆径？
2. 攻螺纹时如何起攻？

参考文献

[1] 机械工程手册编委会. 机械工程师手册 [M]. 3 版. 北京：机械工业出版社，2007.

[2] 中国机械工程学会铸造分会. 铸造手册：第 4 卷 [M]. 4 版. 北京：机械工业出版社，2021.

[3] 中国机械工程学会铸造分会. 铸造手册：第 5 卷 [M]. 4 版. 北京：机械工业出版社，2021.

[4] 中国机械工程学会铸造分会. 铸造手册：第 6 卷 [M]. 4 版. 北京：机械工业出版社，2021.

[5] 赵立红. 材料成形技术基础 [M]. 哈尔滨：哈尔滨工程大学出版社，2018.

[6] 练勇，姜自莲. 机械工程材料与成形工艺 [M]. 重庆：重庆大学出版社，2015.

[7] 庞国星. 工程材料与成形技术基础 [M]. 3 版. 北京：机械工业出版社，2018.

[8] 何红媛，周一丹. 材料成形技术基础 [M]. 南京：东南大学出版社，2015.

[9] 徐萃萍，赵树国. 工程材料与成型工艺 [M]. 北京：冶金工业出版社，2010.

[10] 王纪安. 工程材料与成形工艺基础 [M]. 3 版. 北京：高等教育出版社，2009.

[11] 任家隆，丁建宁. 工程材料及成形技术基础 [M]. 2 版. 北京：高等教育出版社，2019.

[12] 翟封祥. 材料成型工艺基础 [M]. 哈尔滨：哈尔滨工业大学出版社，2018.

[13] 王少刚. 工程材料与成形技术基础 [M]. 2 版. 北京：国防工业出版社，2016.